21 世纪高等学校计算机类
课程创新系列教材·微课版

U0187407

Android
开发基础与案例实战

Java版·微课视频版

童长飞 / 编著

清华大学出版社
北京

内 容 简 介

本书以任务驱动的方式，将 Android 开发的知识点融入各任务中，学习者可通过临摹任务掌握 Android 开发技巧。各任务既保持独立，又遵循由浅入深、循序渐进的学习规律，适合读者碎片化学习，也适合作为高校线上和线下混合式教学的教材。

本书共 7 章，分别从开发环境以及项目的基本信息、Android 的布局与基本 UI、列表与适配器、菜单与对话框、多线程与网络应用、数据存储与内容提供、Fragment 与导航这 7 方面讲述 Android 开发的基本内容。本书中的各任务均通过 Android 5.0 和 Android 10.0 测试。

本书可作为全国高等学校计算机及相关专业的教材和相关培训及培训机构的教学用书，同时也适合作为 Android 编程爱好者的入门读物。

本书封面贴有清华大学出版社防伪标签，无标签者不得销售。

版权所有，侵权必究。举报：010-62782989，beiqinquan@tup.tsinghua.edu.cn。

图书在版编目(CIP)数据

Android 开发基础与案例实战：Java 版：微课视频版/童长飞编著.—北京：清华大学出版社，2023.9
21 世纪高等学校计算机类课程创新系列教材：微课版
ISBN 978-7-302-63277-1

Ⅰ.①A… Ⅱ.①童… Ⅲ.①移动终端－应用程序－程序设计－高等学校－教材 ②JAVA 语言－程序设计－高等学校－教材 Ⅳ.①TN929.53 ②TP312.8

中国国家版本馆 CIP 数据核字(2023)第 059722 号

责任编辑：陈景辉 李 燕
封面设计：刘 键
责任校对：韩天竹
责任印制：杨 艳

出版发行：清华大学出版社
　　　网　　　址：http://www.tup.com.cn，http://www.wqbook.com
　　　地　　　址：北京清华大学学研大厦 A 座　　　邮　编：100084
　　　社 总 机：010-83470000　　　　　　　　邮　购：010-62786544
　　　投稿与读者服务：010-62776969，c-service@tup.tsinghua.edu.cn
　　　质量反馈：010-62772015，zhiliang@tup.tsinghua.edu.cn
　　　课件下载：http://www.tup.com.cn，010-83470236
印 装 者：河北鹏润印刷有限公司
经　　销：全国新华书店
开　　本：185mm×260mm　　印　张：20　　　　　字　　数：490 千字
版　　次：2023 年 9 月第 1 版　　　　　　　　印　　次：2023 年 9 月第 1 次印刷
印　　数：1～1500
定　　价：59.90 元

产品编号：098667-01

前　言

　　新一轮科技革命和产业变革带动了传统产业的升级改造。党的二十大报告强调"必须坚持科技是第一生产力、人才是第一资源、创新是第一动力，深入实施科教兴国战略、人才强国战略、创新驱动发展战略，开辟发展新领域新赛道，不断塑造发展新动能新优势"。建设高质量高等教育体系是摆在高等教育面前的重大历史使命和政治责任。高等教育要坚持国家战略引领，聚焦重大需求布局，推进新工科、新医科、新农科、新文科建设，加快培养紧缺型人才。

　　当前，国内多数应用型人才培养本科院校和专科院校的计算机、软件工程、电子信息等专业均会开设移动开发相关课程，而 Android 开发占据移动开发课程的主流。考虑到高校目前 Java 课程比 Kotlin 课程普及度高，尽管 Android 开发主推 Kotlin 语言，本书依然坚持使用 Java 语言，这是为了更好地衔接现有的课程体系。在内容编排上，本书不仅讲述 Android 基础开发，还特别注重 Java 知识的渗透，让读者通过各任务的临摹学习，掌握数据的封装、接口回调、类的继承与改写、多线程开发、异步编程、数据库编程、UI 交互编程等相关知识和开发技巧，以提高 Java 开发能力，可作为 Java 后继课程的延伸。

本书主要内容

　　第 1 章　开发环境及项目的基本信息，介绍 Android Studio(2021 版)开发环境的安装、虚拟机的设置，并考虑 Intel 和 AMD CPU 的安装设置。此外，还介绍开发项目的结构，以及 Android Studio 开发过程中常用的快捷键。

　　第 2 章　Android 的布局与基本 UI，通过 9 个任务的讲解，使读者掌握 Android 开发中各 UI 组件如何布局在容器上，着重使用 LinearLayout 以及布局权重和布局对齐等特性，并以相对布局(RelativeLayout)和约束布局(ConstraintLayout)为补充，涉及文本框(TextView)、可编辑文本框(EditText)、按钮(Button)、多选框(CheckBox)、单选框(RadioButton)等 UI 的使用和事件处理。

　　第 3 章　列表与适配器，通过 9 个任务的讲解，使读者掌握批量数据的 UI 显示方法和事件处理，尤其是下拉列表(Spinner)、列表视图(ListView)、网格视图(GridView)以及 RecyclerView 的使用方法，强调自定义视图适配器的灵活应用，尤其是适配器的改写。

　　第 4 章　菜单与对话框，通过 7 个任务的讲解，使读者掌握数据在可视化界面下配合菜单与对话框实现增、删、改方法，尤其是选项菜单(OptionsMenu)、上下文菜单(ContextMenu)、弹出菜单(PopupMenu)以及对话框(AlertDialog)的使用方法，强调自定义接口实现模块解耦的编程技巧。

　　第 5 章　多线程与网络应用，通过 9 个任务的讲解，使读者掌握 Handler、自定义接口以及 LiveData 等不同方法实现的后台线程与前端 UI 的数据交互方法，通过实例验证数据的多线程安全性问题，提高多线程开发能力。在网络应用上，引入 OkHttp、Gson、RxHttp 等第三方库用于实现基于 Web API 的 JSON 数据解析与数据显示，并探讨 Activity 多种启动模式的差异。最后，引入 Jsoup 第三方库爬取 HTML 数据，自定义适配器异步解析网页和 Glide 加载网络图片,实现图书资讯 App 的基础开发。

第 6 章　数据存储与内容提供,通过 7 个任务的讲解,使读者掌握 SharedPreferences 轻量化存储、Sqlite 数据库应用以及内容提供器组件 ContentProvider 数据读写操作、系统相册读取、运行时权限等相关知识和编程技巧。

第 7 章　Fragment 与导航,通过 3 个任务的讲解,使读者掌握底部导航、碎片 Fragment 的使用、Fragment 跳转、基于视图模型的数据维持与数据传递、自定义导航控制 Fragment 的隐藏与显示等相关编程技巧。

本书特色

(1) 任务驱动式教学。各任务学习目标明确,将应用场景的沉浸与知识点融合,读者通过临摹各任务,可掌握相关知识和开发技巧,提高知识的灵活应用能力。

(2) 适合碎片化学习。各章任务尽可能地保持独立性和代码完整性,有利于初学者利用闲余时间碎片化学习,也有利于高校老师开展线上和线下混合式教学。

(3) 由浅入深,循序渐进。在内容安排上按难易程度合理安排章节顺序,各任务既保持独立性,又承上启下,符合读者的学习规律。

(4) 注重代码的解耦和通用性。本书中的所有任务均通过 Android 5.0 和 Android 10.0 测试,所写的部分工具类可直接应用于其他 Android 应用的项目开发。

配套资源

为便于教与学,本书配有微课视频(1360 分钟)、源代码、教学课件、教学大纲。

(1) 获取微课视频的方式:先刮开并用手机版微信 App 扫描本书封底的文泉云盘防盗码,授权后再扫描书中相应的视频二维码,观看教学视频。

(2) 获取源代码、全书网址的方式:先刮开并用手机版微信 App 扫描本书封底的文泉云盘防盗码,授权后再扫描下方二维码,即可获取。

源代码

全书网址

(3) 其他配套资源可以扫描本书封底的"书圈"二维码,关注后回复本书书号即可下载。

读者对象

本书可作为全国高等学校计算机及相关专业的教材和相关培训及培训机构的教学用书,同时也适合作为 Android 编程爱好者的入门读物。

本书作者在编写过程中参考了诸多相关资料,在此对相关资料的作者表示衷心的感谢。限于个人水平和时间仓促,书中难免存在疏漏之处,欢迎广大读者批评指正。

作　者

2023 年 6 月

目 录

第1章
开发环境及项目的基本信息

视频讲解

1.1 开发环境及系统要求

目前,主要以 Android Studio 集成工具来实现 Android 应用的开发,而很少使用 Eclipse。此外,还可以使用 IntelliJ IDEA 并安装相应的 SDK,实现 Android 应用的开发。由于 Android Studio 完全免费,且开发环境与 IDEA 非常相似,快捷键也基本一致,本书选择 Android Studio 作为开发环境,并以 Chipmunk(2021.2.1)Canary 6 Windows IDE 安装版 (64-bit)为例,介绍开发环境的安装过程。

Android Studio 自带 Java 开发环境,无须额外安装。若已安装 Java 开发环境,Android Studio 安装过程中也会默认使用自带 JDK,两者没有影响,读者无须卸载原有 Java 开发环境。

Android Studio 安装后占据的磁盘存储空间比较大,大约需要预留至少 10GB 的存储空间,在安装之前请确保磁盘是否有足够的存储空间。若要获得良好的开发体验,建议开发环境硬件资源具有 16GB 及以上内存,并使用固态硬盘。

1.2 Android Studio 的安装过程

双击所下载的软件,即可安装。由于国内网络问题,可能会遇到无法获取 Android SDK 添加项列表的情况,如图 1-1 所示,可直接单击 Cancel 按钮,进入下一步。

安装成功后,进入欢迎界面,如图 1-2 所示。单击 Next 按钮,进入安装选项设置界面,如图 1-3 所示。在设置界面中,可选标准模式(Standard),由软件进行默认设置;也可

图 1-1 无法获取 SDK 添加项列表的提示

选用户自定义模式(Custom),可进一步配置 JDK 的路径。事实上 Android Studio 会默认安装一个 Java JDK,并将默认路径设置到 Android Studio 所安装的 Java 开发环境路径上,如图 1-4 所示。本安装过程选择了用户自定义模式。

在图 1-4 的基础上,单击 Next 按钮进入编程主题设置界面,如图 1-5 所示,有黑色主题(Darcula)和浅色主题(Light),读者可根据自身喜好进行选择。

在图 1-5 的基础上,单击 Next 按钮进入 Android SDK 安装设置界面,如图 1-6 所示,一般可用默认设置,若 C 盘存储空间不够,则安装路径须更改到其他目录。若系统中曾经安

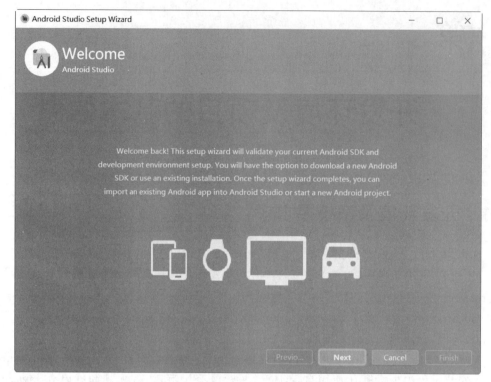

图 1-2　安装成功后的欢迎界面

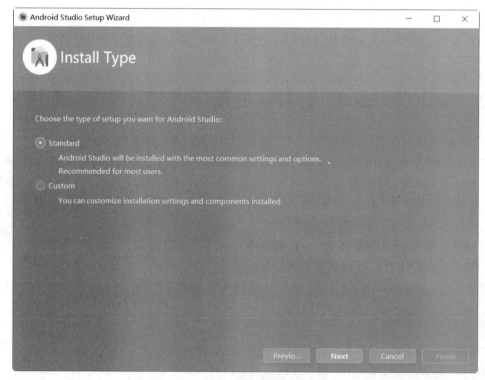

图 1-3　安装选项设置界面

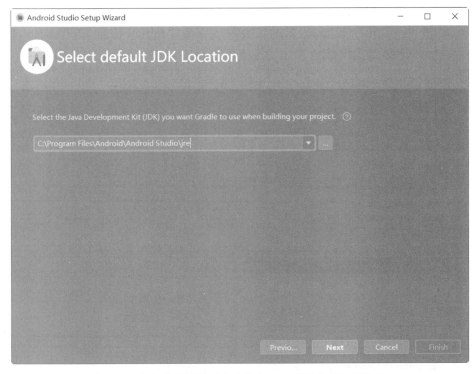

图 1-4　自定义安装过程中出现的 Java 开发环境路径设置

图 1-5　开发环境主题设置界面

装过 Android Studio 或者已有 Android SDK 目录,可通过 Android SDK Location 重新设置到已安装的路径。若是全新安装,则默认会要求安装 Android 虚拟机(Android Virtual Device,又称 Android 虚拟设备)。

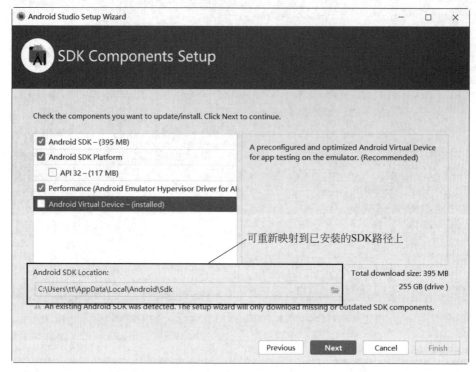

图 1-6　Android SDK 安装设置界面

在图 1-6 的基础上,单击 Next 按钮,进入下一环节。Android 开发需要创建虚拟机,将应用部署到虚拟机运行,因此开发环境需要虚拟化指令。在硬件层面,需要在主板 BIOS 中开启 CPU 虚拟化使能选项,而 Android Studio 中,则需要 CPU 相应的驱动。开发环境若是采用 AMD 的 CPU,如图 1-7 所示,则会额外安装 AMD CPU 针对虚拟机的驱动;若是 Intel

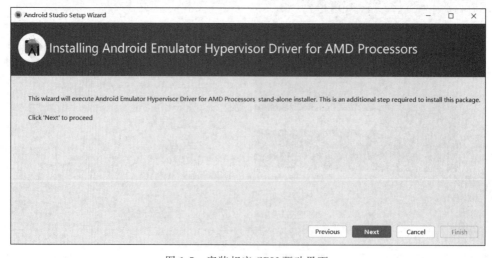

图 1-7　安装相应 CPU 驱动界面

的 CPU,则会安装对应的 x86 驱动。安装了对应的 CPU 驱动,且主板已开启 CPU 虚拟化指令,才能创建 Android x86 虚拟机。

　　判断主板 BIOS 是否已开启 CPU 虚拟化指令,可通过 Windows 任务管理器查看,如图 1-8 所示,在"性能"选项卡中选择窗口左侧的 CPU 选项,在右侧窗口底部可看到虚拟化信息。若虚拟化状态为"已启用",则 BIOS 已开启虚拟化指令,否则需要进入 BIOS 对 CPU 进行使能设置,不同主板的设置方法不同。

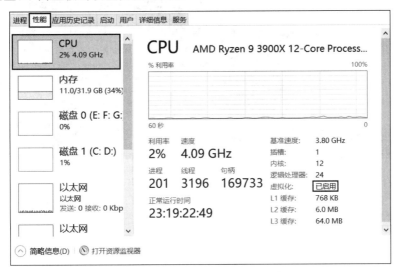

图 1-8　通过 Windows 任务管理器查看是否开启虚拟化指令

　　在图 1-7 的基础上,单击 Next 按钮进入安装设置确认界面,如图 1-9 所示。继续单击 Next 按钮,在安装协议界面选择 Accept 选项,如图 1-10 所示,最后单击 Finish 按钮安装相关内容,该过程取决于网络情况,可能耗时较长。

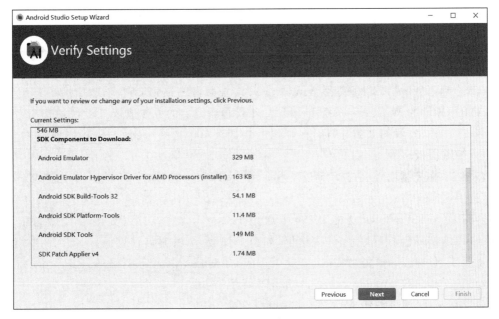

图 1-9　安装设置确认界面

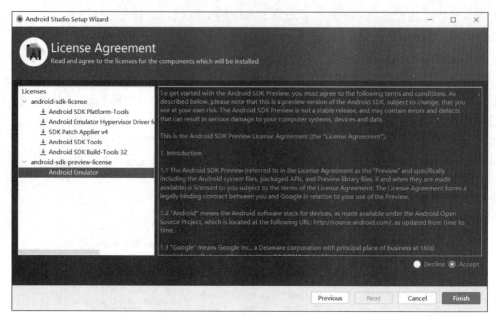

图 1-10　安装协议确认界面

对于 AMD 的 CPU,若直接安装 AMD 驱动后仍然无法创建 x86 虚拟机,则可考虑添加 Hyper-V 虚拟机功能。对于 Windows 10 或者 Windows 11 家庭版,需要安装 Hyper-V 虚拟机组件;对于 Windows 10 或者 Windows 11 专业版,由于自带对应组件,只需要设置开启即可。以 Windows 10 家庭版为例,安装 Hyper-V 虚拟机组件的脚本代码如下。

```
1    pushd "%~dp0"
2    dir /b %SystemRoot%\servicing\Packages\*Hyper-V*.mum > hyper-v.txt
3    for /f %%i in ('findstr /i . hyper-v.txt 2^>nul') do dism /online /norestart /add-
     package:"%SystemRoot%\servicing\Packages\%%i"
4    del hyper-v.txt
5    Dism /online /enable-feature /featurename:Microsoft-Hyper-V-All /LimitAccess /ALL
```

将以上脚本代码保存为 hyper.cmd 文件,执行该脚本文件,在控制台输入"Y"并按 Enter 键重启。Windows 10 或者 Windows 11 专业版可跳过此步骤。

AMD CPU 的 Windows 系统 Hyper-V 组件设置开启的方法按以下步骤完成。

步骤 1:右击"我的电脑"图标,在弹出的快捷菜单中选择"属性"→"控制面板主页"选项,进入控制面板。

步骤 2:在控制面板上选择"程序"选项,在"程序和功能"中选择"启动或关闭 Windows 功能"选项,如图 1-11 所示。

步骤 3:在"Windows 功能"窗口中启用 Hyper-V 相关功能,如图 1-12 所示;选中"Windows 虚拟机监控程序平台"复选框,如图 1-13 所示,并重启计算机。

步骤 4:创建或编辑文件"C:\Users\<your-username>\.android\advancedFeatures.ini"并添加新的一行内容:"WindowsHypervisorPlatform=on"。

设置完毕后,即可创建 Android x86 虚拟机。

在上述操作中,不同版本的 Windows 操作界面可能会有所不同,但核心内容就是通过

图 1-11 通过控制面板中"程序和功能"启动 Windows 功能

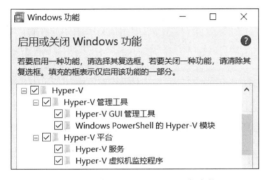

图 1-12 启用 Hyper-V 相关功能

图 1-13 启用 Windows 虚拟机监控程序平台

"程序和功能"找到"启动或关闭 Windows 功能",并启用"Hypter-V 平台"以及"Windows 虚拟机监控程序平台"。

各项安装完毕后,即可创建 Android 项目。进入创建项目的欢迎界面,如图 1-14 所示,单击 New Project 图标,即可创建新项目,随后进入 New Project 对话框,对项目模板进行设置,如图 1-15 所示。在图 1-15 中,选择 Phone and Tablet 选项,单击 Empty Activity 图标创建空白活动项目,然后单击 Next 按钮,继续进行项目设置,如图 1-16 所示。

图 1-16 中,Name 是所创建的项目的名称。Package name 是项目的包名称,当修改项目名称时,项目包名称会自动修改。Save location 是项目保存的路径,首次设置时,最好设置在开发者期望的路径中,之后创建新项目时,会默认将上次的项目保存路径的上级路径作为首选路径。Language 是开发语言,默认是 Kotlin 语言,由于本书采用 Java 选项,需要读者创建第一个项目时选择 Java 选项,之后创建的新项目默认采用上次选择的语言。通过向导所创建的项目即为 Android 应用(App),可在真机或者虚拟机上运行,项目设置项 Minimum SDK 是本项目(应用)所运行的 Android 系统最低版本,这里选择默认的 API 21,即 Android 5.0。单击 Finish 按钮,完成项目创建。在项目创建过程中,会远程下载相关资源,该过程的快慢取决于网络情况,当网速不佳时,耗时较多。项目创建成功后,可以继续创建新项目,此时,开发环境已存在相关资源,项目创建速度相比首次创建时会快很多。

项目创建成功后,进入项目开发环境编程界面,默认界面如图 1-17 所示,该界面分为项

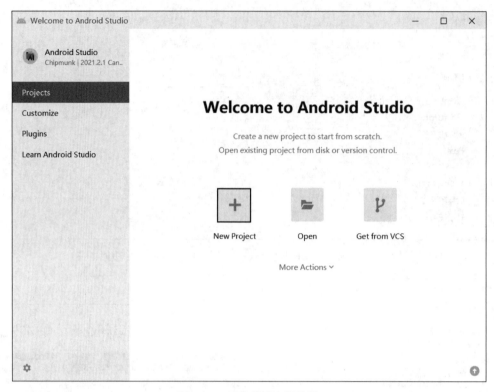

图 1-14　创建项目欢迎界面

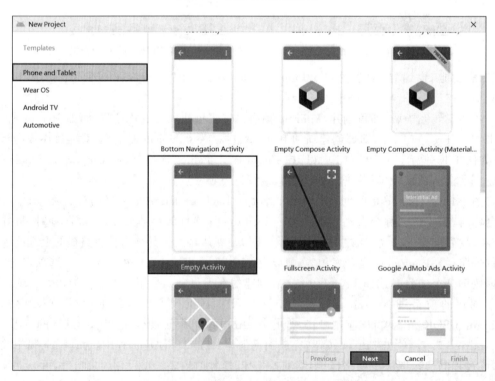

图 1-15　New Project 对话框-设置项目模板

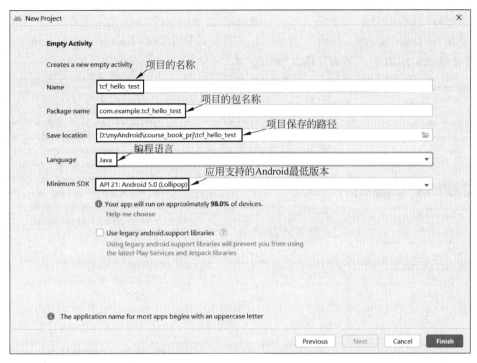

图 1-16 New Project 对话框-项目设置

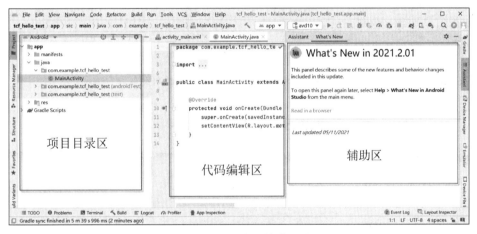

图 1-17 项目开发环境编程界面

目目录区、代码编辑区和辅助区。单击辅助区的最小化图标(Hide)可将辅助区隐藏。在项目目录区,默认视图是 Android 项目视图,与原生的项目目录视图相比,隐藏了部分文件和目录,显得简洁一些。项目目录 app 下,默认有 manifests 文件夹,存放项目的声明文件,用于配置应用的相关属性、权限等。java 文件夹,存放代码文件的文件夹,默认包含 3 个包,分别为用于编写能够正常运行代码的包、androidTest 测试包和 test 测试包。这里,初学者只关注第 1 个包即可。与 java 文件夹同级的还有 res 文件夹,res 目录下有 drawable 文件夹,用于存放图片等资源;layout 文件夹,用于存放布局文件;mipmap 文件夹,用于存放图标图片等;values 文件夹,用于存放颜色、字符串、主题等文件。Gradle Scripts 则是 Gradle 的配置文件夹,用于配置第三方库、代码仓库地址等。

若要修改代码编辑区的字体大小,可通过选择 Android Studio 菜单栏 File→Settings 选项,弹出 Settings 对话框,如图 1-18 所示,在该对话框中选择 Editor→Font 选项,在功能区中可设置代码编辑区文字的字体类型和字体大小。

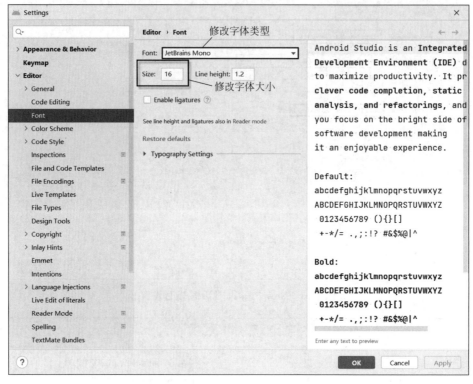

图 1-18　修改代码编辑区的字体类型和大小

1.3　Android Studio 虚拟机的设置

虚拟机设置需要打开 Device Manager(设备管理)界面,可通过选择 Android Studio 菜单栏 Tools→Device Manager 选项,如图 1-19 所示,或者单击开发界面右上角的 Device Manager 图标,进入 Device Manager 界面。

Device Manager 界面如图 1-20 所示,可以用于管理虚拟机(Virtual Device)和真实物理设备(Physical Device)。单击 Device Manager 界面下的 Create device 按钮创建新设备,由于虚拟机比较消耗系统资源,建议初学者选择分辨率小的虚拟机设备,如 320×480 或者 480×800 像素的设备,如图 1-21 所示。若创建的虚拟机是 Android 10.0 以上版本,选择分辨率为 320×480 像素的设备可能出现黑屏,则可考虑选择 480×800 像素或者更高分辨率的设备。在选择分辨率后,单击 Next

图 1-19　选择 Device Manager 选项

按钮进入系统镜像选择界面,如图 1-22 所示。在创建设备时,建议优先选择 x86 Images,镜像列表中,不同 API Level 对应不同 Android 版本。Android 6.0 及以上版本的虚拟机对于敏感操作需要运行权限,Android 11.0 虚拟机对外部存储卡的访问限制非常严格,初学者若要在虚拟机上运行早期的代码,不妨优先使用 Android 5.0(API 21)的虚拟机,从而降低学习门槛,在熟练掌握开发技术后,再考虑选择高版本的虚拟机。读者若要将代码部署到真机上,则在开发和调试阶段,建议使用 Android 10.0 及以上版本的虚拟机,使代码的运行环境与真机环境接近。

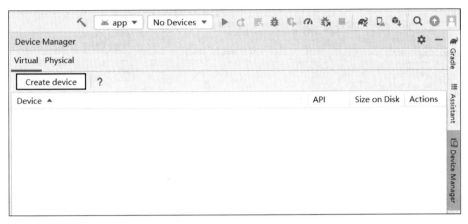

图 1-20　设备管理界面

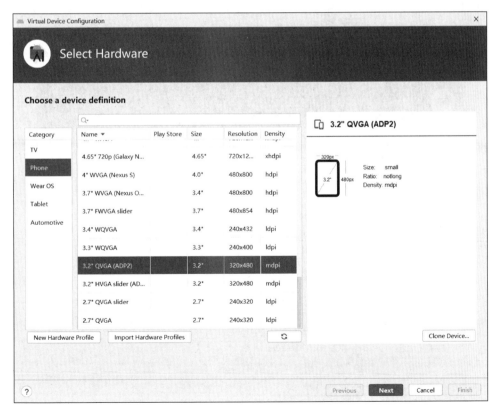

图 1-21　创建虚拟机以及选择分辨率

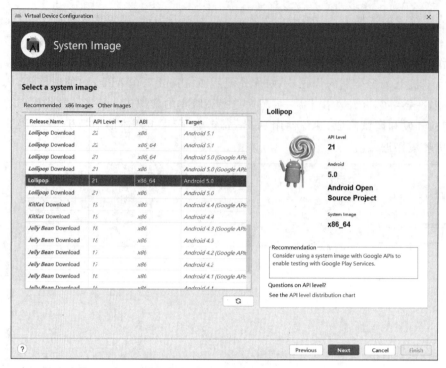

图 1-22　选择虚拟机的 Android 版本(API 版本)

在图 1-22 的基础上,单击 Next 按钮,进入虚拟机配置确认界面,如图 1-23 所示。将虚拟机重命名为方便识别的设备名称。例如,本例中将 Android 5.0 的设备命名为 avd5.0,单击 Finish 按钮完成虚拟机创建。

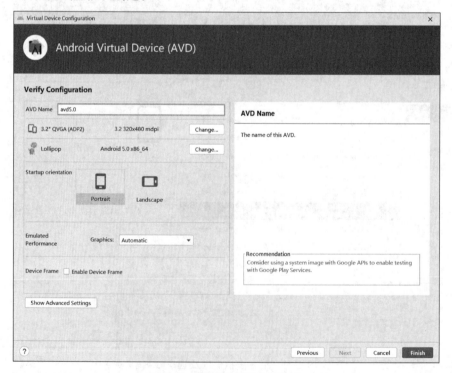

图 1-23　虚拟机配置确认界面

Device Manager 界面如图 1-24 所示,单击 Actions 下方的启动图标即可启动虚拟机。若运行过程中,虚拟机出现黑屏等问题,可关闭虚拟机,单击 Actions 下方的下拉菜单图标,如图 1-25 所示,在弹出的下拉菜单中,选择 Cold Boot Now 选项,可冷启动虚拟机,冷启动相当于重启设备。当虚拟机中安装太多应用时,可通过 Wipe Data 选项清除数据,使之恢复出厂设置。

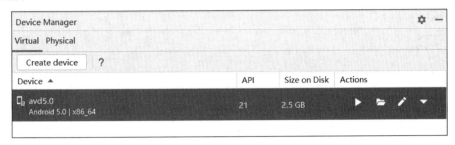

图 1-24 Device Manager 界面

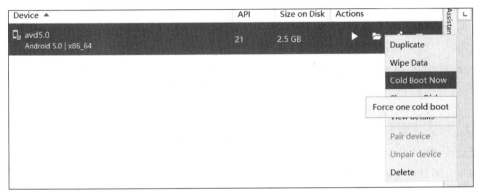

图 1-25 虚拟机冷启动

如果读者手机真机是 Android 11.0 及以上系统,可在手机里找到开发者选项,并启动无线调试。不同品牌的手机开启开发者选项的操作方式可能不同,普遍的操作是连续快速多次单击手机系统版本号,即可开启,并且在开发者选项中开启 USB 调试和 USB 安装应用功能。在图 1-26 所示的 Device Manager 界面中,单击 Pair using Wi-Fi 按钮,可实现真机与开发环境之间的无线连接。无线连接有两种模式,使用二维码扫码(Pair using QR code)或者匹配码(Pair using pairing code)连接。事实上,若携带了数据线,更稳妥的方式是直接用数据线连接计算机和手机。一般情况下,Windows 系统会自动安装驱动并在 Android Studio 中检测到物理连接的真机。

图 1-26 启动物理设备无线连接调试

图 1-27 是笔者用数据线连接后，Android Studio 中显示的真机信息，当真机与 Android Studio 连接后，可直接将程序运行在真机上。

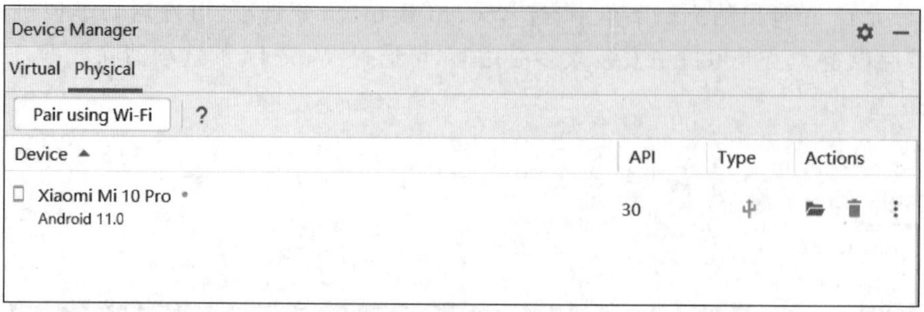

图 1-27　选择真机连接调试

当使用向导创建项目成功后，如图 1-28 所示，在开发环境右上角的图标栏中可找到虚拟机列表，在设备下拉列表中选择所期望的设备。例如，刚创建的虚拟机 avd5.0，单击旁边的 Run（运行）图标，即可启动设备并将程序运行到设备上。若虚拟机是 Android 6.0 以上版本，并且项目代码已经运行过一次，则"闪电运行"功能生效。在多数情况下，若程序只做了局部更新，闪电运行比普通运行更快部署，该功能在 Android 5.0 及以下版本不支持。单击 Debug（调试）图标，则进入调试运行模式，当需要断点运行或者单步运行时，可用调试运行功能。

图 1-28　设备下拉列表以及运行调试等图标

单击 Run 图标后，启动对应虚拟机，并把项目部署到对应虚拟机上运行，在开发环境右侧的 Emulator 界面中可看到所启动的虚拟机和运行的结果，如图 1-29 所示。

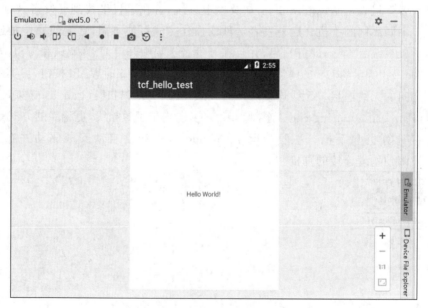

图 1-29　将应用部署到虚拟机的运行结果

若要把虚拟机作为单独的浮动窗口,可在开发环境右侧的 Emulator 界面中右击,在弹出的快捷菜单中选择 View Mode→Float 选项,将虚拟机窗口作为浮动窗口,如图 1-30 所示,则虚拟机和代码编辑区是两个独立的窗口,方便开发时将辅助窗口隐藏。

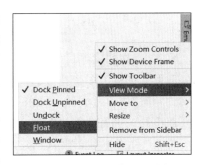

图 1-30　将虚拟机作为浮动窗口的设置方法

Android Studio 默认没有安装 SDK 源代码和帮助文档,在开发中必然会遇到不便。此时可在开发环境的菜单栏中选择 Tools→SDK Manger 选项,调出 SDK 管理对话框,如图 1-31 所示。在该对话框中选中 Show Package Details 选项,使得 SDK 各设置项可见,在对应版本的 SDK 中选中 Sources for Android xx 选项,xx 为 SDK 对应 API 版本号,本例中为 Sources for Android 31 和 Sources for Android 30,SDK 管理器会下载对应源码和帮助文档。有了离线版的帮助文档后,开发者在编写代码过程中,可使用 Ctrl＋Q 快捷键 (Windows 版本 Android Studio)调出光标所在位置相关方法的离线帮助文档,否则只能从官网中获得在线帮助文档,用户体验较差。

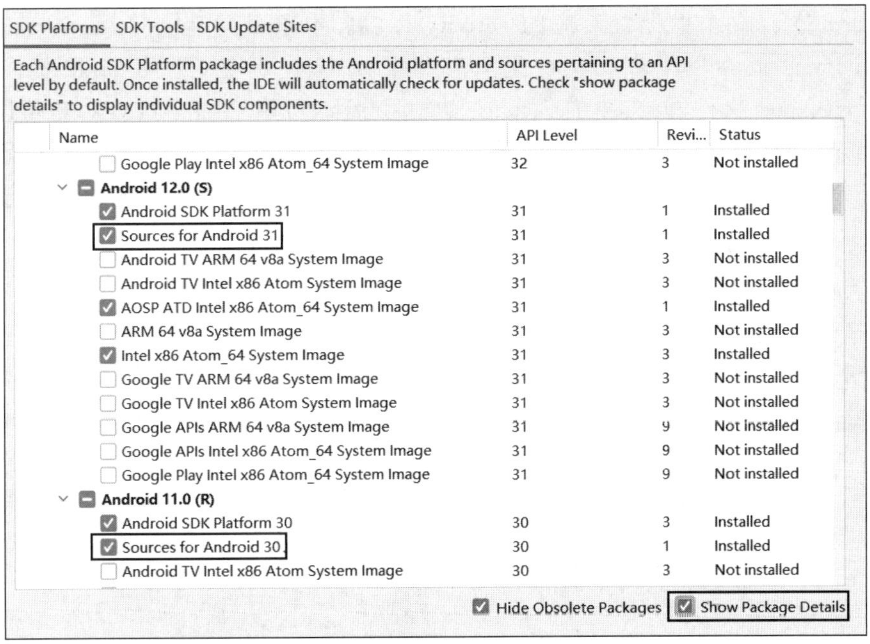

图 1-31　SDK 管理对话框的配置

至此,Android Studio 的安装、虚拟机创建和基本设置已完成。

1.4　项目的基本信息

当项目创建并编译成功后,Android Studio 会出现如图 1-28 所示的 app 下拉按钮,单击 Run 图标运行程序,即可将项目部署到默认的虚拟机上,并运行程序。官方模板创建的项目运行效果如图 1-29 所示,应用中有一个居中的 TextView(文本框),并显示"Hello World!"字样。

1.4.1　初步认识项目声明文件 AndroidManifest.xml

事实上,在创建项目的过程中,向导已默认帮开发者创建了 MainActivity.java 文件,但如果开发者创建了多个类似的 Activity(应用中的活动页面)文件,项目怎么知道要运行哪个文件? 此时,项目文件 manifests/AndroidManifest.xml 就能很好地解决这一问题。很多需要声明的应用属性需要在该文件中配置。

代码 1-1 是本项目默认创建的 AndroidManifest.xml,首行定义了 XML 的版本号以及该文件保存时所采用的编码方式,默认是 utf-8。xmlns:android 定义了 android 的命名空间,所有 android:xx 命名的属性与该命名空间所指定的协议包有关。package 指定了本项目的程序包名称,与 Java 文件夹下的程序包名称相同。application 标签(节点)定义了应用的众多属性。例如,allowBackup 指定是否支持被备份,icon 指定应用程序的图标(在系统桌面上显示的图标),label 指定应用的标题名称(同时也是应用在系统桌面上显示的名称),roundIcon 则在支持圆形图标的场合下所用的圆形图标,supportsRtl(Rtl: Right to left)表示是否支持从右到左的布局(主要用于阿拉伯语等场合),theme 是应用所采用的主题。activity 标签则定义应用活动页面的相关属性,Java 程序包里有多少个 Activity 文件,就需要在 AndroidManifest 里配置对应的 activity 标签。本项目只有一个 Activity 文件,即 MainActivity,因此本例中声明文件里只有一个 activity 标签,并且 name 指向对应的 MainActivity.java 文件,该文件在 package 的根目录下,可用.MainActivity,也可以直接用 MainActivity。事实上 Android Studio 有强大的联想功能,开发者只要在编写代码的过程中输入部分内容,即有对应的下拉列表供选择,开发者应尽可能使用该功能以减少拼写错误。

代码 1-1　项目声明文件 AndroidManifest.xml

```
1   <?xml version = "1.0" encoding = "utf-8"?>
2   < manifest xmlns:android = "http://schemas.android.com/apk/res/android"
3       package = "com.example.tcf_hello_test">
4       < application
5           android:allowBackup = "true"
6           android:icon = "@mipmap/ic_launcher"
7           android:label = "@string/app_name"
8           android:roundIcon = "@mipmap/ic_launcher_round"
9           android:supportsRtl = "true"
10          android:theme = "@style/Theme.Tcf_hello_test">
11          < activity
12              android:name = ".MainActivity"
13              android:exported = "true">
14              < intent-filter >
15                  < action android:name = "android.intent.action.MAIN" />
16                  < category android:name = "android.intent.category.LAUNCHER" />
17              </intent-filter>
18          </activity>
19      </application>
20  </manifest>
```

activity 标签里的 exported 属性具有 true 和 false 两种值,值为 true 时,表示该 Activity 能被其他的应用启动;值为 false 时,则不能被其他的应用启动,只能被该 Activity 所在的应用启动。intent-filter 标签是意图过滤器,在本例中有 action 属性和 category 属性,其中 action 标签中 android:name="android.intent.action.MAIN"表示该 Activity 作为应用启动的首个活动页面,相当于 C 或者 Java 里的 main()函数,category 标签中 android:name="android.intent.category.LAUNCHER"表示该应用部署到手机上,能在应用列表里找到,否则将找不到。本例中只有一个 Activity,若把 category 属性注释(选中该行,用 Ctrl+/快捷键进行快速注释),得到如下注释行:

```
<!--    <category android:name="android.intent.category.LAUNCHER" />-->
```

则本项目将部署失败,应用不会启动。注意,在 XML 中,注释的方式与 Java 代码不同,XML 用<!-- -->注释一行代码。

1.4.2　项目的资源引用方式

在代码 1-1 中使用了很多资源引用,例如,android:icon="@mipmap/ic_launcher"表示应用的图标使用了所引用的图片资源,其中"@"表示引用,mipmap 是 res/mipmap 文件夹,该文件夹下放置的图标文件如图 1-32 所示。本例中有图标 ic_launcher 和 ic_launcher_round,并且这两个图标有多个不同分辨率的文件,其中 mdpi 表示中等分辨率,hdpi 表示高分辨率,xhdpi 表示超高分辨率,xxhdpi 表示超超高分辨率。

除了 mipmap 文件夹,还可以将图片资源放在 res/drawable 文件夹下。注意,文件名称不能有大写字母,并且第一个字符不能是数字,在 XML 中用@drawable/xxx 的方式进行引用,xxx 指图片文件名称。

代码 1-1 中,字符串也使用了引用的方式,@string/app_name 表示引用的对象是 string 类型,对象名称是 app_name,这些引用值在 res/values 文件夹下可找到对应文件,如图 1-33 所示。习惯上,将字符串类型的数据定义在 strings.xml 文件中,颜色值定义在 colors.xml 文件中,但事实上,这些值可以定义在任何合法命名的 XML 文件中。

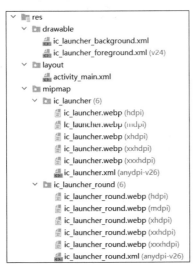

图 1-32　图标资源文件夹 mipmap

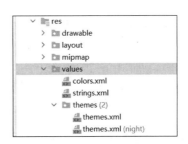

图 1-33　项目的 values 文件夹

代码 1-2 是文件 strings.xml 的内容,根节点 resources 表示该 XML 所定义的是资源,可供 Android 代码(引用形式为 R. xxx. yyy)或者 XML 引用(引用形式为@xxx/yyy),其中xxx 为数据类型,yyy 为变量的名称,在 resources 标签内部有 string 标签,表示字符串数据类型,name 属性定义的是该变量的名称,标签内的值即为该变量对应的值。根据代码 1-2,使用@string/app_name 引用的值是 tcf_hello_test。应用的标题使用 android:label 属性值,因此图 1-29 中,该应用的标题为 tcf_hello_test。

代码 1-2   app_name 赋值引用的资源文件 res/values/strings. xml

```
1    < resources >
2        < string name = "app_name"> tcf_hello_test </string >
3    </resources >
```

在 Android 开发中,字符串值建议用 XML 资源来定义,其好处是字符串不内嵌在代码中,当需要修改字符串的值时,可直接在 XML 文件中修改,不用在代码中查找修改。例如,将某个按钮的显示字符串由 OK 改成"确定",只需修改 XML 中该字符串的值,程序代码毫无影响。但是,在本书中,为了减少篇幅,并提高程序阅读性,很多程序中字符串值是直接在代码中赋值,并没有采用代码和字符串分离的方式。

1.4.3   项目的代码和布局文件

如图 1-34 所示,使用 Empty Activity 模板创建项目,默认会创建一个 MainActivity. java 文件和对应的 activity_main. xml 布局文件,布局文件在 res/layout 文件夹中。MainActivity 程序如代码 1-3 所示,首行 package 指明该 Java 文件的包名,即该 Java 文件所在的包。当同一个 Java 文件使用了两个不同包的同名类时,则可以通过完整的"包名. 类名"的形式进行区分。例如,有两个同名不同功能的类,均为 C,分别在 A1. B1 包和 A2. B2 包下,则可用 A1. B1. C 和 A2. B2. C 完整的命名方式使用两个同名不同功能的类。

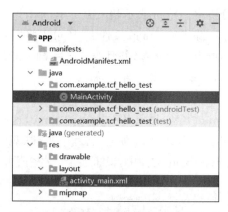

图 1-34   项目默认创建的代码和布局文件

代码 1-3   应用程序 MainActivity. java

```
1    package com. example. tcf_hello_test;
2    import androidx. appcompat. app. AppCompatActivity;
3    import android. os. Bundle;
4    public class MainActivity extends AppCompatActivity {
5        @Override
6        protected void onCreate(Bundle savedInstanceState) {
7            super. onCreate(savedInstanceState);
8            setContentView(R. layout. activity_main);
9        }
10    }
```

代码 1-3 中,通过 import 导入了两个类 androidx. appcompat. app. AppCompatActivity和 android. os. Bundle。其中,AppCompatActivity 继承自 Activity,称为活动,是应用中所显示的一个活动页面,封装了很多系统功能,其中最重要的一个回调方法是 onCreate()方

法,在活动刚创建的时候会调用该方法,onCreate()方法负责视图和数据的初始化。Bundle
类似于一个超级 Map,通过 key-value 的键值对存放数据。本例中,用户自定义的
MainActivity 继承自 AppCompatActivity,是 Activity 类,具有活动页面的特性和行为,并
通过改写 onCreate()方法实现自定义视图的初始化。

    读者完全不用担心如何导入包以及如何去记这些包完整的路径,Android Studio 非常
强大,各类的包可通过开发环境自动导入。当用户写出类的部分名称时,会弹出下拉列表供
用户选择相关的类。当用户选择某个类后,该类对应的包将被自动导入。若用户完整地输
入类的名称,没有通过选择对应类进行自动导包,编译器反而会对该类标红提示错误。此
时,可单击并将光标悬停在该类上,然后开发工具会提示通过 Alt+Enter 快捷键自动导入包
修复错误(本书所有的快捷键均针对 Windows 版本的 Android Studio)。读者可尝试将 import
androidx. appcompat. app. AppCompatActivity 语句删除,如图 1-35 所示,AppCompatActivity 由
于没有导入包将被编译器检测标红,通过 Alt+Enter 快捷键即可自动导入对应包。

图 1-35   代码的编译检测与自动修复提醒

    在 onCreate()方法中传入一个 Bundle 类型的参数 savedInstanceState,负责活动页面暂停、
退出以及重进入等行为后的数据跟踪,在此例中,由于用户没有对 savedInstanceState 参数做任
何初始化处理,该对象是 null 对象,可对其不做任何处理。super. onCreate()方法指的是
MainActivity 父类 AppCompatActivity 的 onCreate()方法。@Override 在 onCreate()方法之前
修饰,表示该方法是对父类 onCreate()方法的改写。setContentView()方法的作用是将一
个视图文件(XML 文件)加载到本活动作为活动页面的视图,在本例中,其参数为
R. layout. activity_main 表示将 res/layout/activity_main. xml 文件作为视图。这种设计模
式是典型的 MVC(Model-View-Controller)分离模式,其好处是,视图和控制代码可以分开
设计,减少相互影响的耦合程度。

    布局文件如代码 1-4 所示,该布局的根节点使用了 ConstraintLayout(约束布局),并在
布局内有一个 TextView(文本框),作为布局的子视图。ConstraintLayout 功能强大,能实
现 RelativeLayout(相对布局)所能实现的功能,是当前 Android Studio 开发模板的默认根
布局,其属性较多,它在 Android Studio 中可以通过拖拽操作进行可视化布局。读者若阅读
代码 1-4 有困难,可忽略,在第 2 章中,将通过更简单的布局讲述基本 UI 的设计。

代码 1-4   布局文件 res/layout/activity_main. xml

```
1    <?xml version = "1.0" encoding = "utf - 8"?>
2    < androidx. constraintlayout. widget. ConstraintLayout xmlns:android = " http://schemas.
     android. com/apk/res/android"
3        xmlns:app = "http://schemas. android. com/apk/res - auto"
4        xmlns:tools = "http://schemas. android. com/tools"
5        android:layout_width = "match_parent"
6        android:layout_height = "match_parent"
7        tools:context = ". MainActivity">
8        < TextView
9            android:layout_width = "wrap_content"
10           android:layout_height = "wrap_content"
```

```
11              android:text = "Hello World!"
12              app:layout_constraintBottom_toBottomOf = "parent"
13              app:layout_constraintEnd_toEndOf = "parent"
14              app:layout_constraintStart_toStartOf = "parent"
15              app:layout_constraintTop_toTopOf = "parent" />
16      </androidx.constraintlayout.widget.ConstraintLayout >
```

1.4.4 项目的 Gradle 文件

Android Studio 会给每个项目创建 Gradle 文件,具体结构如图 1-36 所示,读者需要关注的是 Module 的 build.gradle 文件和 settings.gradle 文件。Module 的 build.gradle 文件主要定义了项目运行的兼容 Android 版本、项目版本号、依赖库的代码仓库地址等,settings.gradle 则提供了常用代码仓库的地址。

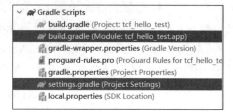

图 1-36　Android 项目的 Gradle 文件

代码 1-5 是 Android 项目所创建的 Module gradle 文件配置信息,开发者需要了解如下关键信息。

(1) compileSdk 30 表示该项目编译所用的 SDK 版本是 API 30(Android 11.0),当开发环境 SDK 升级后,会默认使用最新的 SDK 版本。

(2) applicationId "xxx"表示该应用的 Id,xxx 默认与该项目的项目包相同。

(3) minSdk 21 表示该项目运行的最低 Android 系统版本是 API 21(Android 5.0),低于该版本的 Android 系统不能运行本项目所编译的应用。

(4) targetSdk 30 是目标设备运行的 API 版本,项目创建时,默认 targetSdk 和 compileSdk 的 API 相等,但并不意味着编译后的项目只能运行在该版本的系统上,程序可运行在 minSdk 之上的任何版本的系统中,但若运行系统版本大于 targetSdk 所规定的版本,不保证兼容性。例如,假设 targetSdk 和 compileSdk 是 Android 5.0,而程序中使用了访问联系人权限,若只是在声明文件 AndroidManifest 中声明了对应权限而没有在程序中使用运行时权限,则该应用能在 Android 5.0 中运行,但在 Android 6.0 及以上版本的系统中则会因为缺少运行时权限而出错。

(5) compileOptions 中增加了 JDK1.8 的兼容性选项,若没有该选项,则默认认为 JDK 低于 JDK1.8,导致 Lamda 表达式、RX Java 等第三方库无法使用。

(6) dependencies 是该项目相关的依赖库,若编写好的程序在不同版本的 Android Studio 中打开,其 Gradle 版本以及依赖库(如 appcompat、constraintlayout 以及相关的测试等)与本地依赖库可能不同,会使得 Android Studio 联网下载相关依赖,若网速不佳,将导致该过程非常耗时。

代码 1-5　项目 Module 模块的文件配置信息 build.gradle

```
1    plugins {
2        id 'com.android.application'
3    }
4    android {
5        compileSdk 30
```

```
6        defaultConfig {
7            applicationId "com.example.tcf_hello_test"
8            minSdk 21
9            targetSdk 30
10           versionCode 1
11           versionName "1.0"
12           testInstrumentationRunner "androidx.test.runner.AndroidJUnitRunner"
13       }
14       buildTypes {
15           release {
16               minifyEnabled false
17               proguardFiles getDefaultProguardFile('proguard-android-optimize.txt'),
    'proguard-rules.pro'
18           }
19       }
20       compileOptions {
21           sourceCompatibility JavaVersion.VERSION_1_8
22           targetCompatibility JavaVersion.VERSION_1_8
23       }
24   }
25   dependencies {
26       implementation 'androidx.appcompat:appcompat:1.3.0'
27       implementation 'com.google.android.material:material:1.4.0'
28       implementation 'androidx.constraintlayout:constraintlayout:2.0.4'
29       testImplementation 'junit:junit:4.13.2'
30       androidTestImplementation 'androidx.test.ext:junit:1.1.3'
31       androidTestImplementation 'androidx.test.espresso:espresso-core:3.4.0'
32   }
```

1.5　Android Studio 的常用快捷键

Android Studio 的快捷键可通过选择开发环境菜单栏的 Help→Keymap Reference 选项获得,事实上它和 IntelliJ IDEA 等开发工具的快捷键几乎完全一致。在开发过程中,读者应学会使用快捷键,提高代码编写效率。

这里列出常用的快捷键(Windows 环境,字母不分大小写),更多快捷键可在帮助文件中查看。

- Ctrl+Shift+Space (Ctrl+Alt+Space):代码智能自动填充。
- Alt+Enter:快速修复错误,使用时光标须定位到提示错误的地方。
- Alt+Insert:代码生成器,如构造方法、类成员变量的 getter 和 setter 方法、方法重写、接口实现、toString()方法等。
- Ctrl+Alt+T:调出 try-catch、if、for 等代码模板,先选中需要使用模板的代码,再使用快捷键。
- Ctrl+D:快速复制当前行代码。
- Ctrl+鼠标左键:跳转到定义处。
- Ctrl+Alt+左箭头:跳转到上次编辑处。
- Ctrl+Alt+V:将当前赋值或者方法调用的返回值赋为局部变量(V:Variable),使用频率极高,大大提高编程效率。

- Ctrl+Alt+F：将当前赋值或者方法调用的返回值赋为成员变量(F：Field)。
- Ctrl+Alt+M：将选中的代码块提取成一个方法(M：Method)。
- Ctrl+P：查看方法的参数信息。
- Ctrl+Q：调出帮助信息，如方法的使用文档和参数说明、返回值定义等。
- Shift+F6 智能重命名，相关变量或者类会自动改名。
- Ctrl+/：当前行代码注释与反注释。
- Ctrl+Shift+/：选中代码块注释与反注释。
- Ctrl+Alt+L：代码格式化，将代码缩进等调整得更加美观。
- Ctrl+O：显示父类所有可改写的方法，包括接口方法。
- Ctrl+Alt+O：优化代码导入包，删除未被使用的包。
- F8：单步调试(Step Over)，当前代码单行执行，若是方法调用，则执行方法直至方法返回。
- F7：单步调试(Step Into)，若是单行赋值代码与 F8 相同，若是方法调用，则会跳入方法，执行所调用方法的首行代码并暂停。
- Alt+F9：执行到光标处。
- Alt+F8：弹出表达式窗口，可对对象进行表达式运算。
- F9：全速运行，若遇到下一个断点，则暂停到下一个断点，在调试中常和 F8、断点等配合使用。

第2章

Android的布局与基本UI

2.1 按钮与文本框的互动

2.1.1 任务说明

本任务的演示效果如图 2-1 所示。在该应用中,活动页面视图的根节点(容器)为垂直的 LinearLayout(线性布局),在布局中依次放置 3 个 UI:1 个 TextView(文本框),显示个人信息;1 个 Button(按钮),id 为 button,实现用户交互;1 个 TextView,id 为 tv_result,显示随机的 3 位数。单击 Button,tv_result 文本框的内容更新,显示一个随机的 3 位整数,并且弹出 Toast(提示信息),显示当前 Button 的单击总次数。

该任务是一个入门引导任务。通过该任务的学习,读者可以掌握 Android 项目的创建、LinearLayout 的初步使用、Button 的单击触发事件处理、TextView 文本内容的更新,以及 Toast 的使用。

2.1.2 任务相关知识点

1. Android 的常用布局

Android 的布局解决的是 UI 怎么放置的问题。为了更好地管理 UI,这些 UI 需要放置在容器中。在不同的容器中放置 UI 的逻辑也不一致。在 Android 中,常用的布局容器有 ConstraintLayout(约束布局)、LinearLayout、RelativeLayout(相对布局),以及 FrameLayout(帧布

图 2-1 任务的演示效果

局)等。其中,ConstraintLayout 在 Android Studio 中以 androidx 扩展包的方式引入,并且在创建项目或者创建布局时作为默认的布局容器,由于 ConstraintLayout 不是 Android 原生内置的,该布局需要在 Gradle 文件中添加依赖库(创建项目时默认已在 Gradle 文件中添加了对应依赖),并且不同版本 Android Studio 以及 SDK 默认使用的依赖库版本是不同的。例如,Android Studio Chipmunk 以及 SDK 30,Gradle 依赖库如下:

```
dependencies {
    implementation 'androidx.constraintlayout:constraintlayout:2.0.4'
}
```

当读者编写的代码在不同版本 Android Studio 之间运行时,若开发环境没有对应的依赖库,则打开项目时会自动下载依赖库并进行更新。ConstraintLayout 能实现 RelativeLayout 布局所能实现的所有效果,功能强大,被 Android 优先推荐,但是它需要设置的属性较多,对初学者并不友好。因此,在本书中依然以 LinearLayout 作为主要的布局容器。

FrameLayout 将 UI 按 XML 中的出现次序叠加放置,底部的 UI 将被顶部的 UI 遮挡,该布局一般在特定场景中使用。RelativeLayout 设置 UI 相对位置关系,包括居中、左右对齐等。LinearLayout 则将 UI 按水平方向或垂直方向依次放置,该布局逻辑比较简单,但是做复杂界面时需要嵌套多个 LinearLayout,效率较低。

2. LinearLayout 的使用要点

LinearLayout 有两种方向:水平放置(horizontal)和垂直放置(vertical)。水平放置是指将 UI 按照从左到右的顺序放置,垂直放置则按照从上到下的顺序放置。控制 LinearLayout 方向的属性是 android:orientation,属性值为 vertical 表示垂直放置,属性值为 horizontal 则表示水平放置。实际操作中,可将光标定位到属性值上,使用 Ctrl+Alt+ Space 快捷键即可弹出相关属性值下拉列表供开发者选择,或者输入属性值的部分单词,利用 Android Studio 强大的联想提示完成操作。

容器中常用的属性还有宽度 android:layout_width 和高度 android:layout_height,其值可以是具体的数值加计量单位(如 10dp),也可以是描述值(如 match_parent 或 wrap_content)。属性值 match_parent 表示匹配父容器剩余空间,当容器作为该 XML 布局文件的根节点时,则父容器指运行设备的屏幕,因此,android:layout_width="match_parent"表示其宽度与父容器(屏幕)同宽。属性值 wrap_content 表示包围内容,即由内容决定其宽度或高度,因此,android:layout_height="wrap_content"表示其高度由内容决定。

在 LinearLayout 中,若布局方向是水平的,当该布局中有多个 UI,并且其中一个 UI 的宽度属性值是 match_parent,则该 UI 将占据所在 LinearLayout 的所有剩余宽度,使得后续的 UI 不可见;若布局方向是垂直的,且其中一个 UI 的高度属性值是 match_parent,则该 UI 占据所在容器的所有剩余高度,使得后续 UI 不可见。在开发过程中,若发现某些 UI 在布局预览中不可见,可检查是否发生前置 UI 宽度或者高度属性值为 match_parent 时所产生的挤占问题。

在 Android 中常用的计量单位有 dp(相对像素)、sp(用于字体大小的放大像素)、pt(磅)、px(物理像素)等。Android 推荐使用 dp 描述 UI 尺寸,sp 描述字体大小。在不同屏幕密度的设置中,1dp 对应的 px 是不一致的,具体计算公式为

$$px = dp \times (dpi/160)$$

其中,dpi 为屏幕密度。当某设备的屏幕密度是 320dpi 时,则在该屏幕上 1dp=2px。在 UI 布局中,不推荐使用 px 或 pt 等绝对物理值,其原因是当 UI 设计者在某低密度屏幕上完成的 UI 设计在高密度屏幕上的显示效果可能很糟糕。例如,在 160dpi 的屏幕上设计的一个高度为 20px 的 Button,在高密度屏幕上显得很小,会让用户难以使用。

3. Button 的单击事件

Button 是 UI 编程中最常用的组件之一,它常用的功能是捕捉用户的单击事件,并在单击事件中处理相应的逻辑。Button 单击事件在程序中可用 Button 对象的 setOnClickListener() 方法设置单击侦听器。由于侦听器的传参为接口对象,设置侦听器又常被称为设置接口。

侦听器常见的处理方式有两种。

(1) 直接匿名实现。例如,对 Button 单击侦听,可通过 new OnClickListener()生成接口对象来实现。在开发环境里输入 new 以及空格,再利用 Ctrl+Alt+Space 快捷键弹出下拉列表,选择 View.OnClickListener 即可由 Android Studio 自动补全该接口以及对应的需要重写的方法,具体实现可参考代码 2-1。

(2) 通过类接口实现。在 Activity 类中实现 Button 单击事件接口,并将侦听器的传参设置为 this,指向 Activity 实例。例如,对 Button 单击侦听,可在 MainActivity 中实现 View.OnClickListener 接口,并将 setOnClickListener()方法的参数用 this 指向 MainActivity 实例,具体实现参考代码 2-2。注意,在 onClick()方法之前有@Override 注解,表示该方法是重写接口所定义的方法,尤其是在代码 2-2 中;若没有@Override 注解,则 onClick()方法仅仅是 MainActivity 类中的一个普通方法,不是 OnClickListener 接口需要改写的方法,将导致单击 Button 时因找不到对应的回调方法而产生程序崩溃的错误。

代码 2-1　直接匿名实现接口

```
1   bt.setOnClickListener(new View.OnClickListener() {//bt 为 Button 对象
2       @Override
3       public void onClick(View v) {
4           //在 onClick()方法中处理 Button 单击事件
5       }
6   });
```

代码 2-2　通过类接口实现单击事件处理

```
1   public class MainActivity extends AppCompatActivity
2                               implements View.OnClickListener {
3       @Override
4       protected void onCreate(Bundle savedInstanceState) {
5           …
6           bt.setOnClickListener(this);              //this 指向 MainActivity 实例
7           //若该 Activity 实现了 View.OnClickListener 接口,则会触发该接口的回调方法
8       }
9       @Override
10      public void onClick(View v) {
11          //MainActivity 中实现接口 View.OnClickListener 的回调方法
12          //Button 的单击事件处理
13      }
14  }
```

Button 事件处理还有一种用法是在 Button 所在的 XML 布局文件中,对 Button 标签增加一个 android:onClick 属性,并在 MainActivity 类中定义一个 public 方法。注意,该方法必须有传参 View 对象,并把 XML 中 android:onClick 的属性值设为 MainActivity 类中的对应方法。这种处理方式省去了在 MainActivity 中需要找 Button 对象并设置对应侦听事件的操作,相比前述两种方法要更加简洁。在编程技巧上,可利用 Android Studio 快捷实现,在 XML 文件的 Button 标签中增加如下属性。

```
    < Button
…
        android:onClick = "buttonOnClick"
… />
```

将光标定位到 android:onClick="buttonOnClick"处,利用 Alt+Enter 快捷键,弹出图 2-2 所示提示框,选择 Create onClick event handler 选项,并选择布局文件对应的 Activity (MainActivity),则 buttonOnClick()方法会自动创建到对应类中,如代码 2-3 所示。

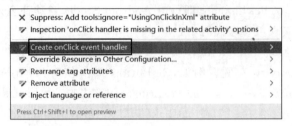

图 2-2　在 XML 中创建 Button 的单击事件

代码 2-3　利用 XML 反向定义自动生成 Button 单击事件

```
1    public class MainActivity extends AppCompatActivity {
2        @Override
3        protected void onCreate(Bundle savedInstanceState) {
4            …
5        }
6        public void buttonOnClick(View view) {
7            //Button 的单击事件处理
8        }
9    }
```

在 XML 文件中,Button 的 android:text 属性值为 Button 上显示的文本,若是英文字符,则在 XML 中不管大小写,在 Button 中均显示为大写文本。在 Java 代码中,可通过 Button 对象的 setText()方法设置 Button 上的文本,以及 getText()方法获取 Button 上的文本。

4. 文本框

文本框分为不可编辑文本框 TextView 和可编辑文本框 EditText,其区别是 TextView 用于显示字符串,不支持用户编辑,而 EditText 则支持用户编辑。在 XML 中,常用的属性有以下几种。android:textColor 属性用于设置字体颜色。android:textSize 属性用于设置字体大小。android:autoLink 属性用于识别文本框内文字的链接,当值为 phone 时,可识别字符串中的电话号码,并且形成链接,单击该电话号码链接会启动拨号程序;当值为 web 时,可识别字符串中的网址,并且形成链接,单击该网址链接会启动浏览器访问该网址;当值为 all 时,可识别字符串中的电话号码、网址、邮箱,以及地图等数据格式,并且形成链接,用户单击链接会启动对应应用。

EditText 的 android:ems 属性用于控制文本框宽度,在 EditText 的宽度是 wrap_content 时生效,该属性定义 EditText 空文本时的宽度为多少字符宽度;但是当 EditText 的宽度是 match_parent 时,该属性失效,此时宽度由父容器的剩余宽度决定。该设计逻辑是合理的,当宽度是包围内容时,若用户没有输入信息,EditText 宽度很小,需要 ems 来定义文本框宽度;当宽度匹配父容器时,则 ems 的设置没有意义。

EditText 的 android:inputType 属性设置了该组件的输入类型,当属性值为 textPassword 时,表示文本框为密码型,输入的文字用密码符显示,不显示明文;当属性值为 phone 时,其输入键盘会变成对应的号码型键盘以匹配输入类型。android:inputType 属性值还支持或("｜")操作,使之同时具备多种类型。例如,android:inputType＝"phone｜numberDecimal"表示同时支持电话号码和数字键盘。

EditText 的 android:hint 属性控制文本框提示信息,当输入文字清空时,文本框会显示其属性值所对应的字符串,提示用户该文本框需要输入什么内容,当用户输入一个以上字符后,文本框的提示信息会自动消失。

在 Java 代码中,对文本框的操作主要有 setTextSize()方法,用于改变文本大小;setTextColor()方法,用于改变文本颜色;setText()方法用于改变文本内容等操作。若要获得文本值,TextView 和 EditText 略有不同,具体如下:

```
String et_value = et.getText().toString();        //et 为 EditText 对象
CharSequence tv_value = tv.getText();             //tv 为 TextView 对象
```

其中,EditText 的 getText()方法获得的是 Editable 对象,需要使用 toString()方法转为字符串,而 TextView 的 getText()方法获得的是 CharSequence 对象,可直接当字符串使用。

在 Android 中,常用 Toast 显示提示信息,该信息弹框显示一段时间后会自动消失,图 2-1 中,"第 6 次按钮"是 Toast 的弹框效果(不同版本虚拟机弹框效果不同)。Toast 使用静态方法 makeText()设置文本,其方法声明如下:

```
public static Toast makeText(android.content.Context context,
                         CharSequence text, int duration)
```

其中,context 是上下文,在活动类 Activity 中,可直接用 this,但在匿名接口回调中,this 指向的是匿名方法所定义的接口对象,而非 Activity 对象,此时需要用活动类名称. this 指向。例如,在 MainActivity 类的匿名接口回调中,使用的上下文是 MainActivity. this。第 2 个参数 text 是需要显示的文本。第 3 个参数 duration 是显示的时长,有两个选值:Toast. LENGTH_LONG(显示时间长)和 Toast. LENGTH_SHORT(显示时间短)。仅仅调用 Toast 的 makeText()方法并不能显示提示信息,还需要调用 show()方法才能显示,习惯上采用链式表达,直接在 makeText()方法之后调用 show()方法显示信息。

2.1.3　任务实现

打开 Android Studio,选择菜单栏 File→New→New Project 选项创建新的 Android 项目,在模板中选择 Phone and Tablet 选项,并选择 Empty Activity 模板创建项目。在项目向导中,输入项目的名称(本任务为 tcf_task2_1),设置项目的存储位置,编程语言选择 Java,最小 SDK 选择默认值(API 21,Android 5.0,不同的 Android Studio 版本对应的最小 SDK 可能不同),最后,单击 Finish 按钮等待创建。

1. 实现 UI 布局

项目创建成功后,默认会创建一个 MainActivity 类和对应的 activity_main. xml 布局文件。布局文件默认使用 ConstraintLayout,不符合入门学习,在本任务中将创建新的布局文件将其替换。右击 res/layout 文件夹,在弹出的快捷菜单中选择 New→Layout Resource File 选项,弹出 New Resource File 对话框,如图 2-3 所示,将文件名称命名为 my_main,根节点(Root element)由默认的 ConstraintLayout 改为 LinearLayout。双击 my_main. xml 布局文件,可得到该 UI 布局的编辑界面,有 Code、Split 和 Design 三种界面,其中 Code 界

面显示该文件的 XML 代码;Design
界面显示 UI 的设计,具有 UI 拖动面
板、视图预览效果、结构图,以及 UI 的
属性编辑面板等;Split 界面则结合
Code 界面和 Design 界面,同时显示
布局的 XML 代码和预览效果。

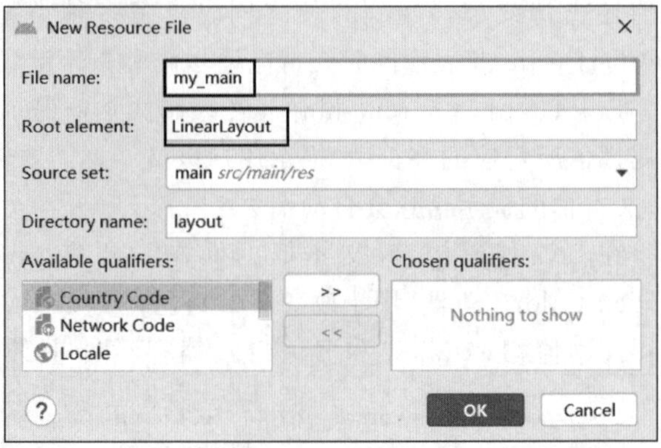

确认布局文件处于 Design 界面,
然后利用控制面板,依次拖动
TextView 和 Button 等 UI 组件到
LinearLayout 中。切换到 Code 界面,
修改 3 个 UI 的 android:text 属性,并

图 2-3 新建一个根节点为 LinearLayout 的布局文件

修改第 2 个 TextView 的 id 值,修改之后的 my_main.xml 布局文件如代码 2-4 所示。根节
点 LinearLayout,其方向属性值为 vertical,因此该容器内的 UI 按从上至下的顺序放置。容
器宽和高的值设为 match_parent,由于该容器的父视图即为屏幕,LinearLayout 的尺寸匹
配屏幕宽度和高度。第 1 个 TextView 的高度值若由 wrap_content 改为 match_parent,则
该 TextView 将占据 LinearLayout 的整个高度,将导致后续的 Button 和第 2 个 TextView
不可见。第 1 个 TextView 在 Java 代码中没有被使用,因此在 XML 中删除了 id 属性,使其
在编程中无法被引用,以防被误用。

Button 的 id 属性值被设置为@+id/button,其中,@+表示创建 id,即该 UI 将使用所
创建的 id,与之不同的是,@id/button 表示引用 id 值为 button 的 UI。在 Java 代码中,则用
R.id.button 引用该 UI。同一个 XML 文件不同 UI 的 id 值必须不同,以保证 id 的唯一性,
但同一个项目不同 XML 文件可以使用重复的 id 值。例如,布局文件 1 可以用@+id/
button 为该文件某个 Button 创建 id 值,布局文件 2 的另一个 Button 也可以用@+id/
button 创建 id 值,互不影响。第 2 个 TextView 的 id 值被修改为@+id/tv_result。注意,
在布局文件中,注释使用"<!---->",并且只能注释在标签之外,无法在标签内注释。

代码 2-4　布局文件 my_main.xml

```
1    < LinearLayout xmlns:android = "http://schemas.android.com/apk/res/android"
2        android:orientation = "vertical"
3        android:layout_width = "match_parent"
4        android:layout_height = "match_parent">
5    <!-- 根节点:垂直的线性布局,占据整个屏幕高度和宽度 -->
6        < TextView
7            android:layout_width = "match_parent"
8            android:layout_height = "wrap_content"
9            android:text = "你的个人信息" />
10   <!-- 文本框,宽度与 LinearLayout 同宽,等同于与屏幕同宽,由内容决定高度 -->
11   <!-- 注释只能在 UI 标签之外,可用 Ctrl + /快捷键 -->
12       < Button
13           android:id = "@ + id/button"
14           android:layout_width = "match_parent"
15           android:layout_height = "wrap_content"
16           android:text = "生成随机数" />
```

```
17    <!-- 按钮,使用 android:id 属性创建了 id,在代码中可用 R.id.button 引用该 UI -->
18        <TextView
19            android:id = "@ + id/tv_result"
20            android:layout_width = "match_parent"
21            android:layout_height = "wrap_content"
22            android:text = "" />
23    <!-- 第二个 TextView 在代码中可用 R.id.tv_result 引用 -->
24    </LinearLayout>
```

2. 实现 MainActivity

MainActivity 的实现代码如代码 2-5 所示。每个应用需要 Activity 活动页面,默认是继承了 AppCompatActivity 的 MainActivity,由向导生成项目时被自动创建。MainActivity 主要通过改写 onCreate()方法进行 UI 初始化以及 UI 交互逻辑处理。事实上 onCreate()方法执行完毕,Android 的 UI 尚未在屏幕上显示,读者若要验证这一事实,可在 onCreate()方法最后一句代码处设置断点,并使用调试模式运行至断点处,观察虚拟机界面情况,此时虚拟机尚未显示布局中的各 UI 组件。

在 MainActivity.java 文件中,将 setContentView()方法的参数修改为 R.layout.my_main,使得布局文件 my_main.xml 作为该活动页面的视图。setContentView()方法的功能是设置视图,其参数是布局文件名的引用,Android Studio 联想功能很强大,只要输入部分内容即可从下拉列表中选择。findViewById()方法的参数是 UI 的 id 值,通过 R.id.xxx 的方式引用,其中 xxx 是该 UI 在 XML 中通过 android:id 属性创建的 id 值。findViewById()方法返回类型是一个继承了 View 的泛型类,由返回变量所定义的类型决定。在本任务中,变量 tv 是 TextView 类型,通过泛型,其 findViewById()返回类型就是 TextView 类型。变量 tv 在 setOnClickListener()匿名接口的 onClick()回调方法中被访问,而 onClick()方法只在 Button 被单击时才触发,在触发的时刻,MainActivity 的 onCreate()方法早已运行完毕,因此 onClick()方法的生命周期其实是在 MainActivity 的 onCreate()方法之外,若变量 tv 不声明为 final,原则上不能被匿名接口的回调方法访问。Android Studio 2021 版去掉了这一限制,局部变量即使不使用 final 关键字修饰也能在匿名接口中访问,而 Android Studio 3.5.1 等旧版本则必须将变量声明为 final。通过 findViewById()方法,XML 布局界面中的 UI 对象就能作为 Java 代码中的一个 UI 对象,进而可调用 UI 对象的相关方法对其进行属性设置、取值或事件触发处理。

Button 通过 setOnClickListener()方法设置单击事件接口,即 View.OnClickListener 接口,最常用的一种处理方式是在 setOnClickListener()中直接通过匿名的 View.OnClickListener 接口实现单击事件处理。本任务中,在 onClick()方法中处理 Button 单击事件,生成一个随机数,并将之更新给 TextView 对象。生成一个整型随机数,可通过 new Random()方法生成一个随机数对象实现。随机数对象有多个随机数生成方法,其中 nextInt(int bound)生成一个在[0,bound)区间内均匀分布的随机整数(可通过 Ctrl+Q 快捷键调出帮助文档查看方法说明)。TextView 对象通过 setText()设置文本内容,代码中 i 为整型变量而非字符串,可利用""+i 的方式将一个空字符串和整型数拼接,在拼接过程中自动将后者转换为对应字符串。若直接调用 tv.setText(i),编译能通过,但运行后将产生类似于"Resources $ NotFoundException:String resource ID # 0x1d5"的错误,其原因是

setText()方法可以接受 int 型变量,该变量是 XML 中 String 型数据的引用,而变量 i 产生的随机数并不是对应引用,导致产生找不到对应资源的错误,使得应用无法运行。在 Java 中,没有 sprintf()方法,但是 String 类提供了静态方法 String.format()实现格式化输出字符串,其用法与 sprintf()方法类似。

代码 2-5　MainActivity.java

```java
1   public class MainActivity extends AppCompatActivity {
2       int count = 0;
3       @Override
4       protected void onCreate(Bundle savedInstanceState) {
5           super.onCreate(savedInstanceState);
6           setContentView(R.layout.my_main);
7           //设置布局文件,将 res/layout/my_main.xml 作为布局文件
8           //通过 setContentView()方法设置视图之后才能通过 findViewById()方法查找 UI
9           final TextView tv = findViewById(R.id.tv_result);
10          //R.id.tv_result 是 my_main.xml 布局文件中的一个 TextView
11          //tv 是局部变量,只能在 onCreate()中访问
12          //若要在匿名接口回调方法中访问,可将 tv 设为全局变量或者声明为 final
13          Button bt = findViewById(R.id.button);
14          bt.setOnClickListener(new View.OnClickListener() {
15           @Override
16           public void onClick(View view) {
17               int i = new Random().nextInt(1000);
18               //利用随机函数产生一个[0,999]的整型随机数
19               tv.setText("" + i);
20               //空字符串与 i 通过 + 运算拼接,自动将变量 i 转换为对应字符串
21               String s = String.format("第 %d 次按钮", ++count);
22               //String.format()方法相当于 C 语言的 sprintf()函数
23               Toast.makeText(MainActivity.this,s,Toast.LENGTH_SHORT).show();
24               //Toast 显示内容
25          }
26          });
27      }
28  }
```

2.1.4　Android 项目的存储备份与瘦身

创建一个 Android 项目后,在该项目的目录下有.gradle、.idea、app 和 gradle 等文件夹,并且根目录下还有.gitignore 以及 gradle 相关的文件等,整个项目大小在 20MB 以上,若要复制项目所有原始文件,占用空间过大,非常不方便。文件.gitignore 表示当项目同步到 git 平台时哪些文件或者文件夹可以忽略,可利用该文件信息了解项目文件中哪些是可以通过开发工具重建而不必复制的。用记事本等编辑软件打开.gitignore 文件,可查看 git 同步时可被忽略的文件和文件夹,这些文件即使缺失,也可以通过开发环境重建,因此在项目备份时可删除相关文件,减小存储空间。

在实际操作中,只需要删除.gradle、.idea,以及 app/build 文件夹,若项目不含图片资源,经瘦身后的项目往往只有几百 KB 大小,可方便存储和备份。在 Android Studio 中打开之前备份的项目,可通过选择 File 菜单栏的 Open 选项打开项目,即可重构项目。

2.1.5　Android 项目的调试

有些读者会尝试将代码 2-5 中的变量 tv 变成类成员变量(全局变量),并且在声明成员变量时,直接调用 findViewById()方法进行 UI 关联,如代码 2-6 所示。运行应用,则会发生程序崩溃,崩溃界面如图 2-4 所示。引起崩溃的原因是,在 Java 中,类成员变量声明时直接初始化,会在执行各方法之前发生,因此 tv＝findViewById(R.id.tv_result)将在 onCreate()方法之前被执行。此时,MainActivity 尚未调用 setContentView()方法设置布局,因此 findViewById()方法无法从 MainActivity 视图中找到对应 UI,会发生空指针错误,导致程序崩溃。

代码 2-6　错误的代码示例

```
1    public class MainActivity extends AppCompatActivity {
2        int count = 0;
3        TextView tv = findViewById(R.id.tv_result);
4        @Override
5        protected void onCreate(Bundle savedInstanceState) {
6            super.onCreate(savedInstanceState);
7            setContentView(R.layout.my_main);
8            …
9        }
10   }
```

程序崩溃后,需要查明程序崩溃的原因,此时可利用 Android Studio 的 Logcat 窗口以及调试功能。单击开发环境底部的 Logcat 窗口,如图 2-5 所示,可看到指定虚拟机(图中为 avd10.0)和指定项目(图中为 tcf_task2_1)的日志输出。Logcat 窗口有过滤器选择功能,其中,Verbose 表示输出各种类型日志,Debug 是 Log.d()方法的输出,Info 是 Log.i()方法的输出,Warn 是 Log.w()方法的输出,Error 是 Log.e()方法的输出以及程序异常的日志输出,Assert 是断言输出。日志信息中,标红的信息就是错误信息,可通过阅读错误信息知道错误的类型。此外,在众多错误信息中,往往还有引发错误的链接(即发生错误的那行代码,蓝色标记),该链接以链式方式递归呈现,即 A 方法中调用了 B 方法,B 方法中调用了 C 方法,C 方法某处发生错误,则 A 方法、B 方法和 C 方法的链接均会给出,可通过链接快速定位发生错误的地方。

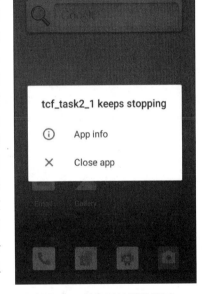

图 2-4　程序运行崩溃界面

除了日志,还可以通过设置程序断点和单步运行进行程序调试。断点设置只需要在程序行号旁单击,再次单击即可取消断点。设置断点后,单击 Debug 图标即可进入调试模式,运行到断点处会自动暂停,此时将光标悬浮在代码的变量上,可查看对应的变量值,也可以右击变量,在弹出的快捷菜单中选择 Add to Watches 选项将变量添加到变量窗口中查看。单击开发环境底部的 Debug 图标,会切换到调试窗

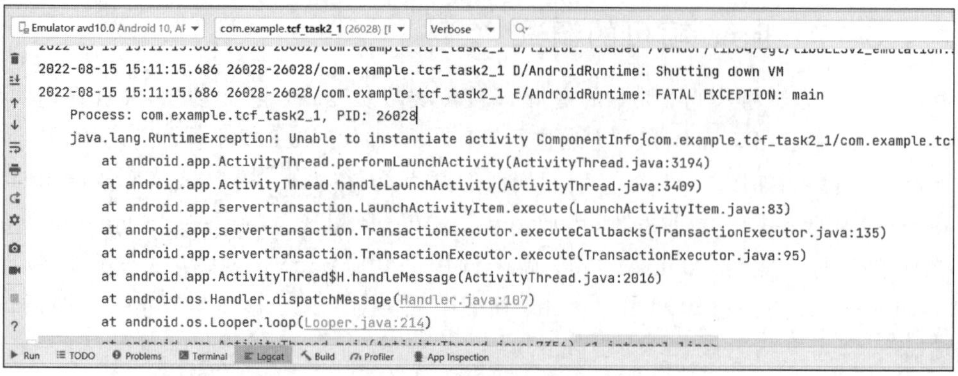

图 2-5   Android Studio 的 Logcat 窗口

口,在调试窗口的右侧会自动列出相关的局部变量以及通过 Add to Watches 菜单项添加的变量,单击变量可查看变量的各属性值。在变量窗口的上方,有各种单步运行图标,可配合调试使用,常用的调试快捷键有 F7(Step Into)、F8(Step Over)和 F9(Resume)。其中,F8快捷键是跳出式执行当前行代码,若遇到方法调用,直接将方法调用当成一行代码执行;F7快捷键是进入式执行当前行代码,若遇到方法调用,则跳入方法并运行方法内的一行代码并暂停;F9 快捷键是全速继续运行,直至遇到断点。在调试过程中,仅依靠单步调试是远远不够的,因为应用是面向 UI 编程,很多逻辑处理依赖用户交互(如单击 Button)触发,若用户没有对应行为,则对应逻辑代码不会被执行,因此还需要断点和全速继续运行配合。

找出代码 2-6 的错误原因之后,其纠正方法是声明成员变量与赋值分离,变量 tv 初始化在 setContentView()方法之后实现,具体如代码 2-7 所示。

代码 2-7   错误代码的纠正

```
1   public class MainActivity extends AppCompatActivity {
2       int count = 0;
3       TextView tv;
4       @Override
5       protected void onCreate(Bundle savedInstanceState) {
6           super.onCreate(savedInstanceState);
7           setContentView(R.layout.my_main);
8           tv = findViewById(R.id.tv_result);
9           ...
10      }
11  }
```

2.2   控制布局对齐

2.2.1   任务说明

本任务的显示效果如图 2-6 所示。在该应用中,活动页面视图根节点为垂直的 LinearLayout,在布局中依次有 1 个 TextView,用于显示个人信息;2 个 Button,宽度均为 200dp,高度包围内容。第 1 个 Button 的显示文字是 LAYOUT_GRAVITY,文字在 Button 中居中对齐,Button 则在 LinearLayout 中右对齐;第 2 个 Button 的显示文字是 GRAVITY,文字在 Button 中右对齐，Button 默认在 LinearLayout 中左对齐。

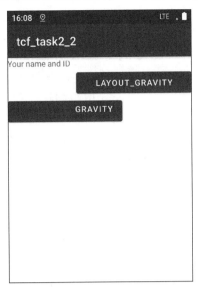

图 2-6　任务的显示效果

2.2.2　任务相关知识点

UI 对齐的属性有 android:gravity 和 android:layout_gravity，其常用属性值有如下几种。

(1) left：左对齐。

(2) right：右对齐。

(3) start：取决于语言习惯，若是从左到右的文字顺序则等效于左对齐，反之右对齐。

(4) end：与 start 相对应，为 start 的相反方向。

(5) top：顶部对齐。

(6) bottom：底部对齐。

(7) center：上下左右居中对齐。

(8) center_horizontal：水平居中对齐。

(9) center_vertical：垂直居中对齐。

读者不需要记住这些属性值，在 XML 文件中，双击属性值，利用 Ctrl＋Alt＋Space 快捷键即可弹出某属性对应的属性值供开发者选择。

属性 gravity 设置的是该 UI 内部内容的对齐方式。例如，某 Button 的 gravity 属性设置的是该 Button 文本相对 UI 的对齐方式；若是某个容器，如 LinearLayout，则是该容器内 UI 对容器的对齐方式。

属性 layout_gravity 设置的是该 UI 相对父视图（父容器）的对齐方式，UI 内部的内容对齐方式与 layout_gravity 无关。在图 2-6 中，第 1 个 Button 相对 LinearLayout 是右对齐，则需使用 layout_gravity，设置该 Button 相对父容器（LinearLayout）的对齐关系，而 Button 中的文本依然保持了默认的居中对齐属性。第 2 个 Button 的文本是右对齐，需对该 Button 设置 gravity 属性，而该 UI 相对父容器，依然保持了默认的左对齐关系。若是对两个 Button 的父容器 LinearLayout 设置 layout_gravity 属性，则由于 LinearLayout 已占据整个屏幕,它相对于屏幕的对齐关系无论设置哪种值都看不出区别;若对 LinearLayout 设置 gravity 属性值为右对齐,则两个 Button 均会相对于 LinearLayout 右对齐。

注意,layout_gravity 属性值只有当设置方向与父容器的方向垂直时才能生效。例如,若某 UI 的父容器是垂直的 LinearLayout,则该 UI 的 layout_gravity 设置值为左对齐、右对齐以及水平居中对齐等对齐方式会生效,但是顶部对齐、底部对齐以及垂直居中等对齐方式无效。同理,在一个水平的 LinearLayout 中,对 UI 设置 layout_gravity 左对齐、右对齐将无效,此时可通过父容器的 gravity 属性设置水平对齐方式。因此,在复杂的布局中,若仅仅使用 LinearLayout,则可能需要多个 LinearLayout 嵌套配合才能实现复杂的对齐效果,致使 Android 绘图效率变低,此时需要利用 RelativeLayout、ConstraintLayout 等布局来减少布局嵌套。

2.2.3 任务实现

利用向导新建一个项目,删除老布局,重新创建一个 my_main.xml 布局文件,根节点为 LinearLayout,并拖动两个 Button 至 LinearLayout 布局,在 XML 文件中修改相关 UI 的属性,如代码 2-8 所示。切换到 MainActivity.java,通过 setContentView()方法设置 my_main.xml 布局文件为视图,如代码 2-9 所示。

代码 2-8　my_main.xml

```
1   < LinearLayout xmlns:android = "http://schemas.android.com/apk/res/android"
2        android:orientation = "vertical"
3        android:layout_width = "match_parent"
4        android:layout_height = "match_parent">
5        < TextView
6             android:layout_width = "match_parent"
7             android:layout_height = "wrap_content"
8             android:text = "Your name and ID" />
9        < Button
10            android:id = "@ + id/button"
11            android:layout_width = "200dp"
12            android:layout_height = "wrap_content"
13            android:layout_gravity = "right"
14            android:text = "Layout_gravity" />
15       < Button
16            android:id = "@ + id/button2"
17            android:layout_width = "200dp"
18            android:gravity = "right"
19            android:layout_height = "wrap_content"
20            android:text = "Gravity" />
21  </LinearLayout >
```

代码 2-9　MainActivity.java

```
1   public class MainActivity extends AppCompatActivity {
2       @Override
3       protected void onCreate(Bundle savedInstanceState) {
4           super.onCreate(savedInstanceState);
5           setContentView(R.layout.my_main);
6       }
7   }
```

2.3　控制布局占比权重

2.3.1　任务说明

本任务的演示效果如图 2-7 所示。在该应用中,活动页面视图根节点为垂直的 LinearLayout,布局中从上到下依次有 3 个 EditText,1 个 Button 和 1 个 TextView。3 个 EditText 的提示信息分别为 To、Subject 和 Message。提示信息为 Message 的 EditText 与最底部的 TextView 在高度上将屏幕剩余高度按 3∶1 权重分配,且 Message 文本框中的文本为顶部对齐。

当焦点在 EditText 组件上时,自动弹出键盘,供用户输入文字。若要隐藏 EditText 的键盘,在虚拟机控制界面的上方找到应用的返回键(Back),可如图 2-8 所示,单击返回键 1 次,即可隐藏键盘。若是最后一个 EditText,键盘上有"完成"按钮,单击"完成"按钮也可以隐藏键盘。注意,虚拟机默认没有安装中文输入法,在虚拟机上无法输入中文。

图 2-7　任务的演示效果

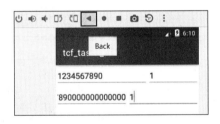

图 2-8　通过虚拟机返回键隐藏 EditText 的键盘

2.3.2　任务相关知识点

UI 的权重属性 android:layout_weight 常用于 LinearLayout 或者 RadioGroup(单选框组)中,其值为数值。例如,3 表示占据剩余空间的 3 份,而剩余空间共分成多少份则由该容器中使用了 layout_weight 属性的 UI 的权重总和计算可得。layout_weight 属性用于分配宽度还是高度由其所在组件的父容器方向决定。若父容器的方向(orientation 属性)是水平的(horizontal),则分配的是宽度空间;若是垂直的(vertical),则分配的是高度空间。注意,layout_weight 属性分配的是剩余空间,若某 UI 的宽度属性是 match_parent,则剩余宽度为

0,此时对宽度的权重控制不起作用。若几个 UI 要严格按照权重值分配宽度,应将 UI 宽度属性设为 0dp,这样剩余空间就是整个父容器的宽度,可通过权重属性严格按比例值分配。权重的分配比例是按某容器下所有 UI 的 layout_weight 总和作为分母(记为 s),某 UI 的 layout_weight 值作为分子(记为 a),该 UI 增加的空间就是容器剩余空间的 a/s。

代码 2-10 是测试权重属性的布局代码,2 个水平 LinearLayout 容器里分别放了 2 个 EditText,但采用不同的宽度属性,其权重控制的效果如图 2-9 所示。在该布局中,由于要放置 2 个水平的 LinearLayout,若直接放置,根容器是放置不了的,所以在根节点上需要一个垂直的 LinearLayout,再放置 2 个水平的 LinearLayout,并且注意这两个水平 LinearLayout 的高度不能是 match_parent。若第 1 个水平 LinearLayout 的高度值为 match_parent,将占据整个根容器,使得第 2 个 LinearLayout 不可见。

代码 2-10   测试 2 个水平 LinearLayout 内文本框权重效果的布局 test_layout.xml

```
1   < LinearLayout xmlns:android = "http://schemas.android.com/apk/res/android"
2       android:orientation = "vertical"
3       android:layout_width = "match_parent"
4       android:layout_height = "match_parent">
5       < LinearLayout
6           android:layout_width = "match_parent"
7           android:layout_height = "wrap_content"
8           android:orientation = "horizontal">
9           < EditText
10              android:id = "@ + id/editTextTextPersonName"
11              android:layout_width = "wrap_content"
12              android:layout_height = "wrap_content"
13              android:layout_weight = "1"
14              android:text = "1234567890" />
15          < EditText
16              android:id = "@ + id/editTextTextPersonName2"
17              android:layout_width = "wrap_content"
18              android:layout_height = "wrap_content"
19              android:layout_weight = "1"
20              android:text = "1" />
21      </LinearLayout >
22      < LinearLayout
23          android:layout_width = "match_parent"
24          android:layout_height = "wrap_content"
25          android:orientation = "horizontal">
26          < EditText
27              android:id = "@ + id/editTextTextPersonName3"
28              android:layout_width = "0dp"
29              android:layout_height = "wrap_content"
30              android:layout_weight = "1"
31              android:text = "1234567890" />
32          < EditText
33              android:id = "@ + id/editTextTextPersonName4"
34              android:layout_width = "0dp"
35              android:layout_height = "wrap_content"
36              android:layout_weight = "1"
37              android:text = "1" />
38      </LinearLayout >
39  </LinearLayout >
```

在 test_layout.xml 测试布局中,第 1 个 LinearLayout 的两个 EditText 的宽度属性值

是 wrap_content,其 layout_weight 属性值是 1,使得两个 EditText 将 LinearLayout 的剩余宽度按 1：1 分配,而 LinearLayout 的宽度属性值是 match_parent,与屏幕同宽,因此这两个 EditText 将屏幕宽度减去文本框包围内容所占宽度后的剩余宽度进行平分。这样就会产生一个现象：对任何一个 EditText 输入内容,随着内容长度的改变,两个文本框的宽度发生了变化,因为在输入内容的过程中,EditText 包围内容属性使其宽度发生变化,进而使得剩余宽度也发生变化,导致 UI 宽度不停地进行重新分配。第 2 个 LinearLayout 中,两个 EditText 的宽度均设置为 0dp,即 0 宽度,使得剩余宽度为整个屏幕宽度,因此两个 EditText 的宽度能严格按照 1：1 分配,不管输

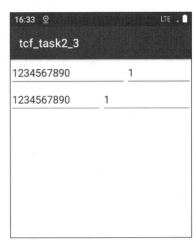

图 2-9 不同宽度属性值的权重控制效果

入多少内容,其文本框的宽度都不会发生变化。在实际使用中,UI 的尺寸往往按照预期比例设置,此时需要将对应的高度或宽度属性值设置成 0dp,以保证权重控制能按预期的比例进行分配。

2.3.3 任务实现

本任务没有实质性的逻辑代码编程,主要是应用 Android Studio UI 面板和 XML 进行 UI 放置以及相关的属性设置。布局文件 my_main. xml 如代码 2-11 所示,EditText 使用 hint 属性设置提示信息,并且第 1 个 EditText 的键盘输入属性使用 android:inputType= "phone"设置为电话号码类型的键盘,剩余 EditText 的键盘输入类型则采用 text 属性值,设置为普通的文本输入键盘。布局中,EditText 的宽度设置为 match_parent,因此 android:ems 属性失效。第 3 个 EditText 与 TextView 通过权重属性 layout_weight 控制剩余高度的分配比例为 3：1,此外 EditText 的文本默认是垂直居中对齐,若要修改成顶部对齐,可通过 android:gravity="top"实现。EditText 的 hint 属性值只有在文本为空时才能显示,为了显示所有文本框的提示信息,各文本框的 text 属性值为空文本。本任务的逻辑代码只需要在 MainActivity. java 中通过 setContentView(R. layout. my_main)重新设置布局即可运行。

代码 2-11 布局文件 my_main. xml

```
1    < LinearLayout xmlns:android = "http://schemas.android.com/apk/res/android"
2          android:orientation = "vertical"
3          android:layout_width = "match_parent"
4          android:layout_height = "match_parent">
5          < EditText
6              android:id = "@ + id/et1"
7              android:layout_width = "match_parent"
8              android:layout_height = "wrap_content"
9              android:hint = "To"
10             android:ems = "10"
11             android:inputType = "phone"
12             android:text = "" />
```

```
13    <!--    android:inputType = "phone"控制文本框键盘为电话号码型键盘  -->
14        <EditText
15            android:id = "@ + id/et2"
16            android:layout_width = "match_parent"
17            android:layout_height = "wrap_content"
18            android:ems = "10"
19            android:hint = "Subject"
20            android:inputType = "text"
21            android:text = "" />
22    <!--  android:inputType = "text"控制文本框为文本键盘  -->
23        <EditText
24            android:id = "@ + id/et3"
25            android:layout_width = "match_parent"
26            android:layout_height = "wrap_content"
27            android:ems = "10"
28            android:hint = "Message"
29            android:gravity = "top"
30            android:inputType = "text"
31            android:layout_weight = "3"
32            android:text = "" />
33    <!--    et3 与 TextView 通过权重控制,按 3:1 分配 LinearLayout 剩余高度 -->
34        <Button
35            android:id = "@ + id/button"
36            android:layout_width = "match_parent"
37            android:layout_height = "wrap_content"
38            android:text = "send" />
39        <TextView
40            android:layout_width = "match_parent"
41            android:layout_height = "wrap_content"
42            android:layout_weight = "1"
43            android:text = "Your name and ID" />
44    </LinearLayout>
```

2.4　单选框

2.4.1　任务说明

本任务的运行效果如图 2-10 所示。在该应用中,活动页面视图根节点为垂直的 LinearLayout,在布局中依次有 1 个 TextView,用于显示个人信息;3 个水平方向放置的 RadioButton(单选框),分别显示"爬山"、"跑步"和"游泳",3 个 RadioButton 按权重 1∶1∶1 等宽分配;最后 1 个 TextView 显示 RadioButton 的单选结果。

2.4.2　任务相关知识点

在 Android 系统里,单选框的组件是 RadioButton,多选框(复选框)的组件是 CheckBox。单选框就是几个选项框在同一时刻只能有一个被选中,并且当用户选中某个单选框时,其他单选框不管之前状态如何,均要处于未被选中的状态,即同一组的单选框具有相互约束作用,以确保任何时刻只能有一个单选框被选中。多选框则无该约束,某个复选框的状态与其他复选框无关。RadioButton 的单选约束通过 RadioGroup(单选框组)实现,即在同一个 RadioGroup 内的 RadioButton,具有单选约束,不在同一组的 RadioButton 则互不影响。

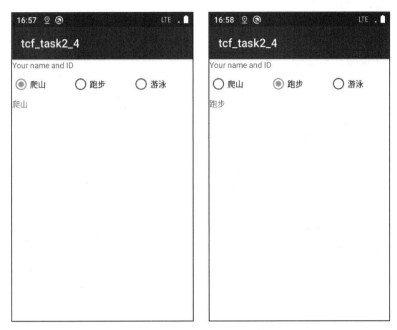

图 2-10　RadioButton 运行效果

RadioGroup 具有 android：orientation 属性，属性值 horizontal 控制组内 RadioButton 按水平方向依次放置；属性值 vertical 则控制组内 RadioButton 按垂直方向依次放置。对于水平方向的 RadioGroup，一般还需要将组内的各 RadioButton 添加 layout_weight 属性控制宽度权重（layout_width 属性值推荐设为 0dp），使得 RadioButton 具有权重宽度。

在事件处理上，虽然 RadioButton 具有 setOnCheckedChangeListener( )方法侦听选中状态的改变，但在实际编程中却很少使用，原因是该方式需要对每个 RadioButton 实现侦听方法，若 RadioButton 的数量繁多，程序将变得冗长。更常用的方法是对 RadioGroup 设置 setOnCheckedChangeListener( )方法，用于侦听整个组内单选框的选中状态的改变。

RadioGroup 选中状态侦听的匿名实现方法如下。

```
1    RadioGroup 对象.setOnCheckedChangeListener(
2                                new RadioGroup.OnCheckedChangeListener(){
3        @Override
4        public void onCheckedChanged(RadioGroup group, int checkedId) {
5            // group: RadioGroup 对象
6            // checkedId:被选中的 RadioButton 的 id
7        }
8    });
```

在 RadioGroup 选中状态侦听的匿名实现过程中，RadioGroup 对象需要在 Java 代码中声明，并通过 findViewById( )方法与 XML 布局的 RadioGroup 对象关联。XML 文件中的 RadioGroup，默认没有 id 属性，需要用户手动创建对应 id。在 onCheckedChanged( )接口回调方法中，参数 checkedId 是被选中的 RadioButton 的 id，若要获取该 id 对应的 RadioButton 对象，可使用 findViewById( )方法将 checkedId 作为参数，则可通过该 id 找到对应的 RadioButton 对象。

2.4.3　任务实现

1. 实现 UI 布局

新建 Android 项目,删除默认的布局文件,新建 my_main. xml 布局文件,并以垂直的 LinearLayout 作为根节点,布局文件如代码 2-12 所示。在 LinearLayout 中,3 个 RadioButton 水平放置,需要 RadioGroup 组件作为容器将各个 RadioButton 纳入组内。RadioGroup 默认没有 id 属性和方向属性,可利用向导,按图 2-11 所示进行设置,在组件树界面即图 2-11(a)图中选中 RadioGroup 对象,在属性界面即图 2-11(b)id 栏中输入需要创建的 id 值。RadioGroup 设置 android:orientation 属性值为 horizontal,使得 3 个 RadioButton 水平放置,并利用权重控制,使得 3 个 RadioButton 按 1:1:1 均分宽度。注意,RadioGroup 默认高度属性值是 match_parent,这样会使 RadioGroup 占据 LinearLayout 所有剩余高度,使最后一个 TextView 不可见,此时,需将 RadioGroup 高度改成 wrap_content。为了代码的紧凑性,布局中各 UI 的 text 属性没有使用 string. xml 进行管理和引用,而是直接对 text 属性赋值,后续任务均如此,不赘述。

代码 2-12　布局文件 my_main. xml

```
1    < LinearLayout xmlns:android = "http://schemas. android. com/apk/res/android"
2         android:orientation = "vertical"
3         android:layout_width = "match_parent"
4         android:layout_height = "match_parent">
5         < TextView
6             android:layout_width = "match_parent"
7             android:layout_height = "wrap_content"
8             android:text = "Your name and ID" />
9         < RadioGroup
10            android:id = "@ + id/radio_group"
11            android:layout_width = "match_parent"
12            android:orientation = "horizontal"
13            android:layout_height = "wrap_content">
14    <!--    需给 RadioGroup 创建 id 属性,设置方向属性为水平方向,注意高度是 wrap_content -->
15            < RadioButton
16                android:id = "@ + id/rb1"
17                android:layout_width = "0dp"
18                android:layout_height = "wrap_content"
19                android:layout_weight = "1"
20                android:text = "爬山" />
21            < RadioButton
22                android:id = "@ + id/rb2"
23                android:layout_width = "0dp"
24                android:layout_weight = "1"
25                android:layout_height = "wrap_content"
26                android:text = "跑步" />
27            < RadioButton
28                android:id = "@ + id/rb3"
29                android:layout_width = "0dp"
30                android:layout_weight = "1"
31                android:layout_height = "wrap_content"
32                android:text = "游泳" />
33    <!--    利用 layout_width = "0dp"和 android:layout_weight = "1"控制 UI 宽度比例 -->
34        </RadioGroup >
```

```
35      <TextView
36          android:id="@+id/tv_result"
37          android:layout_width="match_parent"
38          android:layout_height="wrap_content"
39          android:text="" />
40  </LinearLayout>
```

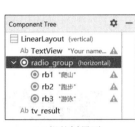

(a) 组件树界面　　　　　　　　(b) 属性界面

图 2-11　在 Design 界面设置 UI 的 id 属性

2. 实现 MainActivity

逻辑代码在 MainActivity.java 中实现,如代码 2-13 所示。在 onCreate()方法中,通过 findViewById()方法关联布局文件中的 RadioGroup 对象,并通过 setOnCheckedChangeListener() 方法侦听 RadioGroup 的单选状态,一旦组内的 RadioButton 被单击触发单选状态发生变化,则 回调 onCheckedChanged()方法。在 onCheckedChanged()方法中,利用传参 checkedId 和 findViewById()方法关联被选中的 RadioButton,进一步通过 RadioButton 对象的 getText()方 法获得该 RadioButton 的文本,赋给 TextView 对象,从而实现单击某个 RadioButton,TextView 显示对应 RadioButton 的文本。

代码 2-13　MainActivity.java

```
1   import androidx.appcompat.app.AppCompatActivity;
2   import android.os.Bundle;
3   import android.widget.RadioButton;
4   import android.widget.RadioGroup;
5   import android.widget.TextView;
6   public class MainActivity extends AppCompatActivity {
7       @Override
8       protected void onCreate(Bundle savedInstanceState) {
9       super.onCreate(savedInstanceState);
10      setContentView(R.layout.my_main);
11      RadioGroup rg = findViewById(R.id.radio_group);
12      //利用 RadioGroup 对选中事件进行侦听
13      TextView tv = findViewById(R.id.tv_result);
14      //Android Studio 2021 版中,变量 tv 无须声明为 final
15      rg.setOnCheckedChangeListener(new RadioGroup.OnCheckedChangeListener() {
16      @Override
17      public void onCheckedChanged(RadioGroup group, int checkedId) {
18          RadioButton rb = findViewById(checkedId);
19          //checkedId 是被选中的 RadioButton 对象的 id
20          //利用 findViewById()方法和参数 checkedId,关联对应 RadioButton
21          tv.setText(rb.getText());
```

```
22            //通过 RadioButton 对象的 getText()方法获取文本并赋给 tv
23        }
24    });
25  }
26 }
```

2.5 多选框

2.5.1 任务说明

本任务演示效果如图 2-12 所示。在该应用中,活动页面视图根节点为垂直的 LinearLayout,在布局中依次有 1 个 TextView,用于显示个人信息;3 个水平放置且等宽的 CheckBox(多选框),内容分别为"爬山"、"跑步"和"游泳";最后 1 个是 TextView,用于显示 CheckBox 的选中结果。

2.5.2 任务实现

1. CheckBox 的使用要点

CheckBox 不同于 RadioButton,CheckBox 之间无约束,某个 CheckBox 是否被选中不会影响其他 CheckBox 的选中状态。CheckBox 和 RadioButton 均继承自 CompoundButton,都具有选中状态侦听的设置方法 setOnCheckedChangeListener()和回调方法 onCheckedChanged()。CheckBox 与 RadioButton 的不同之处是,RadioButton 可由 RadioGroup 统一处理选中状态侦听,而 CheckBox 需对每一个组件单独设置选中状态侦听和回调处理。CheckBox 的选中状态侦听器的实现方法常用的有两种:①直接匿名接口实现;②将侦听接口转交给 MainActivity。

图 2-12 CheckBox 的演示效果

CheckBox 选中状态侦听匿名接口实现具体如下。

```
1  setOnCheckedChangeListener(new CompoundButton.OnCheckedChangeListener() {
2      @Override
3      public void onCheckedChanged(CompoundButton buttonView,
4                                    boolean isChecked) {
5          // isChecked 是选中的状态,true 为选中,false 为未选中
6      }
7  });
```

在 onCheckedChanged()回调方法中,buttonView 是触发事件的 UI 实例,即 CheckBox 实例;isChecked 是选中状态,true 为选中,false 为未选中。

在实际编程中,对每个 CheckBox 都要写选中状态侦听和回调是一件烦琐的事,若每个 CheckBox 的选中处理逻辑相似,可以交给 CheckBox 所在的 Activity 统一处理。此时,需

要对对应的 Activity 使用关键字 implement 实现 CheckBox 的 OnCheckedChangeListener 接口和对应回调方法,并让每个 CheckBox 对象的 setOnCheckedChangeListener()方法指向 Activity 实例(this),具体细节见 MainActivity 的实现部分。

2. 实现 UI 布局

本任务的布局文件 my_main. xml 如代码 2-14 所示。布局根节点为垂直的 LinearLayout,在布局中嵌套 1 个水平方向的 LinearLayout,在水平 LinearLayout 中放置 3 个 CheckBox,将宽度设置成 0dp,使用 layout_weight 属性控制各 UI 宽度按 1∶1∶1 比例分配尺寸。最后 1 个 TextView,id 设为 tv_result,用于显示 CheckBox 的选择结果。注意,水平方向的 LinearLayout,通过 UI 面板拖入时,默认宽高值都是 match_parent,这样会导致后续 UI 被挤出,需将该 LinearLayout 高度修改成 wrap_content。

代码 2-14 布局文件 my_main. xml

```
1    < LinearLayout xmlns:android = "http://schemas.android.com/apk/res/android"
2        android:orientation = "vertical"
3        android:layout_width = "match_parent"
4        android:layout_height = "match_parent">
5        < TextView
6            android:layout_width = "match_parent"
7            android:layout_height = "wrap_content"
8            android:text = "Your name and ID" />
9        < LinearLayout
10           android:layout_width = "match_parent"
11           android:layout_height = "wrap_content"
12           android:orientation = "horizontal">
13   <!--        注意水平 LinearLayout 的高度是 wrap_content -->
14           < CheckBox
15               android:id = "@ + id/cb1"
16               android:layout_width = "0dp"
17               android:layout_height = "wrap_content"
18               android:layout_weight = "1"
19               android:text = "爬山" />
20           < CheckBox
21               android:id = "@ + id/cb2"
22               android:layout_width = "0dp"
23               android:layout_height = "wrap_content"
24               android:layout_weight = "1"
25               android:text = "跑步" />
26         < CheckBox
27               android:id = "@ + id/cb3"
28               android:layout_width = "0dp"
29               android:layout_height = "wrap_content"
30               android:layout_weight = "1"
31               android:text = "游泳" />
32       </LinearLayout >
33       < TextView
34           android:id = "@ + id/tv_result"
35           android:layout_width = "match_parent"
36           android:layout_height = "wrap_content"
37           android:text = "" />
38   </LinearLayout >
```

3. 通过匿名接口实现 CheckBox 的选中状态侦听

主程序 MainActivity 如代码 2-15 所示。TextView 对象 tv 显示 CheckBox 的选中结

果,其程序逻辑是,遍历各个 CheckBox,若选中状态为 true,则将对应 CheckBox 文本取出拼接成 1 个字符串并显示在 tv 上。通过 CheckBox 的侦听和回调处理可发现,每个 CheckBox 只能在回调方法中获知自身的选中状态,无法有效处理本任务的逻辑。可以利用 CheckBox 对象的 isChecked()方法判断该对象是否被选中,并在回调中对每个 CheckBox 的状态进行遍历,若是选中,则取其文本拼接到字符串变量 s 上。这样,每个 CheckBox 的回调处理逻辑完全一致,回调只具有事件触发和及时处理的作用,此时可以将相关的代码封装成一个方法,在选中状态侦听回调中调用方法统一处理。在实际编程中,可先将处理逻辑写在某个 CheckBox 的回调方法中,测试无误后,将相关代码选中,利用 Ctrl+Alt+M 快捷键(Extract Method),将所选代码块抽取成方法。

在 CheckBox 的 onCheckedChanged()回调方法中调用了自定义的 updateCheckBox()方法,将选中的 CheckBox 文本显示在 TextView 组件上。在 updateCheckBox()方法中,需要访问 3 个 CheckBox 和 TextView,这些变量均在 MainActivity 的 onCreate()方法之外,因此需要将这些变量声明为 MainActivity 类的成员变量才能被各个方法访问。此外,findViewById()方法需在 setContentView()方法之后调用,因此,类成员变量在声明时不能直接调用 findViewById()方法赋值,避免产生 null 空对象的程序异常。

代码 2-15 MainActivity. java

```
1   import androidx.appcompat.app.AppCompatActivity;
2   import android.os.Bundle;
3   import android.widget.CheckBox;
4   import android.widget.CompoundButton;
5   import android.widget.TextView;
6   public class MainActivity extends AppCompatActivity {
7       CheckBox cb1,cb2,cb3;
8       //在 onCreate()方法之外访问,定义成员变量更合适
9       TextView tv;
10      @Override
11      protected void onCreate(Bundle savedInstanceState) {
12          super.onCreate(savedInstanceState);
13          setContentView(R.layout.my_main);
14          tv = findViewById(R.id.tv_result);
15          cb1 = findViewById(R.id.cb1);
16          cb2 = findViewById(R.id.cb2);
17          cb3 = findViewById(R.id.cb3);
18          cb1.setOnCheckedChangeListener(
19                          new CompoundButton.OnCheckedChangeListener() {
20          //CheckBox 的选中状态侦听和事件回调
21          @Override
22          public void onCheckedChanged(CompoundButton buttonView,
23                                          boolean isChecked) {
24              updateCheckBox();   //选中待要封装成方法的代码块,使用 Ctrl+Alt+M 快捷键
25          }
26      });
27      cb2.setOnCheckedChangeListener(
28                          new CompoundButton.OnCheckedChangeListener() {
29          @Override
30          public void onCheckedChanged(CompoundButton buttonView,
31                                          boolean isChecked) {
32              updateCheckBox();
33          }
```

```
34        });
35    cb3.setOnCheckedChangeListener(
36                        new CompoundButton.OnCheckedChangeListener() {
37            @Override
38            public void onCheckedChanged(CompoundButton buttonView,
39                                        boolean isChecked) {
40                updateCheckBox();
41            }
42        });
43    }
44    private void updateCheckBox() {
45        //将 3 个 CheckBox 选中状态更新到 TextView 的处理程序,封装成方法,方便调用
46        String s = "";
47        if(cb1.isChecked()){//判断 cb1 是否被选中,true 为被选中
48            s += cb1.getText() + " ";
49            //如果 cb1 被选中,取对应文本,拼接到变量 s,字符串间加空格间隔
50        }
51        if(cb2.isChecked()){
52            s += cb2.getText() + " ";
53        }
54        if(cb3.isChecked()){
55            s += cb3.getText();
56        }
57        tv.setText(s);
58    }
59 }
```

4. 通过 Activity 类接口实现 CheckBox 的选中状态侦听

CheckBox 的侦听事件可通过 MainActivity 类实现 OnCheckedChangeListener 接口和回调方法进行处理,如代码 2-16 所示。CheckBox 继承自 CompoundButton 类,接口 OnCheckedChangeListener 是在 CompoundButton 类中定义的,因此 MainActivity 类通过 implements CompoundButton.OnCheckedChangeListener 来实现 CheckBox 的选中状态侦听。读者不用担心 CheckBox 是否继承自 CompoundButton,只需在 Android Studio 中输入 CheckBox.OnCheckedChangeListener,开发环境会自动帮助开发者转成对应类的接口。MainActivity 类若是使用了 implements CompoundButton.OnCheckedChangeListener,则开发环境会有代码标红和感叹号标记提示错误和修正方法,错误的原因是 MainActivity 中没有接口的实现方法。单击感叹号(或者 Alt+Enter 快捷键),按提示增加接口需要改写的 onCheckedChanged()方法,注意该方法之前有@Override 关键字,表示改写方法。若没有该关键字,则 onCheckedChanged()方法仅仅是 MainActivity 类的一个普通方法,和 OnCheckedChangeListener 接口没有任何关系,相关事件触发不会对该方法产生回调。在 onCheckedChanged()方法中调用 updateCheckBox()方法处理 CheckBox 逻辑,最后对每个 CheckBox 对象使用 setOnCheckedChangeListener(this)方法设置侦听器。this 指向的是 MainActivity 实例,当用户单击 CheckBox 使多选框选中状态发生改变时,其事件会传递到 this,即指向 MainActivity 实例,从而触发 OnCheckedChangeListener 接口,回调 onCheckedChanged()方法,进而通过 updateCheckBox()方法实现预期的逻辑处理。

代码 2-16 虽然比代码 2-15 简洁,但代码 2-15 的风格更好,其原因是当不同的 CheckBox 处理逻辑不同时,代码 2-16 还需对 onCheckedChanged()方法的传参 buttonView 进行判

断,辨别是由哪个 CheckBox 触发的,再进行相关的逻辑处理,在这种情况下,直接对 CheckBox 对象实现匿名接口会更便捷。

代码 2-16　通过 MainActivity 类实现 CheckBox 接口

```
1    public class MainActivity extends AppCompatActivity
2                        implements CompoundButton.OnCheckedChangeListener {
3        //可输入 implements CheckBox.OnCheckedChangeListener,开发环境会自动帮助修改
4        CheckBox cb1,cb2,cb3;
5        TextView tv;
6        @Override
7        protected void onCreate(Bundle savedInstanceState) {
8            super.onCreate(savedInstanceState);
9            setContentView(R.layout.my_main);
10           tv = findViewById(R.id.tv_result);
11           cb1 = findViewById(R.id.cb1);
12           cb2 = findViewById(R.id.cb2);
13           cb3 = findViewById(R.id.cb3);
14           cb1.setOnCheckedChangeListener(this);
15           //this 指向 MainActivity 实例,该实例有 OnCheckedChangeListener 接口
16           //当事件触发,会自动回调接口的 onCheckedChanged()方法
17           cb2.setOnCheckedChangeListener(this);
18           cb3.setOnCheckedChangeListener(this);
19       }
20       private void updateCheckBox() {
21           String s = "";
22           if(cb1.isChecked()){
23               s += cb1.getText() + " ";
24           }
25           if(cb2.isChecked()){
26               s += cb2.getText() + " ";
27           }
28           if(cb3.isChecked()){
29               s += cb3.getText();
30           }
31           tv.setText(s);
32       }
33       @Override
34       public void onCheckedChanged(CompoundButton buttonView, boolean isChecked) {
35           //MainActivity OnCheckedChangeListener 接口需要实现的方法
36           updateCheckBox();
37       }
38   }
```

2.6　获取并显示 EditText 文本

2.6.1　任务说明

本任务的演示效果如图 2-13 所示。在该应用中,活动页面视图根节点为垂直的 LinearLayout,在布局中依次放置 1 个 TextView,用于显示个人信息;1 个 EditText,当内容为空时,显示提示信息"输入你的姓名";1 个 Button 和 1 个 TextView,当按下 Button 时,最后 1 个 TextView 显示 EditText 中输入的内容。

图 2-13　任务的演示效果

2.6.2　任务实现

1. 实现 UI 布局

本任务的布局文件 my_main.xml 如代码 2-17 所示,其中 EditText 增加了 hint 属性,用于显示提示信息。

代码 2-17　布局文件 my_main.xml

```
1    < LinearLayout xmlns:android = "http://schemas.android.com/apk/res/android"
2         android:orientation = "vertical"
3         android:layout_width = "match_parent"
4         android:layout_height = "match_parent">
5         < TextView
6              android:layout_width = "match_parent"
7              android:layout_height = "wrap_content"
8              android:text = "Your name and ID" />
9         < EditText
10             android:id = "@ + id/editTextTextPersonName"
11             android:layout_width = "match_parent"
12             android:layout_height = "wrap_content"
13             android:hint = "输入你的姓名"
14             android:ems = "10"
15             android:inputType = "textPersonName"
16             android:text = "" />
17        < Button
18             android:id = "@ + id/button"
19             android:layout_width = "match_parent"
20             android:layout_height = "wrap_content"
21             android:text = "获取编辑框文本" />
22        < TextView
23             android:id = "@ + id/tv_result"
```

```
24              android:layout_width = "match_parent"
25              android:layout_height = "wrap_content"
26              android:text = "" />
27     </LinearLayout >
```

2. 实现 MainActivity

本任务的 MainActivity 如代码 2-18 所示。Button 单击事件采用匿名接口实现，EditText 和 TextView 对象均在 onCreate()方法中声明为局部变量。由于 findViewById()方法返回的是 View 对象，而所有 View 对象均支持 setOnClickListener()方法设置单击侦听，因此对于 id 为 R. id. button 的 Button 对象，即使没有声明类型，也可以直接使用链式方式设置相应的单击侦听。EditText 对象的 getText()方法返回的是 Editable 对象(可通过 Ctrl＋Q 快捷键查看方法说明)，不能直接在 TextView 对象中显示，需要 toString()方法将其转换为字符串，才能用于 TextView 对象的 setText()方法。

代码 2-18　MainActivity. java

```
1    import androidx. appcompat. app. AppCompatActivity;
2    import android. os. Bundle;
3    import android. view. View;
4    import android. widget. EditText;
5    import android. widget. TextView;
6    public class MainActivity extends AppCompatActivity {
7        @Override
8        protected void onCreate(Bundle savedInstanceState) {
9            super. onCreate(savedInstanceState);
10           setContentView(R. layout. my_main);
11           EditText et = findViewById(R. id. editTextTextPersonName);
12           TextView tv = findViewById(R. id. tv_result);
13           findViewById(R. id. button)
14                   . setOnClickListener(new View. OnClickListener() {
15               @Override
16               public void onClick(View v) {
17                   tv. setText(et. getText(). toString());
18               }
19           });
20       }
21   }
```

2.7　控制文本颜色以及 UI 边距

2.7.1　任务说明

本任务的演示效果如图 2-14 所示。在该应用中，活动页面视图根节点为垂直的 LinearLayout，在布局中依次放置 1 个 TextView，用于显示个人信息；1 个水平方向的 LinearLayout，其中有 3 个等宽的 Button，内容分别为 RED、BLUE 和 OTHER，并且各个 Button 左右均有 5dp 的边距，单击 Button，TextView 的文本颜色变成 Button 指向的对应颜色。

UI 的边距分为外边距和内边距两种，区别如图 2-15 所示。外边距称为 margin，是 UI

轮廓之外的边距,若设定了外边距,则在 UI 之外还会形成假想的边框,外部假想边框与 UI 之间的间距即为外边距。内边距称为 padding,是 UI 真实边框与 UI 实体内容之间的间距。例如,对于 Button 而言,其内边距是 Button 所见边框与 Button 内文本的边距。

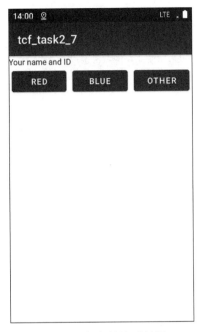

图 2-14 任务的演示效果

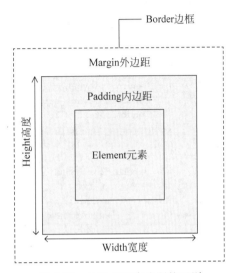

图 2-15 外边距和内边距的区别

外边距的具体属性有如下几种。

(1) android:layout_margin,设置 UI 上下左右外边距,如 android:layout_margin= "5dp"表示该 UI 上下左右外边距均为 5dp。

(2) android:layout_marginStart,设置 UI 文字起始方向的外边距(默认是左边距)。

(3) android:layout_marginEnd,设置 UI 文字结束方向的外边距(默认是右边距)。

(4) android:layout_marginHorizontal,设置 UI 左右外边距,相当于上述的 layout_ marginStart 和 layout_marginEnd 同时取相同的值。

(5) android:layout_marginTop,设置 UI 的上外边距。

(6) android:layout_marginBottom,设置 UI 的下外边距。

(7) android:layout_marginVertical,设置 UI 的上下外边距。

同理,可以使用 android:padding 设置 UI 的上下左右内边距。例如,android:paddingLeft 用于设置 UI 的左内边距,android:paddingRight 用于设置 UI 的右内边距等。在实践中,若开发者不清楚某属性含义,可利用 Ctrl+Q 快捷键调出帮助信息来了解属性的作用。

2.7.2 任务实现

1. 实现 UI 布局

在本任务中,使用内边距无法使各个 Button 隔开空隙,内边距只能控制 Button 内文本离 Button 边框的距离,因此需要使用外边距,并且每个 Button 需要设置左右外边距,此时可通过 android:layout_marginHorizontal 属性实现,布局如代码 2-19 所示。在布局中,3 个 Button 通过宽度为 0dp 和权重值 1 实现等宽分配,并利用 android:layout_marginHorizontal 属性值为 5dp 设置 5dp 的左右外边距。实际效果中,第 1 个 Button 离屏幕左边有 5dp 外边距,第 1 个和第 2 个 Button 之间以及第 2 个和第 3 个 Button 之间均有 10dp 的外边距,第 3 个 Button 离屏幕右边有 5dp 的外边距。

代码 2-19　布局文件 my_main. xml

```
1    < LinearLayout xmlns:android = "http://schemas.android.com/apk/res/android"
2        android:orientation = "vertical"
3        android:layout_width = "match_parent"
4        android:layout_height = "match_parent">
5        < TextView
6            android:id = "@ + id/textView"
7            android:layout_width = "match_parent"
8            android:layout_height = "wrap_content"
9            android:text = "Your name and ID" />
10       < LinearLayout
11           android:layout_width = "match_parent"
12           android:layout_height = "wrap_content"
13           android:orientation = "horizontal">
14           < Button
15               android:id = "@ + id/bt_red"
16               android:layout_width = "0dp"
17               android:layout_weight = "1"
18               android:layout_marginHorizontal = "5dp"
19               android:layout_height = "wrap_content"
20               android:text = "Red" />
21   <!--   使用 layout_marginHorizontal 设置左右外边距   -->
22   <!--   若使用 padding 属性设置内边距,无法使 Button 之间隔开空隙   -->
23           < Button
24               android:id = "@ + id/bt_blue"
25               android:layout_width = "0dp"
26               android:layout_weight = "1"
27               android:layout_marginHorizontal = "5dp"
28               android:layout_height = "wrap_content"
29               android:text = "Blue" />
30           < Button
31               android:id = "@ + id/bt_other"
32               android:layout_width = "0dp"
33               android:layout_weight = "1"
34               android:layout_marginHorizontal = "5dp"
35               android:layout_height = "wrap_content"
36               android:text = "Other" />
37       </LinearLayout >
38   </LinearLayout >
```

2. 控制颜色属性

文本对象的颜色设置,既可以在 XML 布局中通过 android:textColor 属性进行设置,也可以在 Java 中通过文本对象的 setTextColor()方法实现。若是在 XML 中设置,可以直接使用颜色值,也可以引用颜色值。直接使用颜色值有 4 种格式,具体表述如下。

(1) ♯RGB,用 1 位十六进制数分别表示红色(R:Red)、绿色(G:Green)和蓝色(B:Blue),值越大,对应通道颜色值越大,如♯F00 表示红色。

(2) ♯RRGGBB,用 2 位十六进制数表示对应通道颜色。例如,♯F00000 表示红色通道值＝0xF0h,其他通道颜色值为0的颜色,♯F00与♯FF0000等效。

(3) ♯ARGB,在♯RGB的基础上增加了1位十六进制数表示Alpha通道,即透明度,值越大越不透明,若值为0则全透明。

(4) ♯AARRGGBB,在♯RRGGBB基础上增加了2位十六进制数的Alpha通道,用于控制透明度属性。

一旦在XML中设置了颜色属性,即可在代码界面的左边预览颜色效果,如图2-16所示,单击预览的颜色还可以调出取色盘,如图2-17所示,方便颜色的可视化赋值。若在XML中使用引用值,则普遍的做法是将颜色定义在res/values/colors.xml文件中,项目创建好后,默认已有该文件,并预先定义了若干个与主题相关的颜色。colors.xml文件中,根节点为resources,颜色使用color标签定义,其中,name属性是该颜色的名称,值则定义在标签内。

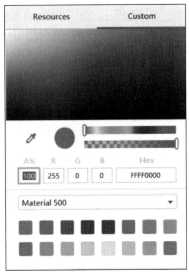

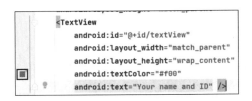

图 2-16　XML 中的颜色属性　　　　　　　图 2-17　取色盘

在本任务中,对colors.xml增加了一个自定义颜色,如代码2-20所示,其中粗体内容表示在向导所创建的文件上增加的或者修改的代码。在XML中可用@color/other_color引用XML中定义的other_color颜色;在Java中,则需要先通过getResources()方法得到资源对象,再通过资源对象的getColor(R.color.other_color)方法得到颜色值,颜色返回值是int类型,其十六进制值与♯AARRGGBB相同。若要在XML中将TextView的文本颜色设置为colors.xml所定义的other_color颜色,可在TextView中增加如下属性。

```
android:textColor = "@color/other_color"
```

代码 2-20　颜色定义文件 res/values/colors.xml

```
1    < resources >
2        < color name = "purple_200">♯FFBB86FC</color >
3        < color name = "purple_500">♯FF6200EE</color >
4        < color name = "purple_700">♯FF3700B3</color >
5        …
```

```
6          < color name = "other_color"> ♯068E81 </color >
7       </resources >
```

3. 实现 MainActivity

本任务的 MainActivity 如代码 2-21 所示。3 个 Button 的单击触发事件直接在 findViewById()方法所返回的 View 对象上实现,采用链式写法。在 Java 中可直接使用 android. graphics. Color 类预定义的值作为颜色值。例如,Color. RED 为红色,其十六进制值为♯FFFF0000。文本对象 setTextColor(int color)方法的参数是 int 值,因此也可以直接用十六进制值设置颜色,如 tv. setTextColor(0xff0000ff)方法和 tv. setTextColor(Color. BLUE)方法所设的颜色相同。本任务中使用了 res/values/colors. xml 中的自定义颜色 other_color,此为资源数据,需要先得到资源对象。资源对象在 MainActivity 中,可通过 getResources()方法获得,再利用资源对象提供的 getColor()方法(参数是 R. color. xxx 形式,xxx 为该颜色在 XML 中的名称)取得颜色。若不知道颜色的数据类型,可利用 Android Studio 功能,先调用方法,再利用 Ctrl+Alt+V 快捷键将方法返回值声明为局部变量,开发环境会自动为变量声明正确的类型并导入所需的包。

代码 2-21   **MainActivity. java**

```java
1    import androidx. appcompat. app. AppCompatActivity;
2    import android. graphics. Color;
3    import android. os. Bundle;
4    import android. view. View;
5    import android. widget. TextView;
6    public class MainActivity extends AppCompatActivity {
7        @Override
8        protected void onCreate(Bundle savedInstanceState) {
9            super. onCreate(savedInstanceState);
10           setContentView(R. layout. my_main);
11           TextView tv = findViewById(R. id. textView);
12           findViewById(R. id. bt_red)
13                       . setOnClickListener(new View. OnClickListener() {
14               @Override
15               public void onClick(View v) {
16                  tv. setTextColor(Color. RED);
17                  //TextView 对象的 setTextColor()方法可设置文本颜色
18                  //Color 类是 android 提供的颜色类,预先定义了若干种常用颜色值
19                  //Color. RED = 0xFFFF0000,转换成 int 值 = - 00010000h = - 65536(补码规则)
20               }
21           });
22           findViewById(R. id. bt_blue). setOnClickListener(
23                                       new View. OnClickListener() {
24               @Override
25               public void onClick(View v) {
26                 //tv. setTextColor(Color. BLUE);
27                   tv. setTextColor(0xff0000ff);     //Color. BLUE 的值,按 ♯AARRGGBB 解析
28               }
29           });
30           findViewById(R. id. bt_other). setOnClickListener(
31                                       new View. OnClickListener() {
32               @Override
33               public void onClick(View v) {
34                   int otherColor = getResources(). getColor(R. color. other_color);
```

```
35                    //变量声明可先使用方法调用,再利用 Ctrl + Alt + V 快捷键生成局部变量
36                    tv.setTextColor(otherColor);
37                }
38            });
39        }
40  }
```

2.8　相对布局

2.8.1　任务说明

本任务的演示效果如图 2-18 所示。在该应用中,活动页面视图根节点为 RelativeLayout
(相对布局),布局中共有 5 个 TextView,各文本框形式如下。

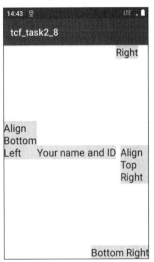

(1) Your name and ID 文本框(记为 tv1)在屏幕居中
位置。

(2) Align Bottom Left 文本框(记为 tv2)在屏幕左边,且
与 tv1 的底部对齐,即当文本内容比较多时,保证 tv2 最后的
文本与 tv1 的底部对齐,tv2 其他文本向上挤空间。

(3) Bottom Right 文本框(记为 tv3)在屏幕的底部以及
屏幕右边。

(4) Right 文本框(记为 tv4)在 tv1 的右边,其他属性
默认。

(5) Align Top Right 文本框(记为 tv5)在屏幕的右边,且
与 tv1 的顶部对齐,若 tv5 文本过长,保证 tv5 起始文本的顶
部与 tv1 对齐,tv5 其他文本向下挤空间。

图 2-18　使用 RelativeLayout
布局的演示效果

LinearLayout 是最简单的布局容器之一,但是在很多场合
使用它实现布局效果会比较烦琐,需要嵌套多个 LinearLayout
才能实现,此时选择其他布局容器会更明智。RelativeLayout 控制的是 UI 相对父容器的位
置关系或对齐关系,以及不同 UI 之间的相对关系。在 RelativeLayout 中,默认属性情况
下,UI 会被放置到 RelativeLayout 的顶部和左边,再由相关属性控制各 UI 之间的相对位置
关系或 UI 相对父容器的位置关系。

2.8.2　任务实现

1. RelativeLayout 的属性

将 UI 拖入 RelativeLayout 容器中,若不对其进行相对位置属性控制,无论拖入多少个 UI,
均重叠放置在容器的左上角,不像 LinearLayout 会按某个方向依次放置。RelativeLayout 中的
UI 主要有如下 3 类位置关系。

(1) UI 相对 RelativeLayout 容器的位置关系或对齐关系;

(2) UI 相对其他 UI 组件的位置关系;

(3) UI 相对其他 UI 基准线的位置对齐。

UI 相对容器位置关系的属性名称与"parent"相关。例如,android:layout_centerInParent,取值为 true 或 false,若为 true,则控制该 UI 处于容器的水平和垂直居中位置;android:layout_alignParentRight,若值为 true,则 UI 处于容器的右边;android:layout_alignParentBottom,若值为 true,则 UI 处于容器的底部。这些属性不用死记硬背,在开发环境中只需要输入"parent"即可弹出与之相关的属性供用户选择,开发者可根据英文单词含义了解属性的功能。

UI 组件之间的相对位置关系有:android:layout_below,表示该 UI 在参考 UI 的下方,值为参考 UI 的引用;android:layout_above,表示该 UI 在参考 UI 的上方;android:layout_toLeftOf,若文字习惯方向是从左到右的,则等效于 android:layout_toStartOf,表示该 UI 在参考 UI 的左边;android:layout_toRightOf,表示该 UI 在参考 UI 的右边,若文字习惯方向是从左到右的,则等效于 android:layout_toEndOf。

UI 基准线位置对齐有:android:layout_alignTop,值为参考 UI 的引用,表示该 UI 的顶部与参考 UI 的顶部对齐;android:layout_alignBottom,表示该 UI 的底部与参考 UI 的底部对齐;android:layout_alignLeft,表示该 UI 的左边与参考 UI 的左边对齐;android:layout_alignRight,表示该 UI 的右边与参考 UI 的右边对齐。

在本任务中,文本框 tv2 和 tv1 之间的位置关系使用 tv2 的 android:layout_alignBottom 属性,使 tv2 的底部与 tv1 的底部对齐。注意,上述的基准位置对齐是 UI 的边框对齐,并不是文本对齐,若 TextView 的文本字体大小不一样,边框的对齐可能会使文本不对齐。若要使 UI 的文本底部对齐,可使用 android:layout_alignBaseline 属性实现。

图 2-19 给出两种对齐的区别,代码 2-22 给出具体实现。如代码 2-22 所示,TextView 设置了不同的字体大小,分别为 30sp 和 10sp,若使用 layout_alignBottom,则 tv1 和 tv2 的外边框底部对齐,由于字号不同,导致两个

图 2-19　UI 底部对齐和文本基准线对齐的区别

文本视觉上没有对齐;若使用 layout_alignBaseline,则 tv3 和 tv4 对齐方式是文本基准线,实现了文本底部对齐,更符合视觉审美要求。

代码 2-22　UI 底部对齐和文本基准线对齐布局代码

```
1    < RelativeLayout xmlns:android = "http://schemas.android.com/apk/res/android"
2        android:layout_width = "match_parent"
3        android:layout_height = "match_parent">
4        < TextView
5            android:id = "@ + id/tv1"
6            android:layout_width = "wrap_content"
7            android:layout_height = "wrap_content"
8            android:layout_centerInParent = "true"
9            android:textSize = "30sp"
10           android:textColor = "# 000"
11           android:text = "323" />
12       < TextView
13           android:id = "@ + id/tv2"
14           android:layout_width = "wrap_content"
15           android:layout_height = "wrap_content"
16           android:layout_toLeftOf = "@id/tv1"
```

```
17              android:layout_alignBottom = "@id/tv1"
18              android:textColor = "#000"
19              android:textSize = "10sp"
20              android:text = "¥" />
21        < TextView
22              android:id = "@ + id/tv3"
23              android:layout_width = "wrap_content"
24              android:layout_height = "wrap_content"
25              android:layout_alignParentRight = "true"
26              android:layout_centerVertical = "true"
27              android:textSize = "30sp"
28              android:textColor = "#000"
29              android:text = "323" />
30        < TextView
31              android:id = "@ + id/tv4"
32              android:layout_width = "wrap_content"
33              android:layout_height = "wrap_content"
34              android:layout_toLeftOf = "@id/tv3"
35              android:textColor = "#000"
36              android:layout_alignBaseline = "@id/tv3"
37              android:textSize = "10sp"
38              android:text = "¥" />
39    </RelativeLayout >
```

2．使用主题样式

本任务所有的 TextView 都使用了统一的格式,即文本字体大小都是 22sp,文本框背景颜色都是灰色(#DDE1E3),文本颜色都是黑色(#000),如果对每个 TextView 都使用同样的属性设置既显得烦琐,后期修改时又要逐一修改,不利于维护。Android 布局支持样式管理,可以将 TextView 的样式单独定义,再在 XML 属性中引用相关的样式。Android 项目默认在 res/values/themes.xml 中定义了主题样式,如图 2-20 所示,其中 themes.xml 是正常样式,themes.xml(night)是夜间主题样式。

图 2-20　Android 项目的主题样式文件

自定义样式可在样式文件上修改,操作方法是:双击themes.xml 文件,新建 style 标签,具体内容见代码 2-23。在 style 标签中 name 属性即为该样式的名称,供其他 XML 布局引用使用,一旦引用了该样式,则该样式上定义的所有属性将生效于所控制的 UI。item 标签定义了文本大小、UI 背景和文本颜色属性,不同的属性使用 name 字段区分,item 标签的值即为 name 指向的属性对应的属性值,引用该样式只需要在 UI 布局的 XML 中,对相关 UI 增加 style="@style/main_layout_text_view"即可。

代码 2-23　项目 res/values/themes.xml 中增加的样式

```
1    < style name = "main_layout_text_view">
2        < item name = "android:textSize">22sp </item >
3        < item name = "android:background">#DDE1E3 </item >
4        < item name = "android:textColor">#000 </item >
5    </style >
```

3. 实现 UI 布局

　　MainActivity 的布局文件如代码 2-24 所示。创建布局文件时,根节点使用 RelativeLayout。在 UI 面板中对 RelativeLayout 布局拖入 5 个 TextView,默认情况下,这 5 个 TextView 重叠于 RelativeLayout 的左上角。修改各 UI 位置时,首先对 tv1 设置居中属性,将其作为其他 UI 位置关系的基准。按代码 2-23 对 res/values/themes. xml 增加样式,并在 my_main. xml 主布局中,对各个 TextView 使用 style 属性进行样式引用。从布局效果上可看出,tv2 和 tv5 分别使用 layout_alignBottom 和 layout_alignTop,当文本内容过多时,两者保证的对齐部位不同,tv2 保证边框底部与 tv1 对齐,从而使文本向上延伸;tv5 保证边框顶部与 tv1 对齐,从而使文本向下延伸。布局中,tv3 和 tv4 右边对齐的基准不同,tv3 使用 alignParentRight,使 tv3 右边框位于父容器的右边;tv4 使用 layout_toRightOf 属性,使 tv4 左边框与参考 UI 的右边框对齐。

代码 2-24　布局文件 my_main. xml

```
1    <RelativeLayout xmlns:android = "http://schemas.android.com/apk/res/android"
2        android:layout_width = "match_parent"
3        android:layout_height = "match_parent">
4        <TextView
5            android:id = "@ + id/tv1"
6            style = "@style/main_layout_text_view"
7            android:layout_width = "wrap_content"
8            android:layout_height = "wrap_content"
9            android:layout_centerInParent = "true"
10           android:text = "Your name and ID" />
11       <!-- .所有的 TextView 使用相同的样式,可以在 res/values/themes.xml 中定义 -->
12       <TextView
13           android:id = "@ + id/tv2"
14           android:layout_width = "wrap_content"
15           android:layout_height = "wrap_content"
16           android:layout_alignBottom = "@id/tv1"
17           android:layout_toLeftOf = "@id/tv1"
18           style = "@style/main_layout_text_view"
19           android:text = "Align Bottom Left" />
20       <TextView
21           android:id = "@ + id/tv3"
22           android:layout_width = "wrap_content"
23           android:layout_height = "wrap_content"
24           android:layout_alignParentBottom = "true"
25           android:layout_alignParentRight = "true"
26           style = "@style/main_layout_text_view"
27           android:text = "Bottom Right" />
28       <TextView
29           android:id = "@ + id/tv4"
30           android:layout_width = "wrap_content"
31           android:layout_height = "wrap_content"
32           android:layout_toRightOf = "@id/tv1"
33           style = "@style/main_layout_text_view"
34           android:text = "Right" />
35       <TextView
36           android:id = "@ + id/tv5"
37           android:layout_width = "wrap_content"
38           android:layout_height = "wrap_content"
39           android:layout_alignTop = "@id/tv1"
```

```
40              android:layout_marginLeft = "10dp"
41              android:layout_toRightOf = "@id/tv1"
42              style = "@style/main_layout_text_view"
43              android:text = "AlignTop Right" />
44   </RelativeLayout>
```

2.9 约束布局

2.9.1 任务说明

本任务采用 ConstraintLayout(约束布局)放置多个 TextView,演示效果如图 2-21 所示。布局效果与 2.8 节任务类似,并在此基础上,将 tv4 的内容改为较长的文本: Right long right text for test。此外,布局中增加了 TextView 组件 tv6(显示数字"328")和 TextView 组件 tv7(显示字符"¥"),tv6 边框左下角在虚拟坐标(0.4,0.4)上,tv7 在 tv6 左侧,且两者文本基准线对齐。布局中,虚拟坐标以 ConstraintLayout 左上角为原点(0,0),右下角为(1,1)的直角坐标系为计算基准。

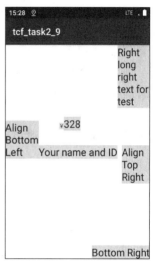

图 2-21 ConstraintLayout 布局的演示效果

2.9.2 任务相关知识点

ConstraintLayout 在 Android 中属于第三方支持库,虽然每次创建新项目时,Android Studio 默认采用 ConstraintLayout 布局,但是它需要在 Module build. gradle 文件中添加依赖,并且不同版本的 Android Studio 以及不同版本的 SDK,其添加依赖的版本号也可能不同。以 Android Studio Chipmunk (2021)为例,其依赖库配置信息如下所示。

```
implementation 'androidx.constraintlayout:constraintlayout:2.0.4'
```

由于 ConstraintLayout 是第三方库,因此在布局文件中使用时,需要使用完整的包名和类名称 androidx. constraintlayout. widget. ConstraintLayout,不像 LinearLayout 和 RelativeLayout,只需要相应的类名称即可。

相比于 RelativeLayout,ConstraintLayout 的功能更强大,增加了很多属性来控制布局,也导致初学时不适应。ConstraintLayout 使用 app 命名空间的属性进行位置控制,在布局根节点需要定义 app 命名空间,具体定义如下所示。

```
xmlns:app = "http://schemas.android.com/apk/res-auto"
```

在 ConstraintLayout 布局中,属性控制的常用格式为 app: layout_constraintAxx_toBxxOf,其中 Axx 和 Bxx 均为方向属性,如 Bottom、Top、Left、Right、Start 以及 End 等,表示约束该 UI 的 Axx 侧至参考 UI 的 Bxx 侧。属性值若使用 parent,则表示参考 UI 是 ConstraintLayout 容器本身,若是相对其他 UI 的位置关系,则需要引用其他 UI 的 id。例

如,app:layout_constraintBottom_toBottomOf="parent"表示约束该 UI 的底部至容器的底部。约束 UI 的文本基准线对齐采用 app:layout_constraintBaseline_toBaselineOf 属性进行控制。对 UI 实施位置约束之后,还可以增加 app:layout_constraintVertical_bias 或者 app:layout_constraintHorizontal_bias 属性,进行垂直或者水平的偏移控制,偏移值在[0,1]区间内,以容器左上角为 0,右下角为 1。

ConstraintLayout 布局中没有居中控制属性,若要使某个 UI 在容器中水平居中,则需约束该 UI 的左边到容器的左边,约束该 UI 的右边到容器的右边,就好像对控制对象左右各拉了 1 根弹簧到容器的左右边,若无其他额外属性修饰,则默认 2 根弹簧的力量是一样的,因此能使该 UI 水平居中。若要使得 UI 在容器中水平和垂直均居中,则需要 4 根弹簧,分别约束该 UI 上、下、左、右这四个方向到容器的四边,从而得到完全的居中。一个 UI 在 ConstraintLayout 中可定位,需要给出水平和垂直的约束,否则编辑器会对该 UI 标红,提示哪些方向没有被约束。约束可直接在 Design 界面下通过图形可视化操作完成,对于复杂的约束,则需要切换到 Code 界面通过属性代码控制 UI 的位置关系。

图 2-22 给出 Design 界面中的约束操作,若要对图中的 UI 添加右约束,则单击该 UI 右边的锚点,拖动鼠标至其他 UI 的锚点上或者拖动到容器的边缘,即可生成对应的约束。若要删除约束,可在 Design 界面右边的 Layout 窗口中下拉 Constraints,具体见图 2-23,找到对应的约束进行删除,此外,还可以直接在 UI 布局图中单击约束线进行删除。

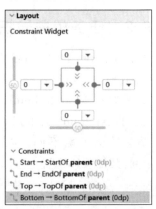

图 2-22　对 UI 添加右约束的图形交互操作　　　图 2-23　UI 的约束属性

除了方位约束之外,ConstraintLayout 布局中的 UI 也可以使用边距约束,分为外边距 margin 和内边距 padding。例如,android:layout_marginLeft="20dp"表示该 UI 具有左外边距 20dp。同理,android:layout_marginHorizontal 属性设置的是左右两个方向的外边距;android:layout_marginTop 属性设置的是顶部外边距;android:layout_marginBottom 属性设置的是底部外边距;android:layout_marginVertical 属性设置的是上下两个方向的外边距;android:layout_margin 属性设置的是上、下、左、右四个方向的外边距。此外,还有 start 和 end 对应文字起始和结束方向的外边距。内边距也是类似的属性控制,不赘述。

ConstraintLayout 除了可以使用上下左右相关属性约束边界(相当于直角坐标系),还可以使用角约束控制方位(相当于极坐标系)。角约束中,app:layout_constraintCircle 属性控制圆心的参考 UI 对象;app:layout_constraintCircleAngle 属性控制以北极(左西右东,上北下南)方向为 0°顺时针方向旋转的角度;app:layout_constraintCircleRadius 属性控制半径的长度。以上三个属性结合使用，即可按角约束实现定位约束。代码 2-25 为角约束示例，在 ConstraintLayout 布局中（代码中省略了布局容器），tv1 为水平和垂直居中，tv2 则以 tv1 为圆心，与 tv1 形成 145°、半径为 100dp 的角约束。

代码 2-25 使用 ConstraintLayout 的角约束属性

```
1   < TextView
2       android:id = "@ + id/tv1"
3       android:layout_width = "wrap_content"
4       android:layout_height = "wrap_content"
5       android:text = "TextView"
6       app:layout_constraintBottom_toBottomOf = "parent"
7       app:layout_constraintEnd_toEndOf = "parent"
8       app:layout_constraintStart_toStartOf = "parent"
9       app:layout_constraintTop_toTopOf = "parent" />
10  < TextView
11      android:id = "@ + id/tv2"
12      android:layout_width = "wrap_content"
13      android:layout_height = "wrap_content"
14      android:text = "TextView"
15      app:layout_constraintCircle = "@id/tv1"
16      app:layout_constraintCircleAngle = "145"
17      app:layout_constraintCircleRadius = "100dp"/>
```

ConstraintLayout 布局还有 Guideline（参考线）和 Barrier（屏障）两种概念。Guideline 是非常有用的定位工具。在 ConstraintLayout 中，若某组件 A 是依赖组件 B 的约束实现定位的，一旦组件 B 被删除，则约束被破坏，需要重新定义约束来实现组件 A 的定位，这种约束关系对复杂的界面维护非常不利。此时，若多定义一些 Guideline，将 UI 约束到 Guideline 上，则能减少 UI 之间的定位依赖。

Guideline 不会在应用的界面上出现，仅会在布局的 Design 界面中出现，分为水平 Guideline 和垂直 Guideline，利用 android:orientation 属性控制参考线的方向。Guideline 的定位相对比较简单，明确方向属性后，参考线的位置信息实际上是一维的。例如，水平 Guideline 只需要知道其在垂直方向的位置即可被定位；反之，垂直 Guideline 只需要知道水平方向的位置即可被定位。因此，Guideline 的定位常用 app:layout_constraintGuide_percent 属性来控制定位，取值区间为[0,1]的实数值，表示从左到右或从上到下距离容器起始位置的百分比。在本任务中，tv6 所依赖的虚拟坐标(0.4,0.4)，就是利用 app:layout_constraintGuide_percent 属性值为 0.4 的水平 Guideline 和垂直 Guideline 来实现定位的。

Barrier 常用于解决 ConstraintLayout 中 UI 的遮挡和越界问题。在 ConstraintLayout 中，经常出现的"坑"是某些 UI 超出预期的长度或宽度，使得该 UI 某些方向上的约束失效，进而发生 UI 遮挡或越界。此时，需要使用 Barrier 对 UI 某些方向进行硬约束，并且将 UI 在该方向的尺寸设为 0dp，让容器计算 UI 尺寸。例如，某 TextView 内容太长，使得右约束失效，此时需要定义一个 Barrier，将文本右约束到该 Barrier 上，使其不能越界，并且将 TextView 的宽度设置为 0dp，让容器计算该 TextView 在 Barrier 约束下形成的宽度（若 TextView 宽度是 wrap_content，则文本还会发生越界或遮挡）。Barrier 自身的宽度和高度，在一般情况下均设为 wrap_content，并利用 app:barrierDirection 和 app:constraint_referenced_ids 来定位 Barrier 的位置。方向属性 app:barrierDirection 主要有 left、right、 top 和 bottom 等取值,表示该 Barrier 在所参考的 UI(由 app:constraint_referenced_ids 属性控制的参考 UI)的哪一侧。app:constraint_referenced_ids 的属性值可以是多个 UI 的引用,各引用的 UI 用逗号隔开,而 Barrier 最终的位置由参考 UI 的最极端那侧来决定。例如,在代码 2-26 中,该 Barrier 的位置在 tv1 和 tv2 两个文本框的最右边,假如 tv2 更靠近右边,则 Barrier 的位置就和 tv2 的右边框对齐,形成一个类似垂直参考线的屏障。

代码 2-26　　Barrier 的属性控制示例

```
1    < androidx. constraintlayout. widget. Barrier
2        android:id = "@ + id/barrier_right"
3        android:layout_width = "wrap_content"
4        android:layout_height = "wrap_content"
5        app:barrierDirection = "right"
6        app:constraint_referenced_ids = "tv1,tv2">
```

2.9.3　任务实现

新建一个布局,命名为 my_main. xml,根节点保留默认的 ConstraintLayout,切换到 Design 界面,拖入一个 TextView 到 ConstraintLayout 容器中。此时,若 TextView 拥有上下两个方向的约束,拖动该 TextView,则会生成类似 app:layout_constraintVertical_bias = "xxx" 的位移属性;若 TextView 左右方向没有约束,则会生成类似 tools:layout_editor_absoluteX = "xxxdp" 的绝对定位。建议在 Code 界面中将绝对定位属性删除,其原因是 Android 设备屏幕尺寸型号太多,不同屏幕下 UI 的定位效果差异很大。将代码 2-23 复制到 res/values/themes. xml 主题中,使各 TextView 可通过 style = "@style/main_layout_text_view"统一设置样式。将拖入的 TextView 的 id 值修改为 tv1,修改文本内容,使之符合任务要求。文本框 tv1 的居中对齐,可利用鼠标拖动实现,在 Design 界面中将 tv1 的左锚点拖至容器左边界,右锚点拖至容器右边界,上锚点拖至容器上边界,下锚点拖至容器下边界,则会自动生成 4 个方位约束,从而使得 tv1 居中对齐。

继续拖入 1 个 TextView 至 ConstraintLayout 容器中,将 id 值修改为 tv3,设置样式并修改相应文本内容,拖动文本框下锚点和右锚点至容器底部及右边。切换到 Code 界面,定义 1 个 Barrier,将 id 值修改为 barrier_left,使之对齐 tv1 的左边框,相关属性详见代码 2-27。

在 ConstraintLayout 容器中继续拖入 1 个 TextView,将 id 值修改为 tv2,设置相应文本和样式,将宽度设置为 0dp(尝试使用 wrap_content,观察其效果,是否将 tv1 遮挡),将底部约束对齐至 tv1 底部,左约束至容器左侧,右约束至屏障 barrier_left 的左侧(尝试修改右约束至 tv1 的左侧,观察是否将 tv1 遮挡)。

创建一个新的 Barrier,将 id 值修改为 barrier_right,将其定位对齐至 tv1 的右边框。在 ConstraintLayout 容器中拖入 1 个 TextView,将 id 值修改为 tv5,设置相应文本和样式,将宽度设置为 0dp,通过 android:layout_marginLeft 设置 10dp 的左外边距,并将其右约束至容器的右侧,左约束至屏障 barrier_right 的右侧,上约束至 tv1 的顶部。

在 ConstraintLayout 容器中拖入 1 个 TextView,将 id 值修改为 tv4,设置相应文本和样式,将宽度设置为 0dp(尝试将宽度设置为 wrap_content,观察 tv4 右边框是否发生越界,超出屏幕右边距,导致部分文本不可见),并将其左约束至 tv1 的右侧,上约束至容器顶部,右约束至容器右侧(若没有右约束,即使宽度为 0dp,tv4 依然会发生越界)。

　　分别添加 1 条水平 Guideline 和垂直 Guideline,通过 app:layout_constraintGuide_percent 属性设置参考线的位置,从而两条参考线的交点构成虚拟坐标(0.4,0.4),具体见代码 2-27。在容器中拖入 1 个 TextView,将 id 值修改为 tv6,设置相应文本和样式,并左约束至垂直 Guideline 的右侧(左约束至垂直 Guideline 左侧具有相同效果),下约束至水平 Guideline 的上侧(下约束至水平 Guideline 下侧具有相同效果),使得 tv6 的左下角与坐标(0.4,0.4)对齐。

　　最后,在容器中拖入 1 个 TextView,将 id 值修改为 tv7,设置相应文本和样式,此时虽然样式中定义的文本字体大小是 22sp,但是该 TextView 通过 android:textSize="10sp"覆盖所引用样式中 textSize 属性,字体大小被改成 10sp。android:textSize 属性出现的位置不敏感,其在引用样式之前还是之后设置,均能覆盖引用样式的对应属性。tv7 通过文本基准线对齐 tv6,并通过右约束至 tv6 的左侧。

代码 2-27　布局文件 my_main.xml

```
1    < androidx.constraintlayout.widget.ConstraintLayout
     xmlns:android = "http://schemas.android.com/apk/res/android"
2        xmlns:app = "http://schemas.android.com/apk/res - auto"
3        android:layout_width = "match_parent"
4        android:layout_height = "match_parent">
5        < TextView
6            android:id = "@ + id/tv1"
7            android:layout_width = "wrap_content"
8            android:layout_height = "wrap_content"
9            android:text = "Your name and ID"
10           style = "@style/main_layout_text_view"
11           app:layout_constraintBottom_toBottomOf = "parent"
12           app:layout_constraintEnd_toEndOf = "parent"
13           app:layout_constraintStart_toStartOf = "parent"
14           app:layout_constraintTop_toTopOf = "parent" />
15       < TextView
16           android:id = "@ + id/tv3"
17           android:layout_width = "wrap_content"
18           android:layout_height = "wrap_content"
19           android:text = "Bottom Right"
20           style = "@style/main_layout_text_view"
21           app:layout_constraintBottom_toBottomOf = "parent"
22           app:layout_constraintEnd_toEndOf = "parent" />
23       < TextView
24           android:id = "@ + id/tv2"
25           style = "@style/main_layout_text_view"
26           android:layout_width = "0dp"
27           android:layout_height = "wrap_content"
28           android:text = "Align Bottom Left"
29           app:layout_constraintBottom_toBottomOf = "@ + id/tv1"
30           app:layout_constraintRight_toLeftOf = "@id/barrier_left"
31           app:layout_constraintLeft_toLeftOf = "parent" />
32   <!--   tv2 若不借助 Barrier 约束右边以及"0dp"控制宽度,文本宽度将超出边界 -->
33       < androidx.constraintlayout.widget.Barrier
34           android:id = "@ + id/barrier_left"
35           android:layout_width = "wrap_content"
36           android:layout_height = "wrap_content"
37           app:barrierDirection = "left"
38           app:constraint_referenced_ids = "tv1">
```

```
39    <!--    Barrier 为屏障,在视图中不可见  -->
40    <!--    Barrier 可通过 barrierDirection 和 constraint_referenced_ids 控制位置 -->
41    <!--    constraint_referenced_ids 属性值可引用多个 UI,用逗号隔开        -->
42        </androidx.constraintlayout.widget.Barrier>
43        <androidx.constraintlayout.widget.Barrier
44            android:id = "@ + id/barrier_right"
45            android:layout_width = "wrap_content"
46            android:layout_height = "wrap_content"
47            app:barrierDirection = "right"
48            app:constraint_referenced_ids = "tv1">
49        </androidx.constraintlayout.widget.Barrier>
50        <TextView
51            android:id = "@ + id/tv4"
52            android:layout_width = "0dp"
53            android:layout_height = "wrap_content"
54            android:text = "Right long right text for test"
55            style = "@style/main_layout_text_view"
56            app:layout_constraintLeft_toRightOf = "@ + id/tv1"
57            app:layout_constraintRight_toRightOf = "parent"
58            app:layout_constraintTop_toTopOf = "parent" />
59    <!--    tv4 不加右边约束,文本会显示不全,超出容器边界 -->
60    <!--    tv4 若宽度使用"wrap_content",左约束超出 tv1 右边,右约束超出边界,显示不全 -->
61        <TextView
62            android:id = "@ + id/tv5"
63            android:layout_width = "0dp"
64            android:layout_height = "wrap_content"
65            android:text = "Align Top Right"
66            style = "@style/main_layout_text_view"
67            android:layout_marginLeft = "10dp"
68            app:layout_constraintRight_toRightOf = "parent"
69            app:layout_constraintLeft_toRightOf = "@id/barrier_right"
70            app:layout_constraintTop_toTopOf = "@ + id/tv1" />
71        <androidx.constraintlayout.widget.Guideline
72            android:id = "@ + id/guideline_v"
73            android:layout_width = "wrap_content"
74            android:layout_height = "wrap_content"
75            android:orientation = "vertical"
76            app:layout_constraintGuide_percent = "0.4" />
77    <!--  定义了一个垂直参考线 guideline_v,用 orientation 控制方向 -->
78    <!--  guideline_v 利用 layout_constraintGuide_percent 设置相对容器左顶点的位置 -->
79        <androidx.constraintlayout.widget.Guideline
80            android:id = "@ + id/guideline_h"
81            android:layout_width = "wrap_content"
82            android:layout_height = "wrap_content"
83            android:orientation = "horizontal"
84            app:layout_constraintGuide_percent = "0.4" />
85    <!--    定义了一个水平参考线 guideline_h -->
86        <TextView
87            android:id = "@ + id/tv6"
88            android:layout_width = "wrap_content"
89            style = "@style/main_layout_text_view"
90            android:layout_height = "wrap_content"
91            app:layout_constraintLeft_toRightOf = "@id/guideline_v"
92            app:layout_constraintBottom_toTopOf = "@id/guideline_h"
93            android:text = "328" />
94        <TextView
95            android:id = "@ + id/tv7"
```

```
96              android:layout_width = "wrap_content"
97              android:layout_height = "wrap_content"
98              style = "@style/main_layout_text_view"
99              android:textSize = "10sp"
100             app:layout_constraintBaseline_toBaselineOf = "@id/tv6"
101             app:layout_constraintRight_toLeftOf = "@id/tv6"
102             android:text = " ¥ " />
103     <!--     使用 app:layout_constraintBaseline_toBaselineOf 控制文本基准线对齐 -->
104     </androidx.constraintlayout.widget.ConstraintLayout>
```

由本任务可知,ConstraintLayout 相比其他布局,在属性设置上更复杂,但是有参考线和屏障的帮助,也使布局更为灵活。

2.10　本章综合作业

编写一个应用,在一个垂直布局 LinearLayout 里嵌套 3 个水平布局的 LinearLayout、1 个水平 RadioGroup 和 3 个 TextView,各 UI 的要求如下。

第 1 个水平布局的 LinearLayout 里面有 1 个 TextView 组件和 1 个 EditText 组件,其中 TextView 和 EditText 按 1∶3 宽度分配,TextView 文字右对齐。

第 2 个水平布局的 LinearLayout 里面有 1 个 Button 和 1 个 TextView 组件,单击 Button 后能把第一个水平布局里的 EditText 的内容更新到 Button 右边的 TextView 组件上。

第 3 个水平布局的 RadioGroup 里有 3 个 RadioButton,3 个组件所占宽度平均分配。

第 4 个水平布局的 LinearLayout 里有 3 个 Checkbox,3 个组件所占宽度平均分配。

第 5 个组件为 TextView,字体红色,显示 RadioButton 选中的选项,即单选结果。

第 6 个组件为 TextView,字体蓝色,显示 CheckBox 选中的选项,即多选结果。

第 7 个组件为 TextView,显示个人信息(学号和姓名)。

思想引领

视频讲解

第3章

列表与适配器

3.1 下拉列表

3.1.1 任务说明

本任务的演示效果如图 3-1 所示。在该应用中,活动页面视图根节点为垂直的 LinearLayout,在布局中依次放置 3 个 UI:1 个 TextView,用于显示个人信息;1 个 TextView(id 为 tv_result),显示 Spinner(下拉列表)的选择结果;1 个 Spinner,包含 3 个可供选择的数据"杭州""宁波"和"温州"。单击 Spinner,会弹出下拉列表显示候选数据,选中某项数据后,Spinner 会收缩,tv_result 则显示选中的数据。

图 3-1　任务的演示效果

3.1.2 任务相关知识点

1. 适配器 ArrayAdapter

在 Android 中,很多 UI 需要展示批量化的数据。例如,新闻应用中每条新闻列表的格式一样,都有相同样式的标题、发布时间、图片等,对于应用层开发程序员,不会像 C 语言一样对这些数据进行循环处理,生成一个个视图并渲染数据,而是将这些数据封装成一个类,存储于数组或列表中,并改写某个适配器将这些数据批量化地转换为视图。

在众多适配器中,最简单的是 ArrayAdapter,它接收字符串的列表(List)或者数组,并使用 Android 内置的样式进行数据到视图的转换,非常容易使用。适配器的角色就是将批量化的数据按预定义的格式,显示到 Spinner、ListView(列表视图)以及 GridView(网格视图)等组件上。ArrayAdapter 常用的构造方法有以下两种。

(1) public ArrayAdapter(Context context,@LayoutRes int resource,T[] objects)。

(2) public ArrayAdapter(Context context,@LayoutRes int resource,List < T > objects)。

其中,传参 context 是上下文,一般指使用该适配器的 Activity 对象,在 MainActivity 类里指 MainActivity. this(在非匿名方法中可直接用 this)。传参 resource 是样式控制参数,常用的样式有 android. R. layout. simple_list_item_1 和 android. R. layout. simple_list_item_single_choice(效果见图 3-2),不同的样式具有不同的视图格式。传参 objects 是数据,类型为数组 T[]或者列表 List < T >,其中,T 是泛型,表示 objects 数据元素是 T 类型,T 可以是任何类型,若是非 String 类型,则会自动调用 toString()方法将其转换为 String 类型,若 T 类型没有实现 toString()方法,则显示该数据的内存引用信息。

图 3-2　适配器参数为 simple_list_item_single_choice 的样式效果

泛型是 Java 的一个特点,在没有泛型之前,对某个类使用 getter()方法,返回数据是个棘手问题。例如,使用 findViewById() 方法,若定义的是 TextView 类型变量,则希望 findViewById() 方法返回的也是 TextView 类型;若定义的是 Button 类型变量,则希望 findViewById()方法返回的是 Button 对象。若没有泛型,则不可能知道返回的数据是什么类型,因此早期 SDK 中,findViewById()方法返回的是所有 UI 的父类,即 View 对象,此时编程极为不便,需要对 findViewById()方法返回的数据进行强制类型转换成所需的数据类型。例如,假设定义了 TextView 和 Button 两个对象,在没有使用泛型时,则需要对返回结果进行强制类型转换,具体如下代码所示。

```
TextView tv = (TextView)findViewById(R.id.xxx);
Button bt = (Button)findViewById(R.id.yyy);
```

现行的 Android Studio 和 SDK 中,findViewById()方法采用了类似泛型的技术,返回变量用< T >描述,使用其匹配声明时的变量类型,从而避免了强制类型转换。

ArrayAdapter 适配器提供了获取指定位置的对象的方法:public T getItem(int position)。该方法返回的数据类型 T 与构造方法中的数据类型 T 一致,这样才能使构造方法中能传入任何类型的数据,使取数方法中得到对应类型的数据时无须强制类型转换。若没有泛型,则 getItem()方法只能返回 Object 类型,在返回数据时需强制类型转换成期望的数据类型。

Spinner 设置的适配器对象 adapter 还可以使用 setDropDownViewResource(int resource)

方法进一步设置弹出的下拉列表样式,在该方法中,resource 是文本样式参数,与构造方法的第 2 个参数类似。

数组 T[]和列表 List<T>在使用场合上有些区别,Java 中的数组动态特性较弱,只适合存储不需要增删操作的数据,反之,列表数据动态特性支持性好,适合存储动态数据。Java 中的数组没有提供对应的增删方法,若涉及增删操作非常烦琐。例如,在数组中间插入一个数据,需要考虑原定义数组长度够不够用,插入一个数据后,该位置之后的所有数据还需要进行移位操作。列表 List<T>本身是抽象类,常用 ArrayList 具体类。列表能弥补数组动态特性方面的不足,ArrayList 常用的操作有:add()方法,支持将数据插入末端,也可以将数据插入指定位置;addAll()方法支持批量数据添加;remove()方法支持删除数据;get()方法取指定位置的数据。ArrayList 不用用户定义列表长度,当长度不够后会自动申请增加长度,因此列表类型特别适合未知数据长度的动态数据以及需要对数据进行增删操作的使用场合。

适配器通过构造方法创建后,将批量的数据与指定的样式适配,构造方法所返回的适配器对象可以提供给 Spinner、ListView 和 GridView 等组件,组件对象通过 setAdapter()方法,将适配器作为方法的参数,使得视图组件拥有适配器,进而实现批量化数据的展示。

2. Spinner 的侦听回调

Spinner 常用于数据选择,具有展开和收缩两种视图形态。当用户不选择数据时,Spinner 处于收缩状态,显示的是被选中的数据;当用户单击 Spinner 时,Spinner 会展开视图,弹出下拉列表,展现适配器中的所有数据,供用户选择。因此,Spinner 设置完适配器后,往往需要设置对应的选中侦听事件,对用户选择行为进行响应处理。

Spinner 的选中侦听和回调如下述代码所示。

```
1   setOnItemSelectedListener(new AdapterView.OnItemSelectedListener() {
2   @Override
3   public void onItemSelected(AdapterView<?> parent, View view,
4                                           int position, long id) {
5       //该回调方法在选项被选中时触发,Spinner 初始化后默认选中第 0 项,也会触发此回调
6       //parent 是对应的组件对象,这里指 Spinner 对象
7       //view 是被单击触发的视图
8       //position 是被单击的位置索引,从 0 开始
9       //id 是被单击数据的 id,在数据库 Cursor 中才会用到
10      }
11  @Override
12  public void onNothingSelected(AdapterView<?> parent) {
13      //没有选项被选中时触发,一般用不到
14      }
15  });
```

Spinner 的选中侦听回调在 Spinner 视图生成后才会被触发。在 MainActivity 中,onCreate()方法执行完毕时,视图并没有生成,Spinner 的选中侦听不会被触发。因此,在 MainActivity 的 onCreate()方法中,Spinner 选中侦听设置方法写在设置适配器之前还是之后均可以,读者不用担心代码书写顺序。

3.1.3 任务实现

1. 实现 UI 布局

新建布局文件 my_main.xml，如代码 3-1 所示。布局以垂直 LinearLayout 为根节点，在布局中依次拖入 1 个 TextView，用于显示个人信息；1 个 TextView，将 id 设置为 tv_result，用于显示 Spinner 的选择结果；1 个 Spinner，用于显示下拉列表数据和选中侦听事件处理。在 UI 面板中拖入的 Spinner，默认高度是 wrap_content，在组件树视图中有感叹号警示，其原因是高度值包围内容时是 24dp，认为在高密度屏幕中尺寸过小，不利于触控操作，并建议通过 android:minHeight 属性将最小高度设置为 48dp。此时，即使开发者接受 fix 按钮的修改建议，增加了对应属性，该 UI 依然有警示符号，提醒当前 Spinner 内容为空。这些警示只是 Android 的一些建议，不会引起程序崩溃，可忽略。

代码 3-1 布局文件 my_main.xml

```
1   < LinearLayout xmlns:android = "http://schemas.android.com/apk/res/android"
2       android:orientation = "vertical"
3       android:layout_width = "match_parent"
4       android:layout_height = "match_parent">
5       < TextView
6           android:layout_width = "match_parent"
7           android:layout_height = "wrap_content"
8           android:text = "Your name and ID" />
9       < TextView
10          android:id = "@ + id/tv_result"
11          android:layout_width = "match_parent"
12          android:layout_height = "wrap_content"
13          android:text = "" />
14      < Spinner
15          android:id = "@ + id/spinner"
16          android:layout_width = "match_parent"
17          android:layout_height = "wrap_content" />
18  </LinearLayout >
```

2. 实现 MainActivity

MainActivity 的实现如代码 3-2 所示。在 onCreate()方法中初始化了 1 个 String 数组，作为适配器构造方法的数据。适配器声明时采用了泛型 ArrayAdapter < String >，表示该适配器只接收 String 类型的数组或列表数据，当调用适配器的 getItem()方法获取指定位置数据时，其返回的数据就是泛型指定的类型（本任务中是 String 类型）。

在代码 3-2 中，故意将 Spinner 的选中侦听设置方法和适配器设置方法调换顺序（习惯上先给 Spinner 对象设置适配器，再写相应的选中侦听），以测试程序的运行情况。如前述分析，Spinner 的选中侦听和响应需要视图渲染之后才能生效，而 MainActivity 的 onCreate()方法并没有真正完成渲染，因此在 onCreate()方法执行结束之时，Spinner 的选中侦听方法不会被回调，因此 Spinner 的 setOnItemSelectedListener()方法与 setAdapter()方法先后顺序不敏感。

代码 3-2 MainActivity.java

```
1   import androidx.appcompat.app.AppCompatActivity;
2   import android.os.Bundle;
```

```
3      import android.view.View;
4      import android.widget.AdapterView;
5      import android.widget.ArrayAdapter;
6      import android.widget.Spinner;
7      import android.widget.TextView;
8      public class MainActivity extends AppCompatActivity {
9          @Override
10         protected void onCreate(Bundle savedInstanceState) {
11             super.onCreate(savedInstanceState);
12             setContentView(R.layout.my_main);
13             TextView tv = findViewById(R.id.tv_result);
14             Spinner sp = findViewById(R.id.spinner);
15             String[] cities = new String[]{"杭州","宁波","温州"};
16             ArrayAdapter<String> adapter = new ArrayAdapter<>(this,
17                                         android.R.layout.simple_list_item_1,cities);
18             sp.setOnItemSelectedListener(new AdapterView.OnItemSelectedListener() {
19                 //设置选中侦听
20                 @Override
21                 public void onItemSelected(AdapterView<?> parent, View view,
22                                                          int position, long id){
23                     string city = cities[position];
24                     tv.setText(city);
25                 }
26                 @Override
27                 public void onNothingSelected(AdapterView<?> parent) {
28                 }
29             });
30             sp.setAdapter(adapter);                //设置适配器
31         }
32     }
```

3. 程序调试

程序调试是编程生涯中最重要的技巧之一,也是很多初学者最欠缺的技能之一。为了进一步提高读者的调试能力,在本任务中增加一个环节:如何验证行 Spinner 的 onItemSelected()回调方法中传参 parent 和 Spinner 对象 sp 是同一个对象?

最好的验证方式是将变量 sp 加入变量窗口,并在代码 3-2 的第 24 行设置断点,程序运行至第 24 行断点处,在变量窗口中查看变量 sp 和传参 parent 是否是同一个内存引用,若是,则这两个变量是同一个对象。此外,还可以弹出表达式窗口,直接在线运行对象的某些方法用于验证对象。

验证变量 sp 和传参 parent 的调试操作如下。

步骤 1:在代码第 14 行选中 sp 对象后右击,在弹出的快捷菜单中选择 Add to Watches 选项,即可将该变量加入变量窗口;

步骤 2:在代码第 24 行设置断点;

步骤 3:单击 Debug 图标进入调试模式。

若程序中还有其他断点,则应用在调试模式下运行至第一个断点处暂停,假如此时不在代码的第 24 行处,若此时采用单步调试(Step Over,F8 快捷键)运行 onCreate()方法所有代码后,则程序将处于"失联"状态。其原因是,onCreate()方法执行完毕,系统会继续执行 MainActivity 的其他方法,但这些方法不在当前代码区,若要单步运行至代码第 24 行是非常漫长且不现实的。此时,需要利用全速继续运行功能(Resume Program,F9 快捷键),使之全速运行,直至遇到断点暂停。在全速继续运行过程中,当 Spinner 触发选中事件时,会在代码第 24 行处暂停,此时观察到的变量窗口如图 3-3 所示。遗憾的是,在变量窗口中,变量 sp 无法被观测,其原因是该变量是 onCreate()方法中的局部变量,而 onItemSelected()回调方法虽然写在 onCreate()中,但它是匿名方法,本质上在 onCreate()方法之外,在选中事件触发回调时,onCreate()方法早已运行完毕,此时,onCreate()方法中的局部变量已消亡。

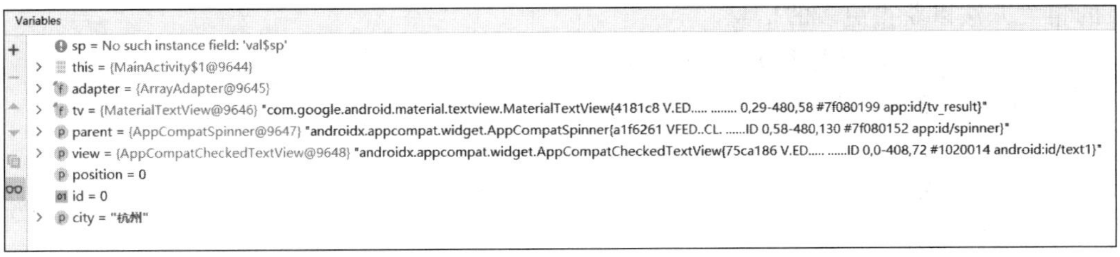

图 3-3　变量窗口的各个变量

对于本任务而言,即使对变量 sp 添加 final 关键字修饰,也无法在 onItemSelected()方法中通过调试窗口观察到该变量。另一种做法是,将变量 sp 修改成 MainActivity 的成员变量(全局变量),使得变量 sp 能被 MainActivity 类中的所有方法访问,具体操作如代码 3-3 所示。注意,变量 sp 被声明成类成员变量后,在 onCreate()方法中初始化时,不能写成 Spinner sp＝findViewById(R.id.spinner),若是这样写,则 onCreate()方法中的变量 sp 是局部变量,与类成员变量 sp 无关,此时成员变量 sp 依然是 null 对象。

代码 3-3　修改 Spinner 对象为类成员变量

```
1    public class MainActivity extends AppCompatActivity {
2        Spinner sp;
3        @Override
4        protected void onCreate(Bundle savedInstanceState){
5            …
6            sp = findViewById(R.id.spinner);
7            //不要写成 Spinner sp = findViewById(R.id.spinner);
8            //若这样写,onCreate()方法中的 sp 是局部变量,成员变量 sp 依然是 null 对象
9            …
10        }
11    }
```

按代码 3-3 修改代码后,在同样的地方设置断点,重新调试程序至断点处,变量窗口如图 3-4 所示,Spinner 对象 sp 和 onItemSelected()方法的传参 parent 均指向同一个引用(@9647),因此两者是同一个对象。当适配器采用 R.layout.simple_list_item_1 样式参数时,还可看到传参 view 和变量 tv 均为 MaterialTextView,说明采用 ArrayAdapter 和

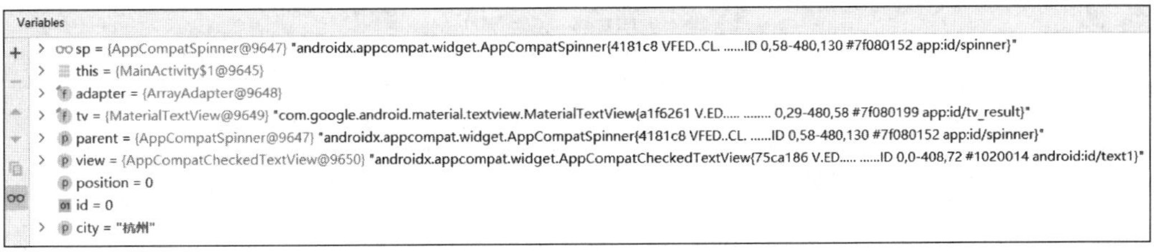

图 3-4　全局变量 sp 和 onItemSelected()回调方法传参 parent

R. layout. simple_list_item_1 内置样式时,得
到的单元视图是一个文本对象,此时也可以
从传参 view 调用相关方法获得对应文本。此
外,还可以通过单击 Evaluate Expression 图
标(或者 Alt＋F8 快捷键),得到表达式运算
对话框,如图 3-5 所示,在对话框中可调用对
象的相关方法以获得更多的信息。

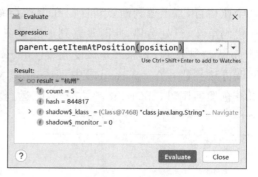

图 3-5　表达式运算对话框

4. 接口回调中的数据获取方法

Spinner 对象在 onItemSelected()回调方
法中会回传 AdapterView 对象 parent、当前
视图对象 view、触发的位置 position。此时若要在回调方法中取位置 position 对应的数据,
可用以下方法实现。

（1）利用适配器的数据源对象（数组 T[]或者列表 List＜T＞），取得对应位置的数据。
例如,代码 3-2 中,通过数组 cities[position]获得选中的数据。在编程实践中,可先写 cities
[position],并利用 Ctrl＋Alt＋V 快捷键生成局部变量,开发环境非常智能,知道 cities 是复
数,获得的数据是单数,并且知道该数据的类型,会自动填充代码变成：String city ＝ cities
[position],这一功能能大大提高编程效率。

（2）利用适配器对象所提供的 public T getItem(int position)方法。适配器构造时采用
了泛型 ArrayAdapter＜T＞声明,因此能保证 getItem()方法返回的数据与声明时的数据源
类型一致,调用该方法可使用 Ctrl＋Alt＋V 快捷键生成局部变量。

（3）利用使用了适配器的组件对象（本任务中是 Spinner 对象 sp）所提供的 public
Object getItemAtPosition(int position)方法。遗憾的是,getItemAtPosition()方法返回的
是 Object 对象,需要声明对象类型并将返回数据进行强制类型转换。

（4）利用回调方法中的传参 view。若传参 view 是容器（例如,复杂视图是一个 LinearLayout,
包含了若干个 UI）,还需要进一步对传参 view 分离 UI,利用 view. findViewById()方法,找
出相关 id 的 UI,再调用 UI 对象获得相关数据；若传参 view 是单个 UI,则可直接调用 UI
相关方法取数。在本任务中,传参 view 是 TextView 对象,可直接将传参 view 强制类型转
换成 TextView 对象,再利用 TextView 对象的方法获得数据。

以上几种方法对应的实现如代码 3-4 所示,综合而言,笔者不太建议使用方法 3 和方法
4,尤其是方法 4,对于复杂视图的操作会非常烦琐。方法 1 和方法 2 均能通过 Ctrl＋Alt＋V
快捷键对返回结果生成局部变量,比较符合笔者的编程习惯。

代码 3-4　Spinner 对象在回调方法中获取触发位置对应数据的若干方法

```
1   public void onItemSelected(AdapterView <?> parent, View view,
2                             int position, long id) {
3       //String city = cities[position];              //可用 Ctrl + Alt + V 快捷键
4       String city = adapter.getItem(position);        //可用 Ctrl + Alt + V 快捷键
5       //String city = (String) parent.getItemAtPosition(position);
6       //String city = (String) sp.getItemAtPosition(position);
7       //TextView temp = (TextView) view;
8       //View 对象本身不提供 getText()方法,需要强制类型转换
9       //String city = (String) temp.getText();
```

```
10        tv.setText(city);
11    }
```

3.2 使用 Spinner 控制文本颜色

3.2.1 任务说明

本任务的演示效果如图 3-6 所示。在该应用中,活动页面视图根节点为垂直的 LinearLayout,在布局中依次有 1 个 TextView(id 为 tv),用于显示个人信息;1 个 Spinner,下拉列表中有 XML 资源文件所自定义的 3 个颜色数据"红色""绿色"和"蓝色",单击选项,则 tv 文本框的文本颜色被更改为对应的颜色。

本任务要求颜色的值和颜色的名称均定义在 XML 资源文件中,方便后期替换更改。完成项目后,在不更改任何代码的情况下,将资源文件里的颜色名称和颜色值修改为 4 个数据,运行应用观察是否正常。资源文件在项目的 res/values 文件夹下,可以是自定义 XML 文件,也可以在项目所生成的默认文件上增加数据。

3.2.2 任务实现

1. 项目的资源文件

Android 编程中,不建议将值和界面文字直接定义在代码中,而是将它们定义在 XML 资源文件中,以方便后期的管理。

图 3-6 Spinner 控制文本
颜色演示效果

例如,在程序修改后需要将界面中所有的中文字符改成英文字符。若将相关的文字直接写在代码里,必然使程序难以维护,需要程序员在代码中逐一替换,而利用 XML 资源文件统一管理,只需要一个专业的翻译将对应文字进行翻译即可。考虑到本书的初衷只是为了帮助初学者更好地理解代码和编程方法,因此在很多例子中并没有采用这个规范,而是直接将相关文字和值定义在代码中,减少代码篇幅。

在本任务中将使用 XML 资源文件管理文字、颜色常量值,以便读者对 Android 项目的资源文件有初步的认识。若仅仅是为了完成图 3-6 所示的演示效果,显然将这些数据直接定义到代码中会更紧凑,读者不妨自行实现。

XML 资源文件存放于项目的 res/values 文件夹中,可用 color 标签定义颜色,string 标签定义字符串,dimen 标签定义尺寸,drawable 标签定义绘图资源及图片(引用图片资源),integer 标签定义整型数据。这些标签的 name 属性给出资源的名称,以方便资源之间的引用,在 XML 中的引用格式为@xxx/yyy,其中,xxx 为数据类型,yyy 为 name 值;在代码中的引用格式为 R.xxx.yyy,同理,xxx 为数据类型,yyy 为 name 值。标签数据可直接赋值,也可以引用资源中其他数据的值。

除了单个数据的定义,XML 中还可以定义数组,使用 string-array 定义字符串数组,使用 integer-array 定义整型数组,使用 array 定义通用数组。数组除了 name 属性,还有 item

标签定义子节点,用于表示数组中 1 个元素的值,该值可直接赋值也可以使用引用值。数组在代码中的引用方式是 R. array. yyy,其中,yyy 是数组的 name 属性值。在程序中获取 XML 资源还要利用 Activity 对象提供的 getResources()方法获得 Resources 对象。使用 Resources 对象在 XML 资源中取数时,若是 string-array 数据,则可用 getStringArray()方法;若是 integer-array,则用 getIntArray()方法;若是通用型 array,则须通过 obtainTypedArray()方法获得通用型数组,再通过 TypedArray 对象的 getColor()、getDimension()、getDrawable()等方法分别进行颜色、尺寸或绘图对象的二次解析。

本任务对 res/values/colors. xml 资源文件进行修改,如代码 3-5 所示,对颜色值数组 my_color_values 增加了红、绿和蓝 3 个颜色值,采用的是通用型 array 数组。考虑到颜色数组和对应颜色名称数组放在同一个文件更便于管理,因此,将颜色名称数组 my_color_names 也放在 colors. xml 资源文件中。

代码 3-5　对 res/values/colors. xml 资源文件增加颜色值数组和颜色名称数组

```
1    < array name = "my_color_values">
2         < item > #f00 </ item >
3         < item > #0f0 </ item >
4         < item > #00f </ item >
5    </array>
6    < string - array name = "my_color_names">
7         < item >红色</ item >
8         < item >绿色</ item >
9         < item >蓝色</ item >
10   </ string - array >
```

2. 实现 UI 布局

MainActivity 的布局文件 my_main. xml 如代码 3-6 所示,布局中 TextView 需要赋予 id 值,以便于在代码中对其进行属性控制。

代码 3-6　布局文件 my_main. xml

```
1    < LinearLayout xmlns:android = "http://schemas.android.com/apk/res/android"
2         android:orientation = "vertical"
3         android:layout_width = "match_parent"
4         android:layout_height = "match_parent">
5         < TextView
6              android:id = "@ + id/tv"
7              android:layout_width = "match_parent"
8              android:layout_height = "wrap_content"
9              android:text = "Your name and ID" />
10        < Spinner
11             android:id = "@ + id/spinner"
12             android:layout_width = "match_parent"
13             android:layout_height = "wrap_content" />
14   </LinearLayout >
```

3. 实现 MainActivity

MainActivity 的实现如代码 3-7 所示。在程序中,需要注意字符串数组和通用性数组在处理方式上的区别。颜色名称数组 colorNames 是 string-array 类型,可直接通过 Resources 对象的 getStringArray()方法获得;颜色值数组 colorValues 是通用型 array 数组,需通过 obtainTypedArray()方法得到 TypedArray 数组,再通过调用 getColor()方法进行颜色值的二次解析。

代码 3-7 MainActivity.java

```java
1    import androidx.appcompat.app.AppCompatActivity;
2    import android.content.res.Resources;
3    import android.content.res.TypedArray;
4    import android.graphics.Color;
5    import android.os.Bundle;
6    import android.view.View;
7    import android.widget.AdapterView;
8    import android.widget.ArrayAdapter;
9    import android.widget.Spinner;
10   import android.widget.TextView;
11   public class MainActivity extends AppCompatActivity {
12       @Override
13       protected void onCreate(Bundle savedInstanceState) {
14           super.onCreate(savedInstanceState);
15           setContentView(R.layout.my_main);
16           TextView tv = findViewById(R.id.tv);
17           Spinner sp = findViewById(R.id.spinner);
18           Resources res = getResources();   //XML中定义的资源数据需要 Resources 对象获取
19           String[] colorNames = res.getStringArray(R.array.my_color_names);
20           //String[]类型的数组可直接调用 getStringArray()方法获得
21           TypedArray colorValues = res.obtainTypedArray(R.array.my_color_values);
22           //资源没有提供颜色数组,只能用通过 TypedArray 获得数组对象
23           ArrayAdapter<String> adapter = new ArrayAdapter<>(this,
24                               android.R.layout.simple_list_item_1,colorNames);
25           sp.setAdapter(adapter);
26           sp.setOnItemSelectedListener(new AdapterView.OnItemSelectedListener() {
27               @Override
28               public void onItemSelected(AdapterView<?> parent, View view,
29                                                    int position, long id){
30                   int color = colorValues.getColor(position, Color.BLACK);
31                   //第 2 个参数是获取失败时替换的默认颜色
32                   //第 2 个参数使用了 Color 类里提供的颜色常量,Color.BLACK 为黑色
33                   tv.setTextColor(color);
34               }
35               @Override
36               public void onNothingSelected(AdapterView<?> parent) {
37               }
38           });
39       }
40   }
```

3.3 使用 Spinner 控制文本大小

3.3.1 任务说明

本任务的演示效果如图 3-7 所示。在该应用中,活动页面布局根节点为垂直的 LinearLayout,在布局中依次有 1 个 TextView(id 为 tv),用于显示个人信息;1 个 Spinner,Spinner 中有下拉选项"小号"、"中号"和"大号",对应字体大小的值分别为 10sp、16sp 和 24sp。Spinner 选择字号选项后,则 tv 的字体大小更改为对应字号。字体大小相关数据采用 XML 资源文件管理,并且需要利用 Logcat 打印字号对应的真实值。

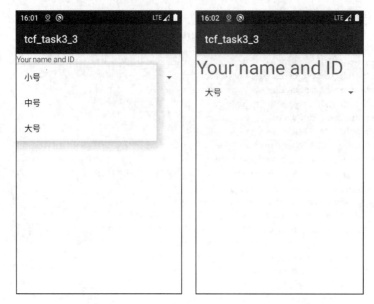

图 3-7　Spinner 控制文本大小演示效果

利用 Logcat 窗口查看打印输出也是 Android 编程中常用的技巧,其对应的调用类是 android. util. Log。Log 类提供了打印输出的多种静态方法,常用的输出方法如下所示。

(1) public static int d(String tag,String msg),用于打印 Debug 日志信息。

(2) public static int e(String tag, String msg),用于打印 Error 错误信息,以红色文字显示。

(3) public static int i(String tag, String msg),用于打印 Info 普通信息。

(4) public static int w(String tag, String msg),用于打印 Warn 警告信息,以蓝色文字显示。

在以上各个输出方法中,第 1 个参数 tag 是标签,可以是任意文字,用于过滤信息或者通过标签告知用户,打印的是哪个信息;第 2 个参数 msg 是所需要打印的消息值,若是非 String 类型的数据,可用字符串双引号+变量的方式,将后面的变量转换为文本输出。日志打印可帮助开发者了解过程变量,在调试中经常使用。

3.3.2　任务实现

1. 创建资源文件与数据

本任务中所涉及的尺寸值采用 XML 资源文件进行管理,可在 res/values 文件夹下创建 dimens. xml 文件,文件名只要符合 XML 命名规则即可(即名称可以包含小写英文字符、阿拉伯数字和短下画线,以小写字母开头)。创建资源文件可右击 values 文件夹,在弹出的快捷菜单中选择 New→Values Resource File 选项,利用向导创建,如图 3-8 所示。

资源文件 dimens. xml 如代码 3-8 所示,字号数组 my_dimen_values 采用通用型 array,字号名称数组 my_dimen_names 采用 string-array。

代码 3-8　资源文件 res/values/dimens. xml

```
1    < resources >
2        < array name = "my_dimen_values">
```

```
3              < item > 10sp </item >
4              < item > 16sp </item >
5              < item > 24sp </item >
6        </array >
7        < string - array name = "my_dimen_names">
8              < item >小号</item >
9              < item >中号</item >
10             < item >大号</item >
11       </string - array >
12    </resources >
```

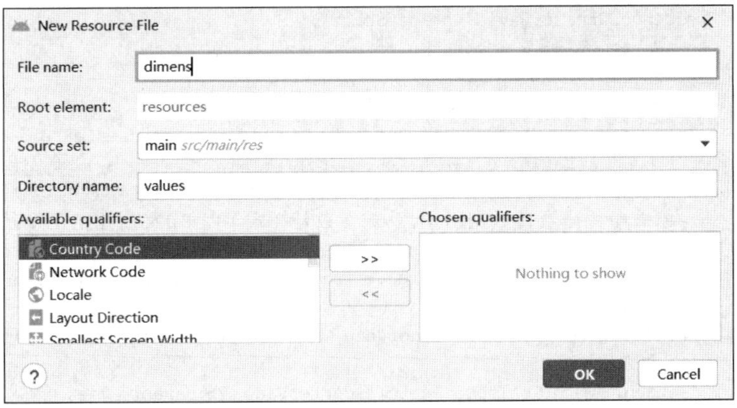

图 3-8　利用向导创建资源文件

2．实现 MainActivity

MainActivity 的布局文件与 3.2 节中的项目相同，可直接将 3.2 节项目中的 my_main. xml 文件复制至本项目。MainActivity 的实现如代码 3-9 所示。对比 3.2 节中的 MainActivity 程序，本项目的适配器采用了不同的生成方法。适配器常用构造方法创建，但若数据资源定义在 XML 文件中，还有更简便的方法，即直接调用 ArrayAdapter. createFromResource()静态方法从 XML 资源中取数并创建适配器。注意，createFromResource()方法的参数顺序与构造方法略有不同，其第 2 个参数是数据资源(构造方法中第 2 个参数是样式)，可直接采用 R. array. yyy 的方式直接引用 XML 资源中的数组数据，第 3 个参数是样式(构造方法中第 3 个参数是数据)。此外，该静态方法返回的适配器泛型参数是 CharSequence(String 类继承自 CharSequence)，若直接用 ArrayAdapter < String >定义适配器，开发环境会提示类型不匹配，可通过编译器自动修复(Alt＋Enter 快捷键)，即可自动改成 ArrayAdapter < CharSequence >。

CharSequence 是一个接口，它只包括 length()、charAt(int index)、subSequence(int start, int end)等几个常用的方法，String、StringBuilder 和 StringBuffer 等类均来自于 CharSequence(如图 3-9 所示)。若是对字符串少量的拼接操作可用 String，若是大量的拼接操作，则建议用 StringBuilder(非线程安全)或 StringBuffer(线程安全)，其原因是采用 String 类拼接字符串，对待拼接的 String 对象，会生成对应的 String 对象加入常量池再对其引用，拼接操作越多，所产生的内存小碎片越多，不利于系统优化。

代码 3-9　MainActivity. java

```
1    import androidx. appcompat. app. AppCompatActivity;
2    import android. content. res. Resources;
```

```
3      import android.content.res.TypedArray;
4      import android.os.Bundle;
5      import android.util.Log;
6      import android.view.View;
7      import android.widget.AdapterView;
8      import android.widget.ArrayAdapter;
9      import android.widget.Spinner;
10     import android.widget.TextView;
11     public class MainActivity extends AppCompatActivity {
12         @Override
13         protected void onCreate(Bundle savedInstanceState) {
14             super.onCreate(savedInstanceState);
15             setContentView(R.layout.my_main);
16             Spinner sp = findViewById(R.id.spinner);
17             TextView tv = findViewById(R.id.tv);
18             ArrayAdapter < CharSequence > adapter = ArrayAdapter.createFromResource(this,
19                     R.array.my_dimen_names, android.R.layout.simple_list_item_1);
20             //直接从资源文件取数得到适配器,注意第2参数和第3参数的参数顺序
21             //第2参数是资源数据引用,第3参数是样式,并且定义所用的泛型是 CharSequence
22             Resources res = getResources();
23             TypedArray dimenValues = res.obtainTypedArray(R.array.my_dimen_values);
24             sp.setAdapter(adapter);
25             sp.setOnItemSelectedListener(new AdapterView.OnItemSelectedListener() {
26                 @Override
27                 public void onItemSelected(AdapterView <?> parent, View view,
28                                                         int position, long id){
29                     float dimension = dimenValues.getDimension(position, 10.0f);
30                     //尺寸数据是浮点数,第2个参数是默认值(取数解析失败时取默认值返回)
31                     Log.d("Dimension","" + dimension);
32                     //Log.d 可打印 Debug 日志,在 Logcat 窗口中可查看
33                     Log.e("Dimension","" + dimension);          //打印 Error 信息
34                     Log.i("Dimension","" + dimension);          //打印 Info 信息
35                     Log.w("Dimension","" + dimension);          //打印 Warn 信息
36                     tv.setTextSize(dimension);
37                 }
38                 @Override
39                 public void onNothingSelected(AdapterView <?> parent) {
40                 }
41             });
42         }
43     }
```

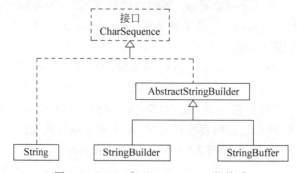

图 3-9   String 和 CharSequence 的关系

3. 使用 Logcat 日志

在代码 3-9 中,onItemSelected()回调方法利用 Log 类打印输出四种类型的日志,用于验证字体尺寸单位 sp 是否与浮点数值等值。Log 类打印日志的各个方法中,第 1 个参数可以是任何字符串,便于信息查看的标识或过滤;第 2 个参数是打印的内容信息,若是传入浮点数,需要加空字符串拼接,将浮点数转换为字符串。Logcat 窗口打印输出如图 3-10 所示,其输出的信息很多,可结合若干技巧加以运用:①如果不关心历史信息,可单击日志窗口左上方的删除按钮,将之前的日志信息清除;②在日志类型窗口中可选择对应的日志类型,Verbose 是所有类型,Debug 只显示 Log. d()方法的输出,Info 显示 Log. i()方法的输出,Warn 显示 Log. w()方法的输出,Error 显示 Log. e()方法的输出;Assert 显示断言信息;③可在过滤检索栏输入关键词,只显示与日志第 1 个参数(标签值)相匹配的日志信息。

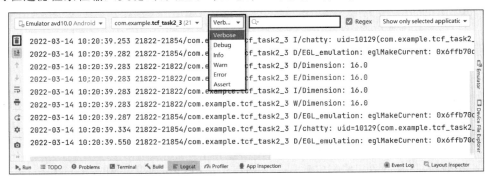

图 3-10 Logcat 日志窗口

过滤日志如图 3-11 所示,在过滤栏输入 dimen,则日志窗口显示符合过滤条件的日志信息,能帮助开发者更快得到相关信息。

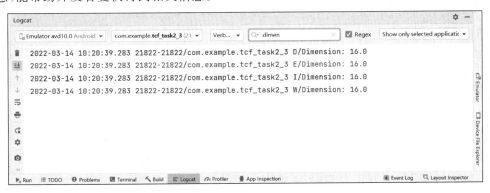

图 3-11 Logcat 窗口通过过滤功能获得日志信息

3.4 使用 ListView 切换 ImageView 图片

3.4.1 任务说明

本任务的演示效果如图 3-12 所示。在该应用中,活动页面视图根节点为垂直的 LinearLayout,在布局中依次有 1 个 TextView,用于显示个人信息;1 个 ImageView(图像视图),高和宽分别为 200dp;1 个 ListView(列表视图),显示的列表项为"杭州""宁波""温州"。单击 ListView 的列表项,ImageView 的图片会切换为对应城市的图片。

图 3-12　使用 ListView 切换 ImageView 的图片资源

ListView 是显示相同格式内容的一种组件,常用于新闻、商品等数据展示,其使用方法与 Spinner 类似,也是通过适配器绑定数据。区别在于,ListView 使用 OnItemClickListener 接口侦听列表项的单击事件,而 Spinner 则使用 OnItemSelectedListener 接口侦听下拉列表选项的选中事件。

3.4.2　任务实现

1. 项目中的图片

在 Android 项目中,可放置 jpg、gif 和 png 等图片资源,但是其文件命名必须符合规范:不能有中文、空格,以及大写英文字符等不符合资源命名方式的字符,合法的是小写字母、短下画线(_)和阿拉伯数字,且首字符必须是小写字母。因此,若将网络图片复制到项目资源中,则需将其重命名为符合规范的文件名才能被使用。

复制图片时,可单击 res/drawable 文件夹,直接按 Ctrl＋V 快捷键粘贴图片,即可将图片文件复制到 drawable 文件夹,并得到图 3-13 所示的文件夹选择提示,有 drawable 和

drawable-v24 两个类型。如果开发者的虚拟机是 Android 5.0(API 21),不能选择 drawable-v24 文件夹,否则会出现因找不到图片资源而导致的程序崩溃。Android 设备不同屏幕有不同的屏幕密度,为了更好地匹配效果,会有 mipmap-mdpi、mipmap-hdpi、mipmap-xhdpi 等不同的文件夹匹配不同尺寸的图片,使设备能根据屏幕密度选择合适文件夹下的图片资源以获得更好的显示效果。同理,drawable-v24 文件夹用于适配 Android 7.0 以上设备(API 24),若虚拟机是 Android

图 3-13　粘贴图片时选择 drawable 图片文件夹

5.0,则访问不了该文件夹下的图片资源,反之,Android 7.0 以上设备可以访问 drawable 和 drawable-v24 文件夹。复制图片时,虽然开发环境默认选择 drawable-v24 文件夹,开发者需要手动切换到 drawable 文件夹,使低于 Android 7.0 的设备也能访问图片资源。

若不小心将图片复制到 drawable-v24 文件夹,如图 3-14 所示,对于 v24 资源,会在资源名称后面加"(v24)",其修正方法可以先删除相关资源,再重新复制。这里介绍一种兼容性强的处理方法,首先将项目视图从 Android 切换到 Project 或 Packages。在 Android 视图下,资源比较紧凑,但不是物理文件夹视图,Project 视图则更接近物理文件夹视图,以方便不同文件夹之间的资源复制,具体操作如图 3-15 所示。在 Project 视图模式下,将 drawable-v24 文件夹中的相关资源复制到 drawable 文件夹,切换到 Android 视图模式,各个图片资源以文件夹形式出现,并且具有两个不同版本的文件。在实践中,可根据需要,将不同分辨率的图片以相同的名称分别复制到 drawable 和 drawable-v24 文件夹,让系统根据 Android 版本进行匹配,Android 7.0 以下设备使用低分辨率图片,而 Android 7.0 以上设备则使用高分辨率图片。

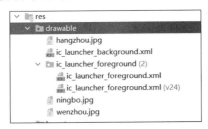 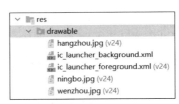

图 3-14 图片在不同 drawable 文件夹的区别

对于 drawable 文件夹中的图片,XML 中的引用方式为@drawable/xxx,其中,xxx 为图片的文件名称。例如,@drawable/hangzhou 引用的是 hangzhou.jpg,资源引用不用加文件的扩展名,系统会自动识别。在 Java 代码中的引用方式为 R.drawable.xxx,其中,xxx 为图片文件名称,同样不能有扩展名。例如,R.drawable.hangzhou 引用的同样是 hangzhou.jpg。Java 中图片资源的引用本质上是 int 型数据,多张图片可以用 int[]数组管理,也可以在 XML 中定义通用型数组 array,将图片以引用的方式作为 array 标签中一个 item 的值,再在 Java 中获取 array 数组加以利用。

图 3-15 将项目视图从 Android 切换至 Project

2. 实现 UI 布局

MainActivity 的布局文件 my_main.xml 如代码 3-10 所示,建议在设置布局文件之前,先将图片资源复制到项目中,以方便拖入 ImageView 组件时可通过向导指定图片资源。ImageView 图片控制属性是 app:srcCompat="@drawable/xxx",其中,xxx 为图片资源的文件名。

ImageView 是图像视图,用于显示图片资源。本任务中,ImageView 的宽度和高度设置为 200dp,其目的是指定图片的宽高,当不同图片资源原始尺寸不一样时,显示在 ImageView 中具有相同的尺寸。若 ImageView 的尺寸属性值是 wrap_content,则 UI 会随

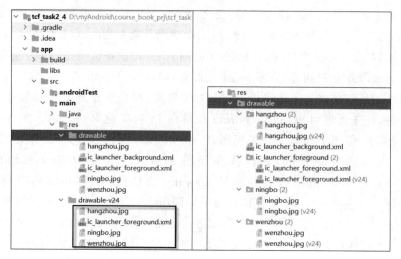

图 3-16　将 drawable-v24 资源复制到 drawable 文件夹

着图片原始尺寸改变大小,从而导致切换图片时产生 UI 位置的跳跃感,影响应用体验。
ImageView 通过 android:layout_gravity="center"设置 UI 在 LinearLayout 中居中显示,
此时 center 属性值本质上是垂直和水平居中,由于 LinearLayout 是垂直方向的,子视图的
layout_gravity 属性只和父容器的正交方向起作用,因而 ImageView 在容器中实际上是水
平居中。ImageView 可用 android:scaleType 控制图片宽高的比例属性,若值是
centerCrop,则从图片中心点裁剪缩放,使其宽高符合 ImageView 尺寸;若没有使用
android:scaleType 属性,则保持原图片资源的宽高比例进行缩放,使得最长边符合
ImageView 所定义的尺寸。ListView 默认没有创建 id,可通过向导创建对应 id,该组件默
认宽度和高度均为 match_parent,可根据需要将高度设置为 wrap_content。当 ListView 中
的内容高度超过容器时,可上下滑动列表视图查看剩余内容。

代码 3-10　布局文件 my_main. xml

```
1    < LinearLayout xmlns:android = "http://schemas.android.com/apk/res/android"
2        xmlns:app = "http://schemas.android.com/apk/res-auto"
3        android:orientation = "vertical"
4        android:layout_width = "match_parent"
5        android:layout_height = "match_parent">
6        < TextView
7            android:layout_width = "match_parent"
8            android:layout_height = "wrap_content"
9            android:text = "Your name and ID" />
10       < ImageView
11           android:id = "@ + id/imageView"
12           android:layout_width = "200dp"
13           android:layout_height = "200dp"
14           android:layout_gravity = "center"
15           app:srcCompat = "@drawable/hangzhou" />
16   <!--    建议先复制图片资源到项目,再拖入 ImageView,通过向导设置资源文件 -->
17       < ListView
18           android:id = "@ + id/listview"
19           android:layout_width = "match_parent"
20           android:layout_height = "wrap_content" />
21   </LinearLayout >
```

3．实现 MainActivity

本任务的 MainActivity 如代码 3-11 所示。图片资源使用 R. drawable. xxx 方式引用，采用 int[ ]数组管理，并且与数组 cities 一一对应。ListView 的使用方式与 Spinner 类似，需要定义一个适配器并为组件设置适配器。两者的区别是侦听事件不同，ListView 通过 OnItemClickListener 接口捕捉用户单击列表项行为，并在 onItemClick(AdapterView <?> parent，View view，int position，long id)回调方法中进行处理。onItemClick()方法的参数中，parent 是组件对象(ListView 对象)；view 是所单击的行视图；position 是单击列表项的位置，从 0 开始索引；id 是对应数据库游标(Cursor)的 id 值，若没有用到数据库则可忽略。在 onItemClick()回调方法中，通过传参 position 可获得数组 images 对应位置的图片资源，并通过 ImageView 对象(iv)的 setImageResource()方法更换图片。ImageView 提供了非常多的更换图片方法，如 setImageBitmap(Bitmap bm)、setImageDrawable(Drawable drawable)、setImageURI(Uri uri)、setImageResource(int resId)等，可根据对象类别选择对应的方法对 ImageView 更换图片。

代码 3-11　MainActivity. java

```
1    import androidx. appcompat. app. AppCompatActivity;
2    import android. os. Bundle;
3    import android. view. View;
4    import android. widget. AdapterView;
5    import android. widget. ArrayAdapter;
6    import android. widget. ImageView;
7    import android. widget. ListView;
8    public class MainActivity extends AppCompatActivity {
9        @Override
10       protected void onCreate(Bundle savedInstanceState) {
11           super. onCreate(savedInstanceState);
12           setContentView(R. layout. my_main);
13           ImageView iv = findViewById(R. id. imageView);
14           ListView lv = findViewById(R. id. listview);
15           String[] cities = new String[]{"杭州","宁波","温州"};
16           int[] images = new int[]{R. drawable. hangzhou, R. drawable. ningbo,
17                               R. drawable. wenzhou};
18           //图片资源引用本质上是 int 数据,用 int[]数组管理若干张图片资源引用
19           ArrayAdapter < String > adapter = new ArrayAdapter <>(this,
20                               android. R. layout. simple_list_item_1,cities);
21           lv. setAdapter(adapter);   //ListView 对象的使用方式:构造适配器,设置适配器
22           lv. setOnItemClickListener(new AdapterView. OnItemClickListener() {
23               // ListView 对象的列表单击事件处理是 setOnItemClickListener()方法
24               // Spinner 对象的选中事件处理是 setOnItemSelectedListener()方法
25               @Override
26               public void onItemClick(AdapterView <?> parent, View view,
27                               int position, long id){
28                   iv. setImageResource(images[position]);
29                   //ImageView 对象设置图片的方式有多种,根据数据类型选择对应方法
30               }
31           });
32       }
33   }
```

4．通过 XML 资源管理图片

本任务还可以通过 XML 资源文件实现数据管理。开发者通过向导在 res/values 文件

夹创建 images. xml 用于管理图片资源,如代码 3-12 所示,创建的数组 image_values 用于存放图片资源,该数组可以是 integer-array 也可以是通用型 array,子标签 item 通过 @drawable/xxx 的方式引用图片资源,作为数组元素的值;创建的数组 image_names 用于管理图片名称,使之与数组 image_values 一一对应。

代码 3-12   图片资源管理文件 images. xml

```
1    < resources >
2        < integer – array name = "image_values">
3            < item >@drawable/hangzhou </item>
4            < item >@drawable/ningbo </item>
5            < item >@drawable/wenzhou </item>
6        </integer – array >
7        < string – array name = "image_names">
8            < item >杭州</item>
9            < item >宁波</item>
10           < item >温州</item>
11       </string – array >
12   </resources >
```

通过 XML 资源实现的逻辑控制如代码 3-13 所示,在 MainActivity 中,通过 ArrayAdapter 的静态方法 createFromResource()直接从 XML 资源数组 R. array. image_names 创建适配器。尽管图片资源在 XML 中定义的是 integer-array 数组,但直接取出的 int 值不能使用 setImageResource()方法设置图片,其解决方法是采用 obtainTypedArray()方法获得通用型数组,再调用该数组的 getDrawable()方法将图片资源二次解析成 Drawable 对象,并通过 ImageView 对象的 setImageDrawable()方法设置图片资源。

代码 3-13   通过 XML 资源实现的 MainActivity. java

```
1    import androidx. appcompat. app. AppCompatActivity;
2    import android. content. res. TypedArray;
3    import android. graphics. drawable. Drawable;
4    import android. os. Bundle;
5    import android. view. View;
6    import android. widget. AdapterView;
7    import android. widget. ArrayAdapter;
8    import android. widget. ImageView;
9    import android. widget. ListView;
10   public class MainActivity extends AppCompatActivity {
11       @Override
12       protected void onCreate(Bundle savedInstanceState) {
13           super. onCreate(savedInstanceState);
14           setContentView(R. layout. my_main);
15           ImageView iv = findViewById(R. id. imageView);
16           ListView lv = findViewById(R. id. listview);
17           ArrayAdapter adapter = ArrayAdapter. createFromResource(this,
18                   R. array. image_names, android. R. layout. simple_list_item_1);
19           //不用从 adapter 中取数,因此可忽略泛型
20           lv. setAdapter(adapter);
21           TypedArray images = getResources()
22                           . obtainTypedArray(R. array. image_values);
23           lv. setOnItemClickListener(new AdapterView. OnItemClickListener() {
24               @Override
25               public void onItemClick(AdapterView<?> parent, View view,
```

```
26                                                  int position, long id){
27                        Drawable drawable = images.getDrawable(position);
28                        iv.setImageDrawable(drawable);
29                }
30            });
31        }
32    }
```

3.5　使用 SimpleAdapter 生成复杂视图

3.5.1　任务说明

本任务的实现效果如图 3-17 所示。在该应用中,活动页面视图根节点为垂直的 LinearLayout,在布局中有 1 个 TextView,用于显示个人信息;1 个 ListView,用于显示城市信息。ListView 一行的视图较为复杂,左边是 1 个 ImageView,宽和高均为 80dp,采用中心点裁剪方式,使不同尺寸的图片在 ListView 中均具有相同的尺寸;ListView 行视图的中间是两个上下放置的 TextView,文字与左图有 10dp 的间距,上部 TextView 显示城市名称,文字颜色为黑色,字体大小为 20sp,下部 TextView 显示热线电话,默认字体;ListView 行视图的右边是一个拨打电话图标。单击 ListView 列表项,会弹出 Toast,显示所单击的城市名称。

图 3-17　SimpleAdapter 实现效果

3.5.2　任务实现

1. SimpleAdapter 适配器

在本任务中,ListView 不再是简单的一行行文字,而是采用自定义布局实现特定格式的样式,并具有复杂的数据。

在本任务中,ListView 的一行视图具有图片资源、城市名称和电话号码等数据,需要自定义视图进行数据渲染。ArrayAdapter 以及内置的样式实现不了本任务的效果,若无复杂的逻辑需求,可通过 SimpleAdapter 实现。

SimpleAdapter 的构造方法如下:

```
public SimpleAdapter(android.content.Context context,
                java.util.List <? extends java.util.Map < String, ?>> data,
                @LayoutRes int resource, String[] from, @IdRes int[] to)
```

其中,context 是上下文;data 是复杂数据的表达,采用 List 类型数据,实际实现的时候可采用 ArrayList(List 的具体类);resource 是自定义布局文件的引用,以 R.layout.xxx 的方式引用(xxx 是 res/layout/文件夹中 xml 布局文件名);数组 from 指定了 data 元素中哪些字段的数据取出渲染适配器行视图中数组 to 指向的 UI,与数组 to 一一对应;数组 to 指向 resource 布局文件中需要渲染数据的 UI 的 id。

SimpleAdapter 的构造方法中,需要注意第 2 参数 data 是 List 数据类型,且该 List 的泛型是"<? extends java.util.Map<String,? >>",表示 List 中的元素数据是 Map 的继承类(具体实现可用 HashMap),"? extends java.util.Map"的问号表示某种类型,该类型通过 extends 继承自 Map 类型,而 Map 类型具有泛型<String,?>,表示该 Map 的 key 是 String 类型,value 可以是任何数据类型。传参 data 通过 Map 类型可封装任何数据,将多个不同种类的数据打包成一个元素,使之能对应适配器一行的视图。数组 from 和数组 to 是一一对应的关系,是具有相同长度的数组,数组 from 第 i 个 key 从 Map 对象中取出 value 渲染到数组 to 中第 i 个 id 指向的 UI。

2. 实现页面布局和自定义行视图

将本任务所需的图片复制到 res/drawable 文件夹中。MainActivity 对应的布局文件 my_main.xml 比较简单,如代码 3-14 所示。

适配器所需的自定义视图效果如图 3-18 所示,具体布局 row_view.xml 详见代码 3-15。在 row_view.xml 文件中,根节点是水平的 LinearLayout,宽度匹配父容器,高度包围内容,为了让左边组件(ImageView)、中间

图 3-18　适配器自定义行视图效果

组件(嵌入的垂直 LinearLayout),以及右边组件(ImageView)均能垂直居中对齐,对根节点 LinearLayout 设置了 android:gravity 属性。行视图中所有 UI 的 id,均按"row_view_"前缀命名,以便于在编写代码时使得开发者更清楚该布局文件中的 UI。行视图左边的 ImageView 宽高均为 80dp,并通过 android:scaleType="centerCrop"属性使该 ImageView 从中心点缩放裁剪,保证不同尺寸的图片在行视图中均具有相同的尺寸,且不留白边。行视图中间是一个嵌入的垂直 LinearLayout,通过 android:paddingLeft 属性设置左内边距,通过 android:layout_weight 属性使之占据剩余的容器宽度,从而使右边的 ImageView 靠右对齐。在垂直的 LinearLayout 中,两个 TextView 默认情况下在布局中顶部对齐,可对 LinearLayout 设置 android:gravity 属性,使容器内部的 UI 为垂直居中对齐。行视图右边的 ImageView 在刚拖入容器时,有设置图片资源向导,如图 3-19 所示,可在搜索框中输入 call,查找 Android 内置的与搜索关键词相关的图标。ImageView 后期更改时,也可在 Design 界面中单击该组件,并在属性栏中单击 Pick a Resource 按钮调出资源设置向导,设置图片资源。

图 3-19　图片资源设置向导与搜索过滤

代码 3-14 活动页面布局文件 my_main.xml

```
1   < LinearLayout xmlns:android = "http://schemas.android.com/apk/res/android"
2       xmlns:app = "http://schemas.android.com/apk/res - auto"
3       android:orientation = "vertical"
4       android:layout_width = "match_parent"
5       android:layout_height = "match_parent">
6       < TextView
7           android:layout_width = "match_parent"
8           android:layout_height = "wrap_content"
9           android:text = "Your name and ID" />
10      < ListView
11          android:id = "@ + id/listview"
12          android:layout_width = "match_parent"
13          android:layout_height = "wrap_content" />
14  </LinearLayout >
```

代码 3-15 适配器自定义视图 row_view.xml

```
1   < LinearLayout xmlns:android = "http://schemas.android.com/apk/res/android"
2       xmlns:app = "http://schemas.android.com/apk/res - auto"
3       android:layout_width = "match_parent"
4       android:gravity = "center_vertical"
5       android:layout_height = "wrap_content">
6   <!--    根节点为水平的 LinearLayout,高度 wrap_content,设置所有内容垂直居中 -->
7       < ImageView
8           android:id = "@ + id/row_view_iv"
9           android:layout_width = "80dp"
10          android:layout_height = "80dp"
11          android:scaleType = "centerCrop"
12          app:srcCompat = "@drawable/hangzhou" />
13  <!--    所有的 id 以 row_view 作为前缀,便于查找 -->
14  <!--    ImageView 设置缩放为中线点裁剪 -->
15      < LinearLayout
16          android:layout_width = "wrap_content"
17          android:layout_height = "match_parent"
18          android:paddingLeft = "10dp"
19          android:layout_weight = "1"
20          android:gravity = "center_vertical"
21          android:orientation = "vertical">
22  <!--    内嵌一个垂直的 LinearLayout,放置两个 TextView,设置权重使之占据剩余空间 -->
23  <!--    内嵌的 LinearLayout 设置左边距,并设置垂直居中 -->
24          < TextView
25              android:id = "@ + id/row_view_tv_name"
26              android:layout_width = "match_parent"
27              android:layout_height = "wrap_content"
28              android:textSize = "20sp"
29              android:textColor = "#000"
30              android:text = "Name" />
31          < TextView
32              android:id = "@ + id/row_view_tv_phone"
33              android:layout_width = "match_parent"
34              android:layout_height = "wrap_content"
35              android:text = "Phone" />
36      </LinearLayout >
37      < ImageView
38          android:id = "@ + id/row_view_iv_call"
```

```
39              android:layout_width = "40dp"
40              android:layout_height = "40dp"
41              app:srcCompat = "@android:drawable/sym_action_call" />
42    <!--    row_view_iv_call 的图标可在图片资源设置向导中输入 call 搜索 -->
43    </LinearLayout>
```

3. 实现 MainActivity

MainActivity 的实现如代码 3-16 所示。HashMap 以 key-value 方式操作,尽管 key 可以直接输入字符串,但是这种方式很容易造成拼写错误,无形中给程序"挖坑"。例如,赋值的 key 采用 name,取数时 key 误拼为 mane,则存数取数 key 不一致,会造成取数时无相关 key 的错误。正规的写法是将 HashMap 所需要的 key 定义成常量(使用 static final 关键字修饰),并根据实际需要添加 public 或者 private 关键字修饰。public 关键字修饰表示该变量在其他类中能被访问。例如,外部类可通过 MainActivity. KEY_IMAGE 访问 MainActivity 中定义的 public 常量 KEY_IMAGE,若该常量不想被外部类引用,可修改为 private 常量。static 关键字修饰表示该变量是静态的,不管类被生成多少个实例,均共享同一个静态变量,final 关键字修饰则表示不能重定向该变量,一般用纯大写表示常量。

在 ListView 一行的视图中,需要用城市图片、城市名称和市民热线电话渲染对应 UI,因此定义了数组 images 用于存储 3 张图片资源,数组 cities 用于存储城市名称,数组 phones 用于存储热线电话,但是这 3 个数组是独立的,可使用 HashMap 通过 key-value 的方式将不同数据打包成一种数据,并放到 List 列表中,使 List 一个数据对应 ListView 一行的视图。考虑到数组 images 的元素是 int 型,而数组 cities 和数组 phones 的元素是 String 型,在定义 HashMap 泛型时,value 对应的数据类型只能是 Object,用于涵盖不同的数据类型。本任务中,通过 for 循环,将 3 个数组的元素按 key-value 方式放入 HashMap 对象,最后将该对象添加到 ArrayList 对象中。

循环体的使用技巧:在开发环境中输入 fori 后按 Enter 键即可调出循环模板,完成部分代码自动填充;或者输入 images. fori 后按 Enter 键即可对 images 数组展开循环,并自动填充部分代码。

构造 SimpleAdapter 适配器时,数组 from 指定从 HashMap 对象的哪些 key 中取数,并将数据渲染到数组 to 对应的 UI 上。在 ListView 对象的 onItemClick() 回调方法中,需要对列表 list 取指定位置的数据,编程时可先输入"list. get(position);",再利用 Ctrl+Alt+V 快捷键生成局部变量。HashMap 对象取数可通过 get() 方法传入对应 key,取出 key 所对应的 value,在泛型约束中,value 被定义成 Object 类型,若想取出 String 型变量,则须对取出值进行强制类型转换。

代码 3-16   MainActivity. java

```
1    import androidx.appcompat.app.AppCompatActivity;
2    import android.os.Bundle;
3    import android.view.View;
4    import android.widget.AdapterView;
5    import android.widget.ListView;
6    import android.widget.SimpleAdapter;
7    import android.widget.Toast;
8    import java.util.ArrayList;
```

```
9    import java.util.HashMap;
10   public class MainActivity extends AppCompatActivity {
11       public static final String KEY_IMAGE = "key_image";        //Ctrl+D可复制当前行
12       public static final String KEY_NAME = "key_name";
13       //若KEY_IMAGE被定义成private static final String,则外部类不能访问
14       public static final String KEY_PHONE = "key_phone";
15       //定义3个常量用于HashMap的key
16       @Override
17       protected void onCreate(Bundle savedInstanceState) {
18           super.onCreate(savedInstanceState);
19           setContentView(R.layout.my_main);
20           int[] images = new int[]{R.drawable.hangzhou, R.drawable.ningbo,
21                           R.drawable.wenzhou};
22           String[] cities = new String[]{"杭州","宁波","温州"};
23           String[] phones = new String[]{"0571-12345","0574-12345","0577-12345"};
24           ListView lv = findViewById(R.id.listview);
25           ArrayList<HashMap<String,Object>> list = new ArrayList<>();
26           //SimpleAdapter接受的数据是列表数据,且元素是Map对象
27           //在HashMap中需要对数据封装,泛型约定key和value的数据类型
28           //由于value中有String和int数据,所以用Object定义value类型
29           //key一般用String类型,用字符串常量,常量定义用纯大写
30           for (int i = 0; i < images.length; i++) {
31               HashMap<String,Object> hashMap = new HashMap<>();
32               hashMap.put(KEY_IMAGE,images[i]);
33               hashMap.put(KEY_NAME,cities[i]);
34               hashMap.put(KEY_PHONE,phones[i]);
35               //将图片、城市名称和电话号码通过key-value打包在同一个HashMap对象中
36               list.add(hashMap);          //将hashmap添加到list末尾
37           }
38           String[] from = new String[]{KEY_IMAGE,KEY_NAME,KEY_PHONE};
39           //from定义SimpleAdapter从HashMap的哪些字段取数据
40           int[] to = new int[]{R.id.row_view_iv,R.id.row_view_tv_name,
41                           R.id.row_view_tv_phone};
42           //HashMap从from所定义key中取值,填充到to对应的id的UI上
43           //from和to是一一对应的,from定义数据源字段,to定义渲染的UI的id
44           SimpleAdapter adapter = new SimpleAdapter(this,list,R.layout.row_view,from,to);
46           lv.setAdapter(adapter);
47           lv.setOnItemClickListener(new AdapterView.OnItemClickListener() {
48               @Override
49               public void onItemClick(AdapterView<?> parent, View view,
50                               int position, long id){
51                   HashMap<String, Object> hashMap = list.get(position);
52                   //从list对象中取数
53                   String city = (String) hashMap.get(KEY_NAME);
54                   //get()方法返回的是Object
55                   Toast.makeText(getApplicationContext(),city,
56                               Toast.LENGTH_SHORT).show();
57                   //Toast显示单击列表项的城市名称
58               }
59           });
60       }
61   }
```

SimpleAdapter虽然能实现复杂的图文视图,但在实际使用中并不灵活。首先,数据源需要HashMap对数据封装,若数据是多种不同类型的,取数需要强制类型转换,非常不方便,此外,开发者还需要了解key和value的对应关系,开发便捷程度远不如直接将数据封

装成一个独立类。其次,数据源与视图只能机械地进行一一映射,无法处理根据内容调整视图的复杂逻辑。例如,在本任务中,若某个城市没有电话数据,则拨打电话图标不显示,该功能直接调用 SimpleAdapter 的构造方法很难实现。再次,一行复杂视图中,难以实现单击不同的 UI,使之能处理不同的逻辑。例如,在本任务中,单击电话图标使之显示电话(真实场景是拨打电话),单击其他地方则显示城市名称(真实场景是跳转到该城市的详情页面),使用 SimpleAdapter 难以实现。因此在实践中,更倾向于对复杂数据进行类封装,并对适配器改写,使得适配器能使用自定义类数据,生成自定义视图。

3.6　改写 ArrayAdapter 生成复杂视图

3.6.1　任务说明

本任务的演示效果如图 3-20 所示,活动页面的主布局和适配器的自定义行视图均与 3.5 节的任务相同,并在 3.5 节基础上增加了更多的逻辑处理。本任务所增加的逻辑处理:当某城市无电话号码时,对应行视图则无电话图标;单击列表项,Toast 显示城市名称;单击电话图标,Toast 显示电话号码。为了使得 ListView 能滚动,城市数据多于一屏幕能显示的数据数目(数据可重复)。

图 3-20　任务的演示效果

3.6.2　任务实现

本任务可重复利用 3.5 节项目的图片和布局资源,将所需图片从 3.5 节项目复制至本项目的 res/drawable 文件夹,将 3.5 节项目的 my_main.xml 和 row_view.xml 文件复制至本项目的 res/layout 文件夹。

1. 实现自定义数据类 City

由图 3-20 的适配器行视图可知,其一行的数据需要图片资源(可用 int 数据引用)、城市名称(String)和热线电话(String),因此可对这些数据创建一个对应类,通过构造方法初始化数据,实现相关的 getter 和 setter 方法对类成员进行取数和修改数据。

右击项目包,在快捷菜单中选择 New→Java Class 选项创建新的类 City.java,如图 3-21 所示,并定义类的相关成员变量。注意,定义成员变量的顺序不同,会影响自动创建的构造方法的参数顺序,在定义之前须确定构造方法参数的顺序,再按顺序定义类成员变量,一般而言,类成员变量使用 private 关键字修饰。

完成类成员变量的定义后,即可利用开发环境自动生成构造方法和成员变量的存取方法。在 City.java 文件代码区右击,然后在快捷菜单中选择 Generate 选项(Alt+Insert 快捷键),在弹出的列表中选择 Constructor 选项,进而在弹出的对话框中选择相关变量(如图 3-22 所示),即可根据这些变量生成对应的构造方法,其生成的构造方法如代码 3-17 所示。继续使用 Generate 功能,选择 Getter and Setter 选项,选中相关变量,生成对应的取数存数方法,这些自动生成的方法非常规范,对非布尔值,生成 getXxx()和 setXxx()方法,布尔值则生成 isXxx()和 setXxx()方法,各方法采用驼峰写法,传入参数和返回值自动匹配对应变量类型。

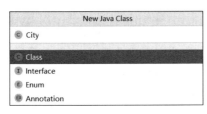

图 3-21 通过向导创建新的类

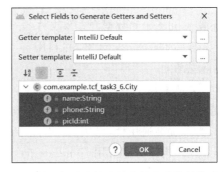

图 3-22 利用向导选择成员变量生成类的构造方法

自定义类 City 具体见代码 3-17,除了成员变量的定义,其他方法均是利用 Generate 功能自动生成代码。后期还可以根据需要,利用 Generate 功能生成 toString()方法,使得类在某些场合能根据需要自动调用 toString()方法,产生相关字符串,供打印日志等需求。

代码 3-17 自定义类 City.java

```
1   public class City {
2       private String name;
3       private String phone;
4       private int picId;
5       //Alt + Insert 快捷键,选择 Constructor→Getter and Setter 选项
6       //由向导创建构造方法和取数存数方法
7       public City(String name, String phone, int picId) {
8           this.name = name;
9           this.phone = phone;
10          this.picId = picId;
11      }
12      public int getPicId() {
13          return picId;
14      }
15      public void setPicId(int picId) {
16          this.picId = picId;
17      }
```

```
18          public String getName() {
19              return name;
20          }
21          public void setName(String name) {
22              this.name = name;
23          }
24          public String getPhone() {
25              return phone;
26          }
27          public void setPhone(String phone) {
28              this.phone = phone;
29          }
30      }
```

2. 改写 ArrayAdapter

通过自定义类 City.class 实现复杂数据的封装后,需要改写 ArrayAdapter,使之能根据自定义布局生成行视图,并将 City 类的对应数据渲染到行视图各 UI 上。改写 ArrayAdapter 的核心工作有两个:①通过构造方法传递必要的参数,使适配器能得到所需操作的对象,例如,上下文 Context 和数据源;②改写 getView()方法,在该方法中,通过 LayoutInflater 类将自定义布局生成 View 对象,并利用传参 position 取得数据源对应位置的单元数据将其渲染到行视图上。

自定义适配器 CityAdapter 如代码 3-18 所示。利用向导创建 CityAdapter 后,在类文件中,通过 extends 关键字,使之继承 ArrayAdapter,并给定泛型类型为 City。适配器需要数据源,为了提高通用性,可用 ArrayList 的父类 List 定义数据源,通过泛型指明接收的是 City 类数据。构造方法可用 Generate 向导生成,但是会额外增加很多参数,此时,可根据需要将多余的传参删除,精简自定义适配器构造方法的传参。在构造方法中,super 指的是本类的父类,即 ArrayAdapter,这里必须调用 super()方法即父类的构造方法生成适配器,让它能根据 UI 的视图和数据源,反复自动调用 getView()方法生成行视图并渲染数据。super()方法的 3 个参数就是 ArrayAdapter 构造方法的参数,其中,第 2 个参数是样式参数,会被 getView()方法覆盖,本质上不会起什么作用,但必须存在且是合理的参数,第 3 个参数是数据源。若采用双参数的 super()构造方法(没有传递数据源),编译器不会报错,但在实际运行中,不会生成视图,此时可对 CityAdapter 改写 getCount()方法,告知适配器数据的长度,并自动调用 getView()方法渲染行视图,具体实现如下所示。

```
@Override
public int getCount() {
    return list.size();
}
```

适配器的核心工作是反复调用 getView()方法,注意,该方法并不是一次性循环调用完毕,而是根据 Android 设备的屏幕和现状按需调用。假如数据长度是 1000,屏幕中最多能存放 10 行视图,则一开始,只会调用 10 次 getView()方法,生成 10 行视图,当用户滑动屏幕,系统会计算哪些行视图需要生成,并调用 getView()方法按需生成对应行视图。

在 getView()方法的参数中,传参 position 为行视图的位置索引,与数据源的位置一一对应;传参 convertView 是行视图对象,若此行视图需要重新生成,则为 null,若行视图可重复利用则非空；传参 parent 为适配器所依赖的组件,若该适配器用于 ListView,则 parent 为 ListView 对象。行视图的重复利用指适配器生成一屏幕的行视图后,当用户滑动屏幕后,适配器调用 getView()方法更新某些行视图,可直接从旧行视图取得对象,此时 convertView 非空,指向某个旧行视图,只需将视图中的 UI 重新进行数据渲染,即可当成新的行视图使用。getView()方法也可以使用传参 parent 的 getContext()方法获得上下文,此时,所改写的适配器不需要传递上下文参数。

　　适配器经常需要滑动页面加载信息,为了提高效率,往往会对 getView()方法进行优化,若传参 convertView 非空,则直接根据传参 position 索引的数据渲染 convertView 中的各个 UI;若传参 convertView 为空,则利用 LayoutInflater 从布局文件生成 View 对象,再对 View 对象中的各 UI 进行数据渲染。LayoutInflater 为布局填充器,调用 from()静态方法传入上下文参数,再调用 inflate()方法将自定义布局生成视图赋给 View 对象。注意,在代码 3-18 中,行视图中的 UI 须通过 View 对象的 findViewById()方法将布局文件 R.layout.row_view 中的 UI 找出赋给对应 UI 对象。UI 不能直接调用 findViewById()方法,其原因是 Activity 类或者 View 对象支持该方法,但 ArrayAdapter 类没有对应方法。在 MainActivity 类中,findViewById()方法是由 Activity 对象提供的,从 Activity 布局文件中找出 UI,在代码 3-18 中,所使用的方法是适配器提供的,而适配器类本身并不提供 findViewById()方法,需要从 View 对象提供的方法中找出相关的 UI。

　　行视图数据渲染由 getView()方法完成,该方法的功能是:将数据源 list 中 position 索引位置的数据取出,并根据各 UI 对应的方法将数据渲染到行视图的相关 UI 上。判断文本是否为空最好使用 TextUtils.isEmpty()方法,它考虑了文本对象为 null 或者空字符串("")两种情况。控制 ImageView 对象不可见可通过 setVisibility(View.GONE)方法实现,控制 ImageView 对象可见则通过 setVisibility(View.VISIBLE)方法实现。适配器内部也可以实现特定 UI 的单击事件处理,代码 3-18 对电话图标的 ImageView 设置了单独的单击响应,并用 Toast 显示对应行数据的电话号码。当用户单击 ListView 的电话图标时,会响应适配器中的指定方法;当用户单击 ListView 其他地方时,则响应 ListView 的列表单击事件,与适配器的电话图标事件无关,从而实现了行视图不同 UI 有不同的响应处理。适配器 getView()方法需要返回行视图对象,使得经数据渲染后的行视图能在适配器的载体上显示。

代码 3-18　改写的适配器 CityAdapter.java

```java
1    import android.content.Context;
2    import android.text.TextUtils;
3    import android.view.LayoutInflater;
4    import android.view.View;
5    import android.view.ViewGroup;
6    import android.widget.ArrayAdapter;
7    import android.widget.ImageView;
8    import android.widget.TextView;
9    import android.widget.Toast;
10   import androidx.annotation.NonNull;
11   import androidx.annotation.Nullable;
12   import java.util.List;
13   public class CityAdapter extends ArrayAdapter < City > {
```

```
14          private Context context;
15          private List < City > list;
16          //上下文参数 context(用于 LayoutInflater),数据源 list 用于行视图数据渲染
17          public CityAdapter(@NonNull Context context, List < City > list) {
18              super(context, android.R.layout.simple_list_item_1, list);
19              //super 就是父类 ArrayAdapter,因此构造方法使用 ArrayAdapter 相同的方法
20              //android.R.layout.simple_list_item_1 不会起作用,会被 getView()重新处理
21              //若使用 super(context, android.R.layout.simple_list_item_1)两个参数
22              //由于没有传数据,默认数据长度为 0,不会生成视图,此时需要改写 getCount()方法
23              this.context = context;
24              this.list = list;
25          }
26          @NonNull
27          @Override
28          public View getView(int position, @Nullable View convertView,
29                              @NonNull ViewGroup parent) {
30              //position 行位置索引
31              //convertView 为一行的视图,若不为空可对其利用,取出 UI,直接数据渲染
32              View v = convertView;
33              if(v == null){
34                  v = LayoutInflater.from(context).inflate(R.layout.row_view,
35                      null,false);
36                  //inflate()固定用法,false 不绑定到根视图上,根视图 root = null
37              }
38              ImageView iv = v.findViewById(R.id.row_view_iv);
39              //注意是 v 对象上的 findViewById()方法
40              TextView tv_name = v.findViewById(R.id.row_view_tv_name);
41              TextView tv_phone = v.findViewById(R.id.row_view_tv_phone);
42              ImageView iv_call = v.findViewById(R.id.row_view_iv_call);
43              City city = list.get(position);
44              iv.setImageResource(city.getPicId());
45              String phone = city.getPhone();
46              if(TextUtils.isEmpty(phone)){
47                  //TextUtils.isEmpty(phone)相当于 phone == null||phone.equals("")
48                  iv_call.setVisibility(View.GONE);      //让 iv_call 消失
49              }else {
50                  iv_call.setVisibility(View.VISIBLE);
51                  //注释本行,并上下滑动 ListView,行视图图片会超预期消失
52              }
53              tv_name.setText(city.getName());
54              tv_phone.setText(phone);
55              iv_call.setOnClickListener(new View.OnClickListener() {
56                  @Override
57                  public void onClick(View v) {
58                      Toast.makeText(context,"Calling " + phone,
59                          Toast.LENGTH_SHORT).show();
60                      //对 iv_call 单独设置单击事件处理,与 ListView 的列表单击事件不冲突
61                  }
62              });
63              return v;
64          }
65      }
```

3. 实现 MainActivity

   MainActivity 的实现如代码 3-19 所示,通过 City 和 CityAdapter 分别对数据进行类封装和自定义适配器渲染数据后,主程序的代码要比 3.5 节中采用 HashMap 和 SimpleAdapter 的实

现方式简洁。在 onCreate()方法中,生成 list 数据时,通过 for 循环创建了较多的重复数据,使得 ListView 的数据多于一屏幕所能显示的数据数目。将代码 3-18 第 50 行注释掉,对 ListView 反复上下滑动屏幕,使其不断调用 getView()方法更新行视图,会发现行视图的电话图标逐渐消失。造成该现象的原因是,getView()方法对 convertView 重复利用,被重复利用的旧视图中,消失了的电话图标没有调用 setVisibility(View. VISIBLE)方法显现视图,导致最终所有被重复利用的行视图的电话图标均消失。若 getView()方法每次都直接调用 LayoutInflater 生成行视图,不对旧视图 convertView 重复利用,则不会出现反复滑动 ListView 导致的电话图标消失现象,但这种做法每次均要从布局中生成视图,降低了效率。

代码 3-19　MainActivity. java

```
1    import androidx.appcompat.app.AppCompatActivity;
2    import android.os.Bundle;
3    import android.view.View;
4    import android.widget.AdapterView;
5    import android.widget.ListView;
6    import android.widget.Toast;
7    import java.util.ArrayList;
8    public class MainActivity extends AppCompatActivity {
9        @Override
10       protected void onCreate(Bundle savedInstanceState) {
11           super.onCreate(savedInstanceState);
12           setContentView(R.layout.my_main);
13           ListView lv = findViewById(R.id.listview);
14           ArrayList < City > list = new ArrayList <>();
15           list.add(new City("温州","",R.drawable.wenzhou));
16           //电话用""或 null 分别定义数据
17           for (int i = 0; i < 3 ; i++) {
18               list.add(new City("杭州","0571 - 12345",R.drawable.hangzhou));
19               list.add(new City("宁波","0574 - 12345",R.drawable.ningbo));
20               list.add(new City("温州",null,R.drawable.wenzhou));
21           }
22           CityAdapter adapter = new CityAdapter(this,list);
23           //使用 CityAdapter,主程序代码更简洁,同时也提高了代码的复用性
24           lv.setAdapter(adapter);
25           lv.setOnItemClickListener(new AdapterView.OnItemClickListener() {
26               @Override
27               public void onItemClick(AdapterView <?> parent, View view,
28                                              int position, long id) {
29                   Toast.makeText(getApplicationContext(),
30                       list.get(position).getName(), Toast.LENGTH_SHORT).show();
31               }
32           });
33       }
34   }
```

3.7　使用网格视图

3.7.1　任务说明

本任务的演示效果如图 3-23 所示。在该应用中,活动页面视图根节点为垂直的 LinearLayout,在布局中依次有 1 个 TextView,用于显示个人信息;1 个 TextView,用于显

示 GridView(网格视图)的单击结果；1 个 GridView,具有 3
列,每列等宽,3 列占据屏幕的整个宽度。GridView 的数据使
用循环程序生成 100 个数据,依次为 Item00 至 Item99。

3.7.2　任务实现

1. GridView 简介

GridView 的使用方法与 ListView 类似,需要适配器,相
应的单击事件亦与 ListView 相同。GridView 作为网格视
图,支持一行显示多列,每个单元格对应数据源的一个数据,
因此 GridView 的显示内容往往比 ListView 更紧凑。

在布局中,GridView 相比 ListView 需要使用更多的属
性,如下所示。

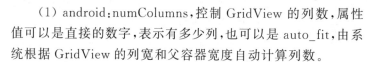

图 3-23　GridView 演示效果

(1) android:numColumns,控制 GridView 的列数,属性
值可以是直接的数字,表示有多少列,也可以是 auto_fit,由系
统根据 GridView 的列宽和父容器宽度自动计算列数。

(2) android:columnWidth,控制列宽,如果 android:numColumns 有确定的数值,列宽
属性一般上不再使用。

(3) android:gravity,用于控制 GridView 单元格内的对齐方式。

(4) android:horizontalSpacing 和 android:verticalSpacing,分别控制单元格之间的水
平间距(列间距)和垂直间距(行间距)。

(5) android:stretchMode,控制 GridView 分配完列空间后,对剩余空间的处理方式。
若属性值是 none,则剩余空间不扩展到列宽或列间距上;若属性值为 spacingWidth,则将剩
余空间分配到列间距上,但是首列左边和末列右边不分配;若属性值为 columnWidth,则将
剩余空间平均分配到列宽上;若属性值为 spacingWidthUniform,则将剩余空间分配到列间
距上,且首列左边和末列右边均分配。

2. 实现 UI 布局

本任务的布局文件比较简单,主布局 my_main.xml 如代码 3-20 所示,GridView 仅用
了两个额外属性：android:numColumns,设置列数为 3;android:stretchMode,将剩余空间
分配给列宽。

代码 3-20　布局文件 my_main.xml

```
1    <LinearLayout xmlns:android = "http://schemas.android.com/apk/res/android"
2        android:orientation = "vertical"
3        android:layout_width = "match_parent"
4        android:layout_height = "match_parent">
5        <TextView
6            android:layout_width = "match_parent"
7            android:layout_height = "wrap_content"
8            android:text = "Your name and ID" />
9        <TextView
10           android:id = "@ + id/tv_result"
11           android:layout_width = "match_parent"
```

```
12              android:layout_height = "wrap_content"
13              android:text = "" />
14        < GridView
15              android:id = "@ + id/gridView"
16              android:layout_width = "match_parent"
17              android:numColumns = "3"
18              android:stretchMode = "columnWidth"
19              android:layout_height = "match_parent" />
20  <!--     android:numColumns = "3" GridView 有 3 列  -->
21  <!--     android:stretchMode = "columnWidth" 剩余空间平均分配给列宽 -->
22  </LinearLayout >
```

3. 实现 MainActivity

MainActivity 的实现如代码 3-21 所示。在 onCreate()方法中,通过 for 循环和 String. format()方法,生成 100 个字符串数据赋给 ArrayList 对象,作为 GridView 的数据源。适配器使用 ArrayAdapter,单元格单击事件与 ListView 相同,均采用 OnItemClickListener 接口。

代码 3-21　MainActivity. java

```java
1   import androidx. appcompat. app. AppCompatActivity;
2   import android. os. Bundle;
3   import android. view. View;
4   import android. widget. AdapterView;
5   import android. widget. ArrayAdapter;
6   import android. widget. GridView;
7   import android. widget. TextView;
8   import java. util. ArrayList;
9   public class MainActivity extends AppCompatActivity {
10      @Override
11      protected void onCreate(Bundle savedInstanceState) {
12          super. onCreate(savedInstanceState);
13          setContentView(R. layout. my_main);
14          ArrayList < String > list = new ArrayList <>();
15          for (int i = 0; i < 100; i++) {
16              String item = String. format("Item % 02d", i);
17              //用 String. format()打印格式化的字符串
18              list. add(item);
19          }
20          ArrayAdapter < String > adapter = new ArrayAdapter <>(this,
21                  android. R. layout. simple_list_item_1,list);
22          GridView gv = findViewById(R. id. gridView);
23          TextView tv = findViewById(R. id. tv_result);
24          gv. setAdapter(adapter);
25          //使用方法与 ListView 相似
26          gv. setOnItemClickListener(new AdapterView. OnItemClickListener() {
27              @Override
28              public void onItemClick(AdapterView <?> parent, View view,
29                                              int position, long id) {
30                  String item = list. get(position);
31                  tv. setText(item);
32              }
33          });
34      }
35  }
```

3.8　列表视图与网格视图的动态切换

3.8.1　任务说明

本任务的演示效果如图 3-24 所示。在该应用中,活动页面视图根节点为垂直的 LinearLayout,在布局中依次有 1 个 TextView,用于显示个人信息;1 个 Switch 组件,控制视图类型;1 个 ListView 或者 GridView。Switch 组件对视图的控制逻辑为:当 Switch 组件处于开的状态,使用 ListView 显示数据,且 Switch 组件的文字为"列表视图";当 Switch 组件处于关的状态,使用 GridView 显示数据,且 Switch 组件的文字为"网格视图"。

图 3-24　通过 Switch 组件动态切换视图

3.8.2　任务实现

1. 实现适配器布局

由图 3-24 可知,在本任务中,ListView 和 GridView 对应的单元视图略有不同。ListView 行视图中各 UI 是左右关系,GridView 单元格视图中则是上下关系,因此适配器所需的视图应分开设计。ListView 适配器的行视图文件 row_view_list_view. xml 如代码 3-22 所示,根节点为水平的 LinearLayout;GridView 适配器的单元格视图文件 row_view_grid_view. xml 如代码 3-23 所示,根节点为垂直的 LinearLayout。两个布局文件对应的 UI 使用了相同的 id,以便于使用同一个适配器进行统一处理。

代码 3-22　ListView 的行视图布局文件 row_view_list_view. xml

```
1    < LinearLayout xmlns:android = "http://schemas.android.com/apk/res/android"
2        xmlns:app = "http://schemas.android.com/apk/res - auto"
3        android:layout_width = "match_parent"
4        android:layout_height = "wrap_content"
```

```
5              android:gravity = "center">
6              < ImageView
7                  android:id = "@ + id/row_view_iv"
8                  android:layout_width = "80dp"
9                  android:layout_height = "80dp"
10                 app:srcCompat = "@drawable/hangzhou" />
11             < TextView
12                 android:id = "@ + id/row_view_tv"
13                 android:layout_width = "match_parent"
14                 android:layout_margin = "5dp"
15                 android:layout_height = "wrap_content"
16                 android:textColor = "#000"
17                 android:text = "Name" />
18      </LinearLayout >
```

代码 3-23　GridView 的单元格布局文件 row_view_grid_view. xml

```
1   < LinearLayout xmlns:android = "http://schemas.android.com/apk/res/android"
2       xmlns:app = "http://schemas.android.com/apk/res - auto"
3       android:layout_width = "match_parent"
4       android:layout_height = "wrap_content"
5       android:orientation = "vertical"
6       android:gravity = "center">
7       < ImageView
8           android:id = "@ + id/row_view_iv"
9           android:layout_width = "80dp"
10          android:layout_height = "80dp"
11          app:srcCompat = "@drawable/hangzhou" />
12      < TextView
13          android:id = "@ + id/row_view_tv"
14          android:layout_width = "wrap_content"
15          android:layout_height = "wrap_content"
16          android:gravity = "center"
17          android:textColor = "#000"
18          android:text = "Name" />
19  </LinearLayout >
```

2．实现自定义适配器

本任务通过 Switch 组件控制内容的展现方式,能在 ListView 和 GridView 之间动态切换,两种视图使用的是同一个数据源。考虑到 ListView 和 GridView 均需要使用适配器,不妨直接设计一个适配器,使之既能适用于 ListView 又能用于 GridView,但是两种视图的单元视图的布局会存在一些细微差异。因此,对两种不同视图采用的是两个对应的单元视图布局文件,同时为了提高复用性,两个布局文件中的 UI 使用相同的 id,使得适配器在调用 findViewById()方法时能传递相同的参数进行统一处理。

视图中单元格数据只有两个字段:图片的 id 值和城市名称,对应的数据封装类 City 如代码 3-24 所示。

代码 3-24　自定义类 City. java

```
1   public class City {
2       private String name;
3       private int picId;
4       public City(String name, int picId) {
```

```
5              this.name = name;
6              this.picId = picId;
7          }
8      public String getName() {
9          return name;
10         }
11     public void setName(String name) {
12             this.name = name;
13         }
14     public int getPicId() {
15             return picId;
16         }
17     public void setPicId(int picId) {
18             this.picId = picId;
19         }
20 }
```

自定义适配器 CityAdapter 如代码 3-25 所示。在 CityAdapter 中使用了如下两种构造方法。

（1）public CityAdapter(@NonNull Context context，List < City > list，int type)。

（2）public CityAdapter(@NonNull Context context，List < City > list)。

两种构造方法中，前两个参数相同，分别是上下文 Context 对象和 List 对象。在第 1 个构造方法中，通过传参 type 传递控制视图类型的参数，若 type 值为 CityAdapter. TYPE_LIST_VIEW，则在 getView()方法中，按 ListView 的行布局文件生成单元视图；若 type 值为 CityAdapter. TYPE_GRID_VIEW，则在 getView()方法中按 GridView 的单元格布局文件生成单元格视图。为了在其他类中能引用 type 的两种值，在 CityAdapter 中定义了 public 关键字修饰的两个 int 常量值 TYPE_LIST_VIEW 和 TYPE_GRID_VIEW，取值可以随意定义(但必须不同)，这里简单地分别取值 1 和 2。

CityAdapter 类所改写的 getView()方法中，根据传参 type 的值分别加载对应的视图布局文件，由于两个布局文件中对应的 UI 使用了相同的 id 值，在使用 findViewById()方法关联 UI 时可用相同的代码，不用区分处理。本任务中，CityAdapter 具备一定的灵活性，使之能通过传参 type 控制，既能用于 ListView 视图，也能用于 GridView 视图。

代码 3-25 自定义适配器 CityAdapter. java

```
1  import android.content.Context;
2  import android.view.LayoutInflater;
3  import android.view.View;
4  import android.view.ViewGroup;
5  import android.widget.ArrayAdapter;
6  import android.widget.ImageView;
7  import android.widget.TextView;
8  import androidx.annotation.NonNull;
9  import androidx.annotation.Nullable;
10 import java.util.List;
11 public class CityAdapter extends ArrayAdapter < City > {
12     private Context context;
13     private List < City > list;
14     private int type;                //通过该参数控制适配器用于 ListView 或 GridView
15     public static final int TYPE_LIST_VIEW = 1;
```

```
16      public static final int TYPE_GRID_VIEW = 2;
17      public CityAdapter(@NonNull Context context, List<City> list, int type) {
18          //type 参数控制视图类型
19          super(context, android.R.layout.simple_list_item_1,list);
20          this.context = context;
21          this.list = list;
22          this.type = type;
23      }
24      public CityAdapter(@NonNull Context context, List<City> list) {
25          //使用该构造方法默认用于 ListView
26          super(context, android.R.layout.simple_list_item_1,list);
27          this.context = context;
28          this.list = list;
29          type = TYPE_LIST_VIEW;              //type 默认值为 TYPE_LIST_VIEW
30      }
31      @NonNull
32      @Override
33      public View getView(int position, @Nullable View convertView,
34                          @NonNull ViewGroup parent) {
35          View v = convertView;
36          if(v == null){
37              if(type == TYPE_LIST_VIEW) {
38                  v = LayoutInflater.from(context)
39                              .inflate(R.layout.row_view_list_view, null, false);
40              }else {
41                  v = LayoutInflater.from(context)
42                              .inflate(R.layout.row_view_grid_view, null, false);
43              }
44              //根据 type 类型,从对应的布局文件生成视图对象 v
45          }
46          ImageView iv = v.findViewById(R.id.row_view_iv);
47          TextView tv = v.findViewById(R.id.row_view_tv);
48          //两个不同的布局文件对应的 UI 使用相同的 id,避免了区分处理
49          City city = list.get(position);
50          iv.setImageResource(city.getPicId());
51          tv.setText(city.getName());
52          return v;
53      }
54  }
```

3. 实现活动页面的布局

MainActivity 的布局文件 my_main.xml 如代码 3-26 所示,在布局中,Switch 组件具有二值状态,由 android:checked 属性控制,若值是 true 则为开的状态,若值是 false 则为关的状态。Switch 使用 android:layout_gravity 控制其相对父容器的对齐方式,实现了居中对齐。根节点 LinearLayout 中嵌入一个子 LinearLayout,id 为 container,需要在逻辑代码中找出 container 容器,并对其控制,实现动态加载 ListView 或者 GridView。

代码 3-26 MainActivity 的布局文件 my_main.xml

```
1  <LinearLayout xmlns:android = "http://schemas.android.com/apk/res/android"
2      android:orientation = "vertical"
3      android:layout_width = "match_parent"
4      android:layout_height = "match_parent">
5      <TextView
6          android:layout_width = "match_parent"
```

```
7              android:layout_height = "wrap_content"
8              android:text = "Your name and ID" />
9          < Switch
10             android:id = "@ + id/switch1"
11             android:layout_width = "wrap_content"
12             android:layout_height = "wrap_content"
13             android:layout_gravity = "center"
14             android:checked = "true"
15             android:text = "列表视图" />
16   <!--     使用 Switch 组件切换视图,设置默认选中状态为列表视图 -->
17         < LinearLayout
18             android:id = "@ + id/container"
19             android:layout_width = "match_parent"
20             android:layout_height = "match_parent"
21             android:orientation = "vertical">
22   <!--       使用 container 线性布局动态生成 ListView 或者 GridView -->
23   <!--       根据 Switch 取值,动态加载 list_view.xml 或者 grid_view.xml -->
24         </LinearLayout >
25   </LinearLayout >
```

Switch 控制 MainActivity 加载 ListView 或者 GridView,在 my_main.xml 布局中不适合直接放入 ListView 或者 GridView 组件,否则在 Switch 切换时对 ListView 或 GridView 进行卸载和加载时会很烦琐。可以在 my_main.xml 布局中嵌入 id 为 container 的 LinearLayout,并使用逻辑代码对 container 进行加载或卸载 UI。因此,除了 my_main.xml 布局文件,还需要额外创建两个布局文件分别将 ListView 和 GridView 放到单独的布局文件中,以便于利用 XML 控制对应 UI 的属性。ListView 的单独布局文件为 list_view.xml,如代码 3-27 所示;GridView 的单独布局文件为 grid_view.xml,如代码 3-28 所示。ListView 和 GridView 在两个布局文件中均使用了相同的 id 值 adapterView,以便于逻辑代码的处理。

代码 3-27　ListView 的单独布局文件 list_view.xml

```
1    < LinearLayout xmlns:android = "http://schemas.android.com/apk/res/android"
2        android:orientation = "vertical"
3        android:layout_width = "match_parent"
4        android:layout_height = "match_parent">
5        < ListView
6            android:id = "@ + id/adapterView"
7            android:layout_width = "match_parent"
8            android:layout_height = "match_parent" />
9    </LinearLayout >
```

代码 3-28　GridView 的单独布局文件 grid_view.xml

```
1    < LinearLayout xmlns:android = "http://schemas.android.com/apk/res/android"
2        android:orientation = "vertical"
3        android:layout_width = "match_parent"
4        android:layout_height = "match_parent">
5        < GridView
6            android:id = "@ + id/adapterView"
7            android:layout_width = "match_parent"
8            android:numColumns = "3"
9            android:stretchMode = "columnWidth"
10           android:layout_height = "match_parent" />
11   </LinearLayout >
```

4. 实现 MainActivity

MainActivity 的实现如代码 3-29 所示。在 onCreate()方法中,调用了 updateView()方法实现视图的动态加载。updateView()方法需要访问列表数据 list、动态加载的容器 container,以及控制数据视图类型的参数 type,因此相关的 3 个变量应声明为 MainActivity 的成员变量。

Switch 组件的使用相对比较简单,其开关状态事件与 CheckBox 类似。在 onCheckedChanged()回调方法中,根据传参 isChecked 的值,更改 Switch 组件本身的文本和 type 值,传参 buttonView 即为 Switch 组件的对象实例。

在 updateView()方法中,根据变量 type 的值将变量 layout 赋为对应的布局文件,用于指向 ListView 或 GridView 视图。容器 container 是 1 个垂直的 LinearLayout,定义在主布局文件 my_main.xml 中。反复调用 updateView()方法的过程中,容器 container 会存在之前加载的 ListView 或 GridView,需要调用 removeAllViews()方法将 container 中的 UI 移除,再重新加载。加载视图时,使用 LayoutInflater 从 ListView 或者 GridView 布局文件中生成 View 对象 v,并且运用 ListView 和 GridView 均继承自 AdapterView 这一特点,直接定义了 AdapterView 对象,AdapterView 对象泛型参数是适配器。鉴于 list_view.xml 和 grid_view.xml 布局文件中,ListView 和 GridView 均使用了相同的 id 值,逻辑处理时,可统一使用 findViewById()方法找出 UI,并对其设置适配器,实现代码的统一。若 ListView 和 GridView 使用不同的 id 值,则须根据变量 type 的值分别调用 findViewById()方法关联 UI,并对其分别设置适配器。

代码 3-29　MainActivity.java

```
1    import androidx.appcompat.app.AppCompatActivity;
2    import android.os.Bundle;
3    import android.view.LayoutInflater;
4    import android.view.View;
5    import android.widget.AdapterView;
6    import android.widget.CompoundButton;
7    import android.widget.LinearLayout;
8    import android.widget.Switch;
9    import java.util.ArrayList;
10   public class MainActivity extends AppCompatActivity {
11       ArrayList<City> list;
12       int type = CityAdapter.TYPE_LIST_VIEW;
13       LinearLayout container;
14       @Override
15       protected void onCreate(Bundle savedInstanceState) {
16           super.onCreate(savedInstanceState);
17           setContentView(R.layout.my_main);
18           Switch sw1 = findViewById(R.id.switch1);
19           list = new ArrayList<>();
20           for (int i = 0; i < 4; i++) {
21               list.add(new City("杭州", R.drawable.hangzhou));
22               list.add(new City("宁波", R.drawable.ningbo));
23               list.add(new City("温州", R.drawable.wenzhou));
24           }
25           container = findViewById(R.id.container);
26           updateView();
27           sw1.setOnCheckedChangeListener(
```

```
28                              new CompoundButton.OnCheckedChangeListener() {
29                  @Override
30                  public void onCheckedChanged(CompoundButton buttonView,
31                                                    boolean isChecked) {
32                      if(isChecked){
33                          type = CityAdapter.TYPE_LIST_VIEW;
34                          buttonView.setText("列表视图");
35                      }else {
36                          type = CityAdapter.TYPE_GRID_VIEW;
37                          buttonView.setText("网格视图");
38                      }
39                      updateView();
40                  }
41          });
42      }
43      private void updateView() {
44          //动态加载视图到 container
45          int layout;
46          if(type == CityAdapter.TYPE_LIST_VIEW){
47          //根据 type 类型,给 layout 赋对应布局文件的引用
48              layout = R.layout.list_view;        //list_view.xml 中有 1 个 ListView 组件
49          }else {
50              layout = R.layout.grid_view         //grid_view.xml 中有 1 个 GridView 组件
51          }
52          container.removeAllViews();
53          //先清除 container 中的所有视图
54          View v = LayoutInflater.from(MainActivity.this)
55                          .inflate(layout, null, false);
56          CityAdapter adapter = new CityAdapter(MainActivity.this,list,type);
57          AdapterView<CityAdapter> adapterView = v.findViewById(R.id.adapterView);
58          //要从视图对象 v 中找 adapterView
59          //利用 ListView 和 GridView 均继承自 AdapterView 的特点,实现统一的对象操作
60          adapterView.setAdapter(adapter);
61          container.addView(v);                   //将视图 v 加载到容器 container 上
62      }
63  }
```

3.9　使用 RecyclerView

3.9.1　任务说明

本任务的演示效果如图 3-25 所示。在该应用中,活动页面视图根节点为垂直的 LinearLayout,在布局中依次有 1 个 TextView,用于显示个人信息;1 个 Switch 组件,用于切换视图布局;1 个 RecyclerView,用于显示城市图片和城市名称。当 Switch 组件开关状态为开,开关文本为"水平列表",RecyclerView 的内容为可水平方向左右滑动的列表视图;当 Switch 组件开关状态为关,开关文本为"网格布局",RecyclerView 的内容为 3 列的网格视图。单击 RecyclerView 上的内容,Toast 显示城市名称。

3.9.2　任务实现

1. 实现 UI 布局

RecyclerView 的单元视图为 row_view.xml 文件,具体如代码 3-30 所示。在视图文件

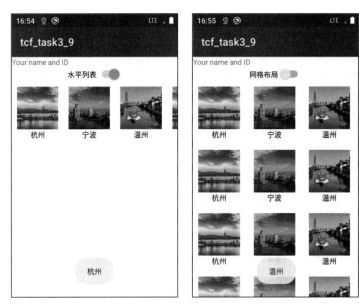

图 3-25 使用 RecyclerView 实现视图布局的动态切换

中,出于美观考虑,对根节点的 LinearLayout 增加了外边距和对齐方式,并且单元视图的根节点宽度和高度都是 wrap_content,ImageView 则使用了 android:scaleType 属性使之从图片中心点裁剪缩放。

代码 3-30 单元视图布局文件 row_view.xml

```
1    < LinearLayout xmlns:android = "http://schemas.android.com/apk/res/android"
2        xmlns:app = "http://schemas.android.com/apk/res – auto"
3        android:layout_width = "wrap_content"
4        android:layout_height = "wrap_content"
5        android:layout_margin = "10dp"
6        android:orientation = "vertical"
7        android:gravity = "center">
8        < ImageView
9            android:id = "@ + id/row_view_iv"
10           android:layout_width = "80dp"
11           android:layout_height = "80dp"
12           android:scaleType = "centerCrop"
13           app:srcCompat = "@drawable/hangzhou" />
14       < TextView
15           android:id = "@ + id/row_view_tv"
16           android:layout_width = "wrap_content"
17           android:layout_height = "wrap_content"
18           android:gravity = "center"
19           android:textColor = "♯000"
20           android:text = "Name" />
21   </LinearLayout >
```

MainActivity 的布局文件 my_main.xml 如代码 3-31 所示。在布局中,Switch 组件的处理方式与 3.8 节的任务类似。RecyclerView 组件可通过 UI 面板直接拖入,注意该 UI 使用了全名 androidx.recyclerview.widget.RecyclerView。RecyclerView 使用 android:layout_gravity 属性设置其相对父容器居中对齐。

代码 3-31　　MainActivity 布局文件 my_main. xml

```
1    < LinearLayout xmlns:android = "http://schemas.android.com/apk/res/android"
2            android:orientation = "vertical"
3            android:layout_width = "match_parent"
4            android:layout_height = "match_parent">
5        < TextView
6                android:layout_width = "match_parent"
7                android:layout_height = "wrap_content"
8                android:text = "Your name and ID" />
9        < Switch
10               android:id = "@ + id/switch1"
11               android:layout_width = "wrap_content"
12               android:layout_height = "wrap_content"
13               android:layout_gravity = "center"
14               android:checked = "true"
15               android:text = "水平列表" />
16       < androidx. recyclerview. widget. RecyclerView
17               android:id = "@ + id/recyclerView"
18               android:layout_gravity = "center"
19               android:layout_width = "wrap_content"
20               android:layout_height = "wrap_content" />
21   </LinearLayout >
```

2. RecyclerView 简介

RecyclerView 相比 ListView 和 GridView,功能要强大很多,但使用它所涉及的代码也会更多。RecyclerView 对应的包根据不同版本的 Android Studio 以及 SDK 有较大区别。早期的 RecyclerView 需要在 Gradle 中配置相关依赖,非常不友好。近年来的 Android Studio 已将 RecyclerView 统一到 androidx. recyclerview. widget. RecyclerView,无须在 Gradle 中配置对应的依赖,提高了项目对不同开发环境的适用性。

Android 提供的 RecyclerView 能支持线性布局、网格布局,以及瀑布流布局等布局管理器,支持横向滚动(ListView 默认只能实现纵向滚动),并且数据渲染效率也高于 ListView 和 GridView。

3. 实现 RecyclerView 适配器

使用 RecyclerView 没有像 ListView 那样方便,有直接支持的适配器可用,RecyclerView 需要用户自己写适配器,并且适配器需要改写的方法也更多,此外,RecyclerView 没有提供类似 ListView 的单击侦听接口,需要用户自行实现单击侦听。在实际使用中,若将单击侦听放在适配器中实现,其适用性较差,当用户对单击回调所要实现的功能因场景不同而不同时,适配器不可能将这些场景都考虑进去并一一实现。最佳的实践方式是在适配器中自定义一个接口和回调方法,将单击项的数据和位置通过回调方法回传给用户处理。用户使用该适配器的同时,需要实现适配器的自定义接口和回调方法,从而能根据应用需要,进行特定场景处理。

本任务所用的 City 类定义同 3.8 节,具体参考代码 3-24,项目中的图片也使用了相同的资源。

本任务针对 RecyclerView 和 City 类,自定义了对应的适配器: CityRecyclerAdapter,如代码 3-32 所示。CityRecyclerAdapter 需要继承 RecyclerView. Adapter,RecyclerView. Adapter 具有泛型参数 RecyclerView. ViewHolder(或者 ViewHolder 的继承类),在本任务

中,泛型参数使用继承自 ViewHolder 的自定义类 CityViewHolder,为了方便使用,CityViewHolder 是直接定义在 CityRecyclerAdapter 内部的公开类。回顾 3.6 节内容,ArrayAdapter 继承类改写过程中,当适配器在生成单元视图时,需要调用单元视图对象的 findViewById()方法找出相关 UI,再对这些 UI 进行数据渲染,这意味着每个新生成的单元视图均要调用 findViewById()方法关联 UI,效率不高。RecyclerView 的适配器对此做了优化,将单元视图交给 onCreateViewHolder()方法和 onBindViewHolder()方法进行处理,其中,onCreateViewHolder()方法负责单元视图的生成以及 UI 绑定,onBindViewHolder()方法则负责单元视图的数据渲染。鉴于实际运行中,onCreateViewHolder()方法的调用次数远少于 onBindViewHolder()方法,从而使适配器的性能得到优化。相比之下,若是改写 ArrayAdapter,则每次调用 getView()方法均要绑定 UI 和渲染数据,性能劣于 RecyclerView 的适配器。

RecyclerView 适配器的优化机制分析。CityRecyclerAdapter 利用 Logcat 在 onCreateViewHolder()方法和 onBindViewHolder()方法中打印日志,当运行应用并反复滑动 RecyclerView 时,便可观察两个方法各自的打印次数,用于验证各方法的调用次数。基于单元视图生成的次数远少于单元视图数据渲染的次数,以及 View 对象调用 findViewById()方法会增加系统消耗的事实,要优化 RecyclerView 的效率,就要尽可能减少 findViewById()方法的调用次数。显然在 onBindViewHolder()方法中,做数据渲染时调用 findViewById()方法是不合适的,达不到优化的目的,进一步而言,通过 onBindViewHolde()方法传递单元视图对象也没有意义,因为所传递的单元视图对象依然需要调用 findViewById()方法关联 UI。针对这个问题,RecyclerView 适配器设计得非常巧妙,通过 ViewHolder 构造单元视图,并把单元视图中的 UI 作为 ViewHolder 的成员变量,使之能从 ViewHolder 对象中直接取出,从而,在 onBindViewHolder()方法中传递进来的不是单元视图,而是对应的 ViewHolder 对象,进而实现了 onBindViewHolder()方法做数据渲染时,只需要从 ViewHolder 对象里取出 UI 成员直接渲染数据,避免了反复调用 findViewById()方法,达到提升效率的目的。RecyclerView.ViewHolder 并没有用户自定义的单元视图 UI 成员,因此需要写一个自定义类去继承 ViewHolder,并定义相关的 UI 成员以及实现 UI 成员的初始化。本任务中,ViewHolder 的继承类为 CityViewHolder,定义在 CityRecyclerAdapter 类中,作为内部类使用。鉴于 RecyclerView 需要对单元视图设置单击侦听,因此在 CityViewHolder 中增加了单元视图对象 rowView,使之作为成员变量,并且能在 onBindViewHolder()方法中被设置单击侦听。

通过以上分析可知,onCreateViewHolder()方法生成单元视图时,并不是简单地返回该单元视图,而是将之作为 CityViewHolder 的构造参数,让 CityViewHolder 把单元视图中的 UI 抽取出来成为自己的成员变量,进而,在 onBindViewHolder()方法进行数据渲染时可方便地从 onCreateViewHolder()方法所返回的 CityViewHolder 对象中取出 UI,大大减少了 findViewById()方法的调用次数。适配器还需要改写 getItemCount()方法返回数据长度,使适配器知晓需要生成以及渲染数据的单元视图总数。

CityRecyclerAdapter 实现了自定义接口 OnItemClickListener 用于单击侦听,在该接口中定义一个回调方法 onItemClick(CityViewHolder holder, int position,City city),将 ViewHolder 对象 holder、位置索引 position 和单元视图所对应的数据 city 通过回调方法传

出,供调用者实现接口方法时取得所需数据,进行具体的单击事件场景化处理。
CityRecyclerAdapter 的设计者根本不用关心调用者要对视图单击事件做什么,只需要将该
传的数据传出去,实现代码解耦,方便后期维护和代码复用。单击事件侦听和回调触发在
onBindViewHolder()方法中实现,处理过程中,先对接口对象判断是否为空,若非空,则对
CityViewHolder 的成员变量 rowView(单元视图)设置单击侦听,并在单击侦听中调用自定
义接口的回调方法。当用户使用 CityRecyclerAdapter 时实现了 OnItemClickListener 接口
中的 onItemClick()方法,就能按用户的意愿实现场景化处理。此外,onBindViewHolder()
方法的传参 position 没有用 final 关键字修饰,用户单击行视图时与 onBindViewHolder()
方法执行数据渲染的时间点可能相差很大,此时传参 position 已经被回收消亡,为非可靠变
量,因此在 OnItemClickListener 接口的 onItemClick()方法中,传递 ViewHolder 对象的
getAdapterPosition()方法所获得的位置信息比传参 position 更可靠。

代码 3-32　自定义适配器 CityRecyclerAdapter. java

```
1    import android.content.Context;
2    import android.util.Log;
3    import android.view.LayoutInflater;
4    import android.view.View;
5    import android.view.ViewGroup;
6    import android.widget.ImageView;
7    import android.widget.TextView;
8    import androidx.annotation.NonNull;
9    import androidx.recyclerview.widget.RecyclerView;
10   import java.util.List;
11   public class CityRecyclerAdapter extends
12        RecyclerView.Adapter < CityRecyclerAdapter.CityViewHolder > {
13     private Context context;
14     private List < City > list;
15     private int createViewHolderCounter = 0;        //测试变量,实际中应删除
16     private int bindViewHolderCounter = 0;          //测试变量,实际中应删除
17     private OnItemClickListener onItemClickListener;
18     //自定义的单元视图单击侦听接口
19     public CityRecyclerAdapter(Context context, List < City > list) {
20       this.context = context;
21       this.list = list;
22     }
23     interface OnItemClickListener{
24       //自定义接口,让用户使用适配器时能处理单元视图单击事件
25       public void onItemClick(CityViewHolder holder, int position, City city);
26       //回调方法将对象 holder、位置 position,以及数据 city 传出去
27     }
28     @NonNull
29     @Override
30     public CityViewHolder onCreateViewHolder(@NonNull ViewGroup parent,
31                                              int viewType) {
32       //创建一行视图时调用,即将布局文件通过 LayoutInflater 转为对应的视图
33       //再通过 CityViewHolder 包装单元视图,找出相关 UI,作为 Holder 的成员变量
34       View v = LayoutInflater.from(context)
35                             .inflate(R.layout.row_view, parent, false);
36       CityViewHolder holder = new CityViewHolder(v);
37       createViewHolderCounter++;
38       Log.d("onCreateViewHolder",
39           "createViewHolderCounter = " + createViewHolderCounter);
```

```
40          //Log.d()打印 createViewHolderCounter 的值,观察该方法被调用的次数
41          return holder;
42      }
43      @Override
44      public void onBindViewHolder(@NonNull CityViewHolder holder, int position) {
45          //若没有对应的行视图,先调用 onCreateViewHolder()生成行视图,返回 holder
46          //若已有可重复利用的行视图,则直接返回 holder
47          //onCreateViewHolder()的调用次数比 onBindViewHolder()要少很多
48          bindViewHolderCounter++;
49          Log.d("onBindViewHolder",
50              "bindViewHolderCounter = " + bindViewHolderCounter);
51          //观察 onBindViewHolder()被调用的次数,实际中应删除
52          City city = list.get(position);
53          holder.iv.setImageResource(city.getPicId());
54          holder.tv.setText(city.getName());
55          //实现自定义类 CityViewHolder 的目的是方便从类中取 UI 成员变量进行数据渲染
56          if(onItemClickListener != null){//单击侦听接口
57              holder.rowView.setOnClickListener(new View.OnClickListener() {
58                  @Override
59                  public void onClick(View v) {
60                      onItemClickListener.onItemClick(holder,
61                          holder.getAdapterPosition(),city);
62                      //holder.getAdapterPosition()比 position 更可靠
63                      //将相关数据通过接口方法传递出去
64                      //用户调用接口并实现接口的方法时,可对这些数据进行处理
65                  }
66              });
67          }
68      }
69      public void setOnItemClickListener(OnItemClickListener l) {
70          this.onItemClickListener = l;
71          //用户调用适配器的 setOnItemClickListener(),可实现单元视图单击的个性化处理
72      }
73      @Override
74      public int getItemCount() {
75          return list.size();          //返回数据长度,告知适配器总共有多少条数据
76      }
77      public class CityViewHolder extends RecyclerView.ViewHolder{
78      //先写 CityViewHolder 类,再对 CityRecyclerAdapter 的泛型参数设置 CityViewHolder
79      //写在改写适配器的相关方法 onCreateViewHolder()和 onBindViewHolder()之前
80          ImageView iv;
81          TextView tv;
82          View rowView;
83          public CityViewHolder(@NonNull View itemView) {
84              //构造方法会把行视图 itemView 传入
85              //利用 itemView 的 findViewById()将相关的 UI 绑定到 Holder 的成员变量上
86              super(itemView);
87              iv = itemView.findViewById(R.id.row_view_iv);
88              tv = itemView.findViewById(R.id.row_view_tv);
89              //绑定后,可利用 CityViewHolder 的成员变量(UI)进行数据渲染
90              rowView = itemView;
91              //通过成员变量 rowView 绑定行视图,用于设置单击侦听接口
92          }
93      }
94  }
```

自定义适配器 CityRecyclerAdapter 的实现逻辑如下。

步骤 1：考虑传入的参数，如上下文 Context 和数据源，并构造对应方法。

步骤 2：实现内部类 CityViewHolder，将单元视图中的 UI 找出，成为 CityViewHolder 的成员。

步骤 3：将 CityViewHolder 作为 CityRecyclerAdapter 继承适配器时的泛型参数。

步骤 4：利用开发环境的提示，实现所需要改写的方法，开发环境会自动对所需改写的方法设置相关的传参和返回类型。

步骤 5：根据需要定义自定义接口和回调方法。

自定义适配器改写注意事项如下。

(1) 改写 onCreateViewHolder()方法，利用 LayoutInflater 将单元布局文件生成单元视图，并构造自定义 ViewHolder 对象作为返回参数。

(2) 改写 onBindViewHolder()方法，利用 ViewHolder 对象和位置信息，从数据源中取出单元数据渲染到 ViewHolder 对象的 UI 成员上，根据需要，对单元视图或者个别视图做单击事件侦听，在侦听中调用自定义接口的方法，实现事件触发和数据回传。

(3) 改写 getItemCount()方法，返回数据长度。

4. 实现 MainActivity

MainActivity 的实现如代码 3-33 所示。RecyclerView 的使用除了设置适配器以外，还需要通过 setLayoutManager()方法设置布局管理器。常用的布局管理器有如下 3 个。

(1) LinearLayoutManager，线性布局管理器，可通过第 2 参数设置垂直方向或水平方向，第 3 参数用于控制布局方向是否为反向顺序，在水平方向时，若第 3 参数为 true 则布局方向从右到左，若第 3 参数为 false 则布局方向从左到右。

(2) GridLayoutManager，网格布局管理器，第 2 参数用于控制列数。

(3) StaggeredGridLayoutManager，瀑布流布局管理器，在瀑布流布局中，每个单元格的内容长度或宽度随内容调整，允许不一样的尺寸。

RecyclerView 的单击事件通过自定义适配器所提供的接口实现，本任务中采用匿名写法，使其使用方式与 ListView 和 GridView 所提供的原生方法类似。RecyclerView 支持布局动态调整，可通过 RecyclerView 提供的布局管理器，在不更改适配器的前提下，直接实现布局的动态调整。与之相比较，3.8 节项目则通过 ListView 和 GridView 之间的切换实现布局更改，切换的视图属于两个不同的 UI，需要动态加载 UI 以及重新生成相关适配器，不仅涉及的代码多，而且在效率方面也比 RecyclerView 低很多。

代码 3-33　MainActivity. java

```
1    import androidx.appcompat.app.AppCompatActivity;
2    import androidx.recyclerview.widget.GridLayoutManager;
3    import androidx.recyclerview.widget.LinearLayoutManager;
4    import androidx.recyclerview.widget.RecyclerView;
5    import androidx.recyclerview.widget.StaggeredGridLayoutManager;
6    import android.os.Bundle;
7    import android.widget.CompoundButton;
8    import android.widget.Switch;
9    import android.widget.Toast;
10   import java.util.ArrayList;
11   public class MainActivity extends AppCompatActivity {
12       @Override
```

```
13      protected void onCreate(Bundle savedInstanceState) {
14          super.onCreate(savedInstanceState);
15          setContentView(R.layout.my_main);
16          ArrayList<City> list = new ArrayList<>();
17          Switch sw1 = findViewById(R.id.switch1);
18          for (int i = 0; i < 4; i++) {
19              list.add(new City("杭州", R.drawable.hangzhou));
20              list.add(new City("宁波", R.drawable.ningbo));
21              list.add(new City("温州", R.drawable.wenzhou));
22          }
23          RecyclerView recyclerView = findViewById(R.id.recyclerView);
24          RecyclerView.LayoutManager layoutManager = new LinearLayoutManager(this,
25                          LinearLayoutManager.HORIZONTAL, false);
26          recyclerView.setLayoutManager(layoutManager);
27          CityRecyclerAdapter adapter = new CityRecyclerAdapter(this, list);
28          recyclerView.setAdapter(adapter);
29          adapter.setOnItemClickListener(
30                          new CityRecyclerAdapter.OnItemClickListener() {
31          //RecyclerView不支持单击事件，须在自定义适配器中通过接口实现
32          @Override
33          public void onItemClick(CityRecyclerAdapter.CityViewHolder holder,
34                          int position, City city) {
35              Toast.makeText(MainActivity.this, city.getName(),
36                          Toast.LENGTH_SHORT).show();
37          }
38      });
39          sw1.setOnCheckedChangeListener(
40                          new CompoundButton.OnCheckedChangeListener() {
41          @Override
42          public void onCheckedChanged(CompoundButton buttonView,
43                          boolean isChecked) {
44              RecyclerView.LayoutManager layoutManager;
45              if(isChecked){
46                  buttonView.setText("水平列表");
47                  layoutManager = new LinearLayoutManager(MainActivity.this,
48                          LinearLayoutManager.HORIZONTAL, false);
49              }else {
50                  buttonView.setText("网格布局");
51                  layoutManager = new GridLayoutManager(MainActivity.this, 3);
52                  //网格视图为3列
53                  //layoutManager = new StaggeredGridLayoutManager(2,
54                  //                  StaggeredGridLayoutManager.HORIZONTAL);
55                  //设置2行的水平瀑布流布局
56              }
57              recyclerView.setLayoutManager(layoutManager);
58          }
59      });
60      }
61  }
```

  RecyclerView 的使用，不管是适配器还是 RecyclerView 本身，虽然所涉及的代码更多，同时也提高了灵活性，并且在效率方面也优于 ListView 和 GridView。本书只给了 RecyclerView 最基本的使用方法，若要获得更多的使用和控制方法，可参考 CSDN、GitHub 的一些开源项目以及 Android 的官方开发者文档。例如，使用 addItemDecoration() 方法添

加分割线,使用 setSpanSizeLookup()方法设置不同行列数等,以及动画特效、拖拽排序和滑动菜单等功能。

3.10　本章综合作业

编写一个应用,布局根节点为垂直的 LinearLayout,在布局中依次有 1 个 TextView,用于显示个人信息;1 个 TextView(id 为 tv_result),用于显示城市和景点名称;1 个 ImageView(id 为 iv),用于显示景点图片;1 个 Spinner,内容是城市名称,城市不少于 3 个;1 个 ListView,用于显示 Spinner 所选择的城市的景点列表,景点不少于 4 个。

ListView 采用自定义适配器,适配器自定义视图的左边为景点的图片,右边为景点的名称。

Spinner 下拉选项改变后,ListView 内容同步更新为 Spinner 所选城市的景点,并且 tv_result 和 iv 也同步更新,tv_result 显示所选城市名称和 ListView 首行景点名称,iv 显示 ListView 首行景点图片。

ListView 响应列表项单击事件,tv_result 和 iv 更新为 ListView 所单击的景点数据,tv_result 显示的景点名称包含城市名称,而 ListView 景点名称中则不包含城市名称。

第4章

菜单与对话框

思想引领

视频讲解

4.1 使用选项菜单

4.1.1 任务说明

本任务的演示效果如图 4-1 所示。在该应用中,活动页面视图根节点为垂直的 LinearLayout,在布局中依次放置 1 个 TextView,用于显示个人信息;1 个 TextView(id 为 tv_result),用于显示 OptionsMenu(选项菜单)的选中结果。OptionsMenu 在应用的动作栏(或称标题栏、工具栏)右侧,单击 OptionsMenu,弹出菜单项。在本任务中,仅演示 OptionsMenu 的使用方法,功能比较简单,tv_result 显示被选中菜单项的结果。OptionsMenu 菜单中,"增加"菜单项以图标的形式直接显示在动作栏中,"修改"和"删除"菜单项则隐藏在菜单中,通过单击 OptionsMenu 图标,弹出隐藏的菜单项。

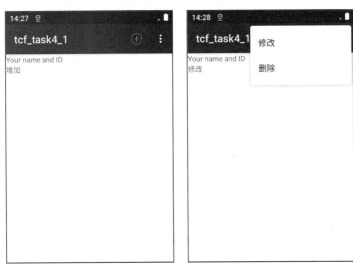

图 4-1 OptionsMenu 演示效果

4.1.2 任务实现

1. 创建 OptionsMenu

菜单是 Android 的常用组件之一,主要有 OptionsMenu 和 ContextMenu(上下文菜单)。OptionsMenu 不依赖于内容,在应用创建视图时,OptionsMenu 同时被生成,常用于全局场合；ContextMenu 则依赖于内容，需要注册在某个视图上(如 ListView)，长按视图时创建 ContextMenu，常用于基于内容的修改等相关操作。

使用项目模板创建一个空白活动页面时，默认没有菜单文件夹，在创建 OptionsMenu 时，可利用向导创建相关文件夹和文件。具体操作为：右击 res 文件夹，在快捷菜单中选择 New→Android Resourse File 选项，弹出 New Resource File 对话框，按图 4-2 设置，文件名须符合 XML 文件命名规则。本任务的 OptionsMenu 布局文件命名为 opt_menu，资源类型选择 Menu 选项，向导会自动创建 menu 文件夹，并把 opt_menu.xml 文件放在该文件夹内。

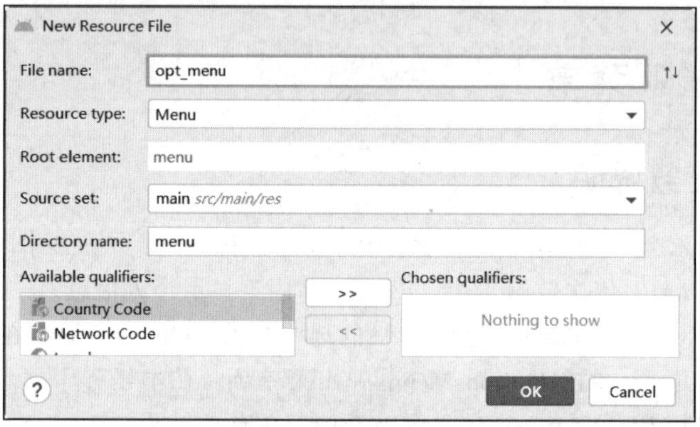

图 4-2　利用向导创建菜单文件

菜单文件创建后，UI 面板会根据资源类型，自动切换为菜单资源面板，将面板中的 Menu Item 拖入菜单容器，并在右侧的属性编辑栏中输入菜单项的 id，便可完成菜单项的创建。笔者倾向于使用"opt_"前缀表示该菜单项是 OptionsMenu 类型，避免与其他菜单项混淆。

OptionsMenu 布局文件 opt_menu.xml 如代码 4-1 所示。在菜单 XML 文件中，以 menu 标签为根节点，item 标签为菜单项，为了确定菜单单击事件中哪个菜单项被单击，须为菜单项设置 id 值，android:title 属性值是菜单项在菜单中所显示的文本。本任务中，"增加"菜单项是直接显示在应用的动作栏中，因此还需要增加图标属性，以及 app:showAsAction 属性，这些属性可在 Design 界面右侧的属性栏中设置，如图 4-3 所示。为菜单项设置属性时，应在 Common Attributes 属性栏中单击 icon 属性栏右侧的小图标，即可弹出 Pick a Resource 对话框，选择项目资源中的图标，或者用关键字 add 搜索与之相关的系统图标，选择合适的图标作为菜单项的图标，另外还需要在 Common Attributes 属性栏中为菜单项设置 showAsAction 属性值为 always，表示该图标会一直显示在动作栏中。showAsAction 属性在 XML 中使用的是 app:showAsAction 属性，而非 android:showAsAction 属性，因此还需要在 menu 根节点内增加 app 的命名空间(xmlns:app)。相关操作若是使用 Design 界面的属性栏进行设置的，app 命名空间会被自动创建，无须手动输入。

代码 4-1　OptionsMenu 布局文件 opt_menu.xml

```
1    < menu xmlns:app = "http://schemas.android.com/apk/res - auto"
2          xmlns:android = "http://schemas.android.com/apk/res/android">
3          < item
```

```
4                    android:id = "@ + id/opt_add"
5                    android:icon = "@android:drawable/ic_menu_add"
6                    android:title = "增加"
7                    app:showAsAction = "always" />
8            < item
9                    android:id = "@ + id/opt_modify"
10                   android:title = "修改" />
11           < item
12                   android:id = "@ + id/opt_delete"
13                   android:title = "删除" />
14       </menu >
```

2. 实现 MainActivity

MainActivity 的布局文件 my_main.xml 比较简单,读者可自行实现。MainActivity 的实现如代码 4-2 所示。对于 OptionsMenu 的逻辑代码,主要考虑两个问题: ①生成菜单;②菜单项单击事件的处理。OptionsMenu 的生成可通过改写 onCreateOptionsMenu()方法或者 onPrepareOptionsMenu()方法实现。两者的区别是: onCreateOptionsMenu()方法在应用的生命周期内只被调用一次,只有 OptionsMenu 没有生成时被调用,之后

图 4-3 给菜单项增加图标并设置
showAsAction 属性

无论用户单击多少次选项菜单均不会触发该方法;onPrepareOptionsMenu()方法则不同, 每次用户单击选项菜单,均会触发该方法。因此,若选项菜单项会动态变化,可使用 onPrepareOptionsMenu()方法实现。

若菜单是从 XML 中填充生成,需要 MenuInflater 对象(类似于 LayoutInflater),在 Activity 类中可直接通过 getMenuInflater()方法获得,也可以通过 new MenuInflater(Context c) 方法获得。获得 MenuInflater 对象后,进而通过 inflate()方法将菜单的 XML 文件填充到 menu 对象上,inflate()方法的传参 Menu menu 即为对应的菜单对象。使用系统向导改写 onCreateOptionsMenu()方法时,默认添加了"return super.onCreateOptionsMenu(menu)" 返回语句,即调用父类的 onCreateOptionsMenu()方法决定返回值是 ture 还是 false,若返回值为 true,则表示菜单可见,若返回值为 false,则菜单不可见。实际使用中,onCreateOptionsMenu() 方法可以直接返回 true,使菜单可见。

OptionsMenu 菜单项的单击事件处理通过改写 onOptionsItemSelected()方法实现,该 方法传入被单击的菜单项 MenuItem item。虽然判断哪个菜单项被单击时,可对 item 调用 getTitle()方法获取标题或 getOrder()方法获取菜单项在菜单中的位置等方式进行判断,但 是这些方法面对菜单标题被修改或者菜单项位置顺序被调整等情况时就显得很脆弱,不利 于代码的后期维护。最佳的方式是通过 getItemId()方法获取菜单项的 id 值,进行菜单项 判断,菜单项的 id 值在软件设计以及维护周期中不容易被修改,即使被修改,使用 Refactor 功能也能将代码中所涉及的 id 值同步修改。

在 onOptionsItemSelected()方法中,使用 switch 判断菜单项 id 值,注意各个分支需要 使用 break 退出,否则会继续运行下一个分支。选项菜单 onOptionsItemSelected()方法的 返回值若是 true,表示该事件在 onOptionsItemSelected()中处理完毕,菜单单击事件不会

继续往下传递;若返回 false,则表示事件会继续往下传递,若应用中还有其他侦听该事件的接口,则会触发其他接口的回调。super. onOptionsItemSelected(item)方法默认返回值为 false,因此 onOptionsItemSelected()方法处理完毕,会继续往下传递该事件。

代码 4-2   MainActivity. java

```
1   import androidx.annotation.NonNull;
2   import androidx.appcompat.app.AppCompatActivity;
3   import android.os.Bundle;
4   import android.view.Menu;
5   import android.view.MenuInflater;
6   import android.view.MenuItem;
7   import android.widget.TextView;
8   public class MainActivity extends AppCompatActivity {
9       TextView tv;
10      @Override
11      protected void onCreate(Bundle savedInstanceState) {
12          super.onCreate(savedInstanceState);
13          setContentView(R.layout.my_main);
14          tv = findViewById(R.id.tv_result);
15      }
16      @Override
17      public boolean onCreateOptionsMenu(Menu menu) {
18          getMenuInflater().inflate(R.menu.opt_menu,menu);
19          //将 res/menu/opt_menu.xml 菜单文件填充到 menu 对象上
20          //new MenuInflater(getApplicationContext())
21                              .inflate(R.menu.opt_menu,menu);
22          //也可以使用 MenuInflater 填充菜单
23          return super.onCreateOptionsMenu(menu);
24      }
25      @Override
26      public boolean onOptionsItemSelected(@NonNull MenuItem item) {
27          String s = "";
28          //哪个选项菜单项被选中,建议使用菜单项的 id 进行判断
29          switch (item.getItemId()) {
30              case R.id.opt_add:
31                  s = "增加";
32                  break;
33              case R.id.opt_modify:
34                  s = "修改";
35                  break;
36              case R.id.opt_delete:
37                  s = "删除";
38                  break;
39          }
40          tv.setText(s);
41          return super.onOptionsItemSelected(item);
42      }
43  }
```

3. 使用向量图资源

菜单的图标可以使用 XML 定义的向量图资源。Android 集成了许多向量图资源供用户选择。使用系统提供的向量图资源的操作方法为:右击 res/drawable 文件夹,在弹出的快捷菜单中选择 new→Vector Asset 选项,弹出配置向量图对话框,如图 4-4 所示,其中,Asset Type 栏选择 Clip Art 选项,Name 栏可重新编辑 XML 文件名,Size 栏可设置图标大

小,Color 栏可设置图标的颜色,Opacity 栏可设置图标透明度,单击 Clip Art 栏的图标,则会弹出选择图标对话框,如图 4-5 所示,在对话框中选择对应图标即可生成向量图 XML 文件。

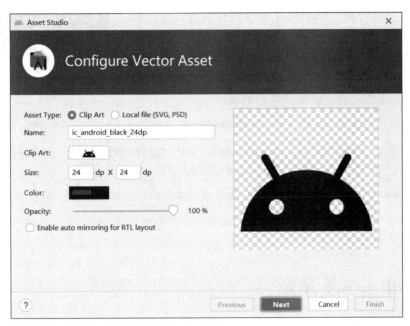

图 4-4　配置向量图对话框

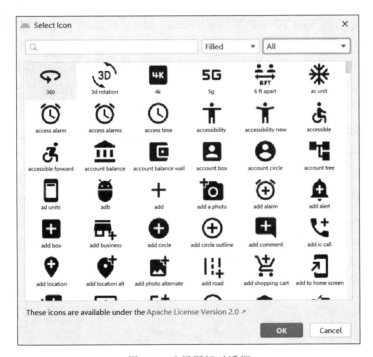

图 4-5　选择图标对话框

　　本任务中选择了 add_box 图标,并利用向导生成图标文件 ic_baseline_add_box_24. xml,如代码 4-3 所示。向量图文件中,android:tint 是图标的着色属性,android:fillColor 是图标路径的填充颜色,pathData 描述图标的形状,本任务中,android:tint 颜色值被修改成白色,android:fillColor 颜色值被修改成黑色。生成图标文件后,在菜单 XML 文件中,可对 item 标签通过 android:icon="@drawable/ic_baseline_add_box_24"设置图标矢量图,也可以直

接在 Design 界面的属性栏中对菜单项直接设置。修改后的选项菜单图标如图 4-6 所示。注意,当 android:tint 有定义时,路径填充颜色 android:fillColor 会被 android:tint 着色属性覆盖,使 android:fillColor 属性值颜色不起作用,尽管如此,android:fillColor 属性依然不能缺少。

图 4-6 修改后的选项菜单图标

代码 4-3 图标文件 res/drawable/ic_baseline_add_box_24.xml

```
1   < vector android:height = "24dp" android:tint = "#FFFFFF"
2       android:viewportHeight = "24" android:viewportWidth = "24"
3       android:width = "24dp" xmlns:android = "http://schemas.android.com/apk/res/android">
4       < path android:fillColor = "@color/black" android:pathData = "M19,3L5,3c-1.11,
0-2,0.9-2,2v14c0,1.1 0.89,2 2,2h14c1.1,0 2,-0.9 2,-2L21,5c0,-1.1-0.9,-2-2,
-2zM17,13h-4v4h-2v-4L7,13v-2h4L11,7h2v4h4v2z"/>
5   </vector>
```

4.2 使用上下文菜单

4.2.1 任务说明

本任务的演示效果如图 4-7 所示。在该应用中,活动页面视图根节点为垂直的 LinearLayout,在布局中依次有 1 个 TextView,用于显示个人信息;1 个 ListView,用于显示字符串数据。长按 ListView,则弹出 ContextMenu(上下文菜单),有"插入"和"删除"两个菜单项。选择"插入"菜单项,则在长按的位置插入 1 项随机整型数据,并且更新 ListView;选择"删除"菜单项,则将长按位置对应的数据项删除,并且更新 ListView。

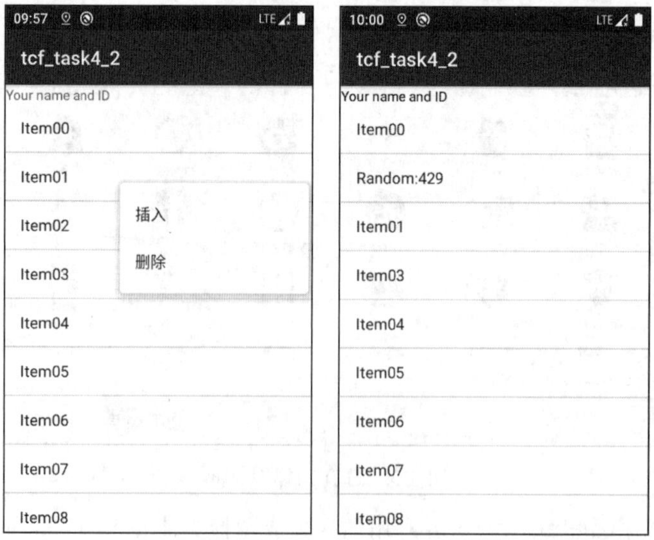

图 4-7 ContextMenu 演示效果

4.2.2　任务实现

1. 创建 ContextMenu

ContextMenu 布局文件的创建方式与 OptionsMenu 基本相同,本任务所使用的 ContextMenu 布局文件 ctx_menu.xml 如代码 4-4 所示。ContextMenu 在逻辑代码上与 OptionsMenu 略有不同,ContextMenu 不是一个全局的菜单,当用户每次长按所注册的视图时,均会触发 onCreateContextMenu()方法,重新生成上下文菜单,并且它需要调用 registerForContextMenu()方法对 UI 对象注册 ContextMenu。

代码 4-4　ContextMenu 布局文件 res/menu/ctx_menu. xml

```
1   < menu xmlns:app = "http://schemas.android.com/apk/res - auto"
2       xmlns:android = "http://schemas.android.com/apk/res/android">
3       < item
4           android:id = "@ + id/ctx_insert"
5           android:title = "插入" />
6       < item
7           android:id = "@ + id/ctx_delete"
8           android:title = "删除" />
9   </menu >
```

2. 实现 UI 布局

MainActivity 的布局文件 my_main.xml 如代码 4-5 所示,比较简单,不赘述。

代码 4-5　MainActivity 的布局文件 my_main. xml

```
1   < LinearLayout xmlns:android = "http://schemas.android.com/apk/res/android"
2       android:orientation = "vertical"
3       android:layout_width = "match_parent"
4       android:layout_height = "match_parent">
5       < TextView
6           android:id = "@ + id/tv_result"
7           android:layout_width = "match_parent"
8           android:layout_height = "wrap_content"
9           android:text = "Your name and ID" />
10      < ListView
11          android:id = "@ + id/listView"
12          android:layout_width = "match_parent"
13          android:layout_height = "match_parent" />
14  </LinearLayout >
```

3. 实现 MainActivity

MainActivity 的实现如代码 4-6 所示。在 MainActivity 中,数据源变量 list 除了在 onCreate()方法中被访问,还在 onContextItemSelected()方法中被访问,对其进行插入和删除数据操作,并且通知 list 对应的适配器更新视图。因此,数据源和适配器应作为 MainActivity 的成员变量,使之能在 MainActivity 类中被各方法访问。onCreate()方法中,通过 for 循环对变量 list 赋值,并使用 ArrayAdapter 构造适配器。ContextMenu 需要注册到具体的视图之上才能生效,因此,须调用 registerForContextMenu()方法将上下文菜单注册到 ListView 对象 lv 上。

ContextMenu 在 onCreateContextMenu()方法中生成菜单,在 onContextItemSelected()方

法中处理菜单项单击事件。ContextMenu 的菜单生成方法与 OptionsMenu 类似,在 onCreateContextMenu()方法中调用了菜单填充器将静态的菜单 XML 文件填充到菜单对象 menu 上。ContextMenu 是基于内容的(基于上下文),而且常用于 ListView、GridView 和 RecyclerView 等组件,因此在菜单项单击事件处理中,往往需要知道 ContextMenu 在这些视图组件的第几个单元视图中触发。然而,onContextItemSelected(MenuItem item)回调方法所传递的传参 item 并不包含位置索引信息,即使通过调用 item.getMenuInfo()方法得到 ContextMenuInfo 对象亦无法获得位置索引信息。事实上,ContextMenuInfo 对象是有位置索引信息的,只是需要将其转换为 AdapterContextMenuInfo 对象,再通过 position 属性即可获得位置索引值。

触发 ContextMenu 的位置索引值变量 position 适合在 onContextItemSelected()方法中获得,而不宜在 onCreateContextMenu()方法中获取,其因为是变量 position 在 onContextItemSelected()方法中需要被使用,若在 onCreateContextMenu()方法中获得,不借助全局变量则难以传递位置索引值。因此,在本任务中,变量 position 在 onContextItemSelected()方法中取得,具体实现方式为:先通过 item.getMenuInfo()方法获得 ContextMenuInfo 对象,再将其强制类型转换为 AdapterContextMenuInfo 对象,进而可获得 ListView 中触发 ContextMenu 的视图位置索引值。

ArrayList 对象可通过 add()方法在指定位置插入数据,也可以通过 remove()方法删除指定位置的数据,一旦数据源发生变化,需要调用适配器对象的 notifyDataSetChanged()方法更新 ListView 视图。这种更新方式会让 ListView 保留在之前操作的位置,不会回到位置 0,若是重新用数据源生成一个适配器赋给 ListView 对象,则 ListView 会回到位置 0,当 ListView 的数据很长时,操作体验糟糕,而且非常消耗资源。效率更高的做法是使用 RecyclerView 和自定义适配器,并调用适配器的 notifyItemChanged()方法或者 notifyItemInserted()方法对指定单元视图进行更新。

MainActivity 中只有 1 个 onCreateContextMenu()方法和 1 个 onContextItemSelected()方法,若要使多个视图对象具有 ContextMenu,则要将它们写到同一个回调方法中进行判断处理,代码耦合较大,对此,推荐使用 PopupMenu(弹出菜单)解决此类问题。

代码 4-6   MainActivity. java

```
1    import androidx.annotation.NonNull;
2    import androidx.appcompat.app.AppCompatActivity;
3    import android.os.Bundle;
4    import android.view.ContextMenu;
5    import android.view.MenuItem;
6    import android.view.View;
7    import android.widget.AdapterView;
8    import android.widget.ArrayAdapter;
9    import android.widget.ListView;
10   import java.util.ArrayList;
11   import java.util.Random;
12   public class MainActivity extends AppCompatActivity {
13       ArrayList < String > list = new ArrayList <>();
14       ArrayAdapter < String > adapter;
15       @Override
16       protected void onCreate(Bundle savedInstanceState) {
17           super.onCreate(savedInstanceState);
```

```
18          setContentView(R.layout.my_main);
19          for (int i = 0; i < 20; i++) {
20              String s = String.format("Item %02d", i);
21              list.add(s);
22          }
23          adapter = new ArrayAdapter<>(this,
24                  android.R.layout.simple_list_item_1,list);
25          ListView lv = findViewById(R.id.listView);
26          lv.setAdapter(adapter);
27          registerForContextMenu(lv);
28          //对 ListView 视图注册 ContextMenu,长按 ListView 视图会弹出 ContextMenu
29          //若不注册 ContextMenu,则不会生成对应菜单
30      }
31      @Override
32      public void onCreateContextMenu(ContextMenu menu, View v,
33                                  ContextMenu.ContextMenuInfo menuInfo) {
34          super.onCreateContextMenu(menu, v, menuInfo);
35          getMenuInflater().inflate(R.menu.ctx_menu,menu);
36          //将 res/menu/ctx_menu.xml 菜单生成到菜单对象 menu 上
37      }
38      @Override
39      public boolean onContextItemSelected(@NonNull MenuItem item) {
40          ContextMenu.ContextMenuInfo menuInfo = item.getMenuInfo();
41          //通过 item 获得菜单项对象 ContextMenuInfo
42          AdapterView.AdapterContextMenuInfo adapterContextMenuInfo =
43                              (AdapterView.AdapterContextMenuInfo) menuInfo;
44          //将 ContextMenuInfo 对象强制类型转换为 AdapterContextMenuInfo
45          //通过 AdapterContextMenuInfo 获得位置信息 position
46          int position = adapterContextMenuInfo.position;
47          switch (item.getItemId()) {
48              case R.id.ctx_insert:
49              String s = String.format("Random: %d", new Random().nextInt(1000));
50              //产生一个区间为[0,1000)的随机整数(不包括 1000)
51              list.add(position,s);           //数据源插入数据 s 至指定位置 position
52              adapter.notifyDataSetChanged();
53              //数据源发生变化,通知适配器数据更新,适配器全盘更新
54              break;
55              case R.id.ctx_delete:
56              list.remove(position);          //数据源删除指定位置 position 的数据
57              adapter.notifyDataSetChanged(); //通知适配器更新视图
58              break;
59          }
60          return super.onContextItemSelected(item);
61      }
62  }
```

4.3 使用弹出菜单

4.3.1 任务说明

本任务的演示效果如图 4-8 所示,MainActivity 的布局与 4.2 节的任务相同。在该应用中,ListView 和 TextView 均有各自的菜单,ListView 采用 ContextMenu 实现菜单,TextView 则用 PopupMenu(弹出菜单)或 ContextMenu 实现菜单。TextView 上的菜单有 2 个菜单项,内

容分别为 12sp 和 16sp,单击对应选项,TextView 文本字体大小更改为对应字号大小。

为了更好地说明 PopupMenu 的使用场合和优势,本任务采用如下两种实现方法。

(1) 对 TextView 和 ListView 均注册 ContextMenu,在 onCreateContextMenu()方法中判断视图,分别填充对应菜单,在 onContextItemSelected()方法中根据菜单 id 值分别处理菜单选中事件。

(2) 对 ListView 注册 ContextMenu,处理方式同 4.2 节;对 TextView 响应长按侦听,在长按回调方法中生成 PopupMenu,并对 PopupMenu 的菜单项单击事件进行处理。

图 4-8 任务的演示效果-TextView 和 ListView 有各自的菜单

4.3.2 任务实现 1:注册两个 ContextMenu

本任务的布局文件 my_main.xml 以及 ContextMenu 的布局文件 ctx_menu.xml 同 4.2 节。TextView 对应的菜单 ctx_tv_menu.xml 如代码 4-7 所示。

代码 4-7 TextView 的菜单文件 res/menu/ctx_tv_menu.xml

```
1    < menu xmlns:app = "http://schemas.android.com/apk/res - auto"
2        xmlns:android = "http://schemas.android.com/apk/res/android">
3        < item
4            android:id = "@ + id/ctx_tv_12"
5            android:title = "12sp" />
6        < item
7            android:id = "@ + id/ctx_tv_16"
8            android:title = "16sp" />
9    </menu >
```

MainActivity 的实现如代码 4-8 所示。在 onCreate()方法中,对 ListView 对象 lv 以及 TextView 对象 tv 均调用了 registerForContextMenu()方法注册 ContextMenu,因此这两个视图长按均会回调 onCreateContextMenu()方法,从而在 onCreateContextMenu()方法中需要对传入的 View 对象判断,若是对象 lv,则生成 ListView 对应的 ContextMenu;若是

对象 tv,则生成 TextView 对应的 ContextMenu。此外,在 onContextItemSelected()方法中,由于 TextView 生成的 ContextMenu 没有 ContextMenuInfo,通过 item. getMenuInfo()方法获得的是 null 对象,无法通过类型转换获得位置信息 position。因此,本任务中做了折中处理,设置了全局变量 ctx_position,用于跟踪位置信息,变量 ctx_position 在 onCreateContextMenu()方法中被赋值,进而在 onContextItemSelected()方法中被使用。这种代码写法,无疑增加了很多耦合,若 TextView 在应用需求改动后不需要菜单,则需要修改或者优化很多代码,不利于代码维护。

代码 4-8 方法 1 的 MainActivity. java

```
1    import androidx.annotation.NonNull;
2    import androidx.appcompat.app.AppCompatActivity;
3    import android.graphics.Color;
4    import android.os.Bundle;
5    import android.view.ContextMenu;
6    import android.view.MenuItem;
7    import android.view.View;
8    import android.widget.AdapterView;
9    import android.widget.ArrayAdapter;
10   import android.widget.ListView;
11   import android.widget.TextView;
12   import java.util.ArrayList;
13   import java.util.Random;
14   public class MainActivity extends AppCompatActivity {
15       ArrayList < String > list = new ArrayList <>();
16       ArrayAdapter < String > adapter;
17       ListView lv;
18       TextView tv;
19       int ctx_position = 0;                    //设置 ContextMenu 触发位置的变量为全局变量
20       @Override
21       protected void onCreate(Bundle savedInstanceState) {
22           super.onCreate(savedInstanceState);
23           setContentView(R.layout.my_main);
24           for (int i = 0; i < 20; i++) {
25               String s = String.format("Item%02d", i);
26               list.add(s);
27           }
28           adapter = new ArrayAdapter <>(this,
29                   android.R.layout.simple_list_item_1,list);
30           lv = findViewById(R.id.listView);
31           lv.setAdapter(adapter);
32           registerForContextMenu(lv);     //对 ListView 视图注册 ContextMenu
33           tv = findViewById(R.id.tv_result);
34           registerForContextMenu(tv);     //对 TextView 视图注册 ContextMenu
35       }
36       @Override
37       public void onCreateContextMenu(ContextMenu menu, View v,
38                                   ContextMenu.ContextMenuInfo menuInfo) {
39           super.onCreateContextMenu(menu, v, menuInfo);
40           if(v == lv) {
41               //若是 ListView,生成对应菜单,并获得位置信息赋给 ctx_position
42               getMenuInflater().inflate(R.menu.ctx_menu, menu);
43               AdapterView.AdapterContextMenuInfo adapterContextMenuInfo =
44                       (AdapterView.AdapterContextMenuInfo) menuInfo;
45               ctx_position = adapterContextMenuInfo.position;
```

```
46              }else if(v == tv){
47                  //若是 TextView,生成另一种菜单
48                  getMenuInflater().inflate(R.menu.ctx_tv_menu,menu);
49              }
50          }
51          @Override
52          public boolean onContextItemSelected(@NonNull MenuItem item) {
53              //TextView 触发的 ContextMenu 对象对应的 menuInfo 是 null,无 position 属性
54              int position = ctx_position;
55              //ctx_position 在 onCreateContextMenu()方法中被赋值
56              switch (item.getItemId()) {
57                  case R.id.ctx_insert:
58                      String s = String.format("Random: % d", new Random().nextInt(1000));
59                      list.add(position,s);
60                      adapter.notifyDataSetChanged();
61                      break;
62                  case R.id.ctx_delete:
63                      list.remove(position);
64                      adapter.notifyDataSetChanged();
65                  case R.id.ctx_tv_12:
66                      tv.setTextSize(12.0f);              //设置文本字体大小
67                      break;
68                  case R.id.ctx_tv_16:
69                      tv.setTextSize(16.0f);
70                      break;
71              }
72              return super.onContextItemSelected(item);
73          }
74      }
```

4.3.3　任务实现 2：巧用 PopupMenu

1. PopupMenu 使用要点

本任务方法 2 使用 PopupMenu 实现,PopupMenu 是依赖于具体视图的,理论上各种不同的视图均可以生成自己的 PopupMenu,能做到充分解耦,更有利于代码的模块化管理和维护。PopupMenu 的构造方法为:

```
public PopupMenu(android.content.Context context, android.view.View anchor)
```

其中,传参 context 为上下文,可通过传递 Activity 对象或者直接通过 getApplicationContext()方法获得;传参 anchor 为 PopupMenu 所依赖的视图,即可理解为 PopupMenu 所需要注册的视图。

构造出 PopupMenu 的对象 popupMenu 后,即可通过调用 popupMenu.getMenuInflater()方法得到菜单填充器,进而通过菜单填充器的 inflate()方法填充菜单。PopupMenu 与 OptionsMenu 以及 ContextMenu 的不同之处在于,菜单填充过程中,菜单对象 menu 需要 PopupMenu 对象通过 getMenu()方法获得。菜单填充后,PopupMenu 并不会显示,需要该对象调用 show()方法显示弹出菜单。PopupMenu 的菜单项选中事件可直接对 PopupMenu 对象调用对应的 setOnMenuItemClickListener()方法设置侦听器,并在匿名回调 onMenuItemClick()方法中进行处理,从而实现代码的充分解耦。

2. 实现 MainActivity

本任务方法 2 使用的菜单布局文件以及 Activity 布局文件均与方法 1 相同，MainActivity 的实现如代码 4-9 所示。相比 4.2 节的项目，增加的代码是，通过 TextView 的 setOnLongClickListener()方法设置了长按侦听器，并在 onLongClick()回调方法中调用自定义的 showTextViewPopUpMenu()方法弹出 PopupMenu。

在 showTextViewPopUpMenu()方法中，使用 TextView 对象构造了 PopupMenu 对象 popupMenu。PopupMenu 对象调用 getMenuInflater()方法获得菜单填充器，进而通过 inflate()方法将菜单布局文件填充到菜单对象上。此外，在 showTextViewPopUpMenu() 方法中还实现了 PopupMenu 菜单项选中侦听和回调，直接处理弹出菜单项被选中后的对应逻辑。

使用 PopupMenu 实现多个基于内容的菜单非常方便，若需要增加其他 UI 的弹出菜单，可采用类似本任务的写法，并且 PopupMenu 的触发方式也可以多样化。本任务的 TextView 长按弹出菜单，若要将 TextView 的菜单改成单击弹出，只需更换 TextView 的侦听器设置方法为 setOnClickListener()方法即可实现。在应用中，多个 PopupMenu 的使用不会影响原有的 ContextMenu，实现了代码的解耦。后期若不需要对 TextView 设置菜单，只需将 TextView 的侦听器去除即可，对其他代码没有任何影响。

代码 4-9   使用 PopupMenu 实现的 MainActivity.java

```
1      import androidx.annotation.NonNull;
2      import androidx.appcompat.app.AppCompatActivity;
3      import android.graphics.Color;
4      import android.os.Bundle;
5      import android.view.ContextMenu;
6      import android.view.MenuItem;
7      import android.view.View;
8      import android.widget.AdapterView;
9      import android.widget.ArrayAdapter;
10     import android.widget.ListView;
11     import android.widget.PopupMenu;
12     import android.widget.TextView;
13     import java.util.ArrayList;
14     import java.util.Random;
15     public class MainActivity extends AppCompatActivity {
16         ArrayList<String> list = new ArrayList<>();
17         ArrayAdapter<String> adapter;
18         @Override
19         protected void onCreate(Bundle savedInstanceState) {
20             super.onCreate(savedInstanceState);
21             setContentView(R.layout.my_main);
22             for (int i = 0; i < 20; i++) {
23                 String s = String.format("Item%02d", i);
24                 list.add(s);
25             }
26             adapter = new ArrayAdapter<>(this,
27                     android.R.layout.simple_list_item_1,list);
28             ListView lv = findViewById(R.id.listView);
29             lv.setAdapter(adapter);
30             registerForContextMenu(lv);              //对 ListView 视图注册 ContextMenu
31             TextView tv = findViewById(R.id.tv_result);
32             tv.setOnLongClickListener(new View.OnLongClickListener() {
```

```
33              //利用对象 tv 长按弹出 PopupMenu
34              @Override
35              public boolean onLongClick(View v) {
36                  showTextViewPopUpMenu(tv);      //自定义方法,显示 PopupMenu
37                  return true;//true 表示长按事件不再往下传,false 则继续往下传递事件
38              }
39          });
40      }
41      private void showTextViewPopUpMenu(TextView v) {
42          PopupMenu popupMenu = new PopupMenu(getApplicationContext(), v);
43          //对视图 v 生成菜单对象 popupMenu
44          popupMenu.getMenuInflater()
45                  .inflate(R.menu.ctx_tv_menu,popupMenu.getMenu());
46          //利用菜单对象 popupMenu 的 getMenuInflater()方法获得对应菜单填充器
47          //利用菜单对象 popupMenu 的 getMenu()方法获得 Menu 对象 menu
48          popupMenu.setOnMenuItemClickListener(
49                          new PopupMenu.OnMenuItemClickListener() {
50              //对 popupMenu 设置菜单项单击侦听
51              @Override
52              public boolean onMenuItemClick(MenuItem item) {
53                  switch (item.getItemId()) {
54                      case R.id.ctx_tv_12:
55                          v.setTextSize(12.0f);
56                          break;
57                      case R.id.ctx_tv_16:
58                          v.setTextSize(16.0f);
59                          break;
60                  }
61                  return true;      //true 表示菜单项选中事件不再往下传,false 则继续下传
62              }
63          });
64          popupMenu.show();        //调用 show()方法显示 PopupMenu
65      }
66      @Override
67      public void onCreateContextMenu(ContextMenu menu, View v,
68                                      ContextMenu.ContextMenuInfo menuInfo) {
69          super.onCreateContextMenu(menu, v, menuInfo);
70          getMenuInflater().inflate(R.menu.ctx_menu,menu);
71      }
72      @Override
73      public boolean onContextItemSelected(@NonNull MenuItem item) {
74          AdapterView.AdapterContextMenuInfo menuInfo
75                  = (AdapterView.AdapterContextMenuInfo) item.getMenuInfo();
76          int position = menuInfo.position;
77          switch (item.getItemId()) {
78              case R.id.ctx_insert:
79                  String s = String.format("Random: % d", new Random().nextInt(1000));
80                  list.add(position,s);
81                  break;
82              case R.id.ctx_delete:
83                  list.remove(position);
84          }
85          adapter.notifyDataSetChanged();              //通知适配器更新视图
86          return super.onContextItemSelected(item);
87      }
88  }
```

4.4 使用对话框 AlertDialog

4.4.1 任务说明

本任务的演示效果如图 4-9 和图 4-10 所示。在该应用中,活动页面视图根节点为垂直的 LinearLayout,在布局中依次有 1 个 TextView,用于显示个人信息;1 个 TextView(id 为 tv_result),用于显示对话框选项结果;3 个 Button,分别显示"消息对话框"、"列表对话框"和"单选对话框"。单击"消息对话框"按钮,弹出消息对话框,显示提示消息。单击"列表对话框"按钮,弹出列表对话框,显示"游泳""跑步""篮球"3 个爱好选项,单击选项,文本框 tv_result

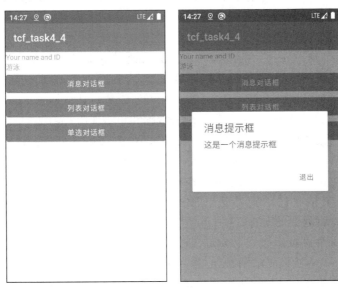

图 4-9 消息对话框演示效果

图 4-10 列表对话框和单选对话框演示效果

更新为所选内容,对话框消失,若是单击"退出"按钮,则对话框直接消失。单击"单选对话框"按钮,弹出单选对话框,选项为所列的 3 个爱好,单击选项,文本框 tv_result 没有立即更新,单击"确定"按钮后,文本框更新为所选内容,对话框消失,若单击"退出"按钮,则对话框直接退出,不改变 tv_result 的内容。

4.4.2　任务实现

1. 对话框 AlertDialog 的使用要点

AlertDialog 是 Android 中常用的对话框,此外还有 ProgressDialog 用于进度对话框。在 Android 中,有 android. app. AlertDialog 和 androidx. appcompat. app. AlertDialog 两个包用于对话框,两者在样式上有细微区别,在应用中均可以使用,并且使用方法一致,更换时只需更改 import 的包即可。

AlertDialog 使用 AlertDialog. Builder()方法创建 1 个 Builder 对象,用于创建对话框。AlertDialog 弹出后,显示在画面的最顶层,Android 支持在对话框中触发新的对话框,此时画面按先进后出的顺序,所触发的对话框在最顶层,将其退出后,之前的对话框会重新占据最顶层。获得 Builder 对象后,可通过 setTitle()方法设置对话框标题;setMessage()方法设置对话框的文本内容;setItems()方法设置列表数据和单击侦听;setSingleChoiceItems()方法设置单选数据,默认选中位置和单击侦听;setView()方法设置自定义视图,此时建议使用 LayoutInflater 从布局文件中生成视图对象;setMultiChoiceItems()方法设置多选内容,多选默认选中的数据和相关侦听事件;setAdapter()方法设置适配器,此时对话框中有 1 个默认的 ListView 对象接收该适配器进行数据渲染;setCursor()方法设置 Cursor 数据,Cursor 为数据库查询返回的游标;setIcon()方法设置图标。

AlertDialog 在底部最多有 3 个按钮,通过 setPositiveButton()方法设置确定按钮,通过 setNegativeButton()方法设置取消按钮,以及通过 setNeutralButton()方法设置中间按钮。所列 3 个按钮的方法中,第 1 个参数是按钮显示的文本,第 2 个参数是对应的单击事件接口,若不需要处理单击事件,可传入 null。例如,bl. setNegativeButton("退出",null)设置了 AlertDialog 的取消按钮(bl 是对话框的 Builder 对象),该按钮显示的文本是"退出",单击该按钮不会发生任何处理,随后对话框消失。"确定"按钮和"取消"按钮的位置关系在不同 Android 平台可能有所不同,目前主流的位置关系是"取消"按钮在"确定"按钮的左边。

2. 实现页面布局

MainActivity 的布局文件 my_main. xml 如代码 4-10 所示,在垂直的 LinearLayout 里依次放入 2 个 TextView 和 3 个 Button。

代码 4-10　布局文件 my_main. xml

```
1    < LinearLayout xmlns:android = "http://schemas.android.com/apk/res/android"
2            android:orientation = "vertical"
3            android:layout_width = "match_parent"
4            android:layout_height = "match_parent">
5        < TextView
6                android:layout_width = "match_parent"
7                android:layout_height = "wrap_content"
8                android:text = "Your name and ID" />
9        < TextView
10               android:id = "@ + id/tv_result"
```

```
11                android:layout_width = "match_parent"
12                android:layout_height = "wrap_content"
13                android:text = "" />
14        < Button
15                android:id = "@ + id/bt1"
16                android:layout_width = "match_parent"
17                android:layout_height = "wrap_content"
18                android:text = "消息对话框" />
19        < Button
20                android:id = "@ + id/bt2"
21                android:layout_width = "match_parent"
22                android:layout_height = "wrap_content"
23                android:text = "列表对话框" />
24        < Button
25                android:id = "@ + id/bt3"
26                android:layout_width = "match_parent"
27                android:layout_height = "wrap_content"
28                android:text = "单选对话框" />
29    </LinearLayout >
```

3. 实现 MainActivity

MainActivity 的实现如代码 4-11 所示。在 MainActivity 中自定义了如下所示的 3 个方法。

（1）showMessageDialog（Strings）方法，用于显示文本提示对话框，将传参 s 通过 Builder 对象的 setMessage()方法直接显示在对话框中。文本提示对话框通过所设置的"取消"按钮退出，由于退出时不用做相关逻辑处理，因此该"取消"按钮对应的单击事件可用 null 对象，用户单击该按钮，对话框消失。

（2）showItemsDialog(String[] hobbies)方法，用于显示列表对话框，传参 hobbies 为字符串数组，每一个元素对应一个列表项。列表对话框可通过 Builder 对象的 setItems (CharSequence[] items，DialogInterface. OnClickListener listener)方法实现，其中，传参 items 为列表数据，传参 listener 为列表单击侦听接口，可直接匿名实现，并在 onClick (DialogInterface dialog，int which)回调方法中处理相应逻辑。在 onClick()回调方法中，传参 which 为列表位置索引值。本任务在 onClick()回调方法中，直接从数组 hobbies 中取出索引位置的数据，用于更新文本对象 tv。当用户单击列表项，对话框直接消失，因此该对话框对应的取消按钮无须处理相关逻辑。

（3）showSingleChoiceDialog（String[] hobbies）方法，用于显示单选对话框，传参 hobbies 作为选项数据源，每一个元素对应一个单选项。单选对话框可通过 Builder 对象的 setSingleChoiceItems(CharSequence[] items，int checkedItem，DialogInterface. OnClickListener listener)方法设置，传参 items 为数据源，即候选项，传参 checkedItem 为默认选中项的索引值，传参 listener 为选项选中的侦听接口。当用户单击单选项时，对话框并不会消失，因此需要 1 个变量跟踪哪个选项被选中，即希望在接口 listener 的 onClick(DialogInterface dialog，int which)回调方法中，能将传参 which（被选中的单选项索引位置）保存给某变量，使其在 showSingleChoiceDialog()方法和"确定"按钮回调方法中均能被访问，当用户单击"确定"按钮时，能将所选的选项值更新给变量 tv。

在一个方法内部以及内嵌的匿名接口回调中均能访问的局部变量需要 final 关键字修

饰,当变量被 final 关键字修饰后,不能再重新指向新的对象。也就是说,对于常规的类变量
而言,被 final 关键字修饰后,不能再通过构造方法重新创建对象,对于 int、float、byte 以及
String 变量而言,则不能被重新赋值,因此 final 关键字修饰无法用于被重新赋值或者重新
创建的局部变量。若给 MainActivity 定义一个成员变量,确实能解决变量的访问和赋值问
题,但是这样做会增加代码的耦合度,除此之外,有没有只定义局部变量的解决方式? 如果
showSingleChoiceDialog()方法中有 View 对象,可以将 View 对象设置为 final 变量,并对该对象调
用 setTag()方法设置值,getTag()方法取值解决该问题。遗憾的是在 showSingleChoiceDialog()方
法中并没有 View 对象,此时可通过自定义类解决 final 变量的赋值问题。

　　在 MainActivity 中定义内部类 MyInteger,具有 1 个成员变量 int position,设置相应的构造
方法以及 getter 和 setter 方法。若将内部类 MyInteger 定义在 showSingleChoiceDialog()方法
中同样存在访问不到该类的情况。因此,需要将其定义在 MainActivity 中。最后,在
showSingleChoiceDialog()方法中定义 MyInteger 类型的 final 局部变量,虽然它不能被重
新构造指向新对象,但是可以调用 setPosition()方法修改成员变量的值,从而解决变量生命
周期和变量赋值的矛盾问题。

代码 4-11　MainActivity. java

```
1    import androidx. appcompat. app. AlertDialog;
2    import androidx. appcompat. app. AppCompatActivity;
3    import android. content. DialogInterface;
4    import android. os. Bundle;
5    import android. view. View;
6    import android. widget. TextView;
7    public class MainActivity extends AppCompatActivity {
8        TextView tv;
9        @Override
10       protected void onCreate(Bundle savedInstanceState) {
11           super. onCreate(savedInstanceState);
12           setContentView(R. layout. my_main);
13           tv = findViewById(R. id. tv_result);
14           String[] hobbies = new String[]{"游泳","跑步","篮球"};
15           findViewById(R. id. bt1). setOnClickListener(new View. OnClickListener() {
16               @Override
17               public void onClick(View v) {
18                   showMessageDialog("这是一个消息提示框");
19               }
20           });
21           findViewById(R. id. bt2). setOnClickListener(new View. OnClickListener() {
22               @Override
23               public void onClick(View v) {
24                   showItemsDialog(hobbies);
25               }
26           });
27           findViewById(R. id. bt3). setOnClickListener(new View. OnClickListener() {
28               @Override
29               public void onClick(View v) {
30                   showSingleChoiceDialog(hobbies);
31               }
32           });
33       }
34       private void showMessageDialog(String s) {
```

```
35          AlertDialog.Builder bl = new AlertDialog.Builder(this);
36          bl.setTitle("消息提示框").setMessage(s);
37          bl.setNegativeButton("退出",null);          //退出按钮,null代表不对事件响应做处理
38          bl.show();
39      }
40      private void showItemsDialog(String[] hobbies) {
41          AlertDialog.Builder bl = new AlertDialog.Builder(this);
42          bl.setTitle("列表框").setItems(hobbies,
43                                      new DialogInterface.OnClickListener() {
44              @Override
45              public void onClick(DialogInterface dialog, int which) {
46                  //每次单击列表项均会更新TextView
47                  String hobby = hobbies[which];
48                  //若要在PositiveButton单击事件中获得hobby
49                  //不借助全局变量或者自定义类,难以实现
50                  tv.setText(hobby);
51              }
52          });
53          bl.setNegativeButton("退出",null);
54          bl.show();
55      }
56      private void showSingleChoiceDialog(String[] hobbies) {
57          //final int choiceIndex = 0;          //无法实现,final变量不能被二次赋值
58          //final Integer choiceIndex = new Integer(0);
59          //无法实现,Integer类没有setter相关方法
60          final MyInteger myInteger = new MyInteger(0);
61          //不加final无法在匿名回调方法中被访问
62          //通过自定义类解决int类型的final变量不能二次赋值问题
63          //myInteger不能重新指向new对象,但可以调用类方法对类成员改值
64          AlertDialog.Builder bl = new AlertDialog.Builder(this);
65          bl.setTitle("单选对话框");
66          bl.setSingleChoiceItems(hobbies, myInteger.getPosition(),
67                                      new DialogInterface.OnClickListener() {
68              @Override
69              public void onClick(DialogInterface dialog, int which) {
70                  //showMessageDialog("inside"); //测试对话框中是否能生成另一个对话框
71                  myInteger.setPosition(which);
72                  //通过setPosition()方法给类成员变量重新赋值
73              }
74          });
75          bl.setPositiveButton("确定", new DialogInterface.OnClickListener() {
76              //单击确定按钮,在回调中处理确定按钮对应的逻辑,更新爱好选项到TextView
77              @Override
78              public void onClick(DialogInterface dialog, int which) {
79                  //从自定义类对象myInteger中取选中索引值
80                  int position = myInteger.getPosition();
81                  tv.setText(hobbies[position]);
82              }
83          });
84          bl.setNegativeButton("退出",null);
85          bl.show();
86      }
87      class MyInteger{
88          //定义一个内部类解决final问题
89          //类对象变成final,不能重新指向对象,但是可以调用类的相关方法改变类成员变量的值
90          private int position = 0;
```

```
91              public MyInteger(int position) {
92                  this.position = position;
93              }
94              public int getPosition() {
95                  return position;
96              }
97              public void setPosition(int position) {
98                  this.position = position;
99              }
100         }
101     }
```

4.5 使用自定义视图对话框

4.5.1 任务说明

本任务的演示效果如图 4-11 所示。在该应用中，活动页面视图根节点为垂直的 LinearLayout，依次有 1 个 TextView，用于显示个人信息；1 个 ListView，用于显示列表数据。ListView 注册了 ContextMenu，菜单选项有"新增"和"修改"。单击"新增"或"修改"菜单项，弹出 AlertDialog，该对话框使用了具有 2 个 EditText 的自定义视图，用于 ListView 数据的新增或修改交互操作。AlertDialog 具有"新增数据"和"修改数据"两种操作。在"新增数据"操作中，AlertDialog 有两个 EditText，显示空内容，并且有提示信息，用户输入数据后，单击"确定"按钮，则对话框消失，对应数据新增到 ListView 触发菜单对应的位置上；单击"取消"按钮，对话框消失，ListView 内容无改动。在"修改数据"操作中，AlertDialog 有两个 EditText，显示 ListView 对应行视图的原数据，用户修改数据，单击"确定"按钮后，对话框消失，ListView 行视图内容被修改并更新；单击"取消"按钮，对话框消失，ListView 内容无改动。

图 4-11 使用自定义视图对话框修改 ListView 数据

4.5.2 任务实现

1. 实现 UI 布局

MainActivity 的布局文件 my_main. xml 如代码 4-12 所示。

代码 4-12 MainActivity 的布局文件 my_main. xml

```
1   < LinearLayout xmlns:android = "http://schemas.android.com/apk/res/android"
2       android:orientation = "vertical"
3       android:layout_width = "match_parent"
4       android:layout_height = "match_parent">
5       < TextView
6           android:layout_width = "match_parent"
7           android:layout_height = "wrap_content"
8           android:text = "Your name and ID" />
9       < ListView
10          android:id = "@ + id/listView"
11          android:layout_width = "match_parent"
12          android:layout_height = "match_parent" />
13  </LinearLayout >
```

ContextMenu 的布局文件 ctx_menu. xml 如代码 4-13 所示。

代码 4-13 ContextMenu 菜单文件 res/menu/ctx_menu. xml

```
1   < menu xmlns:android = "http://schemas.android.com/apk/res/android"
2       xmlns:app = "http://schemas.android.com/apk/res - auto">
3       < item
4           android:id = "@ + id/ctx_add"
5           android:title = "新增" />
6       < item
7           android:id = "@ + id/ctx_edit"
8           android:title = "修改" />
9   </menu >
```

AlertDialog 的自定义视图 dialog_view. xml 如代码 4-14 所示,其中两个 EditText 的 id 均以"dialog_et"前缀命名,便于查找对应 UI。

代码 4-14 AlertDialog 自定义视图 res/layout/dialog_view. xml

```
1   < LinearLayout xmlns:android = "http://schemas.android.com/apk/res/android"
2       android:orientation = "vertical"
3       android:layout_width = "match_parent"
4       android:layout_height = "match_parent">
5       < EditText
6           android:id = "@ + id/dialog_et_name"
7           android:layout_width = "match_parent"
8           android:layout_height = "wrap_content"
9           android:ems = "10"
10          android:hint = "Input your name"
11          android:text = "" />
12      < EditText
13          android:id = "@ + id/dialog_et_phone"
14          android:layout_width = "match_parent"
15          android:layout_height = "wrap_content"
16          android:ems = "10"
```

```
17                    android:hint = "Input your phone number"
18                    android:text = "" />
19    </LinearLayout >
```

2. 数据封装类 PhoneData

ListView 行视图中联系人数据包括姓名和电话号码,因此将其封装成 PhoneData 类,如代码 4-15 所示。注意,在 PhoneData 类中使用@Override 关键字改写了 toString()方法,使得 PhoneData 类具有直接转换成字符串的默认方法,由 PhoneData 类构成的数组或者列表数据能在 ArrayAdapter 中直接显示。若 PhoneData 屏蔽了 toString()方法,则适配器显示的是类对象的引用,如图 4-12 所示,此时适配器无法显示 PhoneData 的具体数据。

代码 4-15　自定义数据封装类 PhoneData. java

```
1    public class PhoneData {
2        private String name;
3        private String phone;
4        public PhoneData(String name, String phone) {
5            this.name = name;
6            this.phone = phone;
7        }
8        public String getName() {
9            return name;
10       }
11       public void setName(String name) {
12           this.name = name;
13       }
14       public String getPhone() {
15           return phone;
16       }
17       public void setPhone(String phone) {
18           this.phone = phone;
19       }
20       @Override
21       public String toString() {
22           //必须改写 toString()方法,否则无法将 PhoneData 字符串化显示在适配器中
23           return String.format(" % s % s", name, phone);
24       }
25   }
```

3. 实现自定义视图对话框 PhoneDataDialog

为了使项目更好地模块化,ListView 行视图中的姓名和电话号码数据被封装成 PhoneData 类,而对话框的生成和显示也被封装成 PhoneDataDialog 类,从而使 MainActivity 中使用对话框时,只需要调用 PhoneDataDialog 相关的方法即可。

本任务使用 PhoneDataDialog 实现的对话框,能够对 ListView 进行数据新增和数据修改操作,在编程实践中,有些读者可能会对 PhoneDataDialog 添加两个方法,分别对应新增数据和修改数据操作。这两个方法中,对 AlertDialog 的 Builder 对象创建、自定义视图的填充、两个 EditText 的处理等相关代码非常雷同,不仅代码冗长,并且增加了代码维护难度。后期若是对 PhoneData 类的数据字段发生修改,例如,增加图片、单位地址、家庭地址,以及邮箱等字段后,PhoneDataDialog 中新增和修改两个方法对应的代码都要修改,显得不够灵活。从降低代码耦合度方面考虑,可以通过自定义接口,比较优雅地解决上述问题,从而使

PhoneDataDialog 只负责视图的生成和 PhoneData 数据的渲染,当单击"确定"按钮后,只需将修改的数据通过接口回调回传给调用者,由调用者实现接口时做具体的新增或修改数据处理。

PhoneDataDialog 的具体实现如代码 4-16 所示,该类不是继承自 AlertDialog,而是在类中生成并显示 AlertDialog,在对话框中渲染 PhoneData 数据,并且通过接口回调将数据回传给调用者。在 PhoneDataDialog 类中并没有具体区分新增和修改数据的方法,而是使用了自定义接口 OnSubmitListener,将对话框中两个 EditText 内容形成的 PhoneData 数据通过接口回调 onSubmit(PhoneData updatedData)方法将数据作为参数传出,用户使用 PhoneDataDialog 类时,则必须实现接口 OnSubmitListener 的 onSubmit()方法,对传参 updatedData 进行新增或者修改处理,进而更新 ListView 视图。

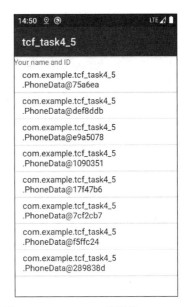

图 4-12　PhoneData 类屏蔽 toString()
方法后的适配器显示效果

PhoneDataDialog 类中的 showDialog()方法用于实现对话框的显示以及对话框内自定义视图的数据渲染,该方法将外部的 PhoneData 对象 data 传入,并且需要用户实现 OnSubmitListener 接口。在处理传参 data 时,需要考虑 data 为 null 的特殊情况,尤其是新增数据时,用户直接传递 null 值用于初始化。自定义视图通过 LayoutInflater 生成,并通过 Builder 对象的 setView()方法设置视图对象。在"确定"按钮的单击回调中,对 OnSubmitListener 接口对象判断,若非空,则取出两个 EditText 的数据,赋给回调参数 updatedData,并通过接口回调将数据传出。

代码 4-16　自定义对话框 PhoneDataDialog.java

```
1    import android.app.AlertDialog;
2    import android.content.Context;
3    import android.content.DialogInterface;
4    import android.view.LayoutInflater;
5    import android.view.View;
6    import android.widget.EditText;
7    public class PhoneDataDialog {
8        private Context context;              //LayoutInflater 需要 Context 参数
9        private String title;                 //对话框标题
10       public interface OnSubmitListener {   //自定义一个接口
11           void onSubmit(PhoneData updatedData);
12           //通过用户实现接口的 onSubmit()方法对 updatedData 进行处理
13           //使用 updatedData 修改数据或者新增数据完全取决于用户实现的代码
14           //接口回调在对话框的确定按钮中触发
15       }
16       public PhoneDataDialog(Context context, String title) {
17           this.context = context;
18           this.title = title;
19       }
20       public void showDialog(PhoneData data,OnSubmitListener l){
21           /***
```

```
22          data 数据是用户传进来的待修改数据,若是新增数据,可传 null
23          OnSubmitListener 是用户实现的接口,在确定按钮中触发回调,
24          通过 onSubmit(PhoneData updatedData)传出修改后的数据 updatedData
25          用户则在调用 showDialog()时实现回调方法,对 updatedData 处理(新增或者修改)
26          */
27          PhoneData temp = new PhoneData("","");
28          if (data!= null){        //若 data 不为空,则将值赋给变量 temp
29              temp.setName(data.getName());
30              temp.setPhone(data.getPhone());
31          }
32          View v = LayoutInflater.from(context)
33                                  .inflate(R.layout.dialog_view, null, false);
34          //将布局文件填充为视图对象 v
35          EditText et_name = v.findViewById(R.id.dialog_et_name);
36          EditText et_phone = v.findViewById(R.id.dialog_et_phone);
37          //对两个 EditText 赋 data 传进的初值
38          et_name.setText(temp.getName());
39          et_phone.setText(temp.getPhone());
40          AlertDialog.Builder bl = new AlertDialog.Builder(context);
41          bl.setTitle(title);
42          bl.setView(v);           //将 XML 布局填充的视图对象 v 设置为对话框的内容
43          bl.setNegativeButton("取消",null);
44          bl.setPositiveButton("确定", new DialogInterface.OnClickListener() {
45              @Override
46              public void onClick(DialogInterface dialog, int which) {
47                  PhoneData updatedData = new PhoneData(
48                                          et_name.getText().toString(),
49                                          et_phone.getText().toString());
50                  //不直接修改变量 data
51                  //使用 updatedData 的目的是 data 可能是 null
52                  if(l!= null){//判断接口非空才能设置自定义接口回调
53                      l.onSubmit(updatedData);
54                  }
55              }
56          });
57          bl.show();
58      }
59  }
```

4. 实现 MainActivity

　　MainActivity 的实现如代码 4-17 所示。在 MainActivity 中,直接利用 PhoneData 已实现的 toString()方法,可将对象直接转为字符串,因此对应的 ArrayList < PhoneData > list 对象可直接使用 ArrayAdapter 生成适配器。ListView 需要注册 ContextMenu。在 ContextMenu 单击事件中,分别调用 addData(position)方法对数据源插入数据至 position 指定的位置,以及调用 modifyData(position)方法对数据源 position 指定位置的数据进行修改,两者都是调用了 PhoneDataDialog 类的构造方法以及 showDialog()方法,实现了基于对话框的数据交互操作。PhoneDataDialog 调用 showDialog()方法时,直接匿名实现 PhoneDataDialog.OnSubmitListener 接口回调。在接口回调中,新增数据时在数据源 list 的 position 位置插入数据,修改数据时则将 position 位置的 PhoneData 数据取出用于对话框初始化,进而在回调中使用传参 updatedData 修改原数据。最后,新增和修改数据方法中均调用了适配器的 notifyDataSetChanged()方法,实现 ListView 视图更新。

代码 4-17　MainActivity. java

```java
1    import androidx.annotation.NonNull;
2    import androidx.appcompat.app.AppCompatActivity;
3    import android.os.Bundle;
4    import android.view.ContextMenu;
5    import android.view.MenuItem;
6    import android.view.View;
7    import android.widget.AdapterView;
8    import android.widget.ArrayAdapter;
9    import android.widget.ListView;
10   import java.util.ArrayList;
11   public class MainActivity extends AppCompatActivity {
12       ArrayList < PhoneData > list = new ArrayList <>();
13       ArrayAdapter < PhoneData > adapter;
14       @Override
15       protected void onCreate(Bundle savedInstanceState) {
16           super.onCreate(savedInstanceState);
17           setContentView(R.layout.my_main);
18           ListView lv = findViewById(R.id.listView);
19           for (int i = 0; i < 4; i++) {//模拟了 8 个 PhoneData 数据
20               list.add(new PhoneData("张三","0577 - 11111111"));
21               list.add(new PhoneData("李四","0577 - 22222222"));
22           }
23           adapter = new ArrayAdapter <>(this,
24                                   android.R.layout.simple_list_item_1,list);
25           lv.setAdapter(adapter);
26           registerForContextMenu(lv);
27       }
28       @Override
29       public void onCreateContextMenu(ContextMenu menu, View v,
30                                   ContextMenu.ContextMenuInfo menuInfo) {
31           super.onCreateContextMenu(menu, v, menuInfo);
32           getMenuInflater().inflate(R.menu.ctx_menu,menu);        //生成 ContextMenu
33       }
34       @Override
35       public boolean onContextItemSelected(@NonNull MenuItem item) {
36           //ContextMenu 菜单项单击处理
37           AdapterView.AdapterContextMenuInfo menuInfo
38               = (AdapterView.AdapterContextMenuInfo) item.getMenuInfo();
39           int position = menuInfo.position;
40           //获得 ListView 中触发 ContextMenu 的位置索引
41           switch (item.getItemId()) {
42               case R.id.ctx_add:
43                   addData(position);
44                   //自定义新增数据方法,对 list 的 position 位置插入数据
45                   break;
46               case R.id.ctx_edit:
47                   modifyData(position);
48                   //自定义修改数据方法,对 list 的 position 位置修改数据
49                   break;
50           }
51           return super.onContextItemSelected(item);
52       }
53       private void addData(int position) {
54           new PhoneDataDialog(this,"新增数据")
55                   .showDialog(null, new PhoneDataDialog.OnSubmitListener() {
```

```
56              @Override
57              public void onSubmit(PhoneData updatedData) {
58                      list.add(position,updatedData);            //list插入数据
59                      adapter.notifyDataSetChanged();            //适配器更新 ListView
60              }
61          });
62      }
63      private void modifyData(int position) {
64          PhoneData phoneData = list.get(position);
65          new PhoneDataDialog(this,"修改数据")
66              .showDialog(phoneData, new PhoneDataDialog.OnSubmitListener() {
67          @Override
68          public void onSubmit(PhoneData updatedData) {
69              phoneData.setPhone(updatedData.getPhone());
70              phoneData.setName(updatedData.getName());
71              adapter.notifyDataSetChanged();
72          }
73          });
74      }
75  }
```

4.6 使用对话框实现多选

4.6.1 任务说明

本任务的演示效果如图 4-13 所示。在该应用中,活动页面视图根节点为垂直的 LinearLayout,布局中依次有 1 个 TextView,用于显示个人信息;1 个 TextView(id 为 tv_result),用于显示多选结果;1 个 Button,用于弹出多选对话框 AlertDialog。单击 Button,弹出的对话框有"游泳""跑步""篮球"3 个选项,并且能记忆上次的多选结果,单击"确定"按钮,更新多选状态,并且在 tv_result 上显示所选的结果;单击"取消"按钮,本次对话框的多选操作不影响多选状态,保留上次的多选结果。

图 4-13　多选对话框演示效果

4.6.2　任务实现

1. 实现自定义多选对话框

AlertDialog 的多选可通过 Builder 对象的 setMultiChoiceItems()方法实现,就方法本身而言比较简单。本任务需要实现选中信息的记忆,即再次打开对话框时,其选中状态是最近一次更改的选中状态,并且需要获取选中的元素。为了便于代码的复用,将多选对话框相关功能封装成 1 个类,在"确定"按钮按下时只负责选中数据的传递,如何处理选中数据交给调用者处理,因此实现这些功能可采用自定义接口,使模块的通用性得到提高。

自定义多选对话框 MultiChoiceDialog 如代码 4-18 所示。在 MultiChoiceDialog 类中,创建对话框的 Builder 对象需要上下文参数,因此定义了成员变量 context;对话框的标题希望能由用户自定义,因此也定义了成员变量 title;对话框的多选数据是数组 hobbies。这 3 个成员变量通过构造方法从外部传递。此外,还定义了成员变量数组 boolean[]checkedTable,与数组 hobbies 同长度,用于跟踪 hobbies 各个元素的选中状态,若 checkedTable[i]=true,则表示 hobbies[i]被选中,反之则未被选中。

当 AlertDialog"确定"按钮被单击时,希望能把选中的数据传递出去,交由调用者处理,因此定义了接口 OnDialogSubmitListener,并具有回调方法 onSubmit(List < String > selectedItems),将选中的数据 selectedItems 通过 onSubmit()回调方法传递出去,而自定义接口的回调则在对话框"确定"按钮单击事件中触发。

MultiChoiceDialog 类中的 showDialog(OnDialogSubmitListener l)方法将自定义接口作为参数,用户调用 showDialog()方法时,需要实现 OnDialogSubmitListener 接口中的 onSubmit()方法,用户在回调方法中既得到了多选的数据,又可以对该数据进行灵活的后续处理。

对话框 Builder 对象的 setMultiChoiceItems(CharSequence[]items,boolean[]checkedItems, OnMultiChoiceClickListener listener)方法具有 3 个参数,传参 items 为多选的数据源;传参 checkedItems 为候选项的初始选中状态,若为 null 则所有候选项初始状态为未被选中,否则选项中的选中状态由数组 checkedItems 对应位置的值决定(true 为选中,false 为未选中);传参 listener 为选项单击侦听接口,当用户单击对话框中的选项时,会产生 onClick (DialogInterface dialog, int which, boolean isChecked)回调方法。在 onClick()回调中,传参 isChecked 为选中状态(true 为选中),传参 which 为选项的位置索引。显然,选中状态表 checkedTable 应在 onClick()回调中被更新,即将 checkedTable[which]的状态更改为传参 isChecked 的值。

若单击对话框的"取消"按钮,则选中状态表 checkedTable 必须保持上次对话框的状态,此时,若在接口 OnMultiChoiceClickListener 的 onClick()回调方法中直接对 checkedTable 进行修改,则难以恢复到之前的状态,因此这里使用了临时状态表变量 tempCheckedTable,并且该变量初始值设置为与状态表 checkedTable 相同,具体可通过 checkedTable.clone()方法复制各元素值。当用户单击对话框的取消按钮时,状态表 checkedTable 的值没有被改动,依然保持上次的选中状态;当用户单击"确定"按钮时,则将临时状态表 tempCheckedTable 赋给 checkedTable,实现选中状态更新。

MultiChoiceDialog 中,getSelectedItems()方法取得选中的选项,并将其作为列表数据返回。该方法具体实现过程为：遍历状态表 checkedTable,将选中的元素赋给列表对象 list,最终返回 list。选中元素的列表数据 list,通过自定义接口 OnDialogSubmitListener 的回调方法传递给调用者,由调用者进一步对其进行数据处理。

代码 4-18　自定义多选对话框 MultiChoiceDialog. java

```java
1    import android. app. AlertDialog;
2    import android. content. Context;
3    import android. content. DialogInterface;
4    import java. util. ArrayList;
5    import java. util. List;
6    public class MultiChoiceDialog {
7        private Context context;
8        private String title;
9        private String[ ] hobbies;         //兴趣爱好数组
10       private boolean[ ] checkedTable;
11   //选中状态表,与 hobbies 一一对应,true,对应选项选中,false,对应选项未选中
12       public MultiChoiceDialog(Context context, String title, String[ ] hobbies) {
13           this. context = context;
14           this. title = title;
15           this. hobbies = hobbies;
16           checkedTable = new boolean[hobbies. length];
17           //创建选中状态表,与 hobbies 同长度,默认全未选中
18       }
19       public interface OnDialogSubmitListener{
20           void onSubmit(List < String > selectedItems);
21           //自定义接口,传递选中的列表数据
22           //用户实现接口回调,对选中数据 selectedItems 进行处理
23       }
24       public void showDialog(OnDialogSubmitListener l){
25           AlertDialog. Builder bl = new AlertDialog. Builder(context);
26           bl. setTitle(title);
27           boolean[ ] tempCheckedTable = checkedTable. clone();
28           //将 checkedTable 复制值赋给 tempCheckedTable
29           //当对话框单击取消按钮时,checkedTable 保持之前的状态,不被当前的选中状态改变
30           //因此需要一个临时状态表 tempCheckedTable,记录当前的选中状态
31           bl. setMultiChoiceItems(hobbies, tempCheckedTable,
32               new DialogInterface. OnMultiChoiceClickListener() {
33               @Override
34               public void onClick(DialogInterface dialog,
35                       int which, boolean isChecked) {
36                   //which 是被单击项的位置索引,isChecked 是被单击项的选中状态
37                   tempCheckedTable[which] = isChecked;
38                   //更新 tempCheckedTable,记录各选项的选中状态
39               }
40           });
41           bl. setNegativeButton("取消",null);
42           bl. setPositiveButton("确定", new DialogInterface. OnClickListener() {
43               @Override
44               public void onClick(DialogInterface dialog, int which) {
45                   checkedTable = tempCheckedTable. clone();
46                   //将 tempCheckedTable 的值复制给 checkedTable
47                   List < String > selectedItems = getSelectedItems();
48                   if(l!= null){
49                       l. onSubmit(selectedItems);
50                       //通过自定义接口,将选中的数据传出,交给用户处理
51                   }
```

```
52              }
53          });
54      bl.show();
55      }
56      public List < String > getSelectedItems(){
57          ArrayList < String > list = new ArrayList <>();
58          for (int i = 0; i < checkedTable.length; i++) {
59              if(checkedTable[i]){
60                  list.add(hobbies[i]);
61                  //若 checkedTable 第 i 个元素是 true,将对应位置的 hobbies 元素加到 list
62              }
63          }
64          return list;
65      }
66      public boolean[] getCheckedTable() {
67          return checkedTable;
68      }
69  }
```

2. 实现 UI 布局

MainActivity 的布局文件如代码 4-19 所示,在垂直的 LinearLayout 中,依次有 2 个 TextView 和 1 个 Button。

代码 4-19　MainActivity 的布局文件 my_main. xml

```
1   < LinearLayout xmlns:android = "http://schemas.android.com/apk/res/android"
2       android:orientation = "vertical"
3       android:layout_width = "match_parent"
4       android:layout_height = "match_parent">
5       < TextView
6           android:layout_width = "match_parent"
7           android:layout_height = "wrap_content"
8           android:text = "Your name and ID" />
9       < TextView
10          android:id = "@ + id/tv_result"
11          android:layout_width = "match_parent"
12          android:layout_height = "wrap_content"
13          android:text = "" />
14      < Button
15          android:id = "@ + id/button"
16          android:layout_width = "match_parent"
17          android:layout_height = "wrap_content"
18          android:text = "多选对话框" />
19  </LinearLayout >
```

3. 实现 MainActivity

MainActivity 的实现如代码 4-20 所示。MainActivity 的代码比较简洁,定义并生成变量 dialog 后,在 showDialog()方法中传入接口对象 OnDialogSubmitListener,并在匿名接口的回调中获得选中的数据,将之显示到 TextView 对象上。onSubmit()回调方法的传参是选中数据的列表对象,该对象可通过 toString()方法显示字符串化的列表数据。

代码 4-20　MainActivity. java

```
1   import androidx.appcompat.app.AppCompatActivity;
2   import android.os.Bundle;
```

```
3      import android.view.View;
4      import android.widget.TextView;
5      import java.util.List;
6      public class MainActivity extends AppCompatActivity {
7          MultiChoiceDialog dialog;
8          //定义为成员变量,能在 Activity 生命周期内记住选中状态
9          @Override
10         protected void onCreate(Bundle savedInstanceState) {
11             super.onCreate(savedInstanceState);
12             setContentView(R.layout.my_main);
13             TextView tv = findViewById(R.id.tv_result);
14             String[] hobbies = new String[]{"游泳","跑步","篮球"};
15             dialog = new MultiChoiceDialog(this,"多选对话框",hobbies);
16             findViewById(R.id.button).setOnClickListener(new View.OnClickListener() {
17                 @Override
18                 public void onClick(View v) {
19                     dialog.showDialog(new MultiChoiceDialog.OnDialogSubmitListener() {
20                         @Override
21                         public void onSubmit(List < String > selectedItems) {
22                             tv.setText(selectedItems.toString());
23                             //将选中元素显示在 tv 上
24                         }
25                     });
26                 }
27             });
28         }
29     }
```

本任务中,MultiChoiceDialog 只能接受字符串选项数据。读者可对其进行修改,使之能接受泛型数据,从而调用者可传递任何实现了 toString()方法的类型数据给 MultiChoiceDialog,并且接口回调时返回的列表也是同个泛型数据,以提高 MultiChoiceDialog 的适用性。

4.7　实现多选适配器与动态菜单

4.7.1　任务说明

本任务的演示效果如图 4-14 所示。在该应用中,活动页面视图根节点为垂直的 LinearLayout,在布局中依次有 1 个 TextView,用于显示个人信息;1 个 TextView(id 为 tv_result),用于显示选中的结果,tv_result 通过 OptionsMenu 的"发送"菜单项更新多选结果或者通过 ListView 的单击事件更新单选结果;1 个 ListView,用于显示自定义联系人数据,一行的视图有姓名、电话号码以及选项框。ListView 行视图的选项框具有单独的事件响应,单击选项框,改变对应行的选中状态,单击行视图其他部位,则将行数据更新到 tv_result。选择 OptionsMenu 的"全选"菜单项,则 ListView 中所有数据被选中,适配器视图更新;选择 OptionsMenu 的"全不选"菜单项,则清除 ListView 所有数据的选中状态,适配器视图更新;选择 OptionsMenu 的"反向选择"菜单项,则反转 ListView 所有数据的选中状态,适配器视图更新;"发送"菜单项具有动态改变菜单项内容的功能,每次单击 OptionsMenu,"发送"菜单项显示 ListView 选中数据的数目,选择该菜单项则将选中数据更新到 tv_result。

图 4-14　多选适配器与动态菜单演示效果

4.7.2　针对 ListView 的多选适配器实现方法

1. 子视图焦点抢占与解决

本任务的自定义适配器行视图中,选项框可由 CheckBox 实现。在编程实践中,适配器改写会遇到子视图焦点抢占问题:行视图的焦点被 CheckBox 抢占,导致行视图只能响应 CheckBox 的侦听事件,此时,对 ListView 调用 setOnItemClickListener()方法设置侦听器或者注册 ContextMenu 均无响应。

子视图的焦点抢占问题可通过适配器行视图的 XML 布局文件的根节点增加 android:descendantFocusability 属性解决,该属性控制节点视图与子视图的在获取焦点时的关系。当适配器行视图中有 ImageButton、Button 以及 CheckBox 等组件时,若不设置 android:descendantFocusability 属性,会导致这些组件将行视图焦点抢占,无法对行视图设置单击侦听以及注册 ContextMenu。android:descendantFocusability 属性共有如下 3 种取值。

(1) beforeDescendants,该取值表示父视图会在子类组件之前获取焦点。

(2) afterDescendants,该取值表示父视图只在子类组件不需要焦点时才获取焦点。

(3) blocksDescendants,该取值表示父视图会直接获得焦点。

对本任务而言,应当将行视图根节点焦点属性值设置为 blocksDescendants,则行视图能获得焦点,使 ListView 能响应行视图单击事件。

行视图布局文件 row_view.xml 如代码 4-21 所示,在根节点 LinearLayout 容器中,通过 android:descendantFocusability="blocksDescendants" 解决 CheckBox 抢占行视图焦点的问题。

代码 4-21　行视图布局文件 res/layout/row_view.xml

```
1    < LinearLayout xmlns:android = "http://schemas.android.com/apk/res/android"
2          android:layout_width = "match_parent"
3          android:paddingBottom = "10dp"
```

```
4            android:paddingTop = "10dp"
5            android:gravity = "center"
6            android:descendantFocusability = "blocksDescendants"
7            android:layout_height = "wrap_content">
8    <!-- 若不增加 android:descendantFocusability 属性,适配器焦点会被 CheckBox 抢占 -->
9    <!-- 导致 ListView 无法响应单击侦听,ListView 的 ContextMenu 也无法产生    -->
10       < LinearLayout
11           android:layout_width = "match_parent"
12           android:layout_height = "wrap_content"
13           android:layout_weight = "1"
14           android:orientation = "vertical">
15           < TextView
16               android:id = "@ + id/row_view_tv_name"
17               android:layout_width = "wrap_content"
18               android:layout_height = "wrap_content"
19               android:textSize = "20sp"
20               android:textColor = "#000"
21               android:text = "name" />
22           < TextView
23               android:id = "@ + id/row_view_tv_phone"
24               android:layout_width = "wrap_content"
25               android:layout_height = "wrap_content"
26               android:text = "phone" />
27       </LinearLayout >
28       < CheckBox
29           android:id = "@ + id/row_view_cb"
30           android:layout_width = "wrap_content"
31           android:layout_height = "wrap_content"
32           android:text = "" />
33   </LinearLayout >
```

2. 实现数据封装类 PhoneData

自定义数据类 PhoneData 如代码 4-22 所示,该类增加了成员变量 isChecked,用于记录该数据的选中状态,并且给出 2 种不同的构造方法。当使用双参数构造时,isChecked 的值默认为 false,即数据初始化为未选中状态。PhoneData 类改写了 toString()方法,使其以极简的方式显示姓名和电话号码,便于将 PhoneData 更新到 TextView 时可直接调用 toString()方法,同理,PhoneData 的数组或列表也可直接被字符串化。

代码 4-22   自定义数据类 PhoneData. java

```
1    public class PhoneData {
2        private String name;
3        private String phone;
4        private boolean isChecked = false;
5        //创建了 2 种构造方法,双参数时,默认 isChecked = false
6        public PhoneData(String name, String phone, boolean isChecked) {
7            this.name = name;
8            this.phone = phone;
9            this.isChecked = isChecked;
10       }
11       public PhoneData(String name, String phone) {
12           this.name = name;
13           this.phone = phone;
14       }
15       public String getName() {
```

```
16          return name;
17      }
18      public void setName(String name) {
19          this.name = name;
20      }
21      public String getPhone() {
22          return phone;
23      }
24      public void setPhone(String phone) {
25          this.phone = phone;
26      }
27      public boolean isChecked() {
28          return isChecked;
29      }
30      public void setChecked(boolean checked) {
31          isChecked = checked;
32      }
33      @Override
34      public String toString() {
35          return String.format("%s:%s",name,phone);
36      }
37  }
```

3. 实现自定义适配器 PhoneDataAdapter

常规的适配器改写中,会复用适配器行视图的旧视图,以提高适配器的生成效率,但是对于本任务而言,适配器行视图复用反而会导致 CheckBox 侦听误触发。虽然用户没有单击 CheckBox,但是由于行视图复用,当旧的行视图与新的行视图 CheckBox 的选中状态不一致时,依然会触发 CheckBox 的 onCheckedChanged() 回调,导致数据选中状态与预期不一致,该现象在上下快速滑动 ListView 更新页面时会发生。因此,改写适配器时,不能复用旧的行视图。

自定义适配器 PhoneDataAdapter 如代码 4-23 所示,注意,改写的 getView() 方法中,并没有复用 convertView,而是在每次渲染数据时直接调用 LayoutInflater 从行视图布局文件中重新生成行视图,以保证行视图中的 CheckBox 不会因为视图复用而导致误触发了 onCheckedChanged() 回调方法,从而改变了数据的选中状态。在 CheckBox 的侦听回调中使用了 Log.d() 方法打印日志,感兴趣的读者可复用 convertView 已注释的第 27~第 34 行代码,在上下滑动 ListView 时,观察日志输出。不复用行视图解决了 CheckBox 在 ListView 滑动刷新时的误触发问题,但是也以牺牲性能为代价。

多选相关方法直接集成到 PhoneDataAdapter 类中是较为便捷的做法,其逻辑比较简单。setAllChecked() 方法将列表项设为全选,该方法对数据源 list 进行遍历,将每个数据设为选中状态,进而调用 notifyDataSetChanged() 方法,实现适配器视图的更新。clearAllChecked() 方法将列表项设为全部未选中,reverseChecked() 方法将列表项反向选择。getCheckedCount() 方法,通过对数据源各元素选中状态计数,返回选中的数目。getCheckedList() 方法返回选中的数据,并以 List< PhoneData >类型返回,当没有元素选中时,返回的不是 null 对象,而是长度为 0 的列表数据。

代码 4-23   自定义适配器 PhoneDataAdapter. java

```
1    import android. content. Context;
2    import android. util. Log;
3    import android. view. LayoutInflater;
4    import android. view. View;
5    import android. view. ViewGroup;
6    import android. widget. ArrayAdapter;
7    import android. widget. CheckBox;
8    import android. widget. CompoundButton;
9    import android. widget. TextView;
10   import androidx. annotation. NonNull;
11   import androidx. annotation. Nullable;
12   import java. util. ArrayList;
13   import java. util. List;
14   public class PhoneDataAdapter extends ArrayAdapter < PhoneData > {
15       private Context context;
16       private List < PhoneData > list;
17       public PhoneDataAdapter(@NonNull Context context, List < PhoneData > list) {
18           super(context, android. R. layout. simple_list_item_1, list);
19           this. context = context;
20           this. list = list;
21       }
22       @NonNull
23       @Override
24       public View getView( int position, @Nullable View convertView,
25                                          @NonNull ViewGroup parent) {
26          View v;
27          /*  // 不要使用以下优化代码,复用 convertView,CheckBox 的选中状态会异常
28           if(convertView == null){
29               v = LayoutInflater. from(context). inflate(R. layout. row_view,
30                                                   parent, false);
31           }else {
32               v = convertView;
33           }
34           */
35           v = LayoutInflater. from(context). inflate(R. layout. row_view, parent, false);
36           //强制重新生成行视图,牺牲效率为代价
37           TextView tv_name = v. findViewById(R. id. row_view_tv_name);
38           TextView tv_phone = v. findViewById(R. id. row_view_tv_phone);
39           CheckBox cb = v. findViewById(R. id. row_view_cb);
40           PhoneData phoneData = list. get(position);
41           tv_name. setText(phoneData. getName());
42           tv_phone. setText(phoneData. getPhone());
43           cb. setChecked(phoneData. isChecked());
44           cb. setOnCheckedChangeListener(
45                          new CompoundButton. OnCheckedChangeListener() {
46              @Override
47              public void onCheckedChanged(CompoundButton buttonView,
48                                          boolean isChecked) {
49                Log. d("CheckBox","" + isChecked);
50                //打印 CheckBox 的回调日志,观察行视图复用时误触发侦听事件
51                phoneData. setChecked(isChecked);
52                  }
53          });
54          return v;
55      }
```

```
56    public void setAllChecked(){//全选
57        for (PhoneData phoneData : list) {
58            phoneData.setChecked(true);
59        }
60        notifyDataSetChanged();                    //更新适配器视图
61    }
62    public void clearAllChecked(){                 //清除全选
63        for (PhoneData phoneData : list) {
64            phoneData.setChecked(false);
65        }
66        notifyDataSetChanged();
67    }
68    public void reverseChecked(){                  //反向选择
69        for (PhoneData phoneData : list) {
70            phoneData.setChecked(!phoneData.isChecked());
71        }
72        notifyDataSetChanged();
73    }
74    public int getCheckedCount(){                  //获取选中计数
75        int count = 0;
76        for (PhoneData phoneData : list) {
77            if(phoneData.isChecked()){
78                count++;
79            }
80        }
81        return count;
82    }
83    public List<PhoneData> getCheckedList(){       //获取选中数据,以列表形式返回
84        ArrayList<PhoneData> out = new ArrayList<>();
85        for (PhoneData phoneData : list) {
86            if(phoneData.isChecked()){
87                out.add(phoneData);
88            }
89        }
90        return out;
91    }
92 }
```

4. 实现项目各 UI 的布局

OptionsMenu 的菜单布局文件 opt_menu. xml 如代码 4-24 所示,选项菜单项中虽然有动态内容,但是最好的方式依然是使用 XML 静态菜单创建,并在 Java 代码中找到 id 为 opt_send 的菜单项,对该菜单项的 title 属性进行修改,从而达到动态效果。

代码 4-24 OptionsMenu 的布局文件 res/menu/opt_menu. xml

```
1    <menu xmlns:app = "http://schemas.android.com/apk/res-auto"
2         xmlns:android = "http://schemas.android.com/apk/res/android">
3        <item
4            android:id = "@+id/opt_set_all"
5            android:title = "全选" />
6        <item
7            android:id = "@+id/opt_clear_all"
8            android:title = "全不选" />
9        <item
10           android:id = "@+id/opt_set_reverse"
11           android:title = "反向选择" />
```

```
12          < item
13              android:id = "@ + id/opt_send"
14              android:title = "发送" />
15      </menu >
```

MainActivity 的布局 my_main.xml 如代码 4-25 所示,不赘述。

代码 4-25　MainActivity 布局文件 res/layout/my_main.xml

```
1   < LinearLayout xmlns:android = "http://schemas.android.com/apk/res/android"
2           android:orientation = "vertical"
3           android:layout_width = "match_parent"
4           android:layout_height = "match_parent">
5           < TextView
6               android:layout_width = "match_parent"
7               android:layout_height = "wrap_content"
8               android:text = "Your name and ID" />
9           < TextView
10              android:id = "@ + id/tv_result"
11              android:layout_width = "match_parent"
12              android:layout_height = "wrap_content"
13              android:text = "" />
14          < ListView
15              android:id = "@ + id/listView"
16              android:layout_width = "match_parent"
17              android:layout_height = "match_parent" />
18  </LinearLayout >
```

5. 实现 MainActivity

MainActivity 的实现如代码 4-26 所示。OptionsMenu 的 onCreateOptionsMenu()方法在 Activity 生命周期内只被调用一次,无法实现动态菜单项,即无法通过 onCreateOptionsMenu() 方法随意更改菜单项的内容。因此,MainActivity 在 OptionsMenu 的创建和更新上分别使用了 onCreateOptionsMenu()方法和 onPrepareOptionsMenu()方法。其中,onCreateOptionsMenu()方法负责将 XML 静态菜单填充到菜单对象上,在 Activity 生命周期中只被调用一次,即首次调用之后,再单击选项菜单不会触发 onCreateOptionsMenu()方法。而 onPrepareOptionsMenu()方法则在用户每次单击选项菜单时均会被调用,在该方法中通过 Menu 对象 findItem()方法找出需要修改属性的菜单项,并调用适配器的 getCheckedCount()方法,将选中数目显示到该菜单项的标题上,以达到动态修改菜单的目的。

在 MainActivity 中,可以不使用 onCreateOptionsMenu()方法生成静态菜单,而是将菜单的生成直接放在 onPrepareOptionsMenu()方法中处理。但是这样做会牺牲效率,当用户每次选中选项菜单时,均要使用菜单填充器填充菜单,再者,填充菜单会将菜单项增加到原有菜单上,导致每次单击选项菜单均会增加菜单项,此时还需要在填充菜单之前先调用 Menu 对象的 clear()方法清除原有菜单项,使效率更低。因此,最好的方式依然是将 onCreateOptionsMenu()方法和 onPrepareOptionsMenu()方法综合使用,利用前者生成静态菜单,利用后者修改某些菜单项的属性,从而达到动态菜单的效果。

代码 4-26　MainActivity.java

```
1   import androidx.annotation.NonNull;
2   import androidx.appcompat.app.AppCompatActivity;
```

```
3       import android.os.Bundle;
4       import android.view.Menu;
5       import android.view.MenuItem;
6       import android.view.View;
7       import android.widget.AdapterView;
8       import android.widget.ListView;
9       import android.widget.TextView;
10      import java.util.ArrayList;
11      import java.util.List;
12      public class MainActivity extends AppCompatActivity {
13          ArrayList < PhoneData > list;
14          PhoneDataAdapter adapter;
15          TextView tv;
16          @Override
17          protected void onCreate(Bundle savedInstanceState) {
18              super.onCreate(savedInstanceState);
19              setContentView(R.layout.my_main);
20              list = new ArrayList<>();
21              for (int i = 0; i < 30; i++) {
22                  String phone = String.format("%04d", i);      //模拟4位数据的电话号码
23                  list.add(new PhoneData("Tom" + i, phone));
24              }
25              tv = findViewById(R.id.tv_result);
26              adapter = new PhoneDataAdapter(this, list);      //使用自定义适配器
27              ListView lv = findViewById(R.id.listView);
28              lv.setAdapter(adapter);
29              lv.setOnItemClickListener(new AdapterView.OnItemClickListener() {
30                  @Override
31                  public void onItemClick(AdapterView<?> parent, View view,
32                                          int position, long id) {
33                      PhoneData item = adapter.getItem(position);
34                      tv.setText(item.toString());
35                  }
36              });
37          }
38          @Override
39          public boolean onCreateOptionsMenu(Menu menu) {
40              //只有应用第一次单击OptionsMenu会触发,之后不再触发
41              //适合生成静态菜单
42              getMenuInflater().inflate(R.menu.opt_menu, menu);
43              return super.onCreateOptionsMenu(menu);
44          }
45          @Override
46          public boolean onPrepareOptionsMenu(Menu menu) {
47              //每次单击OptionsMenu均会被触发,适合生成动态菜单
48              MenuItem item = menu.findItem(R.id.opt_send);   //通过id找出对应的菜单项
49              String title = String.format("发送(%d)", adapter.getCheckedCount());
50              //生成菜单项的标题,能显示选中的数目
51              item.setTitle(title);                         //对菜单项更新标题
52              return super.onPrepareOptionsMenu(menu);
53          }
54          @Override
55          public boolean onOptionsItemSelected(@NonNull MenuItem item) {
56              //根据选项菜单项,调用自定义适配器所提供的方法
57              switch (item.getItemId()) {
58                  case R.id.opt_set_all:
59                      adapter.setAllChecked();                //全选
```

```
60                  break;
61              case R.id.opt_clear_all:
62                  adapter.clearAllChecked();              //全不选
63                  break;
64              case R.id.opt_set_reverse:
65                  adapter.reverseChecked();               //反向选择
66                  break;
67              case R.id.opt_send://取选中的元素,显示到 TextView 上
68                  List < PhoneData > checkedList = adapter.getCheckedList();
69                  tv.setText(checkedList.toString());
70                  break;
71          }
72          return super.onOptionsItemSelected(item);
73      }
74  }
```

4.7.3　针对 RecyclerView 的多选适配器实现方法

1. 实现项目各 UI 的布局

RecyclerView 相比 ListView、GridView 等组件,具有更灵活、更有效率等优势,本任务将尝试使用 RecyclerView 实现多选适配器,探讨是否能按常规方法顺利实现。拥有 RecyclerView 的 MainActivity 布局文件 my_main.xml 如代码 4-27 所示,原布局中的 ListView 被替换成 RecyclerView。若 RecyclerView 不需要在 Java 代码中动态改变布局属性,可直接在 XML 中设置相关的 layoutManager 属性,通过 app:layoutManager 和 android:orientation 属性将其设置为垂直的线性布局管理器,此时 RecyclerView 对应的 Java 代码中,可不用通过 setLayoutManager() 方法设置布局管理器。RecyclerView 若是采用 GridLayoutManager 管理器,同理,XML 中可使用 app:spanCount 属性设置列数。

代码 4-27　RecyclerView 对应的 my_main.xml 布局

```
1   < LinearLayout xmlns:android = "http://schemas.android.com/apk/res/android"
2       xmlns:app = "http://schemas.android.com/apk/res - auto"
3       android:orientation = "vertical"
4       android:layout_width = "match_parent"
5       android:layout_height = "match_parent">
6       < TextView
7           android:layout_width = "match_parent"
8           android:layout_height = "wrap_content"
9           android:text = "Your name and ID" />
10      < TextView
11          android:id = "@ + id/tv_result"
12          android:layout_width = "match_parent"
13          android:layout_height = "wrap_content"
14          android:text = "" />
15      < androidx.recyclerview.widget.RecyclerView
16          android:id = "@ + id/recyclerView"
17          android:layout_width = "match_parent"
18          android:layout_height = "match_parent"
19          app:layoutManager = "androidx.recyclerview.widget.LinearLayoutManager"
20          android:orientation = "vertical"/>
21  <!--    直接对 RecyclerView 设置 app:layoutManager 和 android:orientation 属性 -->
22  <!--    Java 代码中可省略 setLayoutManager()方法设置布局管理器 -->
23  </LinearLayout >
```

RecyclerView 本身没有对单元视图的单击侦听事件,因此理论上,对应的适配器单元视图上每个 UI 都可以单独设置单击事件,只要对视图事件做合理的分离,不存在 UI 之间焦点抢占情况。

适配器单元视图 row_view.xml 如代码 4-28 所示,不同于 ListView 的行视图布局文件,RecyclerView 的行视图布局中,根节点 LinearLayout 没有使用 android:descendantFocusability 属性处理子视图和根容器的焦点问题,而是将两个 TextView 所在的垂直 LinearLayout 设置了 id 属性,作为 ViewHolder 的成员,以便于在适配器中对其设置单击侦听。在适配器改写中,取出 id 为 row_view_layout 的 LinearLayout 和 id 为 row_view_cb 的 CheckBox,这两个 UI 在视图中是同级独立关系,不存在焦点抢占。适配器 UI 事件处理上,对容器 row_view_layout 设置了自定义单击侦听,对 CheckBox 设置选中状态侦听,两者完全分离,各司其职。

代码 4-28 自定义适配器单元视图 row_view.xml

```
1   <LinearLayout xmlns:android="http://schemas.android.com/apk/res/android"
2       android:layout_width="match_parent"
3       android:paddingBottom="10dp"
4       android:paddingTop="10dp"
5       android:gravity="center"
6       android:layout_height="wrap_content">
7   <!-- 无需使用 android:descendantFocusability="blocksDescendants" -->
8       <LinearLayout
9           android:id="@+id/row_view_layout"
10          android:layout_width="match_parent"
11          android:layout_height="wrap_content"
12          android:layout_weight="1"
13          android:orientation="vertical">
14          <TextView
15              android:id="@+id/row_view_tv_name"
16              android:layout_width="wrap_content"
17              android:layout_height="wrap_content"
18              android:text="name"
19              android:textColor="#000"
20              android:textSize="20sp" />
21          <TextView
22              android:id="@+id/row_view_tv_phone"
23              android:layout_width="wrap_content"
24              android:layout_height="wrap_content"
25              android:text="phone" />
26      </LinearLayout>
27      <CheckBox
28          android:id="@+id/row_view_cb"
29          android:layout_width="wrap_content"
30          android:layout_height="wrap_content"
31          android:text="" />
32  </LinearLayout>
```

2. 实现 RecyclerView 适配器

自定义数据类 PhoneData 同代码 4-22,对应的 RecyclerView 适配器 PhoneDataRecyclerAdapter 如代码 4-29 所示。适配器中针对多选相关的方法与代码 4-23 相同。为了实现单元视图单击事件,PhoneDataRecyclerAdapter 使用自定义接口 OnItemClickListener,并在自定义的

ViewHolder 中,将包含两个 TextView 的 LinearLayout 作为成员,从而在 onBindViewHolder()
方法中对 ViewHolder 渲染数据时,直接对 LinearLayout 对象设置单击侦听,并在单击回调中
调用自定义接口的回调方法,以便于调用者实现接口时对单击事件进行个性化处理。

在适配器中,onCreateViewHolder()方法负责生成单元视图,onBindViewHolder()方
法负责对单元视图渲染数据。由于优化机制对视图的复用,onCreateViewHolder()方法的
调用次数远少于 onBindViewHolder()方法,因此 RecyclerView 适配器依然无法解决
CheckBox 在视图复用时的状态误触发问题。其解决办法是强制让 RecyclerView 适配器不
复用视图,常见的解决办法如下所述。

(1) 在 onCreateViewHolder()方法中,对 ViewHolder 对象通过 setIsRecyclable(false)
方法,使 ViewHolder 对象不复用。

(2) 调用 RecyclerView 对象的 getRecycledViewPool(). setMaxRecycledViews(0,0)
方法,将缓冲区最大值设为 0,没有视图缓存后,适配器每次都会重新生成单元视图。

上述两种方法虽然能解决问题,但都是以牺牲性能为代价。

代码 4-29　自定义适配器 PhoneDataRecyclerAdapter. java

```java
1    import android.content.Context;
2    import android.view.LayoutInflater;
3    import android.view.View;
4    import android.view.ViewGroup;
5    import android.widget.CheckBox;
6    import android.widget.CompoundButton;
7    import android.widget.LinearLayout;
8    import android.widget.TextView;
9    import androidx.annotation.NonNull;
10   import androidx.recyclerview.widget.RecyclerView;
11   import java.util.ArrayList;
12   import java.util.List;
13   public class PhoneDataRecyclerAdapter
14       extends RecyclerView.Adapter < PhoneDataRecyclerAdapter.ViewHolder > {
15     private Context context;
16     private List < PhoneData > list;
17     private OnItemClickListener l;          //自定义接口对象,用于单元视图单击侦听
18     public PhoneDataRecyclerAdapter(Context context, List < PhoneData > list) {
19        this.context = context;
20        this.list = list;
21     }
22     public interface OnItemClickListener{   //自定义接口,实现单元视图单击侦听
23        public void onItemClick(View itemView, int position, PhoneData item);
24     }
25     @NonNull
26     @Override
27     public ViewHolder onCreateViewHolder(@NonNull ViewGroup parent,
28                                          int viewType) {
29        View v = LayoutInflater.from(context)
30                         .inflate(R.layout.row_view, parent, false);
31        //将 XML 布局填充成 View 对象,并利用该对象构造 ViewHolder
32        //在 ViewHolder 中实现各个 UI 的解析
33        //适配器本身无法解决 CheckBox 选中状态侦听误触发问题
34        ViewHolder h = new ViewHolder(v);
```

```
35        h.setIsRecyclable(false);        //禁止复用holder,使得holder视图每次都重新生成
36        return h;
37    }
38    @Override
39    public void onBindViewHolder(@NonNull ViewHolder holder, int position) {
40        PhoneData phoneData = list.get(position);
41        holder.tv_name.setText(phoneData.getName());
42        holder.tv_phone.setText(phoneData.getPhone());
43        if(holder.cb.isChecked()!= phoneData.isChecked()){
44            holder.cb.setChecked(phoneData.isChecked());
45        }
46        holder.cb.setOnCheckedChangeListener(
47                    new CompoundButton.OnCheckedChangeListener() {
48            @Override
49            public void onCheckedChanged(CompoundButton buttonView,
50                                    boolean isChecked) {
51                phoneData.setChecked(isChecked);
52            }
53        });
54        if(l!= null){
55            holder.layout.setOnClickListener(new View.OnClickListener() {
56                @Override
57                public void onClick(View v) {
58                    l.onItemClick(holder.layout,
59                                holder.getAdapterPosition(),phoneData);
60                    //onItemClick(View itemView,int position,PhoneData item);
61                    //position位置通过holder.getLayoutPosition()方法获取比较保险
62                }
63            });
64        }
65    }
66    public void setOnItemClickListener(OnItemClickListener l) {   //设置自定义侦听器
67        this.l = l;
68    }
69    @Override
70    public int getItemCount() {
71        return list.size();
72    }
73    public class ViewHolder extends RecyclerView.ViewHolder{
74        //创建自定义ViewHolder,将单元视图中的各个UI找出,成为ViewHolder成员变量
75        TextView tv_name;
76        TextView tv_phone;
77        LinearLayout layout;            //方便对包含两个TextView的layout设置侦听接口
78        CheckBox cb;
79        public ViewHolder(@NonNull View itemView) {
80            super(itemView);
81            tv_name = itemView.findViewById(R.id.row_view_tv_name);
82            tv_phone = itemView.findViewById(R.id.row_view_tv_phone);
83            cb = itemView.findViewById(R.id.row_view_cb);
84            layout = itemView.findViewById(R.id.row_view_layout);
85        }
86    }
87    public void setAllChecked(){    //全选
88        for (PhoneData phoneData : list) {
89            phoneData.setChecked(true);
90        }
91        notifyDataSetChanged();        //更新适配器视图
```

```
92          }
93          public void clearAllChecked(){                  //清除全选
94              for (PhoneData phoneData : list) {
95                  phoneData.setChecked(false);
96              }
97              notifyDataSetChanged();
98          }
99          public void reverseChecked(){                   //反向选择
100             for (PhoneData phoneData : list) {
101                 phoneData.setChecked(!phoneData.isChecked());
102             }
103             notifyDataSetChanged();
104         }
105         public int getCheckedCount(){                   //获取选中计数
106             int count = 0;
107             for (PhoneData phoneData : list) {
108                 if(phoneData.isChecked()){
109                     count++;
110                 }
111             }
112             return count;
113         }
114         public List < PhoneData > getCheckedList(){    //获取选中数据,以列表形式返回
115             ArrayList < PhoneData > out = new ArrayList <>();
116             for (PhoneData phoneData : list) {
117                 if(phoneData.isChecked()){
118                     out.add(phoneData);
119                 }
120             }
121             return out;
122         }
123     }
```

3. 实现 MainActivity

MainActivity 的实现如代码 4-30 所示。由于 RecyclerView 已在 XML 布局中设置了 layoutManager 属性,在 Java 代码中无需设置布局管理器。RecyclerView 默认没有分割线,可通过 addItemDecoration()方法增加分割线修饰。若采用默认的灰色分割线,可用 SDK 提供的 DividerItemDecoration 生成,该类的构造方法中,第 2 个参数是分割线的类型,垂直分割线可用参数 DividerItemDecoration. VERTICAL 实现类似于 ListView 的分割线。在 MainActivity 中,对适配器设置自定义接口匿名回调,响应单击事件。选项菜单处理逻辑与代码 4-26 相同。在本任务中,适配器单元视图被强制非复用,导致 RecyclerView 没有充分发挥其高效率的优势。

代码 4-30   使用 RecyclerView 的 MainActivity. java

```
1    import androidx. annotation. NonNull;
2    import androidx. appcompat. app. AppCompatActivity;
3    import androidx. recyclerview. widget. DividerItemDecoration;
4    import androidx. recyclerview. widget. RecyclerView;
5    import android. os. Bundle;
6    import android. view. Menu;
7    import android. view. MenuItem;
8    import android. view. View;
```

```
9    import android.widget.TextView;
10   import java.util.ArrayList;
11   import java.util.List;
12   public class MainActivity extends AppCompatActivity {
13       ArrayList < PhoneData > list;
14       PhoneDataRecyclerAdapter adapter;
15       TextView tv;
16       @Override
17       protected void onCreate(Bundle savedInstanceState) {
18           super.onCreate(savedInstanceState);
19           setContentView(R.layout.my_main);
20           list = new ArrayList <>();
21           for (int i = 0; i < 30; i++) {
22               String phone = String.format("%04d", i);      //模拟4位数据的电话号码
23               list.add(new PhoneData("Tom" + i, phone));
24           }
25           tv = findViewById(R.id.tv_result);
26           adapter = new PhoneDataRecyclerAdapter(this, list);  //使用自定义适配器
27           RecyclerView recyclerView = findViewById(R.id.recyclerView);
28           recyclerView.setAdapter(adapter);
29           /*** 已使用布局文件中的 XML 属性设置 LayoutManager,代码中可忽略
30           RecyclerView.LayoutManager layoutManager = new LinearLayoutManager(this,
31                   LinearLayoutManager.VERTICAL, false);        //设置垂直线性布局管理器
32           recyclerView.setLayoutManager(layoutManager);
33           recyclerView.getRecycledViewPool().setMaxRecycledViews(0, 0);
34           //直接将缓存设为 0,也可以让单元视图每次重新生成
35           */
36           adapter.setOnItemClickListener(
37                       new PhoneDataRecyclerAdapter.OnItemClickListener() {
38               //通过适配器设置 RecyclerView 的单击侦听
39               @Override
40               public void onItemClick(View itemView, int position, PhoneData item) {
41                   tv.setText(item.toString());
42               }
43           });
44           recyclerView.addItemDecoration(new DividerItemDecoration(this,
45                                           DividerItemDecoration.VERTICAL));
46           //设置 RecyclerView 的默认分割线
47       }
48       @Override
49       public boolean onCreateOptionsMenu(Menu menu) {
50           getMenuInflater().inflate(R.menu.opt_menu, menu);
51           return super.onCreateOptionsMenu(menu);
52       }
53       @Override
54       public boolean onPrepareOptionsMenu(Menu menu) {
55           MenuItem item = menu.findItem(R.id.opt_send);      //通过 id 找出对应的菜单项
56           String title = String.format("发送(%d)", adapter.getCheckedCount());
57           item.setTitle(title);                              //对菜单项更新标题
58           return super.onPrepareOptionsMenu(menu);
59       }
60       @Override
61       public boolean onOptionsItemSelected(@NonNull MenuItem item) {
62           //根据选项菜单项,调用自定义适配器所提供的方法
63           switch (item.getItemId()) {
64               case R.id.opt_set_all:
65                   adapter.setAllChecked();                   //全选
```

```
66                    break;
67                case R. id. opt_clear_all:
68                    adapter.clearAllChecked();              //全不选
69                    break;
70                case R. id. opt_set_reverse:
71                    adapter.reverseChecked();               //反向选择
72                    break;
73                case R. id. opt_send://取选中的元素,显示到 TextView 上
74                    List < PhoneData > checkedList = adapter.getCheckedList();
75                    tv. setText(checkedList. toString());
76                    break;
77            }
78            return super. onOptionsItemSelected(item);
79        }
80    }
```

4.8　本章综合作业

编写一个应用,活动页面根节点为垂直的 LinearLayout,在布局中依次有 1 个 TextView,用于显示个人信息;1 个 ListView,用于显示风景数据。ListView 采用自定义适配器实现,行视图中,左边是风景图片,右边是风景名称。

应用具有 OptionsMenu,有两个菜单项:"新增风景"和"重置风景",并且"新增风景"菜单项以图标形式显示于动作栏。

ListView 具有 ContextMenu,有 3 个菜单项:"新增风景""修改风景""删除风景"。"新增风景"和"修改风景"共用一个 AlertDialog,对话框采用自定义视图,自定义视图根节点为垂直的 LinearLayout,布局中依次有 1 个 EditText,用于显示风景名称;1 个 ImageView,用于显示风景图片;1 个 GridView,用于显示 8 个风景候选数据,GridView 分 2 列显示。GridView 采用自定义适配器实现,单元视图中,图片在上,风景名称在下。单击 GridView,对话框的 EditText 和 ImageView 被修改成 GridView 所单击的数据。对话框中有 OK 按钮和 Cancel 按钮,OK 按钮将 EditText 和 ImageView 构成的风景数据通过自定义接口回传给调用者;Cancel 按钮则取消对话框。

单击 OptionsMenu 的"新增风景"菜单项,弹出 AlertDialog,单击 OK 按钮,将对话框接口回调数据新增至 ListView 列表数据头部,ListView 更新。单击 OptionsMenu 的"重置风景"菜单项则将 ListView 重置为应用启动时的默认数据。例如,两个风景数据构成的 ListView。

ContextMenu"新增风景"菜单项与 OptionsMenu 对应菜单项类似,插入数据的位置是弹出上下文菜单时的 ListView 索引位置。"修改风景"菜单项则将弹出上下文菜单对应位置的 ListView 数据预填充至 AlertDialog,对话框对数据进行修改,单击 OK 按钮后,ListView 对应位置数据得以修改并更新视图,单击 Cancel 按钮,则 ListView 数据无影响。"删除风景"菜单项则将 ListView 对应位置的数据删除,ListView 视图更新。

第5章 多线程与网络应用

5.1 使用多线程与 Handler

5.1.1 任务说明

本任务的演示效果如图 5-1 所示。在该应用中,活动页面视图根节点为垂直的 LinearLayout,在布局中依次放置 1 个 TextView,用于显示个人信息;1 个 TextView(id 为 tv_result),用于显示计数器的值;两个水平放置的 Button,分别为 START 和 STOP。单击 START 按钮,启动一个后台线程每隔 0.01s 计数一次,并在 tv_result 上更新计数值,同时 START 按钮使能禁止,变为灰色,STOP 按钮使能开启;单击 STOP 按钮,后台线程结束,停止计数,同时 STOP 按钮使能禁止,START 按钮使能开启。单击 START 按钮,重新开启线程,计数器从 0 开始计数。

图 5-1　多线程计数器演示效果

5.1.2 任务相关知识点

1. 线程在 Android 中的重要性

Android 的 UI 优化机制,使系统在 UI 线程中(即 Activity、Fragment 等,能修改 UI 的活动线程)连续更新 UI 时,只取最后一次更新的结果而忽略过程中 UI 的更新。因此,若在

Button 的单击事件中使用 for 循环对 TextView 进行文本内容更新,则只能更新最后一次的结果。例如,for 循环执行 100 次,每次调用 Thread. sleep()方法睡眠 10ms 后对计数器自增,并将其更新到 TextView 上,在视觉效果上,用户只能看到 for 循环最后一次的更新结果,并且系统检测到 UI 长时间不能响应还可能直接报错。

对于 Android 编程而言,最佳的实践方式是将耗时的数据获取与处理(如网络连接、网络数据获取、较复杂的数据计算等)交给后台 Thread(线程)或者 Service(服务),而 Activity 或者 Fragment 等 UI 线程中则负责接收处理后的数据,渲染更新 UI,Android 的后台线程以及 Service 是不允许直接更新 UI 的。

Thread 的使用,主要是改写 run()方法,并对 Thread 对象调用 start()方法启动线程,使之在后台执行 run()方法。当 run()方法运行结束,线程消亡,即使线程定义为 Activity 的全局变量,当线程运行结束后,线程对象也是不可靠的,因此线程对象往往将其视为局部变量,用完即释。如果在主 UI 线程中调用后台线程对象的 run()方法,能执行对应的代码,但是并不是在后台线程中执行,而是在 UI 线程中直接执行后台线程的 run()方法,后台线程角色失效。

当后台线程启动后,对 Android 编程而言,亟须解决的一个问题是,后台线程产生的数据与 Android UI 前端之间如何交互。在本任务中,后台线程每隔 0.01s 会更新一次计数值,那么,Activity 前端 UI 线程中如何获知? 对于编写 C 语言的开发者,最"勤劳"的做法是对线程设置某个标记变量,在发布数据时,将标记变量置 1,而前端在 for 循环中一直读取该标记变量,若为 1,则取计数值并将标记重置为 0;"高级"一点的做法是设置中断,在中断中处理数据。显然这些做法都不适合 Android,前者将导致 Android 的 CPU 一直处于忙碌状态,耗能增大,且系统响应迟钝;后者没有对应 API,难以实现。

对于 Android 系统,目前常用的前后台多线程之间的数据交互有 3 种方法。

(1) 通过 Handler(句柄)实现事件传递和数据交互。

(2) 通过自定义接口,在后台线程中切换主 UI 线程,并产生接口回调,在主 UI 线程中实现接口并响应回调。

(3) 通过 Android 的 LiveData,利用生产者和观察者模式,在后台线程中对 LiveData 数据通过 postValue()方法修改值,在主 UI 线程中则对 LiveData 调用 Observer 接口侦听数据变动。

2. 句柄 Handler

本任务使用 Handler 实现后台线程与前端的交互。Handler(android. os. Handler,不是 Java 包中的 java. util. logging. Handler)是 Android 所提供的一个特殊类,负责消息传递。

Handler 工作方式如图 5-2 所示。Handler 对象在主 UI 中(Activity 或 Fragment 等)定义,并且一般是全局变量。后台线程需要用到主 UI 中定义的 Handler 对象,因此 Handler 对象往往会作为构造参数传递给后台线程,当后台线程需要发送数据给前端 UI 时,则通过 Handler 对象的 obtainMessage()方法获得消息对象 Message,Message 可以使用 Bundle 放置多个字段的数据,进而 Handler 使用 Message 在线程间传输数据。Bundle 是 Android 提供的数据封装类,通过 key-value 的方式放置数据,可将其理解为超级 HashMap,提供了诸如 putFloat()、getFloat()、putString()、getString()、putStringArray()、 getStringArray()等常用数据的存取方法,也提供了 putSerializable()、getSerializable()等方法支持自定义类数据(需要实现 Serializable 序列化接口)的存取。

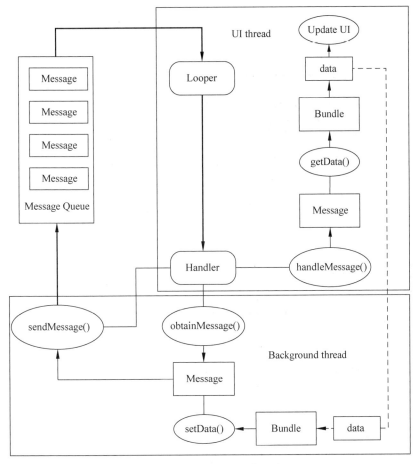

图 5-2　Handler 的工作方式

后台线程通过 Bundle 对象,按 key-value 的方式调用对应的方法存入数据后,使用主UI 传进来的 Handler 对象获得消息对象 Message,对 Message 对象调用 setData()方法将Bundle 对象放入消息中,最后通过 Handler 对象的 sendMessage()方法将消息发送出去。消息进入消息队列 MessageQueue 中,系统 Looper 会自动调度消息队列,当存在 Handler对象对应的消息时,会从队列中取出消息发送给 Handler 对象,此时,Handler 对象会产生handleMessage()回调。由于 Handler 是在前端 UI 线程中定义的,其 handleMessage()回调也在 UI 线程中执行。在 handleMessage()回调中会传入对应的 Message 对象,进而可从消息对象中通过 getData()方法获得 Bundle 对象,Bundle 对象则可通过 key 取出对应数据将之渲染到 UI 上。

总而言之,前端定义 Handler 对象,并处理 handleMessage()回调从消息中获得数据,用于更新 UI;后台线程通过 Handler 对象获得 Message 对象,将数据装入 Message,并通过Handler 发送消息,两者配合实现了后台线程与前端 UI 的数据交互。当 Message 仅需要传递 int 数据时,可以不使用 Bundle,而是直接使用 Message 对象的 arg1 和 arg2 传递简单的int 数据。

5.1.3　任务实现

1. 实现 UI 布局

MainActivity 的布局 my_main. xml 如代码 5-1 所示,其中 Button 可通过 android:enabled 属性控制初始使能状态,当属性值为 false 时,则 Button 使能被禁止,无法被单击。

代码 5-1　MainActivity 的布局文件 my_main. xml

```
1    < LinearLayout xmlns:android = "http://schemas.android.com/apk/res/android"
2        xmlns:app = "http://schemas.android.com/apk/res - auto"
3        android:orientation = "vertical"
4        android:layout_width = "match_parent"
5        android:layout_height = "match_parent">
6        < TextView
7            android:layout_width = "match_parent"
8            android:layout_height = "wrap_content"
9            android:text = "Your name and ID" />
10       < TextView
11           android:id = "@ + id/tv_result"
12           android:layout_width = "match_parent"
13           android:layout_height = "wrap_content"
14           android:text = "0.00" />
15       < LinearLayout
16           android:layout_width = "match_parent"
17           android:layout_height = "wrap_content"
18           android:orientation = "horizontal">
19       < Button
20           android:id = "@ + id/bt_start"
21           android:layout_width = "0dp"
22           android:layout_height = "wrap_content"
23           android:layout_weight = "1"
24           android:text = "Start" />
25       < Button
26           android:id = "@ + id/bt_stop"
27           android:layout_width = "0dp"
28           android:layout_height = "wrap_content"
29           android:layout_weight = "1"
30           android:enabled = "false"
31           android:text = "Stop" />
32   <!--    通过设置 android:enabled 属性可控制 Button 是否可用 -->
33       </LinearLayout >
34   </LinearLayout >
```

2. 实现自定义线程 CounterThread

自定义后台线程 CounterThread 如代码 5-2 所示。在线程中通过构造方法传递主 UI 线程中定义的 Handler 对象,此外 Bundle 需要通过 key-value 方式存取 float 类型的计数值,建议将 key 定义为常量,本任务中,将计数值的 key 定义成私有常量 KEY_COUNTER。

线程的核心工作是改写 run()方法。在 run()方法中,对状态 isRunning 进行 while 循环判断,若 isRunning 为 true,则循环执行睡眠 10ms 后对计数值 counter 自增 0.01,并通过 Handler 对象将封装有 counter 的消息发送出去,从而主 UI 中的 Handler 对象会响应 handleMessage()回调,在回调方法中取出 counter 并更新 UI。Bundle 对象的取数涉及 key 操作,为了进一步减少耦合,可将取数作为后台线程的公开方法,即本任务中的

getMessageData()方法,供使用者调用,此时宜将 Handler 回调的 Message 对象作为 getMessageData()方法的传参,使 getMessageData()方法从 Message 对象中取出 Bundle,进而使用类中所定义的 KEY_COUNTER 取出 float 变量。考虑到线程可能消亡,因此 getMessageData()方法应该设计为静态的方法,使之不依赖于具体的线程对象。

在后台线程中,变量 isRunning 被定义为原子变量 AtomicBoolean,并且其取数和改值均调用原子变量所提供的方法,之所以这样做是因为在多线程中,如果多个线程共同访问(写值)某无锁变量是非线程安全的。在极端情况下,若多个线程试图同时修改同一个无锁变量,则会导致其出乎逻辑的错误,尤其是具有多字段的自定义类变量,变量的修改往往无法在一条机器指令周期内完成,会出现变量不同字段被不同线程同时修改,导致数据面目全非。而原子操作则能保证某线程访问该变量时,自动加锁,操作完后,释放锁,从而使该变量在加锁期间无法被其他线程修改,保证数据完整性安全。

按照 C 语言的逻辑,在 run()方法中,变量 isRunning 被设为 true 之后,有读者认为在 while 判断时,该循环是死循环。事实上,变量 isRunning 可被线程所提供的 stopCounter()方法修改为 false。只要外部的线程调用了 stopCounter()方法,随时可将变量 isRunning 修改为 false,使 while 循环结束,run()方法执行完毕,线程消亡。Thread. sleep()方法提供睡眠功能,使用时需要 try-catch 语句捕捉异常。注意,Thread. sleep()方法的睡眠时间并不是严格精确的,不能胜任精确定时的场合。

代码 5-2　自定义线程 CounterThread. java

```java
1    import android.os.Bundle;
2    import android.os.Handler;
3    import android.os.Message;
4    import java.util.concurrent.atomic.AtomicBoolean;
5    public class CounterThread extends Thread{
6        private static final String KEY_COUNTER = "key_counter" ;
7        private AtomicBoolean isRunning;        //原子变量,使之多线程操作安全
8        private Handler handler;                //handler 由外部传入,在 UI 线程中定义 handler
9        //注意导入包是 android.os.Handler,而非 java.util.logging.Handler
10       public CounterThread(Handler handler) {
11           this.handler = handler;
12       }
13       @Override
14       public void run() {
15           isRunning = new AtomicBoolean(true);
16           float counter = 0.0f;
17           while (isRunning.get()){
18               try {
19                   Thread.sleep(10);            //睡眠 10ms,可能会有异常,用 try-catch 捕捉
20                   //非精准计时,与实际时间有误差
21               } catch (InterruptedException e) {
22                   e.printStackTrace();
23               }
24               counter += 0.01f;
25               Bundle bundle = new Bundle();
26               //Handler 对象利用 Bundle 打包数据
27               //Bundle 可理解为一个超级 HashMap,通过 key-value 存放数据
28               //Bundle 支持常用数据存取的指定方法,避免强制类型转换
29               bundle.putFloat(KEY_COUNTER,counter);
30               Message msg = handler.obtainMessage();   //从 Handler 对象中取出消息对象
```

```
31          msg.setData(bundle);              //将 Bundle 对象放入消息对象
32          handler.sendMessage(msg);         //将消息通过 Handler 对象发送出去
33          //句柄对象 Handler 在主 UI 中回调 handleMessage()处理消息,并更新 UI
34      }
35   }
36   public void stopCounter(){
37       isRunning.set(false);
38       //isRunning 设置为 false,使得 run()方法中 while 条件不再成立,循环结束
39   }
40   public static float getMessageData(Message msg){
41       //定义为 static 方法,使之不依赖于实例对象
42       //解析消息数据直接在该类中实现有利于解耦,外部无需关心 Bundle 对象存放数据的 key
43       Bundle bundle = msg.getData();
44       float v = bundle.getFloat(KEY_COUNTER);
45       return v;
46   }
47 }
```

3. 实现 MainActivity

MainActivity 的实现如代码 5-3 所示。线程在 run()方法执行完毕时即消亡,一般情况下被定义为局部变量,但是由于 MainActivity 类的 onCreate()方法中有匿名回调需要调用 Thread 对象的方法,而匿名回调要访问局部变量,就需要将该局部变量声明为 final,而 final 修饰的变量不能被多次重新创建,因此本任务中将线程对象设为成员变量,使之能被 MainActivity 类中的各方法访问。

Handler 对象创建时,可直接匿名实现 handleMessage()回调,在回调中调用 CounterThread 静态方法从 Message 对象中获得计数器值,并更新给 TextView 对象,从而实现了后台线程发送消息传递数据,UI 线程中回调 handleMessage()方法接收数据并更新 UI。

MainActivity 中,两个 Button 的使能状态须在单击事件中互相反转,其原因是,Button 对象 bt_start 负责创建并启动线程,Button 对象 bt_stop 负责停止线程,若线程还没有启动,单击 bt_stop 无意义,因此须在 bt_start 启动线程后才可以使能 bt_stop,使之具有可停止的线程对象。此外,本任务中只需要 1 个后台线程,因此 bt_start 启动线程后不能再启动新线程,需将 bt_start 自身使能禁止,避免反复单击创建新线程。

代码 5-3   MainActivity. java

```
1    import androidx.annotation.NonNull;
2    import androidx.appcompat.app.AppCompatActivity;
3    import android.os.Bundle;
4    import android.os.Handler;
5    import android.os.Message;
6    import android.view.View;
7    import android.widget.Button;
8    import android.widget.TextView;
9    import android.widget.Toast;
10   public class MainActivity extends AppCompatActivity {
11       Handler handler;
12       CounterThread thread;
13       @Override
14       protected void onCreate(Bundle savedInstanceState) {
```

```
15          super.onCreate(savedInstanceState);
16          setContentView(R.layout.my_main);
17          TextView tv = findViewById(R.id.tv_result);
18          Button bt_start = findViewById(R.id.bt_start);
19          Button bt_stop = findViewById(R.id.bt_stop);
20          handler = new Handler(new Handler.Callback() {
21              @Override
22              public boolean handleMessage(@NonNull Message msg) {
23                  //后台线程通过 Handler 对象调用 sendMessage()方法发送消息后产生的回调
24                  float f = CounterThread.getMessageData(msg);
25                  tv.setText(String.format("%.2f",f));      //更新计数器值
26                  return true;                              //Handler 事件不再往下传递
27              }
28          });
29          bt_start.setOnClickListener(new View.OnClickListener() {
30              @Override
31              public void onClick(View v) {
32                  bt_start.setEnabled(false);               //反转两个 Button 的使能状态
33                  bt_stop.setEnabled(true);
34                  thread = new CounterThread(handler);
35                  thread.start();            //启动线程 run()方法,run()结束时线程消亡
36                  //不能调用 thread.run(),该方法会在主 UI 中执行,而不是开辟后台线程执行
37              }
38          });
39          bt_stop.setOnClickListener(new View.OnClickListener() {
40              @Override
41              public void onClick(View v) {
42                  bt_start.setEnabled(true);
43                  bt_stop.setEnabled(false);
44                  thread.stopCounter();
45                  //修改 CounterThread 的 isRunning 为 false,循环结束,线程运行结束
46              }
47          });
48      }
49  }
```

5.1.4 验证变量的线程安全性

1. 验证原子变量的线程安全性

为了进一步验证变量的线程安全与否,可自定义 1 个线程类 TestAtomicThread,如代码 5-4 所示。在线程中定义 1 个静态的原子变量计数器 counter 供多个后台线程共享,以及可控的增减方向变量 isAdd。当 isAdd 为 true 时,在循环中对 counter 自增 20,反之则自减 20,随后睡眠 1ms,循环程序执行 5000 次。TestAtomicThread 类提供 getCounter()方法获取计数器值,resetCounter()方法对计数器清零。

代码 5-4　自定义线程类 TestAtomicThread.java

```
1  import java.util.concurrent.atomic.AtomicLong;
2  public class TestAtomicThread extends Thread {
3      private static AtomicLong counter = new AtomicLong(0);
4      private boolean isAdd;
5      public TestAtomicThread(boolean isAdd) {
6          this.isAdd = isAdd;
7      }
```

```
8          @Override
9          public void run() {
10             for (int i = 0; i < 5000; i++) {
11                 if (isAdd) {
12                     counter.getAndAdd(201);
13                 } else {
14                     counter.getAndAdd( − 201);
15                 }
16                 try {
17                     sleep(1);
18                 } catch (InterruptedException e) {
19                     e.printStackTrace();
20                 }
21             }
22         }
23         public static AtomicLong getCounter() {
24             return counter;
25         }
26         public static void resetCounter(){
27             counter.set(01);
28         }
29     }
```

在 MainActivity 的布局中增加 1 个 Button(id 为 bt_test),在 MainActivity 的 onCreate()方法中增加相应代码,所增加的内容如代码 5-5 所示。单击 bt_test 按钮,生成两个 TestAtomicThread 线程实例,在启动线程前,先对计数器清零。启动线程后,两个线程在各自的循环程序中对共享的计数器改值,其中,线程 t1 对计数器值每次自增 20,线程 t2 对计数器值每次自减 20,主 UI 线程中调用线程对象的 join()方法等待线程 t1 和线程 t2 运行结束。基于 join()方法是阻塞式操作,等待线程对象执行结束才能继续往下执行这一原理,在主 UI 中会一直等待线程 t1 和线程 t2 运行结束,并且在等待期间,主 UI 线程被阻塞,不能执行 UI 操作。当线程 t1 和线程 t2 执行结束时,主 UI 不被阻塞,此时 Toast 会显示 TestAtomicThread 的计数器值。鉴于原子变量是线程安全的,线程 t1 对计数器 5000 次的自增操作与线程 t2 对计数器的 5000 次自减操作的累计影响相抵消,因此,Toast 显示的计数器结果为 0。

代码 5-5   **MainActivity 的 onCreate()方法对 TestAtomicThread 的验证代码**

```
1     Button bt_test = findViewById(R. id. bt_test);
2     bt_test.setOnClickListener(new View.OnClickListener() {
3     @Override
4     public void onClick(View v) {
5         TestAtomicThread t1 = new TestAtomicThread(true);
6         TestAtomicThread t2 = new TestAtomicThread(false);
7         TestAtomicThread.resetCounter();
8         t1.start();
9         t2.start();
10        try {
11            t1.join();        //阻塞操作,在主 UI 中等待线程 t1 运行结束
12            t2.join();        //阻塞操作,在主 UI 中等待线程 t2 运行结束
13            Toast.makeText(MainActivity.this,
14                    "Counter = " + TestAtomicThread.getCounter(),
15                    Toast.LENGTH_LONG).show();
```

```
16              } catch (InterruptedException e) {
17                  e.printStackTrace();
18              }
19          }
20      });
```

2. 验证普通变量的非线程安全性

定义 1 个非线程安全类 TestCommonThread,如代码 5-6 所示,该类中,将计数器 counter 更改为 Long 变量,并且在 run()方法中对 counter 无加锁操作,因此线程的 run()方法对 counter 操作是非线程安全的。

在 TestCommonThread 中还定义了 resetCounter()静态方法,使用了 synchronized 关键字修饰,静态的 synchronized 方法相当于对 TestCommonThread. class 加锁,不管 TestCommonThread 生成多少个线程实例对象,在调用 resetCounter()方法时,只有 1 个线程实例能对其操作,该实例完成 resetCounter()方法调用后,其他线程实例才能调用该方法。

代码 5-6 自定义线程 TestCommonThread. java

```
1   public class TestCommonThread extends Thread{
2       private static Long counter = 0l;
3       private Boolean isAdd;
4       public TestCommonThread(boolean isAdd) {
5           this.isAdd = isAdd;
6       }
7       @Override
8       public void run() {
9           for (int i = 0; i < 5000; i++) {
10              if (isAdd) {
11                  counter += 20l;
12              } else {
13                  counter -= 20l;
14              }
15              try {
16                  sleep(1);
17              } catch (InterruptedException e) {
18                  e.printStackTrace();
19              }
20          }
21      }
22      public static long getCounter() {
23          return counter;
24      }
25      public static synchronized void resetCounter(){
26          //静态方法加锁,等效于给 TestCommonThread.class 加锁
27          //所有调用该方法的线程实例等待该方法解锁后才能继续调用 resetCounter()
28          counter = 0l;
29      }
30  }
```

MainActivity 中的验证程序如代码 5-7 所示,在 onCreate()方法中运行。当线程 t1 和线程 t2 运行结束后,Toast 显示计数器值,运行结果验证了计数器值在多数情况下不为 0。造成该结果的原因是:在线程的 run()方法中,线程 t1 对 counter 自增操作尚未结束时,有

可能线程 t2 对 counter 同时进行自减操作,导致读写数据不一致,即非线程安全操作,导致最终结果与预期不一致。通俗地说,假设某时刻计数器 counter=100,线程 t1 在自增操作时读取了 counter 并在 CPU 中进行了加法运算,正要写回给内存(但还没有写入,此时 CPU 计算结果为 120,内存结果为 100)时,线程 t2 又访问了 counter,此时读取的值依然是 100,并做了减法运算(结果为 80),随后线程 t1 在内存中写回 120,紧接着线程 t2 写回内存 80。此时预期的计数器值为 100,由于没有对变量加锁的原因,导致计数器的真实值为 80,与预期不一致。在测试中,循环用了 5000 次是为了增加两个线程写回数据时产生冲突的概率。

代码 5-7　MainActivity 中对 TestCommonThread 的验证代码

```
1    Button bt_test = findViewById(R.id.bt_test);
2    bt_test.setOnClickListener(new View.OnClickListener() {
3        @Override
4        public void onClick(View v) {
5            TestCommonThread t1 = new TestCommonThread(true);
6            TestCommonThread t2 = new TestCommonThread(false);
7            TestCommonThread.resetCounter();
8            t1.start();
9            t2.start();
10           try {
11               t1.join();      //阻塞操作,在主 UI 中等待线程 t1 运行结束
12               t2.join();      //阻塞操作,在主 UI 中等待线程 t2 运行结束
13               Toast.makeText(MainActivity.this,
14                       "Counter = " + TestCommonThread.getCounter(),
15                       Toast.LENGTH_LONG).show();
16           } catch (InterruptedException e) {
17               e.printStackTrace();
18           }
19       }
20   });
```

3. 使用 synchronized 修饰解决多线程访问冲突

解决多线程访问冲突问题,不一定都要使用原子变量。代码 5-8 对 TestCommonThread 进行修改,在 run()方法中对变量 counter 加了 synchronized 关键字修饰(见粗体代码),使对应的代码块具备加锁保护功能。当运行该代码块时,只有 1 个线程能运行,只有该线程运行完毕后,其他线程才能运行该代码块,此时对 counter 自增或自减操作是线程安全的,实际运行结果和预期结果均为 0。

代码 5-8　在 TestCommonThread 中给变量 counter 加锁

```
1    @Override
2    public void run() {
3        for (int i = 0; i < 5000; i++) {
4            synchronized (counter) {
5                if (isAdd) {
6                    counter += 201;
7                } else {
8                    counter -= 201;
9                }
10           }
11           try {
12               sleep(1);
13           } catch (InterruptedException e) {
```

```
14                    e.printStackTrace();
15                }
16           }
17    }
```

为了测量两个线程的运行时间,在 MainActivity 中修改了相关代码,具体见代码 5-9 的粗体内容。在线程启动之前,对 bt_start 按钮调用 performClick()方法,相当于对 bt_start 按钮产生单击操作,等到 t1 和 t2 两个线程结束后,调用 bt_stop 按钮的 performClick()方法,即结束定时,此时 TextView 上显示的即为两个线程跑完的时间(非精确测量)。

代码 5-9　MainActivity 中模拟 Button 的单击行为

```
1    bt_test.setOnClickListener(new View.OnClickListener() {
2        @Override
3        public void onClick(View v) {
4            TestCommonThread t1 = new TestCommonThread(true);
5            TestCommonThread t2 = new TestCommonThread(false);
6            TestCommonThread.resetCounter();
7            bt_start.performClick();     //用代码控制 bt_start 按钮产生单击行为
8            t1.start();
9            t2.start();
10           try {
11               t1.join();              //阻塞操作,在主 UI 中等待线程 t1 运行结束
12               t2.join();              //阻塞操作,在主 UI 中等待线程 t2 运行结束
13               bt_stop.performClick(); //用代码控制 bt_stop 按钮产生单击行为
14               //tv 上显示 t1 和 t2 两个线程运行结束时产生的后台计数时间
15               Toast.makeText(MainActivity.this,
16                       "Counter = " + TestCommonThread.getCounter(),
17                       Toast.LENGTH_LONG).show();
18           } catch (InterruptedException e) {
19               e.printStackTrace();
20           }
21       }
22   });
```

多次运行的结果是:计数器 counter 最终值为 0。因此代码 5-8 的操作可行,TextView 上显示的时间约为 10.80s。如果指令运算的时间忽略不计,线程 t1 和线程 t2 几乎同时运行,理论值应该在 5.00s 左右(5000 次循环,每次循环消耗 1ms),但是由于线程的 sleep()方法为非精确定时,加上线程切换调动的开销,使得实际消耗时间远大于理论值。

作为比较,运行代码 5-6,软测量的时间约为 10.70s,与加了同步锁的代码 5-8 相差不大。若在 synchronized 代码块中,不小心将 sleep()方法的相关代码放在同步代码块,如代码 5-10 所示,则在计数器 counter 访问冲突时,sleep()方法的执行也被包含在同步锁中,需等当前线程 sleep()方法结束才能将代码块释放给另一个线程,此时会无形中增加线程之间的消耗时间。运行代码 5-10 的软测量结果为 12.20s,显然在访问冲突时由于 sleep()方法的执行,增加了总运行时间。作为参考,对 Atomic 变量的测量结果为 10.80s 左右,与代码 5-8 相当。

修改代码 5-10,使用 synchronized (TestCommonThread.class),即对 TestCommonThread 类加锁,当该类的线程实例 t1 和 t2 运行同步代码块时,只能有 1 个线程运行,此时 counter 变量最终结果依然是 0,符合预期,但是 t1 和 t2 几乎全程不能并行执行,运行消耗的时间大

幅增加,软测量结果为 21.40s。

若将锁加在线程的变量 isAdd 上,即改成 synchronized (isAdd),由于 isAdd 不是静态变量,线程实例 t1 和 t2 都有各自的变量 isAdd,此时,同步锁针对的是两个不同的变量 isAdd,从而导致线程 t1 和线程 t2 相互独立运行,同步锁不起作用,计数器最终值不为 0,运行软测量结果为 10.76s。若将同步锁改成线程实例,即 synchronized (this),由于线程 t1 和线程 t2 不是同一个实例,同样,同步锁不起作用,计数器最终值不为 0,运行软测量结果为 10.76s。

由此可见,synchronized 同步代码的"陷阱"比较多,稍不注意,就可能发生预期之外的错误或者牺牲了性能。对于提供了原子操作的变量,尽量在多线程访问冲突场合使用原子变量。

代码 5-10　牺牲性能的同步代码

```
1    synchronized (counter) {
2        if (isAdd) {
3            counter += 201;
4        } else {
5            counter -= 201;
6        }
7        try {
8            sleep(1);
9        } catch (InterruptedException e) {
10           e.printStackTrace();
11       }
12   }
```

5.2　使用多线程与自定义接口

5.2.1　任务说明

本任务功能同 5.1 节的任务,但在实现方式上,采用了自定义接口,利用接口回调方法实现后台线程向前端 UI 传递数据。

自定义接口回调避免了通过 Handler 传递数据,因此后台线程的写法更像传统 Java 的写法,但在细节上依然存在差异,后台线程自定义接口回调的方法虽然是在前端 UI 线程中实现的,但本质上,却是在后台线程中执行的,若前端实现的回调方法中涉及 UI 更新,则实际上是在后台线程中更新 UI,这在 Android 系统中是不允许的。

接口回调可以理解成一种特殊的方法占位符,定义和使用接口回调的地方占位了回调方法,并传递了所需要的数据,而实现接口回调的地方对回调方法所传递的数据进行处理。通过这种方式,就能实现代码的抽象与解耦。占位接口回调的只用关心什么时候需要触发该接口回调,并通过接口回调传递什么数据出去,而不必关心使用者如何实现该接口回调,对传递的数据做如何处理;实现接口回调的只用关心什么时候接收接口回调的数据,如何使用所传递的数据或更新 UI,而不必关心接口回调是怎么触发的、触发机制是什么、在具体的哪一行代码触发。因此,接口具有生产者和观察者特性,生产者产生数据,并占位接口回调传递数据,观察者实现接口回调,使用所传递的数据做事务逻辑处理或者更新 UI。

鉴于实现接口回调的代码本质上是在接口占位中执行的,若接口回调的实现方法中涉及 UI 更新,则后台线程接口占位不能直接写在线程的 run()方法中,而是需要将接口占位放在主 UI 线程中。Android 提供了对应的解决办法,可将 Activity 对象传递到后台线程,利用 Activity 对象所提供的 runOnUiThread()方法将后台线程切换至 Activity 所在的 UI 线程,进而可在 runOnUiThread()方法的匿名 Runnable 中占位自定义的接口回调,解决了后台线程不能更新 UI 的问题。

5.2.2 任务实现

1. 实现后台线程 CounterThread

MainActivity 的布局文件参考 5.1 节。后台线程 CounterThread 如代码 5-11 所示,鉴于后台线程需要 Activity 对象的 runOnUiThread()方法进行 UI 线程切换,因此将 Activity 对象作为类成员,并通过构造方法传递该对象。

在 CounterThread 中,自定义了 OnUpdateListener 接口和对应的 onUpdate(float counter)方法,通过该方法将计数器值 counter 传递给使用线程的 Activity。此外,由于 Activity 对象需要调用 runOnUiThread()切换线程,并将匿名实现的 Runnable 接口作为切换线程方法的参数,涉及了匿名回调访问计数器值,若 counter 作为 final 的局部变量,则无法被重新赋值,因此 counter 只能作为类成员变量实现全局访问。CounterThread 类提供了 setOnUpdateListener()方法,使 Activity 在使用线程时,可通过该方法实现 OnUpdateListener 接口,并在接口回调方法中使用计数器值更新 UI。

CounterThread 的 run()方法中,依然是睡眠 10ms,更新一次计数器值,并通过 Activity 对象的 runOnUiThread()切换线程。为了防止 Activity 实例因没有调用 setOnUpdateListener()方法实现 OnUpdateListener 接口,而导致接口对象为 null 产生空对象错误,占位接口回调时,须先对接口对象判断是否为空,再调用接口对象所提供的 onUpdate(counter)方法,将计数器值 counter 传递出去。当 Activity 的 OnUpdateListener 接口被触发时,本质上,在 Activity 中实现的 OnUpdateListener 接口和回调方法,在代码 5-11 第 36 行处执行,而这些代码是在 runOnUiThread()方法中执行的,已从后台线程切换到 Activity 对象的 UI 线程,既保证了后台线程传递数据,又保证了在 UI 线程中接收数据更新 UI。

代码 5-11 使用自定义接口的线程 CounterThread. java

```
1    import android.app.Activity;
2    import java.util.concurrent.atomic.AtomicBoolean;
3    public class CounterThread extends Thread{
4        private AtomicBoolean isRunning;              //原子变量多线程操作是安全的
5        private Activity activity;                    //使用 Activity 对象切换 UI 线程
6        private OnUpdateListener onUpdateListener;    //定义自定义接口对象
7        private float counter;        //全局变量 counter 在切换线程的匿名 run()方法中被访问
8        public CounterThread(Activity activity) {
9            this.activity = activity;                 //Activity 对象从外部传入
10           //可直接传 MainActivity.this
11       }
12       public interface OnUpdateListener {
13           void onUpdate(float counter);             //利用自定义接口传递计数器值
14       }
15       public void setOnUpdateListener(OnUpdateListener onUpdateListener) {
```

```
16          this.onUpdateListener = onUpdateListener;          //传递外部实现的接口
17          //外部实现的接口得到计数器值,并更新 UI
18      }
19      @Override
20      public void run() {
21          isRunning = new AtomicBoolean(true);
22          counter = 0.0f;
23          while (isRunning.get()){
24              try {
25                  Thread.sleep(10);   //睡眠 10ms,可能会有异常,用 try-catch 捕捉异常
26              } catch (InterruptedException e) {
27                  e.printStackTrace();
28              }
29              counter += 0.01f;
30              activity.runOnUiThread(new Runnable() {
31                  //利用 Activity 对象切换到主 UI 线程
32                  //后台线程 Thread 不能更新 UI
33                  @Override
34                  public void run() {
35                      if(onUpdateListener!= null){
36                          onUpdateListener.onUpdate(counter);
37                          //通过自定义接口将计数器值传给接口实现者,并更新 UI
38                      }
39                  }
40              });
41          }
42      }
43      public void stopCounter(){
44          isRunning.set(false);
45          //将 isRunning 设置为 false,使得 run()循环结束
46      }
47  }
```

2. 实现 MainActivity

MainActivity 的实现如代码 5-12 所示。MainActivity 不需要使用 Handler 传递数据,其实现逻辑相比 5.1 节要简单,启动后台线程后,对线程对象调用 setOnUpdateListener()方法,并匿名实现 OnUpdateListener 接口,在接口回调中获得后台线程的计数器值,并更新到 TextView 对象上。

代码 5-12　MainActivity.java

```
1   import androidx.appcompat.app.AppCompatActivity;
2   import android.os.Bundle;
3   import android.view.View;
4   import android.widget.Button;
5   import android.widget.TextView;
6   public class MainActivity extends AppCompatActivity {
7       CounterThread thread;
8       @Override
9       protected void onCreate(Bundle savedInstanceState) {
10          super.onCreate(savedInstanceState);
11          setContentView(R.layout.my_main);
12          TextView tv = findViewById(R.id.tv_result);
13          Button bt_start = findViewById(R.id.bt_start);
14          Button bt_stop = findViewById(R.id.bt_stop);
```

```
15              bt_start.setOnClickListener(new View.OnClickListener() {
16                  @Override
17                  public void onClick(View v) {
18                      bt_start.setEnabled(false);        //反转两个 Button 的使能状态
19                      bt_stop.setEnabled(true);
20                      thread = new CounterThread(MainActivity.this);
21                      thread.setOnUpdateListener(new CounterThread.OnUpdateListener() {
22                          //设置线程的接口回调,在回调方法中得到计数器值,并更新 UI
23                          @Override
24                          public void onUpdate(float counter) {
25                              tv.setText(String.format("%.2f",counter));
26                          }
27                      });
28                      thread.start();                    //启动后台线程
29                  }
30              });
31              bt_stop.setOnClickListener(new View.OnClickListener() {
32                  @Override
33                  public void onClick(View v) {
34                      bt_start.setEnabled(true);
35                      bt_stop.setEnabled(false);
36                      thread.stopCounter();
37                  }
38              });
39          }
40      }
```

5.3 使用多线程与 LiveData

5.3.1 任务说明

本任务的演示效果如图 5-3 所示,相比 5.1 节的任务,在功能逻辑上要复杂一些。单击 START 按钮后,启动后台线程,每隔 0.01s 更新 1 次计数值,通过 LiveData 的实现类 MutableLiveData 感知数据并在 UI 中更新。START 按钮被单击后会变成 PAUSE 按钮,同时使能 STOP 按钮。PAUSE 按钮有两种行为,具体如下所述。

图 5-3 任务的演示效果

(1) 在 PAUSE 按钮状态下,单击 STOP 按钮,定时器结束,PAUSE 按钮变成 START 按钮,STOP 按钮禁止。

(2) 单击 PAUSE 按钮,该按钮变成 RESUME 按钮,并且 STOP 按钮禁止,定时器暂停。

单击 RESUME 按钮,定时器工作,并且继续在上一次计数值的基础上计数,RESUME 按钮变成 PAUSE 按钮,STOP 按钮使能。

相比 5.1 节的任务,START 按钮身兼数职,具有重新启动计数、暂停计数、继续计数的功能。在逻辑上,通过 STOP 按钮重置 START 按钮,而 START 按钮的单击行为则会进入 PAUSE 和 RESUME 的循环状态。

在实现上,若将后台线程计数器值设为静态变量,不管是通过 Handler 还是自定义接口,均能实现类似的功能,但是所有的计数器线程共享 1 个静态变量,无法做到多个 Activity 或者 Fragment 拥有各自独立的后台计数器。本任务使用了全新的方法,即 LiveData 来实现后台线程与 UI 线程的交互,LiveData 与视图模型绑定后,可让不同的 Activity 或者 Fragment 拥有独立的 LiveData 数据。

5.3.2　任务实现

1. LiveData 的特点与使用方法

LiveData 是 Jetpack 提供的一种响应式编程组件,它可以包含任何类型的数据,并在数据发生变化的时候通知观察者,适合与 ViewModel(视图模型)结合在一起使用,可以让 ViewModel 将数据的变化主动通知给 Activity 或者 Fragment。

LiveData 本身是抽象类,一般会使用实现类 MutableLiveData < T >定义 LiveData 数据,其中 T 是泛型,即将需要被观察的对象的数据类型作为 MutableLiveData 的泛型定义该数据,MutableLiveData 对象具有 setValue() 和 postValue() 两种常用的改值方法,其中 setValue() 方法在 UI 线程中使用,postValue() 方法在后台线程和 UI 线程中均可使用。UI 线程获得 MutableLiveData 对象,并对其实现 Observer 接口,则在接口回调 onChanged() 方法中,会获得 MutableLiveData 对象 setValue() 或者 postValue() 的更新值,进而可将更新值用于 UI 渲染。

一般而言,MutableLiveData 不会单独使用,而是放在继承了 ViewModel 的自定义视图模型中,使之具有生命周期的管理功能。当视图模型的拥有者(Activity 或者 Fragment)没有消亡,则视图模型中的 MutableLiveData 也不会消亡。从另外一个角度理解,当后台线程和前端 UI 均使用相同的视图拥有者,则后台线程不管生成消亡多少次,其从视图模型中获得的 MutableLiveData 与前端 UI 的 MutableLiveData 始终是同一个对象,从后台线程的角度看,多次线程的创建和消亡不会导致 MutableLiveData 消亡,使之具有静态变量的特征。但是 MutableLiveData 比静态变量更强大,当多个 Activity 使用后台线程时,由于不同 Activity 对视图模型而言属于不同的拥有者,因此对应的 MutableLiveData 属于不同的对象,从而不同 Activity 对象调用后台线程,只要后台线程处理好与对应 Activity 的拥有者关系,就能实现不同 Activity 以及所对应的后台线程具有相互独立的 MutableLiveData 对象。对本任务而言,即不同的 Activity 拥有各自独立的后台线程计数器,每个 Activity 均可以对其实现重启、暂停、继续和停止操作,互不影响,若是使用后台线程的静态变量则难以实现该功能,各个 Activity 只能共享同一个静态变量,无法做到互不干扰。

2. 创建自定义视图模型 CounterViewModel

自定义视图模型 CounterViewModel 如代码 5-13 所示,该类继承自 ViewModel。CounterViewModel 的设计比较简单,定义了 1 个私有变量计数器 counter,使用 MutableLiveData< Float >类型定义,即该数据是 Float 泛型的 MutableLiveData 数据,在 CounterViewModel 类中实现 getCounter()方法,使之返回该私有数据。泛型只接受类数据,float 类型的计数器在 MutableLiveData 中须使用 Float 泛型。在 MutableLiveData 构造方法中,对 counter 实例化,并且设置了计数器初始值 0。若采用无构造方法的视图模型,可在声明成员变量时直接对其实例化。

代码 5-13　自定义视图模型 CounterViewModel.java

```
1    import androidx.lifecycle.MutableLiveData;
2    import androidx.lifecycle.ViewModel;
3    public class CounterViewModel extends ViewModel {
4        //在自定义的 CounterViewModel 中定义 MutableLiveData
5        private MutableLiveData< Float > counter;
6        //MutableLiveData 数据需要泛型定义数据类型,泛型只接受类,float 对应类是 Float
7        public CounterViewModel() {
8            counter = new MutableLiveData<>();           //对 counter 实例化
9            counter.setValue(0.0f);                      //设置初始值
10       }
11       public MutableLiveData< Float > getCounter() {
12           return counter;
13       }
14   }
```

取视图模型中的变量 counter,需要先取得视图模型,可通过以下方式获得视图模型。

```
CounterViewModel counterViewModel = new ViewModelProvider(owner)
                                .get(CounterViewModel.class);
```

其中,owner 是拥有者,可用 Activity(或者 Fragment)的实例,如 MainActivity.this。得到视图模型对象后,可调用 getCounter()方法,获得使用 MutableLiveData< Float >定义的计数器 counter。变量 counter 具有数据感知能力,可在后台线程中被改值,并在 UI 线程中被观测。

3. 实现后台线程 CounterThread

CounterThread 的实现如代码 5-14 所示,在构造方法中,传入视图拥有者 ViewModelStoreOwner 对象,以便于通过拥有者获得视图模型以及对应的 LiveData 数据。后台线程相比之前的任务,略有不同,即计数器的处理有两种模式。

(1) 清零模式,将计数器清零,重新开始计数。

(2) 暂停模式,计数器在原有基础上计数。

为了便于识别后台线程计数器的处理模式,在 CounterThread 中定义了计数模式变量 mode 和两个常量 MODE_RESTART(清零模式)以及 MODE_RESUME(暂停模式)。当构造方法使用单参数构造时,计数器默认为清零模式。

后台线程的 run()方法中,通过拥有者获得视图模型,进而调用视图模型的 getCounter() 方法获得 LiveData 的计数器对象 counter。计数任务中,对线程模式进行判断,若是清零模式,则计数器 counter 通过 postValue()方法重新设为 0；若是暂停模式,则利用视图模型数据不会消亡的特点,可在原有值基础上计数。在循环计数中,计数器的更新值使用 postValue()方法。在 UI 线程中,对通过视图模型获得的计数器 counter 实现了 Observer 侦听接口,当后台线程的计数器通过 postValue()方法更新值后,UI 线程中的计数器则能通过 Observer 接口感知数据变动,进而触发 onChanged()回调方法,回调方法的传参就是计数器的更新值,可被 UI 线程取出用于 UI 更新。

代码 5-14　使用 LiveData 的后台线程 CounterThread.java

```java
 1    import androidx.lifecycle.MutableLiveData;
 2    import androidx.lifecycle.ViewModelProvider;
 3    import androidx.lifecycle.ViewModelStoreOwner;
 4    import java.util.concurrent.atomic.AtomicBoolean;
 5    public class CounterThread extends Thread{
 6        private ViewModelStoreOwner owner;
 7        private AtomicBoolean isRunning;
 8        private MutableLiveData < Float > counter;
 9        private int mode;
10        public static final int MODE_RESTART = 0;        //计数器清零模式
11        public static final int MODE_RESUME = 1;         //计数器暂停模式
12        public CounterThread(ViewModelStoreOwner owner, int mode) {
13            this.owner = owner;
14        //可以不传 owner,而是直接传 ViewModel 对象
15        //使用传参 owner,验证后台线程与前端 UI 使用同一个 owner 获得的视图模型是否相同
16        //相同视图模型实例对应的 LiveData 是同一个对象
17            this.mode = mode;
18        }
19        public CounterThread(ViewModelStoreOwner owner) {
20            this.owner = owner;
21            mode = MODE_RESTART;
22        }
23        @Override
24        public void run() {
25            isRunning = new AtomicBoolean(true);
26            CounterViewModel counterViewModel = new ViewModelProvider(owner)
27                                                   .get(CounterViewModel.class);
28        //从 CounterViewModel 中获得计数器变量,该变量具有 Observer 接口
29        //在主 UI 中,可对该变量实现 Observer 接口,感知变量的变动
30            counter = counterViewModel.getCounter();
31        //counter 不会随线程消亡,而是在 owner 的生命周期中一直存在
32            if(mode == MODE_RESTART) {
33            //在 MODE_RESTART 模式,计数器重置为 0
34                counter.postValue(0.0f);
35                //在线程中使用 postValue()改值,在主 UI 中,setValue()和 postValue()均可
36            }
37            while (isRunning.get()){
38                try {
39                    Thread.sleep(10);
40                } catch (InterruptedException e) {
41                    e.printStackTrace();
42                }
43                counter.postValue(counter.getValue() + 0.01f);
```

```
44                //在主 UI 中通过 counter 的 Observer 接口和回调方法取出更新值,更新 UI
45            }
46        }
47        public void stopCounter(){
48            isRunning.set(false);
49        }
50    }
```

4. 实现 MainActivity

本任务 MainActivity 的布局文件同 5.1 节。MainActivity 的实现如代码 5-15 所示。在 onCreate()方法中,视图模型通过 ViewModelProvider 获得,进而通过视图模型得到 MutableLiveData < Float >类型的计数器对象 counter,此时,由于 MainActivity 和 CounterThread 使用的视图模型拥有者均是 MainActivity 实例,因此两者是相同的视图模型,对应的计数器 counter 也是相同的对象实例。后台线程的计数器通过 postValue()方法改值后,MainActivity 前端 UI 通过 Observer 侦听感知数据变动,并通过 onChanged()回调方法获得更新后的值,进而更新 UI。

按钮 bt_start 的行为逻辑相比之前的任务略显复杂,初始状态是 START,被单击后,按钮文本更新为 PAUSE,即可用该按钮暂停计数;当 bt_start 再次被单击,PAUSE 按钮变为 RESUME 按钮,并调用线程的 stopCounter()方法结束线程,此时视图模型中的计数器 counter 生命周期跟随拥有者 MainActivity,不会因线程消亡而消亡;当 RESUME 按钮被单击时,后台线程不对计数器 counter 清零,而是直接在上一次取值基础上改值,从而实现计数器继续计数的功能,此时线程并不是暂停,而是被重新创建并启动。单击 STOP 按钮,线程结束,bt_start 恢复为 START 按钮,计数器处于清理模式,若再次启动线程,计数器从 0 开始计数。

代码 5-15　使用 LiveData 的 MainActivity. java

```
1    import androidx. appcompat. app. AppCompatActivity;
2    import androidx. lifecycle. MutableLiveData;
3    import androidx. lifecycle. Observer;
4    import androidx. lifecycle. ViewModelProvider;
5    import android. content. Context;
6    import android. content. Intent;
7    import android. os. Bundle;
8    import android. view. View;
9    import android. widget. Button;
10   import android. widget. TextView;
11   public class MainActivity extends AppCompatActivity {
12       CounterThread thread;
13       @Override
14       protected void onCreate(Bundle savedInstanceState) {
15       super. onCreate(savedInstanceState);
16       setContentView(R. layout. my_main);
17       CounterViewModel counterViewModel = new ViewModelProvider(this)
18                                     . get(CounterViewModel.class);
19       //从 CounterViewModel 中获得 MutableLiveData 数据,生命周期同 MainActivity
20       MutableLiveData < Float > counter = counterViewModel. getCounter();
21       TextView tv = findViewById(R. id. tv_result);
22       //MutableLiveData 数据具有侦听功能,在 Observer 接口中感知数据的变动
```

```
23        counter.observe(this, new Observer < Float >() {
24            @Override
25            public void onChanged(Float aFloat) {
26                String s = String.format("%.2f", aFloat);
27                tv.setText(s);
28            }
29        });
30        Button bt_start = findViewById(R.id.bt_start);
31        Button bt_stop = findViewById(R.id.bt_stop);
32        bt_start.setOnClickListener(new View.OnClickListener() {
33            @Override
34            public void onClick(View v) {
35                //状态: Start -> Pause -> Resume -> Pause -> Resume...
36                //或者 Start ->(Stop) -> Start
37                String start_tag = bt_start.getText().toString();
38                if(start_tag.equalsIgnoreCase("Start")) {
39                    thread = new CounterThread(MainActivity.this);
40                    bt_stop.setEnabled(true);
41                    bt_start.setText("Pause");
42                    thread.start();
43                }else if(start_tag.equalsIgnoreCase("Pause")){
44                    thread.stopCounter();
45                    bt_stop.setEnabled(false);
46                    bt_start.setText("Resume");
47                }else {
48                    thread = new CounterThread(MainActivity.this,
49                                        CounterThread.MODE_RESUME);
50                    //使用 MODE_RESUME,计数器值不清 0,在上一次取值基础上计数
51                    bt_start.setText("Pause");
52                    bt_stop.setEnabled(true);
53                    thread.start();
54                }
55            }
56        });
57        bt_stop.setOnClickListener(new View.OnClickListener() {
58            @Override
59            public void onClick(View v) {
60                bt_start.setText("Start");         //bt_start 须恢复成 START 按钮
61                bt_stop.setEnabled(false);
62                thread.stopCounter();
63            }
64        });
65    }
66 }
```

5. 使用两个 Activity 测试视图模型

感兴趣的读者可尝试创建两个不同的 Activity,各自拥有自身的视图模型,使之拥有各自独立的 LiveData 计数器,并观察两个计数器是否存在相互干扰(事实上没有干扰)。具体做法,可在 my_main.xml 布局文件上增加 1 个 Button(id 为 bt_jump),用于跳转至另一个 Activity,并在 MainActivity 的 onCreate()方法中增加如下代码:

```
1  findViewById(R.id.bt_jump).setOnClickListener(new View.OnClickListener() {
2  //R.id.bt_jump 为 my_main.xml 布局中跳转 Activity 所需的 Button
3      @Override
4      public void onClick(View v) {
```

```
5          Context ctx = getApplicationContext();
6          Intent i = new Intent(ctx,MainActivity2.class);
7          startActivity(i);
8      }
9    });
```

其中,getApplicationContext()方法可获得当前 Activity 的上下文,Intent 为意图,用于启动
Activity 或者 Service 对象。本任务中,使用 Intent 双参数构造方法,第 1 个参数为上下文,
第 2 个参数为要启动的 Activity 类,得到 Intent 对象后,可通过 startActivity()方法,将该
意图作为 Activity 启动对象,从而实现不同活动页面之间的跳转功能。

MainActivity2 的实现可直接复制自 MainActivity 文件,利用 Refactor 的 Rename 功
能,修改为 MainActivity2,并将 Button 对象 bt_jump 的事件触发代码改为:

```
1    findViewById(R.id.bt_jump).setOnClickListener(new View.OnClickListener() {
2      @Override
3      public void onClick(View v) {
4          Context ctx = getApplicationContext();
5          Intent i = new Intent(ctx,MainActivity.class);
6          startActivity(i);
7      }
8    });
```

修改后,项目中有两个 Activity:MainActivity 和 MainActivity2,若要使两者均能被应
用启动,则需要在配置文件中增加 activity 声明。打开 AndroidManifest.xml 文件,修改成
如下配置。

```
1    < application
2          android:allowBackup = "true"
3          android:icon = "@mipmap/ic_launcher"
4          android:label = "@string/app_name"
5          android:roundIcon = "@mipmap/ic_launcher_round"
6          android:supportsRtl = "true"
7          android:theme = "@style/Theme.Tcf_task4_1V3">
8          < activity
9              android:name = ".MainActivity"
10             android:launchMode = "singleInstance"
11             android:exported = "true">
12             < intent - filter >
13                 < action android:name = "android.intent.action.MAIN" />
14                 < category android:name = "android.intent.category.LAUNCHER" />
15             </intent - filter >
16         </activity >
17         < activity android:name = ".MainActivity2"
18             android:parentActivityName = ".MainActivity"
19             android:launchMode = "singleInstance">
20         </activity >
21    </application >
```

在 AndroidManifest.xml 文件中,activity 标签是活动页面(Activity)的申明标签,若应
用中定义了若干个 Activity,每个 Activity 均需要使用 activity 标签进行申明,其中,
android:name 指向的是 Activity 的类名称,android:launchMode = "singleInstance"是启动
单例模式,即应用中启动对应 Activity 时,若该 Activity 已存在,则切换到对应任务栈显示

该 Activity,而不是重新生成一个新的 Activity。

<action android:name="android.intent.action.MAIN"/>设置该 Activity 是应用的默认启动的活动页面,类似于 main()函数。"<category android:name="android.intent.category.LAUNCHER"/>"设置该应用在应用列表中可见。在 MainActivity2 的标签中,还增加了 android:parentActivityName=".MainActivity"属性,指明 MainActivity2 是由 MainActivity 跳转过来的,因此 MainActivity2 活动页面的动作栏上有左箭头,单击左箭头即可从当前活动页面跳转回 parentActivity 指向的 Activity,即 MainActivity。

5.4 使用 Okhttp 和 Gson 获取 Web API 数据

5.4.1 任务说明

本任务的演示效果如图 5-4 所示。在该应用中,活动页面视图根节点为垂直的 LinearLayout,在布局中依次放置 1 个 TextView,用于显示个人信息;1 个 EditText,用于显示获取数据的网址;1 个 ASYNC MODE 按钮,id 为 bt_async,以异步方式调用 Okhttp 获取数据;1 个 BLOCK MODE 按钮,id 为 bt_block,以同步(阻塞)方式调用 Okhttp 获取数据;1 个 ListView,用于显示 Web API 所获取的数据。

Web API 服务可通过运行本书所提供的基于 Node.js 所写的 Web 后端应用提供,网址需根据读者运行 Web 服务的设备 IP 地址进行更改,端口号默认为 8080。此外,读者还可以使用 Android 经典书籍《第一行代码 Android》(作者:郭霖)中提供的中国城市数据 Web API(网址请扫描前言中的二维码获取)。Web API 回传数据为 JSON 格式,通过该 API 可获得中国省份列表、省内地级市列表和地级市内各区县列表。本任务将使用第三方库 Okhttp 访问 Web API,并使用 Gson 解析 JSON 数据,最终将 JSON 数据转为列表数据在 ListView 中显示。

图 5-4 获取 Web API 数据演示效果

5.4.2 任务实现

1. 导入第三方库

本任务使用了第三方库 Okhttp 和 Gson,须在项目中导入后,方能使用。第三方库有多种导入方法,最常用的方式是在 Module Gradle 文件中导入对应资源。第三方库的导入地址和版本号可在 GitHub 官网(网址请扫描前言中的二维码获取)或者 MVN Repository 官网(网址请扫描前言中的二维码获取)等代码仓库中搜索。这里以 MVN Repository 为例,搜索 Gson,并选择 2.9.0 版本,即可进入对应仓库界面,如图 5-5 所示,资源包既可通过下载 jar 文件进行离线配置,也可通过 Maven、Gradle、SBT 和 Ivy 等方式进行在线配置,选择 Gradle(Short)选项,即可得到对应配置语句 implementation 'com.google.code.gson:gson:2.9.0',进而可在 Gradle 文件中进行在线配置。

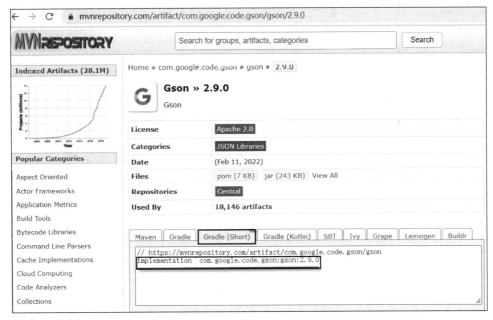

图 5-5　通过 MVN Repository 搜索 Gson 所获得的 Gradle 配置

本任务所需的 Okhttp 和 Gson 第三方依赖库,选择在 Module Gradle 文件中进行在线

配置。如图 5-6 所示,在 Android 项目中有多个 Gradle 文件,依赖包以及 SDK 等配置主要在 Module Gradle 文件中完成。

在 Module Gradle 文件的 dependencies 节点中,已存在若干依赖库,不同版本 Android Studio 所创建的项目,其依赖库的版本号甚至依赖库的名称均可能发生变化,这就会导致同

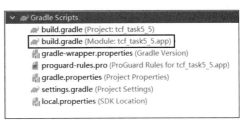

图 5-6　Android 项目中的 Gradle 文件

一项目在不同版本 Android Studio 中打开时,会使其自动下载对应的 Gradle 文件和依赖库。本任务的依赖库配置如代码 5-16 所示,Gradle 文件一旦检测到依赖库发生了变化,会在 IDE 右上角出现 Sync Now 按钮,单击该按钮,即可在线下载相关依赖库。

代码 5-16　Module Gradle 文件添加 Okhttp 和 Gson 依赖

```
1   dependencies {
2       implementation 'androidx.appcompat:appcompat:1.3.0'
3       //appcompat 是项目默认创建的依赖库,不同 Android Studio 版本号会有区别
4       …
5       //以下是项目额外增加的第三方依赖库
6       implementation 'com.squareup.okhttp3:okhttp:4.9.3'
7       implementation 'com.google.code.gson:gson:2.9.0'
8       //在线加载 Okhttp 和 Gson 第三方依赖库,单击 IDE 右上角 Sync Now 按钮进行更新
9       …
10  }
```

2. 添加 Internet 上网权限

Android 系统会对应用限制访问数据或执行操作的权限,若应用没有在声明文件中声

明 Internet 权限,默认无法访问 Internet 资源。上网权限属于低级权限,只需要在 AndroidManifest. xml 文件中添加静态权限即可。若是读写系统通讯录则属于高级权限,对于 Android 6.0 及以上版本的系统,除了在 AndroidManifest 中配置权限外,还需要在代码中调用 Runtime Permission(运行时权限)。

在 AndroidManifest. xml 中添加静态权限,既可添加在 application 标签之前,也可在该标签之后。对于 Android 10.0 及以上系统,出于安全考虑,默认只能访问 Https 协议网络资源,不能访问 Http 协议网络资源,因此还需要在 application 标签中添加 android:usesCleartextTraffic="true"属性,使其能访问 Http 资源。

本任务的 AndroidManifest 配置文件修改部分如代码 5-17 所示,在 application 标签内添加了 android:usesCleartextTraffic 属性,使得 Android 10.0 及以上系统能访问 Http 资源,并在 application 标签之外通过 uses-permission 标签添加了 Internet 访问权限。

代码 5-17　AndroidManifest. xml 文件中配置 Internet 权限

```
1    <manifest …>
2        <application
3            …
4            android:usesCleartextTraffic = "true"
5            …>
6            <activity
7                …
8            </activity>
9        …
10       </application>
11       <uses - permission android:name = "android.permission.INTERNET">
12       </uses - permission>
13   </manifest>
```

3. 解析 JSON 数据

JSON(JavaScript Object Notation)是一种轻量级的数据交换格式,比 XML 更小、更快、更易于解析,常在 Web API 中使用。JSON 数据分为对象和数组,对象使用花括号({})、数组使用方括号([])包围。对象中各个字段以 key-value 的键值形式定义,key 与 value 之间用冒号(:)隔开,一个对象可拥有多个字段,不同字段间用逗号(,)隔开。对象字段中的 key 使用字符串数据,由双引号包围;value 可以是数值型数据(整数或浮点数,无双引号包围),字符串数据(由双引号包围),逻辑值数据(true 或 false),数组数据(由方括号包围,元素间用逗号隔开),null 以及对象数据(由花括号包围),数组数据中的元素也可以是对象,从而使 JSON 能构成复杂的嵌套数据。需要注意的是,以上提到的符号都是在半角状态下输入的。

以本任务回传的 Web API 数据为例,有以下所述的两种数据格式。

(1)查询全国省份(第 1 级查询)和查询某省内地级市(第 2 级查询)的数据如代码 5-18 所示。查询返回的 JSON 数据为数组数据,数组中每个元素为对象数据,对象数据具有相同的字段,其 id 字段为整型数据,name 字段为字符串数据。第 1 级查询的网址为"http://服务器 IP 地址:端口号/api/china",假设运行 Web API 服务的 IP 地址为 10.5.14.14,则对应访问网址为"http://10.5.14.14:8080/api/china",若端口号使用 80,则端口号可省略。第 2 级查询的网址为"http://服务器 IP 地址:端口号/api/china/{省份 id}",本任务中,浙江省的 id 为 17,则可使用"http://10.5.14.14:8080/api/china/17"查询浙江省的地级市列表数据。

（2）查询某地级市内各区县（第 3 级查询）的数据如代码 5-19 所示。其结构同样为数组数据,相比第 1 级和第 2 级查询结果,其对象数据多了 1 个 weather_id 字段,值为字符串数据。第 3 级查询的网址为"http://服务器 IP 地址:端口号/api/china/{省份 id}/{地级市 id}",例如,浙江省的 id 为 17,杭州市的 id 为 126,则可使用"http://10.5.14.14:8080/api/china/17/126"查询杭州市的区县列表数据。

注意,例中所用的 IP 地址须更改成读者运行 Web API 服务的实际 IP 地址。

代码 5-18　Web API 第 1 级和第 2 级查询返回的 JSON 数据

```
1  [
2      {"id":1,"name":"北京"},
3      …
4      {"id":17,"name":"浙江"},
5      …
6  ]
```

代码 5-19　Web API 第 3 级查询返回的 JSON 数据

```
1  [
2      {"id":999,"name":"杭州","weather_id":"CN101210101"},
3      {"id":1000,"name":"萧山","weather_id":"CN101210102"},
4      …
5      {"id":1006,"name":"富阳","weather_id":"CN101210108"}
6  ]
```

本任务对 JSON 返回的数据进行解析,并将解析结果封装成 City.class 类,类描述如代码 5-20 所示,类成员定义符合 Gson 解析要求。City 类中,成员变量 name 的变量名称和变量类型匹配了 JSON 对象的 name 字段,成员变量 id 则匹配了 JSON 对象的 id 字段。注意,成员变量 weatherId 与 JSON 对象的 weather_id 字段不匹配,需使用注解@SerializedName("weather_id"),使变量 weatherId 匹配由注解标注的 JSON 字段。这样设计的好处是,在设计类时可使类成员名称与 JSON 数据字段不一致,项目维护中,即使 Web API 的 JSON 对象字段发生了变化,项目解析端只需更改映射即可工作,提高了项目的可维护性。Gson 可使用所定义的 City 类解析 JSON 数据,并返回类对象,若 City 类中存在某些字段无法匹配 JSON 对象,默认会忽略,不影响解析结果。例如,用 City 类匹配代码 5-18 的 JSON 对象,类成员变量 weatherId 无匹配项,用 Gson 解析对象时,则会使用 weatherId 的默认值(null)生成 City 类对象。在本任务中,City 类没有使用 private 关键字修饰,事实上,将成员变量修改成 private 类型,并定义相关的 getter 和 setter 方法,并不影响解析结果。City 类改写了 toString()方法,使之支持字符串化,可直接用于 ArrayAdapter。

代码 5-20　JSON 解析结果的封装类 City.java

```
1  import com.google.gson.annotations.SerializedName;
2  public class City {
3      public String name;
4      public int id;
5      @SerializedName("weather_id")
6      public String weatherId;
```

```
7          //若 JSON 数据的字段"weather_id"与类成员 weatherId 不符,可用@SerializedName 映射
8          @Override
9          public String toString() {
10             return String.format("% s, id = % d",name,id);
11         }
12         public City() {
13             name = "";
14             weatherId = "";
15         }
16         public City(String name, int id, String weatherId) {
17             this.name = name;
18             this.id = id;
19             this.weatherId = weatherId;
20         }
21     }
```

JSON 数据解析工具类 CityParsingUtils 如代码 5-21 所示,在该类中给出三个静态方法,对应了三种解析方法,用户可调用任何一种方法进行数据解析。三种方法均使用了 throws 关键字抛出异常,表示在处理数据过程中,若有异常,直接抛出,而调用者则需要使用 try-catch 捕捉异常。三者解析方法的使用和实现如下表述。

(1) json2ListByJsonObj()方法使用最原始的方式解析 JSON 数据。经分析可知,Web API 返回数据是 JSON 数组,因此使用源数据构造 JSONArray 对象,并使用 for 循环从数组中逐一取出 JSON 对象,再利用 JSON 对象的字段名称和字段类型调用对应方法进行取值。本任务第 3 级 Web API 回传的 JSON 对象有 weather_id 字段,而前两级则没有,因此,处理过程中,还需要将 JSON 对象源数据转成字符串,并判断字符串中是否包含了 weather_id 字段,再进行相应的取值处理。显然这种原生处理方法比较被动,一旦数据源或者模型发生变化,需要改动较多的代码,不利于后期维护。

(2) json2ListByGson()方法使用 Gson 解析数据(Gson 需要在 Gradle 中添加依赖)。在该方法中,首先使用源数据构造 JSONArray 对象,在遍历中取出 JSON 对象,再转换为字符串作为 Gson 源数据。Gson 可直接将源数据转换为预先定义的数据类并返回类对象,当源数据与类字段存在未匹配项或缺项,并不影响转换,一旦数据结构发生变动,只需要修改 City 类使之与新的数据匹配,大大提高了可维护性。

(3) json2ListByGsonList()方法使用了 TypeToken 反射,可直接将源数据转换为列表类对象,使得代码更简洁,也更适合复杂嵌套的结构化数据的解析。

代码 5-21 自定义 JSON 解析工具类 CityParsingUtils. java

```
1     import android.text.TextUtils;
2     import com.google.gson.Gson;
3     import com.google.gson.reflect.TypeToken;
4     import org.json.JSONArray;
5     import org.json.JSONException;
6     import org.json.JSONObject;
7     import java.lang.reflect.Type;
8     import java.util.ArrayList;
9     import java.util.List;
10    public class CityParsingUtils {
11        /** 需要在 Module Gradle 文件的 dependencies 中增加 Gson
12        implementation 'com.google.code.gson:gson:2.9.0'
```

```
13          */
14      public static List<City> json2ListByJsonObj(String s) throws JSONException {
15          //若遇到错误,抛出异常,由调用者使用 try-catch 捕捉异常
16          //直接采用 JsonObject 解析
17          List<City> list = new ArrayList<>();
18          if(!TextUtils.isEmpty(s)){
19              JSONArray jsonArray = new JSONArray(s);
20              for (int i = 0; i < jsonArray.length(); i++) {
21                  JSONObject jsonObject = jsonArray.getJSONObject(i);
22                  int id = jsonObject.getInt("id");
23                  String name = jsonObject.getString("name");
24                  String weatherId = "";
25                  if(jsonObject.toString().toLowerCase().contains("weather_id")){
26                      //JSON 数据有些包含 weather_id 字段,有些不包含,处理比较被动
27                      //需要将 JSON 对象转换成 string,对字段进行包含判断
28                      weatherId = jsonObject.getString("weather_id");
29                  }
30                  City city = new City(name, id, weatherId);
31                  list.add(city);
32              }
33          }
34          return list;
35      }
36      public static List<City> json2ListByGson(String s) throws JSONException {
37          List<City> list = new ArrayList<>();
38          if(!TextUtils.isEmpty(s)){
39              JSONArray jsonArray = new JSONArray(s);
40              for (int i = 0; i < jsonArray.length(); i++) {
41                  //从 JSON 数组中遍历 JSON 对象,对 JSON 对象利用 Gson 转换成对应类
42                  String s1 = jsonArray.get(i).toString();
43                  //JSON 对象再转换成 JSON 字符串供 Gson 转换
44                  City city = new Gson().fromJson(s1, City.class);
45                  //若 City.class 中定义的某些字段和 JSON 字段没有匹配,只取能匹配的字段
46                  list.add(city);
47              }
48          }
49          return list;
50      }
51      public static List<City> json2ListByGsonList(String s) throws Exception {
52          //定义方法时,增加 throws Exception,以便于调用时捕捉异常
53          List<City> list = new ArrayList<>();
54          if(!TextUtils.isEmpty(s)){
55              Type type = new TypeToken<List<City>>(){}.getType();
56          //利用 com.google.gson.reflect.TypeToken 反射构造 List<City>列表对象类数据
57              list = new Gson().fromJson(s,type); //直接利用 TypeToken 转换为列表对象
58          }
59          return list;
60      }
61  }
```

4. 使用 Okhttp 获取 Internet 数据

Okhttp 是一套处理 Http 网络请求的依赖库,由 Square 公司设计研发并开源,目前可以在 Java 和 Kotlin 中使用。Okhttp 支持 Web 常用的 GET 和 POST 操作,并且有拦截器和鉴权功能。当 Web API 需要用户登录鉴权时,Okhttp 可利用 authentication()方法检测是否鉴权失效和自动登录鉴权,在前后端分离的应用场景,Okhttp 作为前端角色,负责与后

端进行数据交互。在本任务中,只使用了 Okhttp 的 GET 操作,并介绍了异步和同步两种操作方法。

使用 Okhttp 前,需要在 Gradle 中添加对应依赖。为了方便调用者使用,将 Okhttp 对 Web 的请求封装到一个自定义工具类 WebApiUtils 中,如代码 5-22 所示。Okhttp 的使用需要通过 new OkHttpClient()构造方法得到一个 OkHttpClient 客户端对象。考虑到调用者访问 Web,多次网络请求均会使用同一个客户端对象,因此在工具类中将 OkHttpClient 对象设计成静态成员变量,使之成为单例模式,即不管外部调用者调用多少次 WebApiUtils,均由同一个 OkHttpClient 客户端提供服务。当 OkHttpClient 对象为 null 时,为了避免有多个线程同时调用 getClient()方法生成对象,导致 OkHttpClient 对象不一致,在 getClient()方法中使用了 synchronized 修饰,并且锁的对象是工具类本身,从而保证了 getClient()方法的原子性,即在同一时刻只能有一个线程能访问该方法。在 WebApiUtils 类中,getClient()方法是 private 类型,外部类不能直接调用,只能通过 WebApiUtils 提供的其他 public 方法间接调用。

异步调用需要将获取的 Web 数据回传,可通过 Handler、自定义接口或者 LiveData 等方式实现,本任务中,采用自定义接口 OnReadFinishedListener 实现,其中 onFinished()方法传递解析后的 City 列表数据,onFail()方法则传递错误信息字符串,接口的两个方法由调用者实现。

Okhttp 支持异步调用和同步调用。异步调用时,Okhttp 会自动启动一个后台线程去访问 Web 资源,调用者的调用代码尚未执行结束就会继续往下执行其他代码,并通过回调事件告知调用者出错或者完成情况。Okhttp 后台线程处理过程中,若遇到异常,则会回调 onFailure()方法,在该方法中可接入自定义接口 OnReadFinishedListener 的 onFail()回调方法。考虑到调用者是在 UI 线程中实现自定义接口的 onFail()回调方法,并且涉及 UI 修改,因此,在 Okhttp 的 onFailure()方法中处理 onFail()回调时,需要切换到 UI 线程。鉴于此,异步调用方法需要传递 Activity 对象,利用 Activity 对象切换 UI 线程。

如代码 5-22 所示,getApiDataAsync()方法为自定义的 Okhttp 异步调用方法。在该方法中,首先通过 getClient()方法获得 OkHttpClient 对象,并根据网址传参 url 生成 Request 请求对象,在生成过程中使用 get()方法表明 Web 访问采用 GET 方式,最后调用 OkHttpClient 对象的 newCall()方法,将 Request 对象作为方法的参数,得到 Call 对象。Call 对象可理解为 OkHttpClient 对 Request 请求产生的调用对象,支持同步调用和异步调用,同步调用时,代码进入阻塞,执行完毕才会继续执行后续代码;异步调用则不等待调用结果,可直接执行后续代码,通过回调得到执行结果或者出错信息。

getApiDataAsync()方法通过 Call 对象的 enqueue()方法实现异步调用功能,在 enqueue()方法中需要实现 Callback 接口的两个回调:onFailure()方法,在程序异常时触发;onResponse()方法,在成功获取网络数据时触发。两个回调方法都在 OkHttpClient 自身管理的后台线程中执行,无法直接更新 UI,若用户在回调中涉及 UI 更新,则需要切换到 UI 线程中进行处理。getApiDataAsync()方法给出的解决方案是通过 Activity 对象的 runOnUiThread()方法进行线程切换,在 UI 线程中调用自定义接口的方法,其中 onFailure()回调负责调用自定义接口的 onFail()方法,将错误信息转换成字符串传递给外部调用者进行处理,onResponse()回调则获取网络响应的文本数据,并调用 JSON 数据解析工具类的相关方法将其转换成 City

类型的列表数据，进而切换到主 UI 线程通过自定义接口的 onFinished()方法将列表数据传递给调用者更新 UI。在 onResponse()回调中，原生方法有 throws 语句用于抛出异常，本任务中，删除了 throws 语句，直接在回调中通过 try-catch 处理异常，并且将 catch 中捕捉的异常通过自定义接口的 onFail()方法传递给调用者处理。该实现方式的好处是，调用者只需要实现自定义接口的 onFinished()方法和 onFail()方法，进行两类问题的处理即可，无须再额外处理各类异常抛出的问题。

同步调用使用 getApiDataBlock()方法，不同于 getApiDataAsync()方法，它阻塞网络请求代码并在所有代码执行结束后才返回结果，因此该方法定义了返回类型 List < City >。而异步调用是在接口回调中返回结果，使异步方法是 void 类型，无返回结果。同步和异步方法均声明成 static 静态方法，外部调用者可直接使用 WebApiUtils 类对应的方法，无须生成 WebApiUtils 对象。在 getApiDataBlock()方法中还使用了 throws Exception 语句抛出异常，使调用者能通过 try-catch 捕捉异常并处理异常。getApiDataBlock()方法中，如何生成 OkHttpClient 和 Request 对象，以及将两者关联成 Call 对象，与 getApiDataAsync()方法处理方式相同，区别在于 Call 对象的调用方式，异步调用使用 enqueue()方法加入队列，同步方法则直接调用 execute()方法执行请求并返回结果。CityParsingUtils 提供了 3 种解析 JSON 数据的方法，在同步调用中选择了不同于异步调用的解析方法，用于验证各种解析方法的有效性，并无特别用意，读者可任意更换解析方法。

WebApiUtils 工具类提供了异步调用和同步调用两种方式，通过 OkHttp 访问网址，得到结果，并解析成对应的列表数据。同步调用看似比异步调用使用了更少的代码，但是同步调用在 UI 线程中并不能直接使用，其原因是同步调用 Okhttp 的所有处理均会在调用者所在的线程中执行，而 UI 线程并不能直接执行访问网络等耗时操作。因此，在 UI 线程中，若要使用同步调用，依然需要生成一个后台线程去调用同步方法，而异步调用的 enqueue()方法会使 OkHttp 自动开启后台线程处理相关事务，对调用者而言，异步调用无须额外的后台线程。由以上分析可知，在 UI 线程中更适合调用 WebApiUtils 工具类的异步方法，而同步方法适用于后台线程或者 Service 服务中对网络资源进行遍历访问等无 UI 交互的场合。

代码 5-22 自定义 Okhttp 调用工具类 WebApiUtils. java

```
1    import android.app.Activity;
2    import androidx.annotation.NonNull;
3    import java.io.IOException;
4    import java.util.List;
5    import okhttp3.Call;
6    import okhttp3.Callback;
7    import okhttp3.OkHttpClient;
8    import okhttp3.Request;
9    import okhttp3.Response;
10   public class WebApiUtils {
11       /** 需要在 Module Gradle 文件的 dependencies 标签中增加 Okhttp 组件
12        implementation 'com.squareup.okhttp3:okhttp:4.9.3'
13        */
14       private static OkHttpClient client;
15       //client 在 WebApiUtils 中是单例模式,始终只有 1 个对象
16       private static OkHttpClient getClient() {
17           synchronized (WebApiUtils.class) {
18               //加锁避免多个线程同时调用 getClient(),在 client == null 时重复生成实例
```

```
19          //对 WebApiUtils.class 加锁,多个线程只能有 1 个线程能访问此代码
20          if (client == null) {
21              client = new OkHttpClient();
22          }
23          return client;
24       }
25    }
26    public interface OnReadFinishedListener{
27       //自定义接口,定义两个回调,分别用于读取成功和出错处理
28       public void onFinished(List<City> readOutList);
29       //读取成功,将 Json 数据转换为类列表数据返回
30       public void onFail(String e);
31       //读取失败,回传错误信息
32    }
33    public static void getApiDataAsync(Activity activity,String url,
34                                         OnReadFinishedListener l){
35       //传入 Activity 对象,用于切换线程
36       OkHttpClient c = getClient();       //通过调用 getClient()得到 OkHttpClient 单例
37       Request request = new Request.Builder().url(url).get().build();
38       //构造一个请求对象 Request,url()传 url 网址,get()是 GET 请求的方法
39       //请求方法有 get()、post()、delete()、put()等方法
40       Call call = client.newCall(request);       //利用 Request 生成一个 call 对象
41       //每一次访问对应一个 call 对象,异步访问时将 call 对象加入队列
42       call.enqueue(new Callback() {
43          @Override
44          public void onFailure(@NonNull Call call, @NonNull IOException e) {
45             activity.runOnUiThread(new Runnable() {    //切换到 UI 线程
46                @Override
47                public void run() {
48                   l.onFail(e.toString());
49                   //通过自定义接口将错误信息通过 onFail()传递到 UI 线程
50                }
51             });
52          }
53          @Override
54          public void onResponse(@NonNull Call call,
55                              @NonNull Response response){
56             //修改原回调方法,去除 throws 异常语句,直接捕捉处理
57             try {
58                String s = response.body().string();        //得到响应的文本
59                //注意是 string()方法,不是 toString()方法
60                List<City> list = CityParsingUtils.json2ListByGsonList(s);
61                //CityParsingUtils 提供了 3 种解析方法,可调用任何一种
62                activity.runOnUiThread(new Runnable() {       //切换到 UI 线程
63                   @Override
64                   public void run() {
65                      l.onFinished(list);
66                   }
67                });
68             } catch (Exception e) {
69                e.printStackTrace();
70                activity.runOnUiThread(new Runnable() {       //切换到 UI 线程
71                   @Override
72                   public void run() {
73                      l.onFail(e.toString());   //错误信息通过接口回调传给调用者
74                   }
75                });
```

```
76              }
77          }
78      });
79  }
80  public static List<City> getApiDataBlock(String url) throws Exception{
81      //在运行过程中遇到异常,将抛出异常给调用者处理
82      //采用同步的方式,代码将阻塞,适合其他后台线程循环调用此方法获取批量请求结果
83      OkHttpClient client = getClient();
84      Request request = new Request.Builder().url(url).get().build();
85      Call call = client.newCall(request);
86      //生成 Request 和 Call 对象,与异步调用相同,区别的是 call 的处理方式
87      Response response = call.execute();
88      //同步方法,运行该代码将进入阻塞,直至 call 执行完毕
89      String s = response.body().string();
90      List<City> list = CityParsingUtils.json2ListByGson(s);
91      //调用 CityParsingUtils 第二种解析方法,可尝试更换成其他方法
92      return list;
93  }
94  }
```

5. 实现 MainActivity

MainActivity 的布局文件如代码 5-23 所示,内容比较简单,不再赘述。

代码 5-23 MainActivity 的布局文件 my_main.xml

```
1   <LinearLayout xmlns:android = "http://schemas.android.com/apk/res/android"
2       android:orientation = "vertical"
3       android:layout_width = "match_parent"
4       android:layout_height = "match_parent">
5       <TextView
6           android:layout_width = "match_parent"
7           android:layout_height = "wrap_content"
8           android:text = "Your name and ID" />
9       <EditText
10          android:id = "@ + id/et_url"
11          android:layout_width = "match_parent"
12          android:layout_height = "wrap_content"
13          android:ems = "10"
14          android:inputType = "textPersonName"
15          android:text = "http://guolin.tech/api/china/" />
16      <Button
17          android:id = "@ + id/bt_async"
18          android:layout_width = "match_parent"
19          android:layout_height = "wrap_content"
20          android:text = "Async mode" />
21      <Button
22          android:id = "@ + id/bt_block"
23          android:layout_width = "match_parent"
24          android:layout_height = "wrap_content"
25          android:text = "Block mode" />
26      <ListView
27          android:id = "@ + id/listView"
28          android:layout_width = "match_parent"
29          android:layout_height = "match_parent" />
30  </LinearLayout>
```

MainActivity 的实现如代码 5-24 所示。应用在调用 WebApiUtils 类所提供的方法之

前,需要在 AndroidManifest. xml 文件中配置 Internet 权限,并且对于 Android 10.0 及以上版本的系统,访问 Http 资源需要在 application 标签内增加 android:usesCleartextTraffic 属性。在 MainActivity 页面中,用户可通过 EditText 更改网址参数,获取不同的城市列表。

　　MainActivity 布局文件中有 2 个 Button,分别用于调用 WebApiUtils 的异步方法和同步阻塞方法。在异步方法中,对 WebApiUtils. OnReadFinishedListener 接口匿名实现,分别处理 onFinished()回调和 onFail()回调。onFinished()回调方法回传城市列表数据,并通过 showList()方法生成适配器,进而在 ListView 中显示网络请求的回传数据;onFail()方法则将回传的出错信息使用 Toast 显示,告知用户程序异常的具体信息。同步方法不能直接在 UI 线程中调用,需要开启后台线程,并在子线程中调用。本任务中,直接匿名实现后台线程,在后台线程中获得同步方法的返回结果后,再利用 MainActivity 对象切换到 UI 线程,在 UI 线程中调用 showList()方法更新 ListView。WebApiUtils. getApiDataBlock()方法使用 throws 语句抛出异常,被调用时需要使用 try-catch 捕捉,并在 catch 中处理错误信息。注意,同步方法是在后台线程中调用的,因此,打印错误信息也需要切换到 UI 线程中执行。由此可见,对调用者而言,在 UI 线程中,使用异步调用比同步调用更简洁易用。

代码 5-24　MainActivity. java

```
1    import androidx. appcompat. app. AppCompatActivity;
2    import android. os. Bundle;
3    import android. view. View;
4    import android. widget. ArrayAdapter;
5    import android. widget. EditText;
6    import android. widget. ListView;
7    import android. widget. Toast;
8    import java. util. List;
9    public class MainActivity extends AppCompatActivity {
10       /** manifests/AndroidManifest.xml 中需要增加上网权限相关配置
11        * 在 application 标签之后增加 Internet 访问权限
12       Android10.0 + 系统,需要在 AndroidManifest 的 application 标签内增加以下属性:
13       android:usesCleartextTraffic = "true"
14        */
15       ListView lv;
16       @Override
17       protected void onCreate(Bundle savedInstanceState) {
18           super. onCreate(savedInstanceState);
19           setContentView(R. layout. my_main);
20           EditText et = findViewById(R. id. et_url);
21           lv = findViewById(R. id. listView);
22           findViewById(R. id. bt_async)
23                   . setOnClickListener(new View. OnClickListener() {
24               @Override
25               public void onClick(View view) {
26                   String url = et. getText(). toString(). trim();
27                   //trim()方法将字符串头尾多余空格去除
28                   //以下是异步调用的方法
29                   WebApiUtils. getApiDataAsync(MainActivity. this, url,
30                       new WebApiUtils. OnReadFinishedListener() {
31                       @Override
32                       public void onFinished(List < City > readOutList) {
33                           showList(readOutList);
34                       }
```

```
35              @Override
36              public void onFail(String e) {
37                  showToast(e);
38              }
39          });
40      }
41  });
42  findViewById(R.id.bt_block)
43      .setOnClickListener(new View.OnClickListener() {
44      @Override
45      public void onClick(View view) {
46          String url = et.getText().toString().trim();
47          //同步调用,在主 UI 中无法直接调用,需要启动一个线程来调用
48          new Thread(new Runnable() {
49              @Override
50              public void run() {
51                  try {
52                      List < City > list = WebApiUtils.getApiDataBlock(url);
53                      MainActivity.this.runOnUiThread(new Runnable() {
54                          @Override
55                          public void run() {
56                              showList(list);
57                          }
58                      });
59                  } catch (Exception exception) {
60                      exception.printStackTrace();
61                      MainActivity.this.runOnUiThread(new Runnable() {
62                          @Override
63                          public void run() {
64                              showToast(exception.toString());
65                          }
66                      });
67                  }
68              }
69          }).start();         //直接启动所定义的线程
70      }
71  });
72  }
73  private void showList(List < City > readOutList) {
74      //将列表数据生成适配器,将适配器显示到 ListView 组件上
75      ArrayAdapter < City > adapter = new ArrayAdapter <>(this,
76          android.R.layout.simple_list_item_1,readOutList);
77      lv.setAdapter(adapter);
78  }
79  private void showToast(String e) {
80      Toast.makeText(this,e,Toast.LENGTH_LONG).show();
81  }
82  }
```

5.5　Activity 的页面跳转与数据传递

5.5.1　任务说明

本任务在 5.4 节基础上完成,具体效果如图 5-7 所示,应用通过 Activity 之间的跳转实

现分级城市列表的显示。应用由两个 Activity 页面构成,分别为 MainActivity 和 MainActivity2。应用的默认主页面为 MainActivity,通过访问 Web API 获取数据,在 ListView 中显示浙江省的地级市列表,单击列表项,获得所单击城市的 id,生成第 3 级城市列表网址,传递网址并跳转到 MainActivity2。MainActivity2 显示区县列表,单击列表项则结束当前页面,并将所单击的列表项数据传回给 MainActivity。MainActivity 接收到 MainActivity2 所传递的数据后,使用 SnackBar 显示 MainActivity2 回传的数据。此外,MainActivity2 可通过动作栏左上角的返回键返回到上一级的 Activity 页面,即 MainActivity 页面。

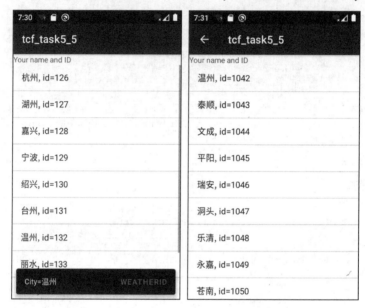

图 5-7　通过 Activity 跳转实现分级城市列表显示

5.5.2　任务实现

1. Activity 类在应用中的声明

根据模板创建的 Android 应用,默认只有 1 个 Activity 类,并且已在 AndroidManifest. xml 文件中设置了相关声明。若要在应用中跳转到同个项目的其他 Activity,则须在 AndroidManifest 中做相应的声明,否则由于权限原因无法跳转到对应的 Activity。本任务共创建了两个 Activity,分别为 MainActivity 和 MainActivity2,因此在 AndroidManifest 中须添加对应的声明,如代码 5-25 所示,每一个活动页面(Activity)使用一个 activity 标签,其 android:name 属性值为 Activity 对应的类名称。

代码 5-25　关于 Activity 的声明文件 AndroidManifest. xml

```
1    < activity
2        android:name = ".MainActivity"
3        android:exported = "true"
4        android:launchMode = "singleTask">
5        < intent - filter >
6            < action android:name = "android. intent. action. MAIN" />
7            < category android:name = "android. intent. category. LAUNCHER" />
8        </intent - filter >
```

```
9    </activity>
10   <activity
11        android:name = ".MainActivity2"
12        android:launchMode = "singleTask"
13        android:parentActivityName = ".MainActivity">
14   </activity>
```

2. Activity 类的启动模式

一个 Android 应用通常会被拆分成多个 Activity,各个 Activity 之间通过 Intent 实现跳转。在 Android 系统中,通过栈结构来保存整个应用的 Activity,当一个应用启动时,如果当前环境中不存在该应用的任务栈,系统就会创建一个任务栈。此后,这个应用所启动的 Activity 都将在这个任务栈中被管理,这个栈也被称为一个 Task,即若干个 Activity 的集合,他们组合在一起形成一个 Task。

在标准模式下,当一个 Activity 启动了另一个 Activity 的时候,新启动的 Activity 就会置于任务栈的顶部,而启动它的 Activity 则处于停止状态,保留在任务栈中。当用户按下返回键或者调用 finish() 方法时,系统会移除 Task 顶部的 Activity,让后面的 Activity 恢复活动状态(回调 onResume() 方法)。当然 Activity 也可以有不同的启动模式,可在声明文件 AndroidMainifest 中,对 activity 标签添加 android:launchMode 属性来设置启动模式,或者在代码中通过 Intent 对象的 flag 属性来设置启动模式。

在项目的声明文件中,activity 标签内的额外属性 android:launchMode 常用有如下四种选项,分别对应一种启动模型。

(1)标准模式—standard。标准模式是默认模式,即没有添加 android:launchMode 属性时采用的模式。在该模式下,每次启动 Activity,均会在任务栈中创建新的 Activity 实例,因此,多次启动 Activity 后,任务栈中会有多个相同类名的 Activity 实例,并且各个 Activity 实例与调用者在同一个任务栈中。

(2)栈顶单例—singleTop。在该模式下,若任务栈中没有被启动的 Activity,则创建 Activity 实例,并置于栈顶;若任务栈中已有 Activity 实例,并且在栈顶,则不会创建对应实例(standard 模式会继续创建 Activity 实例),此时不会回调 onCreate() 方法,但会调用 Activity 的 onNewIntent() 方法;若任务栈中已有 Activity 实例,但不在栈顶,则会重新创建 Activity 实例于栈顶(与 standard 模式相同)。栈顶单例所创建的 Activity 实例与调用者在同一个任务栈中。

(3)栈内单例—singleTask。在该模式下,若任务栈中没有被启动的 Activity,则创建 Activity 实例,并置于栈顶;若任务栈中已有 Activity 实例,并且在栈顶,则不会创建该实例,不会回调 onCreate() 方法,但会调用 Activity 的 onNewIntent() 方法;若任务栈中已有该 Activity 实例,但不在栈顶,则会将任务栈中该 Activity 之上的活动全部销毁,使被启动的 Activity 能处于栈顶,此时不会回调 onCreate() 方法,但会回调 onNewIntent() 方法。栈内单例模式,所创建的 Activity 与调用者在同一个任务栈中。

(4)全局单例—singleInstance。在该模式下,若没有对应 Activity 实例,会重新创建 1 个新的任务栈,并在新的任务栈中创建 Activity 实例使之处于栈顶;若已有该 Activity 实例,则切换任务栈,将该 Activity 置于任务栈前台,使该 Activity 实例可见,此时 Activity 不会回调 onCreate() 方法,但会回调 onNewIntent() 方法。全局单例模式,所创建的 Activity

与调用者不在同一个任务栈中。

为了更形象地说明这 4 种启动模式的区别,设计 4 个 Activity 和对应的启动模式,A:standard;B:singleTop;C:singleTask;D:singleInstance。这 4 个 Activity 都能按指定的方式启动各个 Activity。为了便于观察,每个 Activity 设计 1 个静态计数器,初始值为 0,Activity 在 onCreate()回调方法中会将计数器自增 1,在 onNewIntent()回调方法中则不改变计数器值,使观测到的现象是:重建的 Activity,其计数器自增 1,复用原有 Activity 时则计数器值不变。

(1) 操作 1:A→A→B→B→A→A→B→B,其中箭头方向表示 Activity 的启动顺序。此时共有 1 个任务栈,栈中的活动页面过程状态为:A(1)→A(2)→B(1)→B(1)→A(3)→A(4)→B(2)→B(2),任务栈最后的状态为:A(1)→A(2)→B(1)→A(3)→A(4)→B(2),共创建了 6 个 Activity,其中括号内的值表示对应 Activity 的计数器值。若单击应用的返回键,则会按 B(2)→A(4)→A(3)→B(1)→A(2)→A(1)的顺序依次关闭 Activity。活动 B 不在栈顶时会被重新创建,在栈顶时则会被复用,活动 A 每次均被重新创建。

(2) 操作 2:A→A→C→C→A→A→C→C。此时共有 1 个任务栈,栈中的活动页面过程状态为:A(1)→A(2)→C(1)→C(1)→A(3)→A(4)→C(1)→C(1),活动栈的最终状态为:A(1)→A(2)→C(1),共创建了 5 个 Activity,并在第 7 个操作时,由于 C 是 singleTask模式,在任务栈中找到实例 C(1),此时 C(1)之上有 A(3)和 A(4),会将其销毁,使 C(1)处于任务栈顶。因此,任务栈最终只保留了 3 个活动:A(1)、A(2)和 C(1)。若单击应用的返回键,则会按 C(1)→A(2)→A(1)的顺序依次关闭 Activity。操作 2 与操作 1 的最大区别是活动 C 被创建后,每次启动 C 时会将 C 之上的活动销毁,并且 C 在任务栈中是唯一的,不会被重复创建。

(3) 操作 3:A→A→D→D→A→A→D→D。此时共有两个任务栈,所有活动 A 在同一个任务栈中,活动 D 则在另一个任务栈中保持单例。两个任务栈中的过程状态为:A(1)→A(2)→D(1)→D(1)→A(3)→A(4)→D(1)→D(1),任务栈 1 的最终状态为:A(1)→A(2)→A(3)→A(4),任务栈 2 的最终状态为:D(1),并且任务栈 2 在任务栈 1 之上。若单击应用的返回键,则会关闭任务栈 2 的 D(1),此时任务栈 2 退出,将任务栈 1 置于前台,继续按返回键,会按 A(4)→A(3)→A(2)→A(1)的顺序依次关闭 Activity。由于活动 A 和活动 D 处在两个不同的任务栈中,当用户通过 Home 键或者其他方式进行任务切换后,并不能保证任务栈 2 在任务栈 1 之上,此时单击活动 D 的应用返回键,可能存在结束任务栈 2 时无法回到任务栈 1 的情况。

综上所述,本节任务的应用须使 MainActivity 和 MainActivity2 保持在同一个任务栈中,使 MainActivity2 的返回键能有效回退到 MainActivity,此时应将声明文件中的所有Activity 启动模式设置成栈内单例(singleTask)模式,使各 Activity 在同一个任务栈中保持单例。

3. Gradle 依赖和权限

在 Module Gradle 文件 dependencies 节点中添加 Okhttp 和 Gson 的依赖。

```
implementation 'com.squareup.okhttp3:okhttp:4.9.3'
implementation 'com.google.code.gson:gson:2.9.0'
```

在声明文件 AndroidManifests. xml 中添加上网权限。

```
< uses – permission android:name = "android. permission. INTERNET"></uses – permission >
```

对于 Android 10.0 及以上系统,在 AndroidManifests. xml 的 application 标签中添加 Http 明码访问模式。

```
android:usesCleartextTraffic = "true"
```

本任务会复用 5.4 节项目中写好的封装类,将 5.4 节项目的 City. java、CityParsingUtils. java 和 WebApiUtils. java 复制到本项目 MainActivity. java 所在的文件夹中。

4. 实现第 1 个活动 MainActivity

本任务中,2 个 Activity 使用同一个布局文件 my_main. xml,如代码 5-26 所示,布局中 仅有 1 个 TextView 和 1 个 ListView。

代码 5-26 活动页面的布局文件 my_main. xml

```
1   < LinearLayout xmlns:android = "http://schemas. android. com/apk/res/android"
2        android:orientation = "vertical"
3        android:layout_width = "match_parent"
4        android:layout_height = "match_parent">
5        < TextView
6            android:layout_width = "match_parent"
7            android:layout_height = "wrap_content"
8            android:text = "Your name and ID" />
9        < ListView
10           android:id = "@ + id/listView"
11           android:layout_width = "match_parent"
12           android:layout_height = "match_parent" />
13   </LinearLayout >
```

MainActivity 的实现如代码 5-27 所示。在 MainActivity 中,变量 baseUrl 为获取浙江 省城市列表的 Web API 网址,读者需要根据实际运行设备的 IP 进行更改。在 ListView 单 击事件 onItemClick()方法中,取出被单击城市的 id,与变量 baseUrl 拼接成一个完整的资 源网址 tempUrl,启动 MainActivity2 时,作为 Activity 之间的传递数据。Activity 之间传 递数据,建议使用 Bundle,既能传递自定义类,也能传递常用的变量。

本任务创建一个自定义类 CommonValues,如代码 5-28 所示,专门用于定义应用中需 要的常量。Bundle 的 key 可从 CommonValues 类中获得。

启动另一个 Activity 可使用 Intent(意图)实现。Intent 的构造方法有很多种,有动作+数 据资源的方式,让系统选择对应的应用启动;也有调用者+类的方式,指定启动哪个类。本 任务使用调用者+类的方式定义 Intent,在构造方法中,第 1 个参数是调用者上下文,可用 MainActivity. this 明确指定,也可以通过 getApplicationContext()方法获得应用上下文,第 2 个参数即为需要启动的活动类名称。Intent 携带的数据可通过 putExtras()方法将 Bundle 对象传入,被启动的活动则可通过 getIntent(). getExtras()方法取得 Bundle 对象, 进而可通过 Bundle 解析所需数据。

创建 Intent 对象后,有两种方式启动 Activity,具体表述如下。

(1)不带返回结果启动。通过 startActivity(Intent intent)方法调用,参数即为意图对象 intent。假设活动 A 通过该方式启动了活动 B,则活动 B 不负责将处理结果返回给活动 A。

(2)带返回结果启动。早期的 SDK 中通过 startActivityForResult(Intent intent,int requestCode)方法调用,除了 Intent 对象,还需要请求码 requestCode,请求码的值可由用户自定义。当前,用于启动 Intent 的 startActivityForResult()方法已被弃用,推荐使用 registerForActivityResult()方法生成 ActivityResultLauncher 对象用于启动 Intent。registerForActivityResult()方法直接在参数中设置回调接口,可匿名实现接口的回调方法,其好处是不需要用户定义请求码,并且该方法功能更强大,对 Kotlin 编程更简洁友好。

ActivityResultLauncher 作为带返回结果的 Intent 启动器,在 onCreate()方法中注册,然后在需要调用的地方调用 launch()方法启动 Intent,ActivityResultLauncher 对象在代码 5-27 中被定义为成员变量,并通过 iniActivityLauncher()方法初始化注册。ActivityResultLauncher 的构造方法中传入两个参数,第 1 个参数是 Contract(合约)对象,有多种类型;第 2 个参数是结果回调,可在回调方法中处理返回的数据。

常用的 Contract 如下所列。

(1)StartActivityForResult(),最常用的 Contract 合约,启动带返回结果的 Intent。

(2)RequestMultiplePermissions(),用于请求一组运行时权限。

(3)RequestPermission(),用于请求单个运行时权限。

(4)TakePicturePreview(),调用 MediaStore.ACTION_IMAGE_CAPTURE 拍照,返回值为 Bitmap 图片。

(5)TakePicture(),调用 MediaStore.ACTION_IMAGE_CAPTURE 拍照,并将图片保存到给定的 Uri 地址,返回 true 表示保存成功。

(6)TakeVideo(),调用 MediaStore.ACTION_VIDEO_CAPTURE 拍摄视频,保存到给定的 Uri 地址,返回一张缩略图。

(7)PickContact(),从系统通讯录应用中获取联系人。

(8)文档内容操作合约,常见的有: CreateDocument(),OpenDocumentTree(),OpenMultipleDocuments(),OpenDocument(),GetMultipleContents(),GetContent()等。

在 MainActivity 中,ActivityResultLauncher 采用 StartActivityForResult()方法生成的合约,用于启动 MainActivity2,并处理 MainActivity2 的返回结果。ActivityResultLauncher 对象初始化时,第 2 个参数直接处理 MainActivity2 的返回结果,Bundle 对象携带的是 City 对象,City 类需要实现序列化接口(Serializable),才能在 Bundle 中通过 putSerializable()方法存入数据以及 getSerializable()方法取出数据。对 City 类的序列化,只需对类增加 implements Serializable 修饰即可实现,其他保持不变。

City 类的序列化实现如下。

```
1    import java.io.Serializable;
2    public class City implements Serializable {
3    … //类相关成员和方法保持不变
4    }
```

SnackBar 是高级版的 Toast,其使用方式与 Toast 类似,但是额外增加了按钮功能。SnackBar 构造方法的第 1 个参数是 View 对象,表示 SnackBar 在哪个视图上生成,即依赖在哪个视图上,而 Toast 的第 1 个参数则是上下文。SnackBar 的按钮可通过 setAction()方法设置,该方法中第 1 个参数是按钮上显示的文本,第 2 个参数是按钮单击响应回调。

代码 5-27 活动页面 1——MainActivity. java

```
1    import android. content. Intent;
2    import android. os. Bundle;
3    import android. util. Log;
4    import android. view. View;
5    import android. widget. AdapterView;
6    import android. widget. ArrayAdapter;
7    import android. widget. ListView;
8    import android. widget. Toast;
9    import androidx. activity. result. ActivityResult;
10   import androidx. activity. result. ActivityResultCallback;
11   import androidx. activity. result. ActivityResultLauncher;
12   import androidx. activity. result. contract. ActivityResultContracts;
13   import androidx. appcompat. app. AppCompatActivity;
14   import com. google. android. material. snackbar. Snackbar;
15   import java. util. List;
16   public class MainActivity extends AppCompatActivity {
17       String baseUrl = "http://10.5.14.14:8080/api/china/17";
18       //baseUrl 须更换成运行 Web API 的实际设备地址
19       ListView lv;
20       ArrayAdapter < City > adapter;
21       ActivityResultLauncher < Intent > launcher;//定义能回调返回结果的意图启动器
22       @Override
23       protected void onCreate(Bundle savedInstanceState) {
24           super. onCreate(savedInstanceState);
25           setContentView(R. layout. my_main);
26           lv = findViewById(R. id. listView);
27           WebApiUtils. getApiDataAsync(this, baseUrl,
28                   new WebApiUtils. OnReadFinishedListener() {
29                       @Override
30                       public void onFinished(List < City > readOutList) {
31                           showList(readOutList);
32                       }
33                       @Override
34                       public void onFail(String e) {
35                           showToast(e);
36                       }
37                   });
38           //ActivityResultLauncher 取代 startActivityForResult()
39           iniActivityLauncher();                    //对 ActivityResultLauncher 初始化
40           lv. setOnItemClickListener(new AdapterView. OnItemClickListener() {
41               @Override
42               public void onItemClick(AdapterView <?> adapterView, View view,
43                                       int i, long l) {
44                   City item = adapter. getItem(i);
45                   String tempUrl = String. format(" % s/ % d", baseUrl, item. id);
46                   //打印新的网址,获取城市对应县城或行政区列表
47                   Bundle bundle = new Bundle();
48                   bundle. putString(CommonValues. KEY_URL, tempUrl);
49                   //利用 Bundle 封装需要传递的数据
50                   Intent intent = new Intent(getApplicationContext(),
51                           MainActivity2. class);
```

```
52              intent.putExtras(bundle);        //给待启动的 Intent 携带 Bundle 数据
53              //registerForActivityResult()是推荐的带返回结果的意图启动方法
54              //使用 ActivityResultLauncher 对象的 launch()方法启动意图
55              launcher.launch(intent);
56          }
57      });
58  }
59  private void iniActivityLauncher() {
60      launcher = registerForActivityResult(
61              new ActivityResultContracts.StartActivityForResult(),
62              new ActivityResultCallback<ActivityResult>() {
63                  @Override
64                  public void onActivityResult(ActivityResult result) {
65                      Intent data = result.getData();
66                      //获得意图对象 data
67                      int resultCode = result.getResultCode();
68                      //获得结果码 resultCode
69                      if (resultCode == RESULT_OK) {
70                          //判断结果码是否为 RESULT_OK
71                          Bundle b = data.getExtras();        //获得 Intent 对象的 Bundle
72                          City city = (City) b.getSerializable(
73                                          CommonValues.KEY_CITY);
74                          //从 Bundle 对象中取得自定义的 City 数据
75                          showSnackBar(city);        //调用 SnackBar 显示 city 信息
76                      }
77                  }
78              });
79  }
80  @Override
81  protected void onNewIntent(Intent intent) {
82      //解决跳转到 MainActivity 没有回调 onCreate()方法的问题
83      super.onNewIntent(intent);
84      Log.d("onNewIntent",this.getLocalClassName());    //打印日志观察回调
85      //this.getLocalClassName()获取当前类的名称
86  }
87  private void showList(List<City> readOutList) {
88      //将列表数据生成适配器,显示到 ListView 对象上
89      adapter = new ArrayAdapter<>(this,
90              android.R.layout.simple_list_item_1,readOutList);
91      lv.setAdapter(adapter);
92  }
93  private void showToast(String e) {
94      Toast.makeText(this,e,Toast.LENGTH_LONG).show();
95  }
96  private void showSnackBar(City city) {
97      Snackbar.make(lv, "City = " + city.name, Snackbar.LENGTH_LONG)
98              .setAction("WeatherId", new View.OnClickListener() {
99                  @Override
100                 public void onClick(View view) {
101                     showToast("Weather_id = " + city.weatherId);
102                 }
103             }).show();
104     //使用 Snackbar 显示内容,Snackbar 至多可设置 1 个 Action(按钮)
105 }
106 }
```

代码 5-28 常量定义类 CommonValues.java

```
1    public class CommonValues {
2        public static final String KEY_URL = "key_url";
3        public static final String KEY_CITY = "key_city";
4    }
```

5. 实现第 2 个活动 MainActivity2

MainActivity2 的实现如代码 5-29 所示,其主要功能是根据 MainActivity 传过来的第 3 级城市列表网址,获取数据并显示在 ListView 上,当用户单击 ListView 时,将单击数据回传给 MainActivity。在 updateWebData()方法中,MainActivity2 通过 getIntent().getExtras()方法获得 MainActivity 所传递的 Bundle 对象,并从 Bundle 中解析出携带的网址,调用 WebApiUtils.getApiDataAsync()异步方法获取 Web API 数据用于更新 ListView。在 ListView 的列表项单击事件处理中,获取对应城市数据,并通过 putSerializable()方法将 City 数据放入 Bundle 对象。Intent 对象可通过 getIntent()方法取得,进而将所需回传的数据通过 Bundle 放入 Intent 对象上。回传数据可通过 setResult()方法实现,该方法的第 1 个参数为结果码,对确定性操作,使用 RESULT_OK,该常量由 Android SDK 提供;第 2 个参数为携带数据的 Intent 对象,将 Bundle 数据回传至启动该 Intent 的调用者。MainActivity2 调用 setResult()方法后,则 MainActivity 中 ActivityResultLauncher 初始化时第 2 个参数的接口回调 onActivityResult()方法得以响应,进而在响应中可通过 Intent 获得 Bundle 对象,从而获得 Bundle 携带的数据。MainActivity2 回传结果后,可通过 finish()方法销毁自身,此时任务栈中 MainActivity 处于栈顶,变为可见。

感兴趣的读者,可在本任务基础上,完善项目,设计 3 个 Activity,使之分别显示全国各省份、地级市和区县的城市信息,形成完整的城市分级列表应用。

代码 5-29 活动页面 2——MainActivity2.java

```
1    import android.content.Intent;
2    import android.os.Bundle;
3    import android.view.View;
4    import android.widget.AdapterView;
5    import android.widget.ArrayAdapter;
6    import android.widget.ListView;
7    import android.widget.Toast;
8    import androidx.appcompat.app.AppCompatActivity;
9    import java.util.List;
10   public class MainActivity2 extends AppCompatActivity {
11       ListView lv;
12       ArrayAdapter < City > adapter;
13       @Override
14       protected void onCreate(Bundle savedInstanceState) {
15           super.onCreate(savedInstanceState);
16           setContentView(R.layout.my_main);
17           lv = findViewById(R.id.listView);
18           updateWebData();
19           lv.setOnItemClickListener(new AdapterView.OnItemClickListener() {
20               @Override
21               public void onItemClick(AdapterView <?> adapterView, View view,
22                                       int i, long l) {
23                   City item = adapter.getItem(i);
```

```
24          Intent intent = getIntent();      //获取启动本 Activity 的 Intent 对象
25          Bundle b = new Bundle();
26          b.putSerializable(CommonValues.KEY_CITY,item);
27          //通过 putSerializable()放置 City 数据
28          //City 类需要 implements Serializable 实现序列化
29          //取数可通过 Bundle 对象的 getSerializable()方法并强制类型转换获得
30          intent.putExtras(b);
31          setResult(RESULT_OK,intent);
32          //返回数据给 MainActivity,RESULT_OK 是结果码,表示一种状态
33          finish();                          //结束 MainActivity2
34       }
35    });
36  }
37  private void updateWebData() {
38    //从 Bundle 中取出网址,访问资源,更新 ListView
39    Bundle bundle = getIntent().getExtras();
40    String url = bundle.getString(CommonValues.KEY_URL);
41    //获取上一个 Activity 传过来的 url 值
42    WebApiUtils.getApiDataAsync(this, url,
43        new WebApiUtils.OnReadFinishedListener() {
44            @Override
45            public void onFinished(List < City > readOutList) {
46                showList(readOutList);
47            }
48            @Override
49            public void onFail(String e) {
50                showToast(e);
51            }
52      });
53  }
54  //showList(), showToast()等方法同 MainActivity.java
55  …
56 }
```

5.6 使用 RxHttp 获取 Web API 数据

5.6.1 任务说明

RxHttp 是基于 RxJava+Retrofit+OkHttp 实现的轻量级,完美兼容 MVVM 架构的网络请求封装类库,小巧精致,简单易用。RxHttp 支持 GET、POST、PUT、DELETE 等请求方式,支持文件上传下载及进度侦听,与 RxJava 结合,在实现相同的功能时,其代码量更少,非常受开发者青睐。RxHttp 在 Kotlin 编程环境中使用较多,本着 Java 入门的初衷,在本任务中将介绍如何在 Java 开发环境下配置 RxHttp,以及使用 RxHttp 实现 Web API 数据的获取。本任务需要实现的功能以及运行效果与 5.4 节的任务类似,在此不赘述。

5.6.2 任务实现

1. Gradle 配置

使用 RxHttp 时,在 Module Gradle 文件中需要做较多的配置,具体按以下步骤完成。

步骤 1:在 android 节点的 defaultConfig 标签内增加以下内容。

```
1    javaCompileOptions {
2        annotationProcessorOptions {
3            arguments = [
4                //使用 asXxx 方法时必须,传入所依赖的 RxJava 版本
5                rxhttp_rxjava: '3.1.4',
6                rxhttp_okhttp: '4.9.1',
7                rxhttp_package: 'rxhttp', //指定 RxHttp 类包名,可随意指定
8            ]
9        }
10   }
```

步骤 2：检查 android 节点是否有 compileOptions 配置,若没有,增加以下编译选项配置。

```
1    compileOptions {
2        sourceCompatibility JavaVersion. VERSION_1_8
3        targetCompatibility JavaVersion. VERSION_1_8
4    }
```

步骤 3：在 dependencies 节点中增加以下依赖库。

```
1    //  以下是必要的 RxHttp 组件
2    implementation 'com. squareup. okhttp3:okhttp:4.9.1'
3    implementation 'com. github. liujingxing. rxhttp:rxhttp:2.7.3'
4    annotationProcessor 'com. github. liujingxing. rxhttp:rxhttp－compiler:2.7.3'
5
6    //  以下是 rxlife 管理所需的组件
7    implementation 'com. github. liujingxing. rxlife:rxlife－coroutine:2.1.0'
8    //rxlife 管理协程生命周期,页面销毁,关闭请求
9
10   //  以下是需要使用 as 方法时所需的组件
11   implementation 'io. reactivex. rxjava3:rxjava:3.1.4'
12   implementation 'io. reactivex. rxjava3:rxandroid:3.0.0'
13   implementation 'com. github. liujingxing. rxlife:rxlife－rxjava3:2.2.2'
14   //rxlife－rxjava3 管理 RxJava3 生命周期,页面销毁,关闭请求
```

在 settings. gradle 文件中增加 maven{url"https://jitpack. io"}代码仓库,以便依赖库能优先从指定仓库下载对应文件。具体配置如下所示。

```
1    pluginManagement {
2        repositories {
3            maven { url "https://jitpack.io" }
4            gradlePluginPortal()
5            google()
6            mavenCentral()
7        }
8    }
9    dependencyResolutionManagement {
10       repositoriesMode.set(RepositoriesMode.FAIL_ON_PROJECT_REPOS)
11       repositories {
12           maven { url "https://jitpack.io" }
13           google()
14           mavenCentral()
15       }
16   }
```

2. 上网权限配置

在 AndroidManifest 中增加上网权限如下所示。

```
< uses - permission android:name = "android. permission. INTERNET"></uses - permission >
```

若是 Android 10.0 及以上版本,还须在 application 标签内增加访问 Http 资源属性,如下所示。

```
android:usesCleartextTraffic = "true"
```

3. 实现 MainActivity

MainActivity 的布局文件 my_main. xml 和解析数据类 City. java 可参考 5.4 节。MainActivity 的实现如代码 5-30 所示。在 MainActivity 中,从网页获取数据并解析数据的核心代码由 getCityList()方法实现,与 5.4 节相比,使用 RxHttp 能用更少的代码实现相同的功能。

RxHttp 采用链式写法,get()方法是使用 GET 获取网络数据,asClass()方法和 asList()方法能将获取结果直接转换为对应类或者类列表,observeOn()方法指定观察者回调的线程。RxHttp 会在获取数据时自行创建后台线程,若无 observeOn()方法指定,默认使用 RxHttp 所在线程处理观察者回调,若 RxHttp 是在后台线程调用的,则需要 observeOn()方法指定UI 线程,否则 RxHttp 的观察者回调不能直接用于更新 UI。观察者回调使用 subscribe()方法,在解析数据完成后,产生该回调,将所解析的数据回传。subscribe()方法的使用方式比较类似 JavaScript,若使用双参数,前者是解析返回的数据,后者是出错返回的错误对象,各参数均采用箭头函数匿名实现回传参数的处理。本任务中,subscribe()方法中的第 1 个箭头函数处理解析结果 cities(City 类的列表数据),第 2 个箭头函数处理出错信息,箭头前的变量为传递给箭头函数的传参。

代码 5-30　MainActivity. java

```
1    import androidx. appcompat. app. AppCompatActivity;
2    import android. os. Bundle;
3    import android. view. View;
4    import android. widget. ArrayAdapter;
5    import android. widget. EditText;
6    import android. widget. ListView;
7    import android. widget. Toast;
8    import java. util. List;
9    import io. reactivex. rxjava3. android. schedulers. AndroidSchedulers;
10   import rxhttp. RxHttp;
11   public class MainActivity extends AppCompatActivity {
12       ListView lv;
13        @Override
14       protected void onCreate(Bundle savedInstanceState) {
15           super. onCreate(savedInstanceState);
16           setContentView(R. layout. my_main);
17           lv = findViewById(R. id. listView);
18           EditText et = findViewById(R. id. et_url);
19           findViewById(R. id. bt_async)
20                       . setOnClickListener(new View. OnClickListener(){
21               @Override
22               public void onClick(View view) {
```

```
23              String url = et.getText().toString();
24              getCityList(url);
25          }
26      });
27  }
28  private void getCityList(String url) {
29      RxHttp.get(url)
30          .asList(City.class)        //直接将 JSON 数组转换成类列表
31          .observeOn(AndroidSchedulers.mainThread())   //在主线程中调用观察者
32          .subscribe(cities -> {     //采用观察者订阅模式回调
33              showList(cities);
34          },e->{
35              showToast(e.toString());
36          });
37  }
38  private void showList(List<City> readOutList) {
39      //将列表数据生成适配器,显示到 ListView 对象上
40      ArrayAdapter<City> adapter = new ArrayAdapter<>(this,
41          android.R.layout.simple_list_item_1,readOutList);
42      lv.setAdapter(adapter);
43  }
44  private void showToast(String e) {
45      Toast.makeText(this,e,Toast.LENGTH_LONG).show();
46  }
47 }
```

RxHttp 功能非常强大,这里仅仅是抛砖引玉,给出最基本的 GET 使用方法,读者可自行尝试下载文件以及 POST 操作等高级应用。

5.7 使用 Jsoup 实现网页数据提取

5.7.1 任务说明

本任务使用 Jsoup 实现网页数据提取,应用的演示效果如图 5-8 所示。在该应用中,活动页面视图根节点为垂直的 LinearLayout,布局中依次放置 1 个 TextView,用于显示个人信息;1 个 Button,用于开启后台线程获取网页数据;1 个 ScrollView(滚动视图),视图中内嵌 1 个 TextView,用于显示网页的解析数据。

本任务使用第三方库 Jsoup 解析清华大学出版社新书推荐网页接口(网址请扫描前言中的二维码获取)中的 HTML 数据,并提取出网页中的图书书名、图书作者、图书详情链接,以及图书图片链接等关键信息。如图 5-8 所示,在 ScrollView 内嵌的 TextView 中,显示了 Jsoup 的解析结果,每条图书信息用分隔线隔开,并且所解析的链接支持单击跳转。当 TextView 中显示的内容很长,超出一屏幕的显示内容时,推荐将 TextView 嵌入 ScrollView 视图中,用户则可通过滑动屏幕阅览

图 5-8 解析清华大学出版社新书推荐网页接口数据的演示效果

TextView 的剩余内容。

本任务需要后台线程访问网页,提取网页关键信息,并在 Activity 的 UI 线程中更新数据。后台线程与前端 UI 的数据交互根据之前的任务可知,主流有 3 种方式:①通过 Handler 传递;②通过自定义接口和 Activity 对象的线程切换实现;③通过 LiveData 和视图模型实现。本任务采用第 3 种方式实现,事实上选取上述任何一种方法均能实现相同功能。

5.7.2 任务实现

1. Gradle 和权限配置

在 Module Gradle 文件的 dependencies 节点中增加 Jsoup 依赖,如下所示。

```
implementation 'org.jsoup:jsoup:1.14.3'
```

在 AndroidManifest 的 application 标签之外增加上网权限,如下所示。

```
< uses - permission android:name = "android. permission. INTERNET"></uses - permission >
```

对于 Android 10.0 及以上系统,还须在 AndroidManifest 的 application 标签中增加访问 Http 使能属性,如下所示。

```
android:usesCleartextTraffic = "true"
```

2. 视图模型与图书数据封装类

使用 Jsoup 访问网页对 Android 系统而言是一项耗时的操作,因此 Jsoup 解析网页数据等相关操作宜放在后台线程中操作,不能直接在 UI 线程中操作。考虑到后台线程与前端 UI 是通过视图模型的 LiveData 交互数据的,本任务还需自定义相关视图模型。

自定义视图模型 MainViewModel 如代码 5-31 所示。在 MainViewModel 中,定义了两个 MutableLiveData 成员变量,其中变量 bookList 用于交互图书列表数据,变量 errMessage 用于交互错误信息。变量 errMessage 在成员变量声明时直接被初始化。变量 bookList 在构造方法中被初始化,初始化时,实际的数据载体 List < BookItem >对象依然是 null,此时可通过 setValue()方法设置 ArrayList 对象,为变量 bookList 赋值。

代码 5-31　自定义视图模型 MainViewModel. java

```
1    import androidx. lifecycle. MutableLiveData;
2    import androidx. lifecycle. ViewModel;
3    import java. util. ArrayList;
4    import java. util. List;
5    public class MainViewModel extends ViewModel {
6        private MutableLiveData < List < BookItem >> bookList;
7        private MutableLiveData < String > errMessage = new MutableLiveData <>();
8        //bookList 是后台线程解析出的图书列表数据
9        //errMessage 是后台线程工作过程中的出错信息
10       public MainViewModel() {
11           bookList = new MutableLiveData <>();
12           bookList. setValue(new ArrayList <>());      //为 bookList 设置初始化列表对象
13       }
14       public MutableLiveData < List < BookItem >> getBookList() {
```

```
15          return bookList;
16      }
17      public MutableLiveData < String > getErrMessage() {
18          return errMessage;
19      }
20  }
```

BookItem 是自定义的图书数据封装类,如代码 5-32 所示,该类有 4 个字段:图书书名 title、图书作者 author、图书详情链接 href、图书图片链接 imgSrc。为了方便 BookItem 类数据的字符串打印,在 BookItem 类中改写了 toString()方法,使用 String. format()方法将相关字段转换为所需字符串。BookItem 实现了 Serializable 接口,使之能用于 Bundle 序列化传数。

代码 5-32 自定义图书数据 BookItem. java

```
1   import java. io. Serializable;
2   public class BookItem implements Serializable{
3       private String title;
4       private String author;
5       private String href;
6       private String imgSrc;
7       public BookItem(String title, String author, String href, String imgSrc) {
8           this. title = title;
9           this. author = author;
10          this. href = href;
11          this. imgSrc = imgSrc;
12      }
13      @Override
14      public String toString() {        //BookItem 对象转字符串的方法,打印各属性值
15          return String. format("Title = % s\nAuthor = % s\nHref = % s\nImgSrc = % s\n",
16              title, author, href, imgSrc);
17      }
18      public String getTitle() {
19          return title;
20      }
21      public void setTitle(String title) {
22          this. title = title;
23      }
24      public String getAuthor() {
25          return author;
26      }
27      public void setAuthor(String author) {
28          this. author = author;
29      }
30      public String getHref() {
31          return href;
32      }
33      public void setHref(String href) {
34          this. href = href;
35      }
36      public String getImgSrc() {
37          return imgSrc;
38      }
39      public void setImgSrc(String imgSrc) {
40          this. imgSrc = imgSrc;
41      }
42  }
```

3. 实现网页解析后台线程

网页解析后台线程 BookItemGetThread 如代码 5-33 所示,通过构造方法传递视图模型对象 ViewModel 和待解析网址 url。网页中解析的图书详情链接是相对链接,需要与网站前缀地址拼接成完整链接,因此定义了常量 BASE_URL 用于拼接相对链接网址。

BookItemGetThread 后台线程的 run()方法中,通过所传递的视图模型对象获得用于前端和后台交互的图书列表数据维持对象 bookList,注意,bookList 是 LiveData 数据对象,而对应的列表对象 list 则通过 bookList 的 getValue()方法获取。本任务中,视图模型的拥有者设成 MainActivity 对象,即使线程消亡,只要 MainActivity 没有消亡,变量 bookList 依然存在,所维持的列表对象 list 不会消亡,因此在后台线程启动后,须对 list 调用 clear()方法将之前保留的列表数据清除。变量 errMessage 为错误信息,当 Jsoup 解析过程中出错时,可将错误信息传给 errMessage,当 UI 线程中对 errMessage 设置了观察侦听,则可通过对应的回调方法及时处理错误信息。

Jsoup 访问网页可通过 connect()方法接受对应网址,注意网址字符串必须包含"http://"或"https://"等协议。若要设置访问超时,可对 Jsoup 链式操作增加 timeout()方法,参数是 ms 单位的超时时间,最后通过 get()方法获得 Document 文档对象。Jsoup 提取文档对象中的节点可通过 select(String tag)方法实现,传参 tag 为节点的标签类型,返回值为 Elements 对象。Elements 对象需要先定位后使用,常用的定位方式有:first()方法,取得首个元素;last()方法,取得最后一个元素;get(int index)方法,取得传参 index 指定索引位的元素。Elements 对象定位方法返回的元素为 Element,即节点对象。

为了更好地说明问题,现将待解析网页中关键 HTML 内容抽取出,如代码 5-34 所示,并使用该内容用于分析 Jsoup 解析网页的相关方法。由代码 5-34 可见,一条图书信息在 class=" n_b_product"的 dl 节点中,可用 Jsoup 提供的 select("dl[class * =product]")方法匹配 dl 节点进行提取,传参 dl[class * =product]表示只提取具有 class 属性,且属性值包含了 product 字符串的 dl 节点。select()方法返回的是 Elements 对象,获得所需的 dl 节点合集之后,需要对其进行 for 循环展开,对每个 dl 节点进一步提取相关信息。本任务中,对 dl 节点合集使用 for each 展开,从 Elements 对象中取得 Element 元素,用于进一步的解析处理。

由代码 5-34 所示的网页内容可知,图书详情链接在 a 节点的 href 属性中,可通过 dl 节点对象的 select("a").first().attr("href")方法获得 href 属性值,并且与前缀网址 BASE_URL 拼接成完整的链接地址。此外,href 属性值还可以通过 attr("abs:href")直接获得绝对网址,从而避免了与前缀网址的拼接操作。图书信息字段 imgSrc 和 title 可以使用类似的方法提取。图书作者、图书价格和图书简介在 p 节点中,每个 p 节点构成一个字段数据,其中图书作者在首个 p 节点中,可通过 select("p").first().text()方法提取,其中 text()方法为节点对象去标签后的纯文本。从 HTML 中提取的关键信息用于构造 BookItem 对象,并加到列表 list 中。遍历结束,通过 LiveData 对象 bookList 的 postValue()方法更新值,则 Activity 的 UI 线程中同一个 LiveData 对象可在 Observer 接口回调中取出更新后的值,用于更新 ListView。在处理过程中,若遇到异常,则通过 try-catch 捕捉异常,将错误信息转成字符串,并通过 LiveData 对象 errMessage 更新值,从而在 Activity 中可对 errMessage 调用 Observer 接口处理异常。

代码 5-33 网页解析后台线程 BookItemGetThread. java

```
1    import androidx.lifecycle.MutableLiveData;
2    import org.jsoup.Jsoup;
3    import org.jsoup.nodes.Document;
4    import org.jsoup.nodes.Element;
5    import org.jsoup.select.Elements;
6    import java.io.IOException;
7    import java.util.List;
8    public class BookItemGetThread extends Thread{
9        private MainViewModel viewModel;
10       private String url;
11       public static final String BASE_URL
12               = "http://www.tup.tsinghua.edu.cn/booksCenter/";
13   //BASE_URL 为 href 提取链接地址的前缀地址,与 href 拼接成绝对网址才能被访问
14       public BookItemGetThread(MainViewModel viewModel, String url) {
15           this.viewModel = viewModel;
16           this.url = url;
17       }
18       @Override
19       public void run() {
20           MutableLiveData<List<BookItem>> bookList = viewModel.getBookList();
21           List<BookItem> list = bookList.getValue();
22           list.clear();            //将列表对象 list 数据清空
23           MutableLiveData<String> errMessage = viewModel.getErrMessage();
24           try {
25               Document doc = Jsoup.connect(url).timeout(10000).get();
26               Elements dls = doc.select("dl[class * = product]");
27               //取 dl 标签,标签具有属性 class = " * product * "的才被匹配, * 表示任意字符
28               for (Element dl : dls) {
29                   String href0 = dl.select("a").first().attr("href");
30                   String href = BASE_URL + href0;       //拼接成的 href 是绝对网址
31                   //href 可以使用 attr("abs:href")获取绝对网址
32                   String imgSrc = dl.select("img").first().attr("abs:src");
33                   //abs:src 或者 abs:href 可以取得绝对网址
34                   String title = dl.select("span")
35                                       .first().attr("title");
36                   //取得 span 标签中 title 的属性值
37                   String author = dl.select("p").first().text();
38                   //取首个段落,对应的是作者信息
39                   list.add(new BookItem(title,author,href,imgSrc));
40               }
41               bookList.postValue(list);              //通过 ViewModel 传递数据
42           } catch (IOException e) {
43               e.printStackTrace();
44               errMessage.postValue(e.toString());
45               //将错误信息传递给观察者
46           }
47       }
48   }
```

代码 5-34 待提取的 HTML 关键内容

```
1    < dl class = "n_b_product">
2     < dt >
3      < a href = "book_08766201.html" target = "_blank">
4      < img src = "../upload/smallbookimg/087662 - 01.jpg" width = "100" height = "146" />
```

```
5        </a>
6      </dt>
7      <dd>
8        <span title = "Python 从菜鸟到高手(第 2 版)">Python 从菜鸟到高手(第 2...</span>
9        <p>李宁</p>
10       <p class = "ft_purple">定价: 95 元</p>
11       <p>本书从实战角度系统讲解了 Python 核心知识点以及 Python 在 We...</p>
12     </dd>
13   </dl>
14   <dl class = "n_b_product">
15     <dt>
16       <a href = "book_09175301.html" target = "_blank">
17         <img src = "../upload/smallbookimg/091753 – 01.jpg" width = "100" height = "146" />
18       </a>
19     </dt>
20     <dd>
21       <span title = "动手学推荐系统——基于 PyTorch 的算法实现(微课视频版)">动手学推荐
         系统——基于 P...</span>
22       <p>於方仁</p>
23       <p class = "ft_purple">定价: 79 元</p>
24       <p>本书从理论结合实践编程来学习推荐系统.由浅入深,先基础...</p>
25     </dd>
26   </dl>
27   …
```

4. 实现 MainActivity

MainActivity 的布局文件 my_main. xml 如代码 5-35 所示。在布局中,id 为 tv_result 的 TextView 组件所显示的内容将超过屏幕高度,若期望能通过上下滑动屏幕显示剩余内容,应将 tv_result 嵌在 ScrollView 中。同时,tv_result 显示的超链接期望能被系统自动识别为网址,当用户单击该链接时,会自动调用相应应用(浏览器)访问网址,该功能需要额外属性 android:autoLink 进行控制,属性值 web 用于识别网址链接、email 用于识别邮箱地址、map 用于识别地理位置、phone 用于识别电话号码、all 则识别所有类型,不同类型的数据会匹配相应的应用。

代码 5-35   MainActivity 的布局文件 my_main. xml

```
1    <?xml version = "1.0" encoding = "utf – 8"?>
2    <LinearLayout xmlns:android = "http://schemas.android.com/apk/res/android"
3        android:orientation = "vertical"
4        android:layout_width = "match_parent"
5        android:layout_height = "match_parent">
6        <TextView
7            android:layout_width = "match_parent"
8            android:layout_height = "wrap_content"
9            android:text = "Your name and ID" />
10       <Button
11           android:id = "@ + id/button"
12           android:layout_width = "match_parent"
13           android:layout_height = "wrap_content"
14           android:text = "Get data" />
15       <ScrollView
16           android:layout_width = "match_parent"
17           android:layout_height = "match_parent">
18           <LinearLayout
```

```
19                        android:layout_width = "match_parent"
20                        android:layout_height = "wrap_content"
21                        android:orientation = "vertical" >
22                        < TextView
23                            android:id = "@ + id/tv_result"
24                            android:layout_width = "match_parent"
25                            android:layout_height = "wrap_content"
26                            android:autoLink = "web"
27                            android:text = "TextView" />
28                    </LinearLayout >
29                </ScrollView >
30    </LinearLayout >
```

　　MainActivity 的实现如代码 5-36 所示。在 MainActivity 中,通过 ViewModelProvider 获得视图模型对象 viewModel,并从中取得两个 LiveData 数据 bookList 和 errMessage,分别对其设置观察侦听。当后台线程对 LiveData 数据通过 postValue()方法更新后,MainActivity 的 UI 线程中对应数据会通过 Observer 接口响应 onChanged()回调,通过回调传参取得更新后的数据并进行处理。在 LiveData 数据 bookList 的 onChanged()回调中,取得图书列表数据 bookItems,并调用 printBookList()方法将其转换为所需格式的字符串显示到文本对象 tv 上。错误信息使用 Toast 显示,通过 LiveData 数据 errMessage 的 Observer 接口实现。网页解析后台线程的生成和启动在 Button 单击事件回调中实现。MainActivity 的成员变量 url 为获取图书信息的网址,网址中,参数 pageIndex 是页索引值,pageSize 是返回一页信息的图书数目,两者均可被修改。在 printBookList()方法中,通过遍历图书列表,将每个 BookItem 对象转为字符串,并在每条图书信息前后增加分隔线,该方法中涉及较多的字符串拼接操作,适合使用 StringBuilder 对象和 append()方法进行字符串拼接,以避免产生过多的字符串内存碎片。

代码 5-36　MainActivity. java

```java
1     import androidx. appcompat. app. AppCompatActivity;
2     import androidx. lifecycle. MutableLiveData;
3     import androidx. lifecycle. Observer;
4     import androidx. lifecycle. ViewModelProvider;
5     import android. os. Bundle;
6     import android. view. View;
7     import android. widget. TextView;
8     import android. widget. Toast;
9     import java. util. List;
10    public class MainActivity extends AppCompatActivity{
11        MainViewModel viewModel;
12        String url = "http://www. tup. tsinghua. edu. cn/booksCenter/" +
13                "new_book. ashx?pageIndex = 0&pageSize = 15&id = 0&jcls = 0";
14        //获取图书数据的网址,pageIndex 为页面索引值,pageSize 为一个页面的数据数目
15        //可根据需要修改 pageIndex 和 pageSize 的参数值
16        @Override
17        protected void onCreate(Bundle savedInstanceState){
18            super. onCreate(savedInstanceState);
19            setContentView(R. layout. my_main);
20            TextView tv = findViewById(R. id. tv_result);
21            viewModel = new ViewModelProvider(this). get(MainViewModel. class);
```

```
22          MutableLiveData<List<BookItem>> bookList = viewModel.getBookList();
23          //通过视图模型数据观察者模式响应数据动态更新
24          bookList.observe(this, new Observer<List<BookItem>>(){
25              @Override
26              public void onChanged(List<BookItem> bookItems){
27                  String s = printBookList(bookItems);
28                  tv.setText(s);
29              }
30          });
31          MutableLiveData<String> errMessage = viewModel.getErrMessage();
32          //响应后台线程通过视图模型发送的错误信息
33          errMessage.observe(this, new Observer<String>(){
34              @Override
35              public void onChanged(String s){
36                  showToast(s);
37              }
38          });
39          findViewById(R.id.button).setOnClickListener(new View.OnClickListener(){
40              @Override
41              public void onClick(View view){
42                  new BookItemGetThread(viewModel,url).start();
43                  //生成并启动后台线程解析网页数据
44              }
45          });
46      }
47      private void showToast(String s){
48          Toast.makeText(this,s,Toast.LENGTH_LONG).show();
49      }
50      private String printBookList(List<BookItem> bookItems){
51          //将传参 bookItems 转换成字符串
52          StringBuilder sb = new StringBuilder();
53          for (int i = 0; i < bookItems.size(); i++) {
54              BookItem bookItem = bookItems.get(i);
55              sb.append(" ------------ " + i + " ---------------- \n");
56              sb.append(bookItem.toString());
57              sb.append(" --------------------------------- \n");
58          }
59          return sb.toString();
60      }
61  }
```

5.8 使用 Jsoup 和 Glide 实现网页数据渲染

5.8.1 任务说明

本任务在 5.7 节的基础上完成,效果如图 5-9 所示。活动页面中,将 5.7 节 my_main. xml 布局文件中的 ScrollView 以及子视图更改为 ListView。ListView 每个行视图显示了图书书名、图书作者和图书封面图片。本节任务需要对图书数据类 BookItem 实现对应的自定义适配器,并使用第三方库 Glide 将图片网址的图片数据加载到适配器的 ImageView 组件中。

图 5-9　使用 ListView 显示图文并茂的图书信息

5.8.2　任务实现

1. 实现自定义适配器

复制 5.7 节项目的所有文件，包括 Gradle 设置和 AndroidManifest 的上网相关设置。在 Module Gradle 的 dependencies 节点中增加 Glide 依赖库，如下所示。

```
implementation 'com.github.bumptech.glide:glide:4.13.2'
```

自定义适配器的行视图 row_view. xml 如代码 5-37 所示。布局中，id 为 row_view_tv_title 的 TextView 用于显示图书书名，该组件不仅设置了文本颜色和字体大小，还增加了额外属性 android:ellipsize，用于控制文本内容过长时的处理方式，当属性值为 end 时，截断过长内容的尾部，并用三点省略号"…"取代剩余文本。TextView 可使用行数控制属性 android:maxLines 设置文本框的最大行数。

代码 5-37　适配器行视图 row_view. xml

```
1    <?xml version = "1.0" encoding = "utf - 8"?>
2    < LinearLayout xmlns:android = "http://schemas. android. com/apk/res/android"
3         xmlns:app = "http://schemas. android. com/apk/res - auto"
4         android:layout_width = "match_parent"
5         android:gravity = "center"
6         android:padding = "5dp"
7         android:layout_height = "wrap_content">
8         < LinearLayout
9             android:layout_width = "wrap_content"
10            android:layout_height = "wrap_content"
11            android:layout_weight = "1"
12            android:orientation = "vertical">
13            < TextView
14                android:id = "@ + id/row_view_tv_title"
15                android:layout_width = "match_parent"
```

```
16              android:layout_height = "wrap_content"
17              android:textColor = "#000"
18              android:textSize = "16sp"
19              android:ellipsize = "end"
20              android:maxLines = "3"
21              android:text = "TextView" />
22          < TextView
23              android:id = "@ + id/row_view_tv_author"
24              android:layout_width = "match_parent"
25              android:layout_height = "wrap_content"
26              android:text = "TextView" />
27      </LinearLayout >
28      < ImageView
29          android:id = "@ + id/row_view_iv"
30          android:layout_width = "80dp"
31          android:layout_height = "80dp"
32          app:srcCompat = "@drawable/ic_launcher_background" />
33  </LinearLayout >
```

　　自定义图书适配器 BookItemAdapter 如代码 5-38 所示。在适配器的 getView()方法中,取出图书数据的图片链接赋给变量 imgSrc,并使用 Uri. parse()方法将其转换为标准 Uri 资源,提供给 Glide 对象加载网络数据。Glide 的使用相对比较简单,可通过链式操作完成图片加载,其中,with()方法设置的是 Context 对象或者 Activity 对象;load()方法加载图片数据源,图片网址可通过 Uri. parse()方法转换为标准 Uri 资源,也可以直接使用 String 类型的网址;placeholder()方法指定加载过程中替换的图片,该方法是可选项;into()方法指定加载图片赋予的 ImageView 对象。Glide 会自动开启后台线程加载网络图片,无须用户干预,并且具有缓存功能,当加载同一个网址图片时,可利用缓存数据加速加载。

代码 5-38　自定义适配器 BookItemAdapter. java

```
1   import android. content. Context;
2   import android. net. Uri;
3   import android. view. LayoutInflater;
4   import android. view. View;
5   import android. view. ViewGroup;
6   import android. widget. ArrayAdapter;
7   import android. widget. ImageView;
8   import android. widget. TextView;
9   import androidx. annotation. NonNull;
10  import androidx. annotation. Nullable;
11  import com. bumptech. glide. Glide;
12  import java. util. List;
13  public class BookItemAdapter extends ArrayAdapter < BookItem > {
14      private Context context;
15      private List < BookItem > list;
16      public BookItemAdapter(@NonNull Context context, List < BookItem > list) {
17          super(context, android. R. layout. simple_list_item_1,list);
18          this. context = context;
19          this. list = list;
20      }
21      @NonNull
22      @Override
23      public View getView(int position, @Nullable View convertView,
24                      @NonNull ViewGroup parent) {
```

```
25              View v = convertView;
26              if(v == null){
27                  v = LayoutInflater. from(context)
28                          . inflate(R. layout. row_view, parent, false);
29              }
30              BookItem bookItem = list. get(position);
31              //取出行位置对应的对象,填充给行视图各 UI
32              TextView tv_title = v. findViewById(R. id. row_view_tv_title);
33              TextView tv_author = v. findViewById(R. id. row_view_tv_author);
34              ImageView iv = v. findViewById(R. id. row_view_iv);
35              tv_title. setText(bookItem. getTitle());
36              tv_author. setText(bookItem. getAuthor());
37              String imgSrc = bookItem. getImgSrc();
38              Glide. with(context). load(Uri. parse(imgSrc)). into(iv);
39              //使用 Glide 加载图片网址,并把图片数据渲染到 ImageView 对象 iv 上
40              return v;
41          }
42      }
```

2. 实现 MainActivity

MainActivity 的布局文件 my_main. xml 如代码 5-39 所示,相比 5.7 节的项目,活动页面布局中,将 ScrollView 及子视图改成了 ListView。

代码 5-39　MainActivity 的布局文件 my_main. xml

```
1   <?xml version = "1.0" encoding = "utf - 8"?>
2   < LinearLayout xmlns:android = "http://schemas. android. com/apk/res/android"
3       android:orientation = "vertical"
4       android:layout_width = "match_parent"
5       android:layout_height = "match_parent">
6       < TextView
7           android:layout_width = "match_parent"
8           android:layout_height = "wrap_content"
9           android:text = "Your name and ID" />
10      < Button
11          android:id = "@ + id/button"
12          android:layout_width = "match_parent"
13          android:layout_height = "wrap_content"
14          android:text = "Get data" />
15      < ListView
16          android:id = "@ + id/listView"
17          android:layout_width = "match_parent"
18          android:layout_height = "match_parent" />
19  </LinearLayout >
```

MainActivity 的实现如代码 5-40 所示。在 onCreate()方法中,ListView 设置了列表项单击侦听,在侦听回调中,取得图书数据 item,并将 item 的 href 值转换为标准 Uri 资源,通过动作+数据的方式定义了意图对象 intent,以 Activity 的方式启动该意图,使其调用默认浏览器访问对应网页,达到跳转到图书详情页面的目的。LiveData 对象 bookList 通过 observe()方法实现数据侦听,取得后台线程解析网页所获取的图书列表数据,生成对应适配器对象,用于更新 ListView。

代码 5-40　MainActivity.java

```
1    import androidx.appcompat.app.AppCompatActivity;
2    import androidx.lifecycle.MutableLiveData;
3    import androidx.lifecycle.Observer;
4    import androidx.lifecycle.ViewModelProvider;
5    import android.content.Intent;
6    import android.net.Uri;
7    import android.os.Bundle;
8    import android.view.View;
9    import android.widget.AdapterView;
10   import android.widget.ListView;
11   import android.widget.Toast;
12   import java.util.List;
13   public class MainActivity extends AppCompatActivity {
14       MainViewModel viewModel;
15       String url = "http://www.tup.tsinghua.edu.cn/booksCenter/" +
16           "new_book.ashx?pageIndex = 0&pageSize = 15&id = 0&jcls = 0";
17       @Override
18       protected void onCreate(Bundle savedInstanceState) {
19           super.onCreate(savedInstanceState);
20           setContentView(R.layout.my_main);
21           viewModel = new ViewModelProvider(this).get(MainViewModel.class);
22           MutableLiveData < List < BookItem >> bookList = viewModel.getBookList();
23           ListView lv = findViewById(R.id.listView);
24           lv.setOnItemClickListener(new AdapterView.OnItemClickListener() {
25               @Override
26               public void onItemClick(AdapterView <?> adapterView, View view,
27                               int i, long l) {
28                   BookItem item = (BookItem) adapterView.getItemAtPosition(i);
29                   Intent intent = new Intent(Intent.ACTION_VIEW,
30                           Uri.parse(item.getHref()));
31                   startActivity(intent);       //调用内置浏览器跳转到图书详情页面
32               }
33           });
34           //通过视图模型数据观察者模式响应数据动态更新
35           bookList.observe(this, new Observer < List < BookItem >>() {
36               @Override
37               public void onChanged(List < BookItem > bookItems) {
38                   BookItemAdapter adapter = new BookItemAdapter(MainActivity.this,
39                       bookItems);
40                   lv.setAdapter(adapter);
41               }
42           });
43           MutableLiveData < String > errMessage = viewModel.getErrMessage();
44           //响应后台线程通过视图模型发送的错误信息
45           errMessage.observe(this, new Observer < String >() {
46               @Override
47               public void onChanged(String s) {
48                   showToast(s);
49               }
50           });
51           findViewById(R.id.button).setOnClickListener(new View.OnClickListener() {
52               @Override
53               public void onClick(View view) {
54                   new BookItemGetThread(viewModel,url).start();
55                   //生成并启动后台线程解析图书数据
```

```
56              }
57          });
58      }
59      private void showToast(String s) {
60          Toast.makeText(this,s,Toast.LENGTH_LONG).show();
61      }
62  }
```

5.9　使用 SwipeRefreshLayout 和 WebView

5.9.1　任务说明

本任务在 5.8 节的基础上完成,演示效果如图 5-10 所示。本任务的应用由两个 Activity 构成,分别为 MainActivity 和 BookItemActivity。MainActivity 用于显示图书列表,BookItemActivity 用于显示图书详情。

图 5-10　任务的演示效果

在 MainActivity 布局中,对 ListView 增加父视图 SwipeRefreshLayout,使其具有下拉刷新功能,在下拉过程中,将指向下一页的图书列表网址给待启动的后台线程,图书列表加载完成后通过 LiveData 更新 ListView,从而实现了图书列表换页的功能。MainActivity 布局中还增加了 SeekBar 组件,采用离散进度样式,拖动 SeekBar 组件,可更改网址中的页索引参数值,实现网址换页。SeekBar 和 SwipeRefreshLayout 联动,在 SwipeRefreshLayout 下拉刷新侦听接口中,同步更改 SeekBar 的当前进度值。ListView 实现了列表项单击事件侦听,在侦听回调中,获得对应图书数据,传递并跳转至 BookItemActivity。

BookItemActivity 取得 MainActivity 所传递的图书数据,使用 WebView 组件显示图书详情链接对应的 HTML 数据。BookItemActivity 的动作栏标题显示图书书名,并且有应用返回键,用户单击返回键可返回至 MainActivity。

5.9.2　任务实现

1. Gradle 配置

本任务中,Jsoup 和 Glide 的配置以及 AndroidManifest 上网权限等静态配置同 5.8 节。SwipeRefreshLayout 在多数 Android Studio 版本中不存在,需要以第三方库的形式导入。在 Module Gradle 文件的 dependencies 节点中导入 SwipeRefreshLayout,如下所示。

```
implementation 'androidx.swiperefreshlayout:swiperefreshlayout:1.1.0'
```

2. SwipeRefreshLayout 使用要点

SwipeRefreshLayout 作为 Android 的第三方库,使用方式较为简单。SwipeRefreshLayout 通过 setOnRefreshListener()方法设置下拉刷新侦听器,用于启动后台线程获取新数据。在刷新侦听接口中,通过 onRefresh()回调方法启动后台线程,此时 SwipeRefreshLayout 以转圈的方式悬浮在屏幕上方,若没有通过 setRefreshing(false)方法取消刷新状态,SwipeRefreshLayout 则会一直以刷新转圈的状态悬浮在应用视图上。基于异步工作的原理,SwipeRefreshLayout 的 setRefreshing(false)方法建议在后台线程数据回传的回调方法中执行。

3. 实现 MainActivity

MainActivity 的布局文件 my_main. xml 如代码 5-41 所示,在布局中,将 ListView 嵌入到 SwipeRefreshLayout 组件中,使用户下拉 ListView 时能触发 SwipeRefreshLayout 的刷新回调。在编辑 XML 时,UI 面板中没有 SwipeRefreshLayout 组件,需要用户通过 Gradle 加载对应库后,才能在 XML 节点中通过手动输入组件名称添加 SwipeRefreshLayout。SwipeRefreshLayout 的宽度与 ListView 相同,可用 match_parent 属性值设置;该组件的高度包围 ListView,可用 wrap_content 属性值设置;此外还需要添加 android:id 属性。布局文件中增加了 SeekBar 组件,用于显示和控制网址中的页索引参数 pageIndex,SeekBar 具有连续模式和离散模式,使用 style 属性控制,本任务中使用了离散模式,使 SeekBar 的拖动值只能是整数值。SeekBar 的 android:max 属性用于控制拖动条的最大进度值,android:progress 属性则控制拖动条的当前进度值。

代码 5-41　MainActivity 的布局文件 my_main. xml

```
1    <?xml version = "1.0" encoding = "utf - 8"?>
2    < LinearLayout xmlns:android = "http://schemas. android. com/apk/res/android"
3          android:layout_width = "match_parent"
4          android:layout_height = "match_parent"
5          android:orientation = "vertical">
6          < TextView
7                android:layout_width = "match_parent"
8                android:layout_height = "wrap_content"
9                android:text = "Your name and ID" />
10         < SeekBar
11               android:id = "@ + id/seekBar"
12               style = "@style/Widget. AppCompat. SeekBar. Discrete"
13               android:layout_width = "match_parent"
14               android:layout_height = "wrap_content"
15               android:max = "10"
16               android:progress = "0" />
```

```
17      <!-- android:max 设置 SeekBar 的最大进度值,android:progress 则设置当前进度值 -->
18          < androidx. swiperefreshlayout. widget. SwipeRefreshLayout
19              android:id = "@ + id/swipeRefreshLayout"
20              android:layout_width = "match_parent"
21              android:layout_height = "wrap_content">
22          < ListView
23              android:id = "@ + id/listView"
24              android:layout_width = "match_parent"
25              android:layout_height = "match_parent" />
26          </androidx. swiperefreshlayout. widget. SwipeRefreshLayout >
27      </LinearLayout >
```

MainActivity 的实现如代码 5-42 所示。在 MainActivity 中,常量 KEY_DATA 作为 Bundle 对象存取数据的 key,通过静态方法 getIntentBookItem()从 Bundle 对象中取得所传输的 BookItem 对象,实现不同 Activity 之间对 Bundle 对象字段的解耦。变量 urlList 用于存储图书列表数据的网址,并使用常量 MAX_PAGE 控制图书列表网址参数 pageIndex 的最大值,变量 page_i 则为当前网址的页索引,与变量 urlList 配合使用。自定义方法 iniUrlList()用于初始化网址列表变量 urlList,在 for 循环中更改网址参数 pageIndex 的值,将生成的网址添加到变量 urlList 中。

SeekBar 对象通过 setMax()方法设置进度最大值,并且最大值由常量 MAX_PAGE 控制。SeekBar 对象通过 setProgress()方法设置 SeekBar 的当前进度值,该值由变量 page_i 控制。SeekBar 对象通过 setOnSeekBarChangeListener()方法设置进度值改变侦听,在侦听接口中共有 3 个回调方法,其中,onProgressChanged()方法在进度值发生改变时触发;onStartTrackingTouch()方法在用户刚开始拖拽拖动条时触发;onStopTrackingTouch()方法在用户释放拖动条时触发。显然,更新页面索引,并启动后台线程加载新的图书列表应该在 onStopTrackingTouch()方法中处理,若在 onProgressChanged()方法中处理,每改变一次进度值,将启动一次后台线程,若用户连续拖拽拖动条,将产生多次没有必要的后台线程调用。在 onStopTrackingTouch()方法中,对 SeekBar 对象调用 getProgress()方法取得拖动条当前值,并赋给变量 page_i,再调用 updateWebPage()方法,从网址列表 urlList 中取得 page_i 索引的网址,进而启动后台线程获取图书列表数据。

SwipeRefreshLayout 的下拉刷新侦听可通过 setOnRefreshListener()方法进行匿名实现,在刷新回调 onRefresh()方法中,页面索引值 page_i 自增,并判断是否越界,若越界则将 page_i 重置为 0,最后通过调用 updateWebPage()方法启动线程,实现图书列表数据的异步加载。

MainActivity 没有使用按钮触发后台线程获取图书列表,而是直接在 onCreate()方法中调用 updateWebPage()方法获取图书数据,此时 page_i 默认为 0,从而实现应用启动时,直接获取首页的图书列表数据。对 ListView 每做一次下拉刷新,变量 page_i 会自增 1 次,并获取 page_i 指向的图书数据用于更新 ListView,此时 SwipeRefreshLayout 会一直处于刷新状态,须在后台数据回调时结束刷新状态,因此,在变量 bookList 和 errMessage 的观察回调中,须将 SwipeRefreshLayout 的刷新状态设为 false,使刷新状态消失。

ListView 设置了列表项单击侦听,在 onItemClick()回调方法中,取得被单击的 BookItem 数据,将之封装在 Bundle 对象中,用于 Intent 数据传输。Bundle 对象没有直接设置自定义类的存取数方法,可以使用 putSerializable()方法来存数,使用 getSerializable()方法来取数。这两个方法的使用前提是自定义类需要实现序列化(Serializable)接口,并且 getSerializable()方法返回的是 Serializable 对象,需要强制转换成用户指定的类对象。MainActivity 跳转至 BookItemActivity 通过 Intent 实现,并在 Intent 中通过 Bundle 携带了所需要传输的 BookItem 数据。MainActivity 实现了 getIntentBookItem()方法,可从传参 Intent 对象中取得 BookItem 数据,从而使 BookItemActivity 可以直接调用 getIntentBookItem()方法取得 Activity 之间所传递的数据。

代码 5-42　MainActivity. java

```
1   import androidx.appcompat.app.AppCompatActivity;
2   import androidx.lifecycle.MutableLiveData;
3   import androidx.lifecycle.Observer;
4   import androidx.lifecycle.ViewModelProvider;
5   import androidx.swiperefreshlayout.widget.SwipeRefreshLayout;
6   import android.content.Intent;
7   import android.os.Bundle;
8   import android.view.View;
9   import android.widget.AdapterView;
10  import android.widget.ListView;
11  import android.widget.SeekBar;
12  import android.widget.Toast;
13  import java.util.ArrayList;
14  import java.util.List;
15  public class MainActivity extends AppCompatActivity {
16      public static final String KEY_DATA = "key_data";
17      MainViewModel viewModel;
18      ArrayList < String > urlList;
19      int MAX_PAGE = 20;                    //控制网址参数 pageIndex 的最大值
20      int page_i = 0;
21      SwipeRefreshLayout refreshLayout;
22      @Override
23      protected void onCreate(Bundle savedInstanceState) {
24          super.onCreate(savedInstanceState);
25          setContentView(R.layout.my_main);
26          viewModel = new ViewModelProvider(this).get(MainViewModel.class);
27          MutableLiveData < List < BookItem >> bookList = viewModel.getBookList();
28          ListView lv = findViewById(R.id.listView);
29          iniUrlList();
30          SeekBar seekBar = findViewById(R.id.seekBar);
31          seekBar.setMax(MAX_PAGE);             //设置 SeekBar 对象进度最大值
32          seekBar.setProgress(page_i);          //设置 SeekBar 对象当前进度值
33          seekBar.setOnSeekBarChangeListener(
34                              new SeekBar.OnSeekBarChangeListener() {
35              @Override
36              public void onProgressChanged(SeekBar seekBar, int progress,
37                                  boolean fromUser) {
38
39              }
40              @Override
41              public void onStartTrackingTouch(SeekBar seekBar) {
42
43              }
44              @Override
45              public void onStopTrackingTouch(SeekBar seekBar) {
```

```
46              //用户释放拖动 SeekBar 后,再加载数据
47              page_i = seekBar.getProgress();
48              //从 SeekBar 对象取得进度值,用于更新 page_i
49              updateWebPage();
50          }
51      });
52      refreshLayout = findViewById(R.id.swipeRefreshLayout);
53      refreshLayout.setOnRefreshListener(
54              new SwipeRefreshLayout.OnRefreshListener() {
55                  @Override
56                  public void onRefresh() {
57                      page_i++;
58                      if(page_i > MAX_PAGE){//防止页面索引值越界
59                          page_i = 0;
60                      }
61                      seekBar.setProgress(page_i);
62                      updateWebPage();        //根据 page_i 值取相应网址更新图书数据
63                  }
64              }
65      );
66      updateWebPage();                        //更新 page_i 指向的页面
67      lv.setOnItemClickListener(new AdapterView.OnItemClickListener() {
68          @Override
69          public void onItemClick(AdapterView<?> adapterView, View view,
70                                  int i, long l) {
71              BookItem item = (BookItem) adapterView.getItemAtPosition(i);
72              Intent intent = new Intent(MainActivity.this,
73                                  BookItemActivity.class);
74              Bundle b = new Bundle();
75              b.putSerializable(KEY_DATA, item);
76              //BookItem 类需要实现 Serializable 接口
77              intent.putExtras(b);            //对 Intent 对象添加需要传递的 Bundle 数据
78              startActivity(intent);          //跳转到 BookItemActivity
79          }
80      });
81      //通过视图模型数据观察者模式响应数据动态更新
82      bookList.observe(this, new Observer<List<BookItem>>() {
83          @Override
84          public void onChanged(List<BookItem> bookItems) {
85              refreshLayout.setRefreshing(false);        //取消刷新状态
86              BookItemAdapter adapter = new BookItemAdapter(MainActivity.this,
87                                                  bookItems);
88              lv.setAdapter(adapter);
89          }
90      });
91      MutableLiveData<String> errMessage = viewModel.getErrMessage();
92      //响应后台线程通过视图模型发送的错误信息
93      errMessage.observe(this, new Observer<String>() {
94          @Override
95          public void onChanged(String s) {
96              refreshLayout.setRefreshing(false);        //取消刷新状态
97              showToast(s);
98          }
99      });
100     }
101     private void updateWebPage() {
102         refreshLayout.setRefreshing(true);
```

```
103        //设置 SwipeRefreshLayout 组件处于刷新状态
104        String url = urlList.get(page_i);
105        new BookItemGetThread(viewModel,url).start();
106        //生成并启动后台线程解析图书数据
107      }
108      private void iniUrlList() {//生成图书信息网址列表
109        urlList = new ArrayList <>();
110        String url_p = "http://www.tup.tsinghua.edu.cn/booksCenter/" +
111           "new_book.ashx?pageIndex = % d&pageSize = 15&id = 0&jcls = 0";
112        //url_p 为用于打印网址的临时变量,pageIndex 值由 % d 控制
113        for (int i = 0; i <= MAX_PAGE ; i++) {
114          String url = String.format(url_p, i);
115          urlList.add(url);
116        }
117      }
118      private void showToast(String s) {
119        Toast.makeText(this,s,Toast.LENGTH_LONG).show();
120      }
121      public static BookItem getIntentBookItem(Intent intent){
122        //传参为 Intent 对象,从 Intent 对象中获得 Bundle 对象,进而获得 BookItem 数据
123        //通过静态方法解耦 Bundle 数据的 key
124        Bundle b = intent.getExtras();
125        return (BookItem) b.getSerializable(KEY_DATA);
126      }
127  }
```

4. 实现 BookItemActivity

BookItemActivity 的布局文件 activity_book_item.xml 如代码 5-43 所示,在垂直的 LinearLayout 中嵌入 WebView 组件,用于显示图书详情的网页内容。

代码 5-43　BookItemActivity 的布局文件 activity_book_item.xml

```
1    <?xml version = "1.0" encoding = "utf - 8"?>
2    < LinearLayout xmlns:android = "http://schemas.android.com/apk/res/android"
3         android:layout_width = "match_parent"
4         android:layout_height = "match_parent"
5         android:orientation = "vertical">
6         < WebView
7             android:id = "@ + id/webView"
8             android:layout_width = "match_parent"
9             android:layout_height = "match_parent" />
10   </LinearLayout>
```

BookItemActivity 的实现如代码 5-44 所示。WebView 通过 getSettings()方法得到设置对象,并通过该对象使能 JavaScript 和缩放功能。WebView 默认没有开启 JavaScript 功能,若不通过 setJavaScriptEnabled()方法开启使能,WebView 将无法运行加载网页中的 JavaScript 代码,使部分功能无法正常工作。此外,WebView 显示的 HTML 页面,由于样式原因,会造成页面中文字过大,无法显示完整页面的情况,此时需要通过 setBuiltInZoomControls()方法使之支持缩放模式,以及 setUseWideViewPort()方法设置 WebView 处于 WideViewPort 模式,使页面匹配 WebView 的尺寸。BookItemActivity 的动作栏标题可通过 getSupportActionBar()方法得到 ActionBar 对象,进而通过 setTitle()方法设置标题。对于有些 Web 网站,会检测用户的浏览器类型,若是移动端的,访问网站时

则会发生重定向,重新加载专门针对移动端的网址。WebView 发生重定向会调用系统的浏览器加载重定向网址,此时 BookItemActivity 和系统浏览器是独立的两个 Activity,若要强制 WebView 加载重定向网址,则需要对 WebView 对象的 setWebViewClient()方法以及改写的 shouldOverrideUrlLoading()方法处理重定向问题。

代码 5-44　BookItemActivity. java

```
1    import androidx.appcompat.app.ActionBar;
2    import androidx.appcompat.app.AppCompatActivity;
3    import android.os.Bundle;
4    import android.webkit.WebSettings;
5    import android.webkit.WebView;
6    import android.webkit.WebViewClient;
7    public class BookItemActivity extends AppCompatActivity {
8        @Override
9        protected void onCreate(Bundle savedInstanceState) {
10           super.onCreate(savedInstanceState);
11           setContentView(R.layout.activity_book_item);
12           WebView webView = findViewById(R.id.webView);
13           WebSettings settings = webView.getSettings();
14           //得到 WebView 的设置对象
15           settings.setJavaScriptEnabled(true);          //对 WebView 使能 JavaScript 功能
16           settings.setBuiltInZoomControls(true);        //设置支持内置的缩放模式
17           settings.setUseWideViewPort(true);
18           //设置 WideViewPort 模式,使得网页匹配 WebView 宽度
19           BookItem bookItem = MainActivity.getIntentBookItem(getIntent());
20           String url = bookItem.getHref();
21           String title = bookItem.getTitle();
22           ActionBar actionBar = getSupportActionBar();
23           actionBar.setTitle(title);                    //设置 Activity 的标题
24           webView.loadUrl(url);
25           //当页面发生重定向,默认调用系统浏览器加载 url,不会在 WebView 视图中加载网页
26           webView.setWebViewClient(new WebViewClient(){
27               //使用布局中的 WebView 组件加载重定向网页
28               @Override
29               public boolean shouldOverrideUrlLoading(WebView view, String url) {
30                   view.loadUrl(url);
31                   return super.shouldOverrideUrlLoading(view, url);
32               }
33           });
34       }
35   }
```

5. 设置声明文件

本节的项目中具有两个 Activity,若不对项目的声明文件 AndroidManifest. xml 进行配置,MainActivity 无法启动 BookItemActivity。项目声明文件如代码 5-45 所示,代码中仅列出需要修改的内容。项目中每一个活动页面均需要 activity 标签进行声明,其中 BookItemActivity 的父活动页面是 MainActivity,通过 android:parentActivityName 属性进行设置,只有设置了该属性后,BookItemActivity 的动作栏上才会出现返回键,用户可通过单击返回键跳转至 MainActivity。BookItemActivity 没有设置启动模式,默认是 standard 模式,每启动一次 BookItemActivity 均会创建新的活动页面。与之相反的是,MainActivity 通过 android:launchMode 属性设置为 singleTask 模式,使之在任务栈中唯

一,BookItemActivity 通过返回键跳转至 MainActivity 时,MainActivity 不会被重建。

代码 5-45　项目的声明文件 AndroidManifest. xml

```
1    < application
2    ...
3            android:usesCleartextTraffic = "true">
4        < activity
5            android:name = ".BookItemActivity"
6            android:parentActivityName = ".MainActivity"
7            android:exported = "false" />
8        < activity
9            android:name = ".MainActivity"
10           android:launchMode = "singleTask"
11           android:exported = "true">
12           < intent - filter >
13               < action android:name = "android.intent.action.MAIN" />
14               < category android:name = "android.intent.category.LAUNCHER" />
15           </ intent - filter >
16       </activity>
17   </application >
```

5.10　本章综合作业

编写一个新闻 App,具有 2 个 Activity,分别用于显示新闻列表和新闻详情页面。新闻源可用 Jsoup 解析 HTML,或者使用 Web API 获取 JSON 新闻数据。

(1) 新闻列表 Activity 的页面布局中有 ListView 或者 RecyclerView,可显示新闻的图片、新闻标题和新闻发布时间等信息,并支持下拉刷新换页。新闻列表响应列表项单击事件,在回调方法中获得对应新闻的链接,并启动新闻详情页面 Activity,显示单击项的新闻详情。

(2) 新闻详情页面 Activity,可采用 WebView 组件或者自定义布局实现,显示新闻的标题、发布时间、分段新闻详情内容和新闻图片。单击新闻详情页面动作栏的返回键,可返回新闻列表 Activity。

读者可根据兴趣,自由发挥,完善新闻 App 的界面设计和功能开发。

第6章

数据存储与内容提供

6.1 使用 SharedPreferences 实现轻量化存储

6.1.1 任务说明

本任务的演示效果如图 6-1 所示。在该应用中,活动页面视图根节点为垂直的
LinearLayout,在布局中依次有 1 个 TextView,用于显示
个人信息;两个 EditText,分别显示用户名和密码,其中
密码文本框使用了密码格式;1 个 Button,显示"登录"文
本,单击 Button,触发存储行为的处理程序,并以 Toast 形
式显示密码信息;1 个 CheckBox,用于控制是否存储用户
信息。

存储行为的逻辑为:单击"登录"按钮或应用被销毁
(Activity 销毁时,会触发 onDestroy()回调方法)均会触发
存储更新。存储更新会根据 CheckBox 的状态决定存储的
数据,若 CheckBox 为选中状态,则将用户名、密码和选中
状态存储到 Activity 对应的文件;若 CheckBox 为未选中
状态,则将用户名和密码以空字符串更新到 Activity 对应
文件,达到清空用户信息的目的,CheckBox 状态以 false
值存储。当 Activity 启动时,在 onCreate()方法中,读取
SharedPreferences 所存储的值,更新到 UI 上,以达到用户
信息的保存与加载目的。

图 6-1　任务的演示效果

6.1.2 任务实现

1. 实现 SharedPreferences 存储工具类

SharedPreferences 是 Android 提供的一种轻量化存储方法,以 key-value 的方式将数
据存储到 XML 文件上,只能存储简单的 String、int、long、float、boolean、String 集合(Set)
等数据,数组和列表数据均不支持,常用于存储应用中的用户设置等相关信息。
SharedPreferences 所存储的 XML 文件是明文的,从某种意义而言,并不适合存储用户密
码等敏感数据。为了方便使用 SharedPreferences 进行简单数据的存取,建议将相关操作封
装到一个工具类,供使用者调用。

　　本任务自定义了工具类 SharedUtils,具体如代码 6-1 所示,该工具类使用 SharedPreferences 进行简单的数据存取。鉴于 SharedPreferences 是以 key-value 的键值对方式进行数据存储的,在 SharedUtils 中定义了 3 个存储变量的 key 常量,分别为 KEY_NAME、KEY_PWD 和 KEY_CHECK,3 个键无需对外开放,因此可声明为 private 类型。

　　在 SharedUtils 中需要实现用户名(name)、用户密码(pwd)和 Activity 保存用户信息状态控制变量 isChecked 的存储和加载方法,各方法期望能使用诸如 SharedUtils. xxx()静态方法的方式进行调用,无需创建 SharedUtils 实例,因此相关的方法声明为 static 类型。SharedPreferences 实例的生成可用 Context 或者 Activity 实例的 getSharedPreferences()方法实现。

　　getSharedPreferences()方法声明如下。

```
public SharedPreferences getSharedPreferences(String name, int mode)
```

其中,name 是 SharedPreferences 存储数据的文件名称;mode 是操作模式,目前只有 MODE_PRIVATE 私有模式可选,其他模式已被弃用。在私有模式下,SharedPreferences 所创建的文件只能被当前应用(Application 实例)所使用,其他应用不能使用该文件。

　　在 SharedUtils 的 getShared()方法中,直接使用 Activity 实例的类名称作为 SharedPreferences 文件名称。在 SharedUtils 类中,各变量的存取方法是静态并且相互独立的,没有 SharedPreferences 对象可用,因此直接在 SharedUtils 中创建 getShared()静态方法,用于获取 SharedPreferences 实例,供各变量的存取方法调用。

　　SharedPreferences 存储数据需要得到 Editor 实例,并使用 Editor 实例的 putXxx()方法存储数据,Xxx 为所支持的 String、Boolean 等数据类型,putXxx()方法的第 1 个参数是 key,第 2 个参数是所存储的数据。数据提交需要使用 Editor 实例的 commit()方法或者 apply()方法,其中 commit()方法是阻塞式操作,将数据同时提交给内存和磁盘,以 boolean 类型返回操作结果;apply()方法是异步操作,将数据原子提交给内存,之后异步调用磁盘存储,无返回操作结果。当多数据批量提交时,commit()方法的阻塞操作效率要低于 apply()方法的异步操作。

　　SharedPreferences 加载数据无需 Editor 实例,可直接使用 SharedPreferences 实例的 getXxx()方法直接取得数据,Xxx 为数据的类型,该方法的第 1 个参数为 key,第 2 个参数是取数失败时的替代值。

代码 6-1　自定义存储工具类 SharedUtils. java

```
1    import android.app. Activity;
2    import android. content. Context;
3    import android. content. SharedPreferences;
4    public class SharedUtils {
5        //定义存储的 key,在 SharedPreferences 中以 key-value 键值对存储数据
6        private static final String KEY_NAME = "key_name";
7        private static final String KEY_PWD = "key_pwd";
8        private static final String KEY_CHECK = "key_check";
9        //定义静态方法,使得各方法不用生成 SharedUtils 实例即可直接调用
10       public static SharedPreferences getShared(Activity activity){
11       //通过 Activity 实例获得 SharedPreferences 对象
```

```
12              return activity.getSharedPreferences(activity.getLocalClassName(),
13                                                    Context.MODE_PRIVATE);
14          //getSharedPreferences()第1个参数是文件名称,第2个参数是模式
15          //以 Activity 实例的类名称作为文件名称
16      }
17      public static boolean saveName(Activity activity,String name){
18          SharedPreferences shared = getShared(activity);
19          SharedPreferences.Editor edit = shared.edit();   //得到 Editor 对象用于存数
20          edit.putString(KEY_NAME,name);                   //以键值对存储数据
21          return edit.commit();
22          //edit.commit()会返回操作是否成功的 boolean 状态,同时提交内存和磁盘保存
23          //edit.apply()不返回结果,只提交到内存,后续自动异步提交到磁盘保存
24      }
25      public static boolean savePassword(Activity activity,String pwd){
26          SharedPreferences shared = getShared(activity);
27          SharedPreferences.Editor edit = shared.edit();   //得到 Editor 对象
28          edit.putString(KEY_PWD,pwd);                     //以键值对存储数据
29          return edit.commit();
30      }
31      public static boolean saveCheckStatus(Activity activity,boolean isChecked){
32          SharedPreferences shared = getShared(activity);
33          SharedPreferences.Editor edit = shared.edit();   //得到 Editor 对象
34          edit.putBoolean(KEY_CHECK,isChecked);            //使用 boolean 对应的 put 方法
35          return edit.commit();
36      }
37      public static String loadName(Activity activity){
38          SharedPreferences shared = getShared(activity);
39          return shared.getString(KEY_NAME,"");    //第2个参数是取数失败时默认替换值
40      }
41      public static String loadPassword(Activity activity){
42          SharedPreferences shared = getShared(activity);
43          return shared.getString(KEY_PWD,"");     //第2个参数是取数失败时默认替换值
44      }
45      public static boolean loadCheckStatus(Activity activity){
46          SharedPreferences shared = getShared(activity);
47          return shared.getBoolean(KEY_CHECK,false);
48      }
49  }
```

2. 实现 UI 布局

MainActivity 的页面布局 my_main. xml 如代码 6-2 所示。在布局中,可编辑文本框 et_pwd 用于输入密码,若需要屏蔽真实文本内容,可用 android:inputType="textPassword"属性进行控制。

代码 6-2 MainActivity 布局文件 my_main. xml

```
1   <LinearLayout xmlns:android = "http://schemas.android.com/apk/res/android"
2           android:orientation = "vertical"
3           android:layout_width = "match_parent"
4           android:layout_height = "match_parent">
5       <TextView
6               android:layout_width = "match_parent"
7               android:layout_height = "wrap_content"
8               android:text = "Your name and ID" />
9       <EditText
10              android:id = "@ + id/et_name"
```

```
11              android:layout_width = "match_parent"
12              android:layout_height = "wrap_content"
13              android:ems = "10"
14              android:hint = "输入姓名"
15              android:inputType = "textPersonName"
16              android:text = "" />
17          < EditText
18              android:id = "@ + id/et_pwd"
19              android:layout_width = "match_parent"
20              android:layout_height = "wrap_content"
21              android:ems = "10"
22              android:hint = "输入密码"
23              android:inputType = "textPassword"
24              android:text = "" />
25          < Button
26              android:id = "@ + id/button"
27              android:layout_width = "match_parent"
28              android:layout_height = "wrap_content"
29              android:text = "登录" />
30          < CheckBox
31              android:id = "@ + id/cb_save"
32              android:layout_width = "match_parent"
33              android:layout_height = "wrap_content"
34              android:text = "保存用户" />
35      </LinearLayout >
```

3. 实现 MainActivity

MainActivity 的实现如代码 6-3 所示。在 onCreate()方法中,使用 SharedUtils 从 SharedPreferences 中加载选中状态,并更新到 CheckBox 上,若选中状态为 true,则进一步从 SharedPreferences 中加载用户名和密码,分别更新到对应 EditText 上,以实现应用启动时加载上次保存的用户信息。登录按钮无真实的登录逻辑,在单击回调中,调用 saveData()方法保存信息,并 Toast 显示密码。在 saveData()方法中,根据 CheckBox 组件 cb_save 的选中状态分 2 种情况处理:若 cb_save 选中,则将用户名、密码和选中状态分别存储到 SharedPreferences 中;若 cb_save 未选中,则将用户名和密码用空字符串存储到 SharedPreferences 中,以达到清空用户信息目的,选中状态则按 false 值存储。

MainActivity 的 onDestroy()回调方法在退出应用或者应用长时间处于后台将要被内存回收时触发,在回调中调用 saveData()方法保存信息,此时用户若只修改了用户名或密码等信息,并没有单击登录按钮,其相关信息也会被保存到 SharedPreferences 中。若应用的设计逻辑是只有在用户登录成功后才保存用户信息,则不应该在 onDestroy()回调和登录按钮单击事件中调用 saveData()方法,而是在登录成功的回调中调用 saveData()方法。

代码 6-3   MainActivity. java

```java
1   import androidx. appcompat. app. AppCompatActivity;
2   import android. os. Bundle;
3   import android. view. View;
4   import android. widget. CheckBox;
5   import android. widget. EditText;
6   import android. widget. Toast;
7   public class MainActivity extends AppCompatActivity {
```

```
8          EditText et_name, et_pwd;
9          CheckBox cb_save;
10         @Override
11         protected void onCreate(Bundle savedInstanceState) {
12             super.onCreate(savedInstanceState);
13             setContentView(R.layout.my_main);
14             et_name = findViewById(R.id.et_name);
15             et_pwd = findViewById(R.id.et_pwd);
16             cb_save = findViewById(R.id.cb_save);
17             boolean isSave = SharedUtils.loadCheckStatus(this);
18             cb_save.setChecked(isSave);         //CheckBox 选中状态由取出的 isSave 值决定
19             if(isSave){
20                 //若是记忆用户信息状态,从 SharedPreferences 中取数填充到 EditText
21                 String name = SharedUtils.loadName(this);
22                 String pwd = SharedUtils.loadPassword(this);
23                 et_name.setText(name);
24                 et_pwd.setText(pwd);
25             }
26             findViewById(R.id.button).setOnClickListener(new View.OnClickListener() {
27                 @Override
28                 public void onClick(View view) {
29                     saveData();                 //单击按钮触发存储数据
30                     //没有真正的登录逻辑,Toast 显示密码
31                     showToast("pwd = " + et_pwd.getText().toString());
32                 }
33             });
34         }
35         private void showToast(String s) {
36             Toast.makeText(this, s, Toast.LENGTH_LONG).show();
37         }
38         @Override
39         protected void onDestroy() {
40             //在 Activity 将要销毁时,将数据存储到 SharedPreferences
41             super.onDestroy();
42             saveData();
43         }
44         private void saveData() {               //存储数据
45             if(cb_save.isChecked()){
46                 //调用 SharedPreferences 存储姓名、密码和状态信息
47                 SharedUtils.saveName(this, et_name.getText().toString());
48                 SharedUtils.savePassword(this, et_pwd.getText().toString());
49                 SharedUtils.saveCheckStatus(this, true);
50             }else {
51                 //若不保存数据,则用空字符串更新存储值
52                 SharedUtils.saveName(this, "");
53                 SharedUtils.savePassword(this, "");
54                 SharedUtils.saveCheckStatus(this, false);
55             }
56         }
57     }
```

4. 查看 SharedPreferences 文件

由 SharedUtils 的 getShared() 方法可知,生成的 SharedPreferences 文件与调用者的类名相同,因此本任务生成的 SharedPreferences 文件名为 MainActivity.xml。用户可通过开发环境的 Device File Explorer 辅助窗口导出该文件,文件所在目录为 data/data/xxx/

shared_prefs,其中 xxx 为该应用包的名称。SharedPreferences 文件 MainActivity. xml 的内容如代码 6-4 所示,各变量以 key-value 的方式存储在 map 节点中,且各变量的值以明文方式保存,不具有密码安全性。

代码 6-4　SharedPreferences 文件 MainActivity. xml

```
1    <?xml version = '1.0' encoding = 'utf - 8' standalone = 'yes'?>
2    < map >
3        < string name = "key_name"> tom </string>
4        < string name = "key_pwd"> 1234 </string>
5        < boolean name = "key_check" value = "true" />
6    </map>
```

6.2　Sqlite 数据库的创建

6.2.1　任务说明

当 Android 应用中所存储的数据量变大并且变得复杂时,SharedPreferences 便不适合存储和管理这些数据,此时最好的解决方法是使用数据库。Android 本地数据库为 Sqlite,系统内置支持,无需使用第三方库。开发者也可以使用第三方库 LitPal 等,以 ORM(Object Relational Mapping)方式操作。

本任务使用内置 Sqlite 数据库,其演示效果如图 6-2 所示。在该应用中,活动页面视图根节点为垂直的 LinearLayout,在布局中依次有 1 个 TextView,用于显示个人信息;1 个内嵌的水平 LinearLayout,放置 2 个等宽的 Button,其中,id 为 bt_insert 的 Button 显示"插入数据",id 为 bt_reset 的 Button 显示"重置";1 个 ListView,用于显示数据库的 Cursor(游标)数据。单击 bt_insert 按钮,随机产生 1 个姓名和电话号码数据,插入数据库中,ListView 更新数据;单击 bt_reset 按钮,数据库表得到重置(重新创建),并默认插入一条数据,ListView 更新数据。

通过本任务,读者将学习 Sqlite 数据库的创建、建表、重置等方法,以及数据的插入、查询和数据显示等方法。

图 6-2　任务的演示效果

6.2.2　任务实现

1. Sqlite 数据库使用要点

为了更好地实现代码解耦,数据库相关操作建议封装到自定义类中,让用户在使用过程中,只需调用封装类中提供的增删改查等方法,就能实现对应的数据库操作。数据库设计时,需要设计表的名称以及数据表中的各个字段,这些变量宜在封装类中定义为 public 常量,以供其他类使用。

数据库的创建建议通过继承 SQLiteOpenHelper 类完成,该类是抽象类,被继承后需要改写相关的抽象方法。在继承类的实现过程中,需要在构造方法中调用 super() 方法对 SQLiteOpenHelper 进行构造,以实现数据库文件的创建。此外还需在继承类中改写 onCreate() 方法和 onUpgrade() 方法,其中 onCreate() 方法负责数据库表的创建和初始化,onUpgrade() 方法负责数据库的升级。

当应用版本升级后,若数据库字段发生了变动,用户旧应用中的数据库在多数情况下不能直接销毁,如聊天应用不能直接删除本地聊天数据,此时可使用 onUpgrade() 方法,在旧数据库基础上进行字段变动。当新应用 SQLiteOpenHelper 构造方法中的版本号传参 version 比旧数据库的传参 version 大时,会自动触发 onUpgrade() 方法,开发者可根据需要进行升级操作,若传参 version 没有发生变化,则不会触发 onUpgrade() 方法。

注意,SQLiteOpenHelper 改写类中的 onCreate() 方法不会在应用每次启动时被调用,而是当数据库文件不存在时才会被调用。若用户在开发过程中,写错了 SQL 建表语句使数据库已创建,但不能正常工作时,通过反复重启应用或重启虚拟机,并不能触发 onCreate() 方法,此时即使在 onCreate() 方法中修正了 SQL 语句,也无法让其执行。对于该种情况,可通过以下若干种方法解决。

(1) 卸载应用,使数据库文件得以删除。

(2) 在开发工具的 Device File Explorer 窗口中找到“data/data/应用包名称/databases”目录,删除该目录下的数据库文件。

(3) 在 Android 系统的设置中,找到应用,清空应用数据。

(4) 在开发工具的 Device Manager 窗口中,将对应虚拟机使用 Wipe Data 操作,删除虚拟机所有应用和数据。

(5) 对数据库封装类写重置方法,在重置方法中删除数据库表,并调用 onCreate() 方法对数据库表进行重建。

以上各方法中,卸载应用或者调用重置方法最为简便。

不同于传统 SQL 数据库,在 Android 的 Sqlite 数据库中,对数据进行插入和更新操作时,建议使用 ContentValues 对象进行数据映射封装,其原因是 SQL 语句在代码中以字符串形式存在,而字符串需要双引号,当数据库表存在字符串字段时,这些字段的值要以转义引号嵌入 SQL 语句中,容易出错。因此在 Sqlite 开发中,相关数据操作以 ContentValues 对象映射表中的一条记录,ContentValues 可看成是一个超级 Map,以 key-value 形式存储值,key 与数据库表中的字段相同,value 即为字段对应的值,一个 ContentValues 对象可存放多对键值对,构成表中一条记录的多个字段和数据。

SQL 语句不区分大小写。Sqlite 的常用数据类型有如下几种。

(1) 整型数据,数据库会根据值的大小自动分配 1、2、3、4、6 或 8 字节存储空间,在建表语句中,可使用 integer、int 或 long 类型指向整型数据。

(2) 浮点数据,8 字节 IEEE754 浮点数,建表语句中可使用 real、float 或 double 指向浮点数据。

(3) 文本数据,默认以 UTF-8 编码方式存储,建表语句可用 text、string 指向文本数据。

(4) BLOB 二进制数据,建表语句使用 blob 指向二进制数据。

(5) NULL 数据,建表使用 null 指向 NULL 数据。

2. 实现自定义数据库封装类 PhoneDatabase

PhoneDatabase 的实现如代码 6-5 所示。为了更好地解耦,将 SQLiteOpenHelper 继承类 DatabaseHelper 写成 PhoneDatabase 的内部类,并在构造方法中使用了 PhoneDatabase 类定义的上下文参数 context、数据库名称常量 DB_NAME 和版本号变量 version。DatabaseHelper 类改写了 onCreate()方法,负责建表和插入一条记录;改写了 onUpgrade()方法,在该方法中并没有做实质性的改变表字段等操作,而是调用自定义重置方法进行数据库重置。DatabaseHelper 类的 reset()方法实现数据库重置,是自定义方法,在该方法中,先执行 drop table 的 SQL 语句删除对应表,再调用 onCreate()方法建表和插入初始数据。在 onCreate()方法中,传参 db 是 SQLiteDatabase 数据库对象,对数据库的操作需要调用 db 对象的相关方法实现,常用的有 execSQL()方法,对数据库执行 SQL 语句。

往数据库中插入数据可调用数据库对象的 insert()方法实现,该方法的第 1 个参数是表的名称,第 2 个参数是允许为空的字段,当不需要时可使用 null,第 3 个参数是插入数据的 ContentValues 对象。为了方便将相关数据转成 ContentValues 对象,在 PhoneDatabase 类中定义了 enCodeContentValues()方法,将传参 name 和传参 phone 使用对应的字段名,以 key-value 形式存入 ContentValues。在 enCodeContentValues()方法中,预留了按拼音检索汉字姓名的 look_up 字段,该功能预留给后期实现,generateLookup()方法用于生成检索关键词,目前仅返回空字符串,后续任务将调用汉字转拼音第三方库实现对应功能。当数据插入成功时,返回的是记录的 id 值,为 long 型,当数据插入失败时,则返回-1。

在 PhoneDatabase 中,数据库建表 SQL 语句如下。

```
create table contact (_id INTEGER PRIMARY KEY AUTOINCREMENT, name text,
                phone text, look_up text)
```

其中,主键为_id,该主键名称是约定俗成的,会自动与使用了 Cursor 数据的视图组件的 id 值绑定,以便于在上下文菜单、ListView 和 GridView 单击事件等操作中根据 id 获得操作对象的数据。SQL 语句中,PRIMARY KEY 表示主键,使_id 字段在记录中是不重复的,AUTOINCREMENT 表示自动自增,当插入数据时,不用对_id 赋值,该键值会自动自增,以保持主键的唯一性。

在 PhoneDatabase 类中,定义了 DatabaseHelper 和 SQLiteDatabase 成员变量,其中 DatabaseHelper 在 PhoneDatabase 类的构造方法中得以初始化。SQLiteDatabase 成员变量 db 则在自定义的 open()方法中得以初始化。在 open()方法中,首先判断 db 是否为 null,再判断 db 对象是否为打开状态,两者判断的顺序不能交换,若交换后,当 db 为 null 对象时,调用 isOpen()方法会导致空对象异常。DatabaseHelper 实例通过 getReadableDatabase()方法得到只读数据库对象,通过 getWritableDatabase()方法得到可写数据库对象,当数据库涉及插入和修改等操作时,应调用 getWritableDatabase()方法。因此在 open()方法中,对变量 db 实例化需要调用 getWritableDatabase()方法得到可写数据库对象。关闭数据库使用 close()方法,处理方式与 open()方法相似,需判断数据库对象 db 是否为非空以及是否处于打开状态,符合条件后再调用 db 的 close()方法关闭数据库。

PhoneDatabase 类中,查询所有数据使用 queryAll()方法,该方法不带任何参数,其功能是查询 contact 表中所有记录,返回结果为 Cursor 对象。查询数据可使用 rawQuery()方法或 query()方法,前者与 SQL 语句最接近,后者将 SQL 语句拆分成更多的片段进行传参。rawQuery()方法的声明如下。

```
Cursor rawQuery(String sql, String[] selectionArgs)
```

其中,sql 为 SQL 语句,selectionArgs 是 String 数组,数组中各值依次按序替换 sql 中的问号符("?"),若 SQL 语句无问号符,则 selectionArgs 使用 null。Android 开发采用这种 SQL 语句方式用于解决 SQL 中涉及字符串值时的转义问题。当 SQL 语句遇到字符串值,可用问号符("?")替换,再在 selectionArgs 中用字符串值依次填充。例如,当查询 contact 表中姓名为"张三"或者电话号码为 1234 的数据时,可用以下代码实现。

```
Cursor c = db.rawQuery("select * from contact where name = ? or phone = ?",
                new String[]{"张三","1234"});
```

PhoneDatabase 类的 insertData()方法实现数据插入,将传参 name 和 phone 编码成 ContentValues 对象,再调用数据库对象 db 的 insert()方法实现数据插入,返回值为 long 型,插入成功返回插入数据的 id 值,插入失败则返回-1。在开发中,一条数据可能会涉及较多的字段,此时宜将所有字段封装成单独的数据类,此时,insertData()方法的传参是数据类对象,不是各个字段值,可有效减少传参数量。PhoneDatabase 类中的 reset()方法供外部调用,实现数据库的重置。

代码 6-5 自定义数据库封装类 PhoneDatabase.java

```
1    import android.content.ContentValues;
2    import android.content.Context;
3    import android.database.Cursor;
4    import android.database.sqlite.SQLiteDatabase;
5    import android.database.sqlite.SQLiteOpenHelper;
6    public class PhoneDatabase {
7        private Context context;
8        private static final String DB_NAME = "phone.db";
9        public static final String TABLE_NAME = "contact";
10       public static final String KEY_NAME = "name";
11       public static final String KEY_PHONE = "phone";
12       public static final String KEY_LOOK_UP = "look_up";
13       //3 个 key 需要在 MainActivity 中被访问,应声明为 public
14       private int version = 1;
15       private DatabaseHelper databaseHelper;          //内部类实例,帮助建表
16       private SQLiteDatabase db;                       //操作数据库的对象
17       public PhoneDatabase(Context context) {
18           this.context = context;
19           databaseHelper = new DatabaseHelper();       //初始化 databaseHelper
20       }
21       public void open(){//打开数据库,得到 db
22           if(db == null||!db.isOpen()){
23               db = databaseHelper.getWritableDatabase();  //得到可写操作的数据库实例
24           }
25       }
26       public void close(){//关闭数据库
27           if(db!= null&&db.isOpen()){
28               db.close();
29           }
```

```
30              }
31          private ContentValues enCodeContentValues(String name, String phone){
32              //将数据转换为 ContentValues 对象,用于数据库的插入和更新操作
33              ContentValues cv = new ContentValues();
34              cv.put(KEY_NAME, name);
35              cv.put(KEY_PHONE, phone);
36              cv.put(KEY_LOOK_UP, generateLookup(name));         //生成检索关键词
37              //ContentValues 类似于 Map 数据,以 key - value 方式存值
38              return cv;
39          }
40          private String generateLookup(String name){         //根据姓名生成拼音搜索关键词
41              return "";                                       //待后期完善
42          }
43          public Cursor queryAll(){//查询所有数据
44              String sql = String.format("select * from % s", TABLE_NAME);
45              Cursor c = db.rawQuery(sql, null);
46              //第 2 个参数是查询条件的问号符取代值,以数组形式存在,若无取代值,使用 null
47              return c;                                        //查询结果以 Cursor 对象返回
48          }
49          public long insertData(String name, String phone){     //插入数据
50              ContentValues cv = enCodeContentValues(name, phone);
51              return db.insert(TABLE_NAME, null, cv);
52              //插入成功,返回_id 值,失败则返回 - 1
53          }
54          public void reset(){                                 //重置数据库
55              databaseHelper.reset(db);
56          }
57          class DatabaseHelper extends SQLiteOpenHelper{
58              //定义内部类 DatabaseHelper 帮助建表
59              public DatabaseHelper() {
60                  super(context, DB_NAME, null, version);
61              }
62              @Override
63              public void onCreate(SQLiteDatabase db) {
64                  //应用包中没有对应数据库时,才会触发调用 onCreate()方法
65                  //在 onCreate()中负责建表
66                  String sql = String.format("create table % s (" +
67                          "_id INTEGER PRIMARY KEY AUTOINCREMENT," +
68                          " % s text, % s text, % s text)",
69                          TABLE_NAME, KEY_NAME, KEY_PHONE, KEY_LOOK_UP);
70                  //sql 为建表语句
71                  //_id 是主键,固定用法,用于绑定视图组件中与数据有关的 id
72                  db.execSQL(sql);                              //执行 sql 语句
73                  ContentValues cv1 = enCodeContentValues("张三", "1234");
74                  db.insert(TABLE_NAME, null, cv1);
75                  //使用 ContentValues 创建 cv1 数据,并插入表中
76              }
77              @Override
78              public void onUpgrade(SQLiteDatabase db, int oldVersion,
79                          int newVersion) {
80              //DatabaseHelper 构造方法中 version 值
81              //比数据库文件中的 oldVersion 值高时回调 onUpgrade()方法
82              //这里没有做升级操作,仅调用 reset()方法重新建表
83              reset(db);
84              }
85              public void reset(SQLiteDatabase db){
86                  String sql = String.format("drop table if exists % s", TABLE_NAME);
```

```
87              db.execSQL(sql);
88              onCreate(db);
89              //删除表,并调用 onCreate()方法重新建表
90          }
91      }
92  }
```

3. Cursor 适配器 SimpleCursorAdapter

数据库查询结果为 Cursor 对象,传统的 ArrayAdapter 无法显示 Cursor 数据,Android 提供了与之对应的适配器 SimpleCursorAdapter,其使用方法类似于 SimpleAdapter。

SimpleCursorAdapter 的构造方法如下。

```
public SimpleCursorAdapter(Context context, int layout, Cursor c,
                String[] from, int[] to)
```

其中,context 为上下文,layout 为自定义布局(单元视图),c 为数据库查询结果的 Cursor 对象,from 是 Cursor 中的 key 构成的数组(即游标数据的字段数组),to 是 layout 布局中 UI 的 id 数组,from 与 to 一一对应,将 Cursor 中由数组 from 所对应的字段值渲染到数组 to 对应 id 的 UI 上。

比较遗憾的是,SimpleCursorAdapter 是阻塞式操作,当数据量很大时,性能较差,目前已被弃用,笔者推荐使用 ManagerLoader 和 CursorLoader 进行异步操作。在实测当中发现,对于几百甚至上千条数据规模的 Sqlite 数据库查询,SimpleCursorAdapter 仍然能胜任,因此从初学角度看,可使用 SimpleCursorAdapter 显示 Cursor 数据,以减少代码量。在后期应用开发中,笔者更倾向于自定义方法,将 Cursor 转换为数据类列表,直接使用 ArrayAdapter 或者 RecyclerView 适配器改写的数据类适配器,并将耗时的数据库查询改用后台线程进行异步操作,在该模式下,数据库表中一条记录对应一个类对象,更容易实现数据操作和管理。

SimpleCursorAdapter 对应的自定义单元视图 row_view. xml 如代码 6-6 所示,在布局中定义了 3 个 TextView,分别显示姓名、号码和检索信息。

代码 6-6　Cursor 适配器单元视图 row_view. xml

```
1   < LinearLayout xmlns:android = "http://schemas. android. com/apk/res/android"
2          android:layout_width = "match_parent"
3          android:layout_height = "wrap_content"
4          android:padding = "10dp"
5          android:orientation = "vertical">
6       < LinearLayout
7              android:layout_width = "match_parent"
8              android:layout_height = "match_parent"
9              android:orientation = "horizontal">
10          < TextView
11                  android:id = "@ + id/row_view_tv_name"
12                  android:layout_width = "0dp"
13                  android:layout_height = "wrap_content"
14                  android:layout_weight = "1"
15                  android:text = "" />
16          < TextView
```

```
17              android:id = "@ + id/row_view_tv_phone"
18              android:layout_width = "0dp"
19              android:layout_height = "wrap_content"
20              android:layout_weight = "1"
21              android:text = "" />
22          </LinearLayout >
23          < TextView
24              android:id = "@ + id/row_view_tv_lookup"
25              android:layout_width = "match_parent"
26              android:layout_height = "wrap_content"
27              android:text = "" />
28      </LinearLayout >
```

4. 实现 MainActivity

MainActivity 的布局文件 my_main. xml 如代码 6-7 所示,布局中有 2 个 Button,分别用于控制插入数据和重置数据库;1 个 ListView,用于显示数据库的 Cursor 数据。

代码 6-7　MainActivity 的布局文件 my_main. xml

```
1   < LinearLayout xmlns:android = "http://schemas.android.com/apk/res/android"
2       android:orientation = "vertical"
3       android:layout_width = "match_parent"
4       android:layout_height = "match_parent">
5       < TextView
6           android:layout_width = "match_parent"
7           android:layout_height = "wrap_content"
8           android:text = "Your name and ID" />
9       < LinearLayout
10          android:layout_width = "match_parent"
11          android:layout_height = "wrap_content"
12          android:orientation = "horizontal">
13          < Button
14              android:id = "@ + id/bt_insert"
15              android:layout_width = "wrap_content"
16              android:layout_height = "wrap_content"
17              android:layout_weight = "1"
18              android:text = "插入数据" />
19          < Button
20              android:id = "@ + id/bt_reset"
21              android:layout_width = "wrap_content"
22              android:layout_height = "wrap_content"
23              android:layout_weight = "1"
24              android:text = "重置" />
25      </LinearLayout >
26      < ListView
27          android:id = "@ + id/listView"
28          android:layout_width = "match_parent"
29          android:layout_height = "match_parent" />
30  </LinearLayout >
```

MainActivity 的实现如代码 6-8 所示。在 MainActivity 中,定义了 PhoneDatabase 对象 db 和 SimpleCursorAdapter 对象 adapter,分别用于数据库操作和查询结果的数据适配。数据库对象 db 在 onCreate()方法中创建,并调用 open()方法打开数据库,在 onDestroy()回调中使用 close()方法关闭数据库。注意,数据库对象 db 只有处于打开状态时,才能进行增删改查操作和 Cursor 数据的显示。

通过 db. queryAll()方法查询所有数据,得到查询结果为 Cursor 对象 c,进而定义数组 keys 和数组 into,分别指定 Cursor 中用于显示的字段和适配器单元视图中被渲染的 UI 的 id,用于构造 Cursor 适配器。

MainActivity 页面中,2 个 Button 分别处理插入数据和重置数据库操作。当数据库更新后,若不对 Cursor 对象执行重新查询操作,适配器数据不会得到更新,因此每次操作数据库之后,均要对适配器执行查询更新操作,使 ListView 的数据与数据库的最新数据同步。Cursor 查询更新可通过适配器对象 adapter. getCursor(). requery()方法实现,其中,getCursor()方法获得适配器的 Cursor 对象,requery()方法实现 Cursor 重新查询,进而更新适配器的数据。遗憾的是,requery()方法也是阻塞操作,目前已被弃用,不过对于小规模数据,阻塞操作对性能影响极小,可根据实际情况考虑使用。

在 MainActivity 中,使用 insertRandomData()方法插入随机数据。insertRandomData()方法构造了 s1 和 s2 字符串,分别用于产生姓氏和名字。Android 虚拟机默认不支持中文输入法,无法通过键盘输入汉字,因此,使用 insertRandomData()方法对数据库插入中文姓名,为后续任务实现拼音模糊搜索做铺垫。在 insertRandomData()方法中,变量 n1 和 n2 是根据字符串 s1 和 s2 的长度产生对应值范围的整型随机数,进而分别从字符串 s1 和 s2 中随机取 1 个字符构成姓名。

代码 6-8 MainActivity. java

```
1    import androidx. appcompat. app. AppCompatActivity;
2    import android. database. Cursor;
3    import android. os. Bundle;
4    import android. view. View;
5    import android. widget. ListView;
6    import android. widget. SimpleCursorAdapter;
7    import java. util. Random;
8    public class MainActivity extends AppCompatActivity {
9        PhoneDatabase db;
10       SimpleCursorAdapter adapter;
11       @Override
12       protected void onCreate(Bundle savedInstanceState) {
13           super. onCreate(savedInstanceState);
14           setContentView(R. layout. my_main);
15           ListView lv = findViewById(R. id. listView);
16           db = new PhoneDatabase(this);
17           db. open();//在 onCreate()方法中打开数据库,在 onDestroy()方法中关闭数据库
18           Cursor c = db. queryAll();
19           String[] keys = new String[]{PhoneDatabase. KEY_NAME,
20               PhoneDatabase. KEY_PHONE, PhoneDatabase. KEY_LOOK_UP};
21           int[] into = new int[]{R. id. row_view_tv_name,
22               R. id. row_view_tv_phone, R. id. row_view_tv_lookup};
23           //keys 是 Cursor 对象 c 中的 key 的定义,into 是 row_view 布局文件中 id 的定义
24           //keys 和 into 构成一一映射
25           adapter = new SimpleCursorAdapter(this, R. layout. row_view, c, keys, into);
26           //SimpleCursorAdapter 在 UI 中阻塞操作,数据量大时性能差,已被弃用
27           //小数据量(例如几千条数据规模)场合使用 SimpleCursorAdapter 没有问题
28           lv. setAdapter(adapter);
29           findViewById(R. id. bt_insert). setOnClickListener(
30               new View. OnClickListener() {
31                   @Override
```

```
32              public void onClick(View view) {
33                  insertRandomData();
34                  updateListView();
35              }
36          });
37          findViewById(R.id.bt_reset).setOnClickListener(
38              new View.OnClickListener() {
39          @Override
40          public void onClick(View v) {
41              db.reset();
42              updateListView();
43          }
44          });
45      }
46      private void updateListView() {
47          adapter.getCursor().requery();          //重新查询数据库,更新 ListView
48          //线程阻塞操作,已被弃用,小数据规模可以使用
49      }
50      private void insertRandomData(){
51          String s1 = "赵钱孙李周吴郑王冯陈褚卫蒋沈韩杨";
52          String s2 = "甲乙丙丁戊己庚辛一二三四五六七八";
53          Random random = new Random();
54          int n1 = random.nextInt(s1.length()); //根据 s1 长度产生随机整数
55          int n2 = random.nextInt(s2.length()); //根据 s2 长度产生随机整数
56          String name = String.format("%s%s",s1.charAt(n1),s2.charAt(n2));
57          //name 是 s1 随机抽取 1 个字符 + s2 随机抽取 1 个字符构成的姓名
58          String phone = String.format("%04d",random.nextInt(10000));
59          //phone 是随机 4 位电话号码
60          db.insertData(name,phone);
61      }
62      @Override
63      protected void onDestroy() {
64          super.onDestroy();
65          db.close();                             //在 Activity 销毁回调中关闭数据库
66      }
67  }
```

5. 查看 Sqlite 数据库文件

当应用成功运行并插入若干条数据后,退出应用,再重新启动应用,插入的数据在应用启动后便能在 ListView 中显示,这是因为数据库将数据保存到文件上,而非内存中,实现了持久化存储。

读者还可以将应用的数据库导出到 Windows 系统,利用桌面端的 Sqlite 数据库软件查看所建的数据库和相关数据。打开开发环境的 Device File Explorer 窗口,在 data/data/应用包名称/databases/目录中会看到 phone.db 文件,右击该文件,在弹出的快捷菜单中选择 Save As 选项将该数据库文件导出到电脑端目录(建议使用纯英文目录),即可使用数据库软件查看数据。

桌面端可使用 Sqlite Expert 软件查看数据库,在软件中,选择菜单栏 File→Open Database 选项,打开所导出的数据库文件,如图 6-3 所示。在 Sqlite Expert 软件中,选择 Data 视图窗口,即可查看所选表的数据,若切换到 SQL 窗口,则可以输入并执行 SQL 语句。由于 Android 中调试 SQL 语句并不友好,读者在开发过程中,不妨在 Sqlite Expert 中验证待执行的 SQL 语句,尤其是建表等关键语句,确认无误后,再将相应 SQL 语句写入

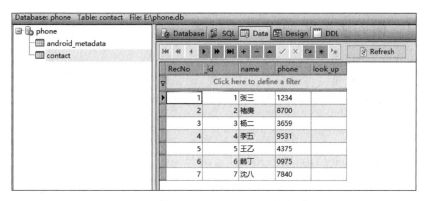

图 6-3 使用 Sqlite Expert 查看数据库

Android 程序。

本任务仅简单地实现数据库的创建、数据插入和数据库重置功能,在后续任务中将进一步完善 PhoneDatabase 类,实现修改数据、模糊查询、删除数据,以及如何从 Cursor 对象中取数等相关操作。

6.3 使用 pinyin4j 实现拼音模糊查询

6.3.1 任务说明

本任务的演示效果如图 6-4 所示。该应用在 6.2 节项目的基础上完成,利用第三方库 pinyin4j 将汉字转为拼音,并在数据库中生成 look_up 检索字段用于匹配模糊搜索,同时在应用的动作栏上有搜索图标,单击搜索图标,动作栏出现可编辑文本框,输入检索信息,ListView 显示匹配检索的数据。

图 6-4 使用拼音模糊检索数据

6.3.2 面向多音字的汉字转拼音

1. 第三方库 pinyin4j

汉字转拼音可利用第三方库 pinyin4j 实现,资源库及版本号可在 MVN Repository 网站搜索。在 Module Gradle 文件的 dependencies 节点中增加 pinyin4j,如下所示。

```
implementation 'com.belerweb:pinyin4j:2.5.1'
```

如果汉字词组是日常用语,则可调用 PinyinHelper 类中的 toHanYuPinyinString()方法实现,该方法声明如下。

```
public static String toHanYuPinyinString(String str,
                HanyuPinyinOutputFormat outputFormat,
                String separate,
                boolean retain)
```

其中,str 是输入的词组;outputFormat 为输出格式控制参数;separate 为各字转为拼音时各拼音之间的间隔符;retain 控制未能转换的字符是否保留输出,若 retain 为 true,则输出保留未转换字符,若 retain 为 false,则屏蔽未转换的字符。

格式输出控制可参考以下代码。

```
1    HanyuPinyinOutputFormat format = new HanyuPinyinOutputFormat();
2    //format 控制转换结果的输出格式
3    format.setCaseType(HanyuPinyinCaseType.LOWERCASE);
4    //输出为全部小写
5    format.setToneType(HanyuPinyinToneType.WITHOUT_TONE);
6    //输出不带声调
7    format.setVCharType(HanyuPinyinVCharType.WITH_V);
8    //输出用 v 替代拼音中的 ü
```

2. 实现拼音工具类 PinyinUtils

自定义拼音工具类 PinyinUtils 如代码 6-9 所示。PinyinUtils 解决了多音字的拼音转换问题,代码量较多。从学习的角度出发,读者可关注 toPinyin()方法和 toPinyinFirstLetter()方法,前者将汉字转为全拼拼音,后者将汉字转为首字母拼音,这两个方法对中英文混合字符串的处理以及姓名多音字的处理并不理想。

在 PinyinUtils 中,toPinyin()方法使用 toHanYuPinyinString()方法直接对输入字符串进行转换;而 toPinyinFirstLetter()方法则将 toPinyin()方法的转换结果进一步转为拼音首字母字符串。在 toPinyinFirstLetter()方法中,调用 fullPinyin2FirstLetter()方法将全拼转换为首字母,以方便文字快捷检索。在 fullPinyin2FirstLetter()方法中,分隔各拼音的依据是空格,字符串的分隔方法使用 split("\\s+")实现,其参数"\\"表示对"\"的转义,"\s"在正则表达式中表示空格、制表符或者其他空白,"+"表示 1 个或多个,split()方法根据分隔符将字符串分解为数组,再由 fullPinyin2FirstLetter()方法在各数组中取首个字符构成拼音首字母。

为了方便说明问题,以字符串"重庆 abc 褚六"为例,使用 toPinyin()方法的转换结果为"chong qing abcchu liu",使用 toPinyinFirstLetter()方法的转换结果为"cqal"。由结果可见,"重庆"得到正确的转换,但是"abc"与"褚"的拼音之间,没有空格间隔符,会导致按首字母检索"褚"字失效,另一方面"六"的读音有"liu"和"lu",若"褚六"的正确读法是"chu lu",则依赖 toPinyin()方法将无法正确检索。

对于姓名而言,使用 toHanYuPinyinString()方法转换结果并不理想,不妨考虑对汉字每个字符进行拼音转换。此时,可调用 PinyinHelper 类中的 toHanyuPinyinStringArray()方法实现,方法声明如下。

```
public static String [] toHanyuPinyinStringArray(char ch,
                            HanyuPinyinOutputFormat outputFormat)
```

其中,ch 为输入待转换的字符(单个字符,不是字符串),outputFormat 为输出格式控制参数,转换结果为字符串数组,当 ch 是多音字时,返回结果是所有读音构成的字符串。

在工具类 PinyinUtils 中,toPinyinList()方法为自定义方法,将字符串转为拼音列表数据,列表项是字符串拼音的一种组合,整个输出列表则构成了所有的拼音组合,toPinyinList()方法基于 toHanyuPinyinStringArray()方法实现。现以"重庆 abc 褚六"字符串举例,使用 toHanyuPinyinStringArray()对"褚"的转换结果为"chu"和"zhu"构成的数组,"重"的转换结果是"zhong"和"chong"构造的数组,"六"是"liu"和"lu"构成的数组,若考虑各汉字拼音构成组合,则"重庆 abc 褚六"共有 8 种组合,因此 toPinyinList()方法的转换结果如下所示。

```
s3List = {ArrayList@9660} size = 8
 0 = "zhong qing abc chu liu"
 1 = "chong qing abc chu liu"
 2 = "zhong qing abc zhu liu"
 3 = "chong qing abc zhu liu"
 4 = "zhong qing abc chu lu"
 5 = "chong qing abc chu lu"
 6 = "zhong qing abc zhu lu"
 7 = "chong qing abc zhu lu"
```

在实现思路上,toPinyinList()方法分解为 toPinyinSplitList()方法和 convertSplit2String()方法。其中,toPinyinSplitList()方法对输入字符串的每个字符进行拼音转换,并将转换结果以数组为元素存储于列表。该方法需要处理中英文混合输入,在实现上略显复杂,首先将字符串分解为字符数组,并对每个字符的码值进行判断,若码值大于 128 则为汉字,对其转换拼音,将转换的数组结果加入列表;若码值小于 128 则为 ASCII 码,对连续的 ASCII 码使用 StringBuilder 拼接,若遇到汉字,则认为 ASCII 码被断开,从 StringBuilder 对象中取 ASCII 码字符串,将其作为长度为 1 的数组加入列表,并对 StringBuilder 对象通过重设 0 长度对其清空。考虑到拼音转换结果同音不同声调会当成不同拼音处理,而 toPinyinList()方法不考虑声调,因此借助了 HashSet 集合中没有重复元素的特性进行去重复。列表数组经 convertSplit2String()方法转换后,生成各种拼音字符串组合,输出结果为字符串列表。

获取拼音首字母列表通过 toPinyinFirstLetterList()方法实现,该方法通过调用 toPinyinList()方法得到拼音字符串列表,再对列表中各字符串提取首字母,进而利用 HashSet 去重复,输出结果也是字符串列表。由 toPinyinList()方法可知,字符串"重庆 abc 褚六"有 8 种全拼输出结果,但首字母字符串仅有 4 种结果,使用 toPinyinFirstLetterList()方法转换结果如下所示。

```
s4List = {ArrayList@9661} size = 4
 0 = "zqazl"
 1 = "cqazl"
 2 = "cqacl"
 3 = "zqacl"
```

由以上分析可知,通过 PinyinUtils 工具类的 toPinyinList()和 toPinyinFirstLetterList()能将输入的中英文混合字符串转换为全拼和拼音首字母结果,并且考虑了各种多音字组合,可在数据库中生成检索字段,实现模糊查询。

在 PinyinUtils 中,generateLookup()方法将输入字符串 name 转成小写,再生成用于数据库模糊搜索的检索字段。该方法先调用 toPinyinList()方法和 toPinyinFirstLetterList()方法,对传参 name 生成全拼列表 enNameList 和首字母拼音列表 initialNameList,再利用 StringBuilder 对象拼接各字段,各字段间用空格间隔。生成的检索信息中包含以下内容。

(1)传参 name 原信息。

(2)传参 name 的各全拼信息。

(3)传参 name 全拼去空格的信息。

(4)传参 name 部分首字母和后续全拼的组合信息。

(5)传参 name 各字词的首字母信息。

在实现部分首字母和后续全拼组合信息的过程中,使用字符串 split()方法,利用空格信息("\\s+",1 个或多个空格)将全拼分割成字词数组,并遍历首字母拼音列表,在组合信息生成过程中借助 generatePartLookup()方法,将生成的部分结果以集合数据的方式加到总的 HashSet 对象中,最后利用 parseHashSetLookup()方法,将 HashSet 转为字符串,达到去重复的目的。

以"重庆 Tom 店"为例,使用 PinyinUtils.generateLookup()方法的生成结果为:"重庆 tom 店 zhong qing tom dian zhongqingtomdian chong qing tom dian chongqingtomdian zqtomdian cqingtomdian cqtomdian zqtdian cqtdian zqingtomdian cqtd zqtd"。

PinyinUtils 所提供的若干个公开方法,基本满足了汉字转拼音以及生成检索信息的需求,该工具类考虑了多音字的组合,并且支持中英文混合输入字符串的正确转换。

代码 6-9　自定义拼音工具类 PinyinUtils.java

```
1   import android.text.TextUtils;
2   import net.sourceforge.pinyin4j.PinyinHelper;
3   import net.sourceforge.pinyin4j.format.HanyuPinyinCaseType;
4   import net.sourceforge.pinyin4j.format.HanyuPinyinOutputFormat;
5   import net.sourceforge.pinyin4j.format.HanyuPinyinToneType;
6   import net.sourceforge.pinyin4j.format.HanyuPinyinVCharType;
7   import net.sourceforge.pinyin4j.format.exception
8                        .BadHanyuPinyinOutputFormatCombination;
9   import java.util.ArrayList;
10  import java.util.HashSet;
11  public class PinyinUtils {
12      public static String toPinyin(String chinese){
13          //将 chinese 转换为拼音,各汉字的拼音之间用空格隔开
14          if(!TextUtils.isEmpty(chinese)) {
15              HanyuPinyinOutputFormat format = new HanyuPinyinOutputFormat();
```

```
16              //format 控制转换结果的输出格式
17              format.setCaseType(HanyuPinyinCaseType.LOWERCASE);
18              //输出为全部小写
19              format.setToneType(HanyuPinyinToneType.WITHOUT_TONE);
20              //输出不带声调
21              format.setVCharType(HanyuPinyinVCharType.WITH_V);
22              //输出用 v 替代拼音中的 ü
23              try {
24                  String s = PinyinHelper.toHanYuPinyinString(chinese, format,
25                      " ", true);
26                  return s;
27              } catch (Exception e) {
28                  e.printStackTrace();
29                  return "";
30              }
31          }
32      return "";
33      }
34      public static String toPinyinFirstLetter(String chinese){
35          //将 chinese 转换为拼音首字母
36          if(!TextUtils.isEmpty(chinese)) {
37              String s = toPinyin(chinese);
38              return fullPinyin2FirstLetter(s);
39          }else {
40              return "";
41          }
42      }
43      private static String fullPinyin2FirstLetter(String s){
44          //按空格分隔字符串,取首字母
45          if(!TextUtils.isEmpty(s)){
46              StringBuilder sb = new StringBuilder();
47              try {
48                  String[] split = s.split("\\s+");      //多个连续空格按1个分隔符处理
49                  //按空格将 s 分解成数组
50                  for (int i = 0; i < split.length; i++) {
51                      sb.append(split[i].charAt(0));
52                      //对数组中每个元素取首字母
53                  }
54              } catch (Exception e) {
55                  e.printStackTrace();
56              }
57              return sb.toString();
58          }else {
59              return "";
60          }
61      }
62      public static ArrayList < String > toPinyinList(String chinese){
63          //转换结果为拼音列表数据
64          ArrayList < String[]> splitList = toPinyinSplitList(chinese);
65          return convertSplit2String(splitList);
66      }
67      public static ArrayList < String > toPinyinFirstLetterList(String chinese){
68          //转换结果为拼音首字母列表数据
69          ArrayList < String[]> splitList = toPinyinSplitList(chinese);
70          ArrayList < String > fullList = convertSplit2String(splitList);
71          HashSet < String > outSet = new HashSet <>();      //利用集合去重复
72          for (String s : fullList) {
```

```
73              String out = fullPinyin2FirstLetter(s);
74              if(!TextUtils.isEmpty(out)) {
75                  outSet.add(out);
76              }
77          }
78          ArrayList < String > list = new ArrayList <>();
79          list.addAll(outSet);              //将集合转换为列表
80          return list;
81      }
82      private static ArrayList < String > convertSplit2String(
83                                          ArrayList < String[ ]> splits){
84          //将 toPinyinSplitList(String chines)的转换结果按组合拼成字符串
85          //若有 3 个列表元素,各元素的数组长度是 1、2、3,则组合输出为 1×2×3 = 6 种
86          if(splits == null || splits. size() == 0){
87              return new ArrayList < String >();
88          }
89          ArrayList < String > out = new ArrayList <>();
90          String[ ] array0 = splits.get(0);
91          for (String array : array0) {
92              out.add(array);
93          }
94          for (int i = 1; i < splits. size() ; i++) {
95              int pre_out_size = out. size();
96              String[ ] arrays = splits.get(i);
97              if(arrays. length > 1){
98                  ArrayList < String > temp = new ArrayList <>();
99                  temp. addAll(out);          //将 out 的值复制给 temp
100                 for (int j = 1; j < arrays. length; j++) {
101                     out. addAll(temp);      //利用 temp 对 out 重复复制
102                 }
103                 //将 out 扩展成 out. size * arrays. length 的列表
104             }
105             for (int j = 0; j < out. size(); j++) {
106                 int idx = j/pre_out_size;      //求整,得到的 idx 刚好可以指向 arrays 的索引
107                 //对 out 第 j 个元素拼接,拼接间隔用空格
108                 out. set(j, out. get(j) + " " + arrays[idx]);
109             }
110         }
111     return out;
112     }
113     private static ArrayList < String[ ]> toPinyinSplitList(String chines) {
114         //专用方法,将汉字多音字按数组处理,加入列表中
115         ArrayList < String[ ]> list = new ArrayList <>();
116         char[ ] nameChar = chines. toCharArray();
117         HanyuPinyinOutputFormat format = new HanyuPinyinOutputFormat();
118         format. setCaseType(HanyuPinyinCaseType.LOWERCASE);
119         format. setToneType(HanyuPinyinToneType.WITHOUT_TONE);
120         format. setVCharType(HanyuPinyinVCharType.WITH_V);
121         StringBuilder sb = new StringBuilder();      //存放 ASCII 码的临时字符串
122         for (int i = 0; i < nameChar. length; i++) {
123             char pending = nameChar[i];
124             if (pending > 128) {
125                 if(sb. length() > 0){
126                     list. add(new String[]{sb. toString()});
127                     //按数组处理,存入 list
128                     sb. setLength(0);              //对 StringBuilder 清空
129                 }
```

```
130              try {
131                  // 取得当前汉字的所有全拼
132                  String[] pys = PinyinHelper.toHanyuPinyinStringArray(
133                          pending, format);
134                  if (pys != null) {
135                      //利用 HashSet 集合不重复的特点进行数据去重
136                      HashSet<String> pySet = new HashSet<>();
137                      for (String py : pys) {
138                          pySet.add(py);
139                      }
140                      list.add(pySet.toArray(new String[pySet.size()]));
141                  }
142              } catch (BadHanyuPinyinOutputFormatCombination e) {
143                  e.printStackTrace();
144              }
145          } else {
146              sb.append(pending);                //将 ASCII 码加到 StringBuilder 对象
147          }
148      }
149      if(sb.length()> 0){//for 结束,判断 sb 中是否有 ASCII 码
150          list.add(new String[]{sb.toString()});
151      }
152      return list;
153  }
154  private static HashSet<String> generatePartLookup(String initialName,
155                                          String[] enNameArray) {
156      //根据拼音首字母和全拼数组生成检索信息的 HashSet 集合
157      //使用 HashSet 的目的是去重复
158      HashSet<String> hashSet = new HashSet<>();
159      for (int i = 1; i < enNameArray.length; i++) {
160          StringBuilder sb = new StringBuilder();
161          sb.append(initialName.substring(0, i));
162          //取前 i 个汉字的拼音首字母,后续用全拼拼音
163          for (int j = i; j < enNameArray.length; j++) {
164              sb.append(enNameArray[j]);
165          }
166          hashSet.add(sb.toString());
167      }
168      return hashSet;
169  }
170  private static String parseHashSetLookup(HashSet<String> hashSet){
171      //将 HashSet 的检索信息转换为 String,实现了去重复
172      StringBuilder sb = new StringBuilder();
173      for (String s : hashSet) {
174          sb.append(s + " ");
175      }
176      return sb.toString();
177  }
178  public static String generateLookup(String name){//根据姓名生成拼音搜索关键词
179      String name0 = name.toLowerCase();            //将输入信息转为小写
180      ArrayList<String> enNameList = toPinyinList(name0);
181      //enNameList 为拼音列表数据,含多音字情况
182      ArrayList<String> initialNameList = PinyinUtils
183                                  .toPinyinFirstLetterList(name0);
184      //initialNameList 为拼音首字母列表数据,含多音字
185      StringBuilder sb = new StringBuilder();
186      sb.append(name0 + " ");                        //汉字检索
```

```
187            HashSet < String > hashSet = new HashSet <>();
188            for (String s : enNameList) {
189                sb. append(s + " ");                    //全拼检索
190                sb. append(s. replaceAll("\\s + ", "") + " ");
191                //去空格全拼检索
192                String[ ] enNameArray = s. split("\\s + ");
193                for (String ini : initialNameList) {
194                    HashSet < String > tempSet = generatePartLookup(ini, enNameArray);
195                    hashSet. addAll(tempSet);
196                    //部分首字母 + 后续全拼检索
197                }
198            }
199            String part = parseHashSetLookup(hashSet);
200            //将 HashSet 转为字符串
201            sb. append(part);
202            for (String s : initialNameList) {
203                sb. append(s + " ");
204                //首字母检索
205            }
206            return sb. toString();
207        }
208    }
```

6.3.3　任务实现

1. 数据库模糊查询的实现

自定义数据库类 PhoneDatabase 在 6.2 节项目基础上完成,如代码 6-10 所示。在 generateLookup()方法中,调用了 PinyinUtils. generateLookup()方法生成检索信息。PhoneDatabase 增加了 fuzzyQuery()方法实现模糊搜索,返回结果为 Cursor 对象,在实现逻辑上,对传参 match 进行判断,若为空,则使用 queryAll()方法返回全部数据;若非空,则使用 like 关键字进行模糊匹配。在 Android 编程中,SQL 语句是字符串,语句中 like 匹配值是字符串值,此时可使用"?"取代字符串值,具体替换值则由数组 args 定义。SQL 查询语句中,"%"表示 0 个或多个字符,但不包括 null,因此,"%match%"表示 match 在字符串的开头、中间或者结尾均能被匹配。

代码 6-10　自定义数据库类 PhoneDatabase 新增的代码

```
1    public class PhoneDatabase {
2        ...
3        private String generateLookup(String name){//生成检索信息
4            return PinyinUtils. generateLookup(name);
5        }
6        public Cursor fuzzyQuery(String match){
7            //根据 match 进行模糊查询
8            if(TextUtils. isEmpty(match)){
9                //若 match 为空,返回所有数据
10               return queryAll();
11           }
12           String sql = String. format("select * from % s where % s like ? or % s" +
13                        " like ?", TABLE_NAME, KEY_LOOK_UP, KEY_PHONE);
14           String[ ] args = new String[]{"% " + match + " %", "% " + match + " %"};
15           //数组 args 各元素依次替换 sql 中的"?"
```

```
16              return db.rawQuery(sql, args);
17        }
18        …
19    }
```

2. 实现带搜索框的 OptionsMenu

Android 中的搜索框组件是 SearchView,虽然可以独立存在,但是常作为 OptionsMenu 某个菜单项的视图嵌入菜单中。OptionsMenu 的布局文件 opt_menu. xml 如代码 6-11 所示。在菜单布局中,搜索框以 app:actionViewClass 的属性嵌入 id 为 opt_search 的菜单项中,并且设置 app:showAsAction 属性值为 always,使图标始终显示在动作栏上。在 Android 中有 android. widget. SearchView 和 androidx. appcompat. widget. SearchView 两个不同的 SearchView 包,两者均可使用,但是要保证 Java 代码和 XML 中使用的是相同的包,否则会导致 UI 不匹配异常。选项菜单中的 SearchView 可在 onCreateOptionsMenu()方法中初始化并实现文本查询侦听。

代码 6-11 OptionsMenu 的布局文件 res/menu/opt_menu. xml

```
1    < menu xmlns:app = "http://schemas.android.com/apk/res - auto"
2         xmlns:android = "http://schemas.android.com/apk/res/android">
3         < item
4              android:id = "@ + id/opt_search"
5              android:title = "Search"
6              app:actionViewClass = "android.widget.SearchView"
7              app:showAsAction = "always" />
8    </menu >
```

3. 实现 MainActivity

MainActivity 在 6. 2 节项目基础上完成,使用相同的布局,在代码中额外增加了 OptionsMenu 创建回调和 SearchView 的相关处理,如代码 6-12 所示。SearchView 作为子视图依附于 id 为 R. id. opt_search 的菜单项中,此时,可用 Menu 对象的 findItem()方法根据 id 值找到对应的菜单项,再通过菜单项的 getActionView()方法获得 SearchView 对象。还叫通过 Menu 对象的 getItem()方法查找菜单项,但所给参数是索引值,在实际项目中,菜单项可能会根据需要改变顺序,导致通过索引值所查找的菜单项与预期的菜单项不匹配,相比之下,更推荐使用 findItem()方法查找菜单项。

SearchView 具有两种不同的视图形式:当无用户焦点时,SearchView 以搜索图标呈现;被用户单击后,SearchView 则变成可编辑文本框,供用户输入搜索信息。在 SearchView 中,用户输入的搜索文本可通过 setOnQueryTextListener()方法设置侦听器,接口中具有 onQueryTextSubmit()和 onQueryTextChange()两个回调方法,前者在用户提交搜索内容时触发,后者则实时监测用户输入的内容,只要输入的文本发生改变就会触发回调。对于本地数据库,更倾向于后者,因此本任务中,使用 onQueryTextChange()回调方法处理用户的检索信息,传参 newText 即为用户输入的检索文本,作为数据库 fuzzyQuery()方法的参数,进行数据模糊匹配查询,匹配内容为姓名所生成的检索信息或者电话号码。数据库查询结果返回的游标与适配器原游标不是同一个对象,此时,直接调用适配器对象的 requery()方法不能更新 ListView 视图,应该使用适配器对象的 swapCursor()方法进行游标交换,游标交换后,ListView 才能得到更新。

应用运行后,单击"重置"按钮,进行数据库重建并生成检索信息。单击动作栏上的搜索图标,可以根据拼音进行模糊搜索,也可以直接输入电话号码进行搜索,ListView 所显示的数据会根据搜索栏的内容实时改变。

代码 6-12   MainActivity 所增加的 OptionsMenu 创建回调

```
1    import android.widget.SearchView;
2    …
3    public class MainActivity extends AppCompatActivity {
4        …
5        @Override
6        public boolean onCreateOptionsMenu(Menu menu) {
7            getMenuInflater().inflate(R.menu.opt_menu,menu);
8            MenuItem item = menu.findItem(R.id.opt_search);
9            SearchView searchView = (SearchView) item.getActionView();
10           //从 MenuItem 中得到 SearchView 对象
11           //SearchView 有两个包,导入包必须与 XML 中的相同
12           //对 SearchView 对象写文本查询侦听,在回调中模糊查询数据库,并更新 ListView
13           searchView.setOnQueryTextListener(new SearchView.OnQueryTextListener() {
14               @Override
15               public boolean onQueryTextSubmit(String query) {
16                   return false;
17               }
18               @Override
19               public boolean onQueryTextChange(String newText) {
20                   ursor c = db.fuzzyQuery(newText);
21                   adapter.swapCursor(c);    //交换游标,更新 ListView
22                   return false;
23               }
24           });
25           return super.onCreateOptionsMenu(menu);
26       }
27       …
28   }
```

6.4   面向 UI 交互的 Sqlite 数据库增删改操作

6.4.1   任务说明

本任务在 6.3 节项目的基础上完成,演示效果如图 6-5 所示。在 MainActivity 的布局中,将"插入数据"和"重置"两个 Button 删除,并将相应功能用 OptionsMenu 实现。OptionsMenu 额外增加两个菜单项,其中"⊕"图标的菜单项对数据库插入随机生成的数据,"重置"菜单项实现数据库重置功能。长按 ListView,弹出 ContextMenu,具有"新增""修改""删除"三个菜单项。ContextMenu 中,单击"新增"菜单项将弹出对话框,用户可输入姓名和电话号码后单击"确定"按钮进行数据插入,ListView 和数据库将同步更新;单击"修改"菜单项将弹出对话框,并从对应 Cursor 中取出姓名和电话号码数据填充对话框中的 EditText,用户修改数据后,ListView 和数据库同步更新;单击"删除"菜单项则将删除当前数据,ListView 和数据库同步更新。单击 ListView 列表项,跳转到系统短信应用,并预填了短信收信人的号码。

图 6-5　任务的演示效果

6.4.2　任务实现

1. 实现对话框

对话框采用自定义视图，并且将新增和修改数据的逻辑剥离出来，以接口的形式让调用者实现，对话框只专注于视图的生成、数据渲染与数据返回。对话框自定义视图如代码 6-13 所示，在垂直的 LinearLayout 中放置两个 EditText，分别用于输入姓名和电话号码。

代码 6-13　对话框自定义视图 dialog_view. xml

```
1    < LinearLayout xmlns:android = "http://schemas. android. com/apk/res/android"
2         android:orientation = "vertical"
3         android:layout_width = "match_parent"
4         android:layout_height = "match_parent">
5         < EditText
6              android:id = "@ + id/dialog_et_name"
7              android:layout_width = "match_parent"
8              android:layout_height = "wrap_content"
9              android:ems = "10"
10             android:hint = "Input your name"
11             android:inputType = "textPersonName"
12             android:text = "" />
13        < EditText
14             android:id = "@ + id/dialog_et_phone"
15             android:layout_width = "match_parent"
16             android:layout_height = "wrap_content"
17             android:ems = "10"
18             android:hint = "Input your phone"
19             android:inputType = "textPersonName"
20             android:text = "" />
21   </LinearLayout >
```

自定义对话框 PhoneDialog 的实现如代码 6-14 所示，构造方法传入上下文对象 context 和标题title,并自定义了OnSubmitListener接口,用于传递对话框中的姓名和电话号码数据。在showDialog()方法中,传入姓名name,电话号码phone和调用者实现的OnSubmitListener接口对象。当创建新数据时,name和phone可传入空字符串,接口对象的实现者则取出onSubmit()回调方法的数据,进行数据库的插入和ListView更新操作。当修改数据时,name和phone为数据库Cursor中取出的数据,接口对象实现者则将修改后的数据更新回数据库,并对ListView进行更新。

代码6-14　自定义对话框PhoneDialog.java

```
1    import android.app.AlertDialog;
2    import android.content.Context;
3    import android.content.DialogInterface;
4    import android.view.LayoutInflater;
5    import android.view.View;
6    import android.widget.EditText;
7    public class PhoneDialog {
8        private Context context;                    //LayoutInflater需要Context对象
9        private String title;
10       public interface OnSubmitListener {        //自定义接口
11           void onSubmit(String updatedName, String updatedPhone);
12       }
13       public PhoneDialog(Context context, String title) {
14           this.context = context;
15           this.title = title;
16       }
17       public void showDialog(String name, String phone, OnSubmitListener l){
18           View v = LayoutInflater.from(context)
19                              .inflate(R.layout.dialog_view, null, false);
20           //将布局文件填充为视图对象v
21           EditText et_name = v.findViewById(R.id.dialog_et_name);
22           EditText et_phone = v.findViewById(R.id.dialog_et_phone);
23           et_name.setText(name);
24           et_phone.setText(phone);
25           AlertDialog.Builder bl = new AlertDialog.Builder(context);
26           bl.setTitle(title);
27           bl.setView(v);                          //将视图对象v设置为对话框的内容
28           bl.setNegativeButton("取消", null);
29           bl.setPositiveButton("确定", new DialogInterface.OnClickListener() {
30               @Override
31               public void onClick(DialogInterface dialog, int which) {
32                   if(l!= null){                  //判断接口非空后,才能使用自定义接口回调
33                       l.onSubmit(et_name.getText().toString(),
34                               et_phone.getText().toString());
35                   }
36               }
37           });
38           bl.show();
39       }
40   }
```

2. 完善数据库相关方法

自定义数据库类PhoneDatabase在6.3节项目的基础上进一步完善,如代码6-15所示。在PhoneDatabase类中,updateData()方法用于修改数据,该方法传入姓名、电话号码和待修改数据的_id值(传参中用id表示),调用数据库对象的update()方法进行修改,返回

值为被影响的数据行数。在数据库对象的 update()方法中,第 1 个参数为数据库表名称;第 2 个参数为更新数据所构成的 ContentValues 对象;第 3 个和第 4 个参数构造 where 条件,当参数 3 无问号符时,参数 4 可直接用 null;当参数 3 有问号符时,则参数 4 用 String[]进行逐一替换。同理,deleteData()方法用于删除数据,该方法传入待删除数据的_id 值,调用数据库对象的 delete()方法进行删除,在 delete()方法中,各参数与 update()方法类似,返回值为被影响的行数(即被成功删除的数据数)。事实上,开发者在编程过程中,可将光标悬停在相关方法上,用 Ctrl+Q 快捷键调出帮助文档查看各参数和返回值的意义,不必记住各参数顺序。

若要从 Cursor 中取数,需要先对 Cursor 定位,移动到指定位置,再通过 Cursor 对象的 getXxx()方法取数,其中,Xxx 为所定义字段的数据类型。例如,字段为 text 类型,则可用 getString()方法取值。Cursor 取数方法的参数是字段在 Cursor 中的列索引值,因此在取数之前,还需要取得字段的列索引值。字段列索引值可通过 getColumnIndex()方法实现,该方法的参数为字段的 key 值。若在数据库类之外进行 Cursor 取数,会比较麻烦,需要了解数据库表中的各字段名称,为了更好地解耦,Android 提供了 CursorWrapper 类,该类具备 Cursor 的特性,又能在 Cursor 基础上增加若干取数方法,使调用者只需关注取数方法的调用,而不必关注相关字段的 key 名称。

在 PhoneDatabase 中,定义了内部类 PhoneCursor,继承自 CursorWrapper 类,在构造方法中传入 Cursor 对象,并自定义了 getName()方法和 getPhone()方法供外部调用,从 Cursor 对象中获得姓名和电话号码。注意,PhoneCursor 并没有做定位操作,因此调用者获得 PhoneCursor 对象后,仍需要进行 Cursor 定位操作,相关代码可参考本任务所实现的 MainActivity。

PhoneDatabase 类的 queryById()方法可以根据 id 值检索数据,并把 Cursor 对象重新构造成 PhoneCursor 对象返回,方便调用者使用 getName()方法和 getPhone()方法取 Cursor 中相关字段的数据。事实上,在实际应用的编程中,不妨直接设计一个数据封装类对应数据库中一行数据的各个字段,并设计 Cursor 到数据封装类的转换方法,对 Cursor 进行遍历,生成对应的数据类对象,加入列表对象中,最后通过转换方法返回该数据封装类的列表对象。

代码 6-15　PhoneDatabase 类增加的方法与内部类

```
1      import android.database.CursorWrapper;
2      …
3      public class PhoneDatabase {
4          …
5          public int updateData(String name,String phone,long id){
6              ContentValues cv = enCodeContentValues(name, phone);
7              return db.update(TABLE_NAME,cv,"_id = " + id,null);
8          }
9          public int deleteData(long id){
10             return db.delete(TABLE_NAME,"_id = " + id,null);
11         }
12         public PhoneCursor queryById(long id){
13             //返回自定义 PhoneCursor,支持从 Cursor 中取对应字段的数据
14             String sql = String.format("select * from %s where _id= %d",
15                                 TABLE_NAME, id);
```

```
16          Cursor c = db.rawQuery(sql, null);
17          return new PhoneCursor(c);
18      }
19      public class PhoneCursor extends CursorWrapper{
20          //自定义 PhoneCursor 使之封装了取 name 和 phone 的方法
21          Cursor c;
22          public PhoneCursor(Cursor c) {
23              super(c);
24              this.c = c;
25          }
26          public String getName(){
27              int idx = c.getColumnIndex(KEY_NAME);
28              return c.getString(idx);
29          }
30          public String getPhone(){
31              int idx = c.getColumnIndex(KEY_PHONE);
32              return c.getString(idx);
33          }
34      }
35      ...
36  }
```

3. 项目的菜单布局文件

OptionsMenu 和 ContextMenu 布局文件分别见代码 6-16 和代码 6-17,两者均较为简单,不赘述。

代码 6-16　OptionsMenu 的布局文件 res/menu/opt_menu.xml

```
1   < menu xmlns:android = "http://schemas.android.com/apk/res/android"
2       xmlns:app = "http://schemas.android.com/apk/res - auto">
3       < item
4           android:id = "@ + id/opt_search"
5           android:title = "Search"
6           app:actionViewClass = "android.widget.SearchView"
7           app:showAsAction = "always" />
8       < item
9           android:id = "@ + id/opt_add"
10          android:icon = "@android:drawable/ic_menu_add"
11          android:title = "Add"
12          app:showAsAction = "always" />
13      < item
14          android:id = "@ + id/opt_reset"
15          android:title = "重置" />
16  </menu >
```

代码 6-17　ContextMenu 的布局文件 res/menu/ctx_menu.xml

```
1   < menu xmlns:android = "http://schemas.android.com/apk/res/android">
2       < item
3           android:id = "@ + id/ctx_add"
4           android:title = "新增" />
5       < item
6           android:id = "@ + id/ctx_edit"
7           android:title = "修改" />
8       < item
9           android:id = "@ + id/ctx_delete"
```

```
10                    android:title = "删除" />
11    </menu >
```

4. 实现 MainActivity

MainActivity 在 6.3 节项目的基础上完成,具体增加的内容如代码 6-18 所示。在 onCreate()方法中,ListView 使用了 ContextMenu,因此需要调用 registerForContextMenu()对其注册上下文菜单。此外,单击 ListView 列表项,会跳转到发送短信的系统应用,并预填了对方的短信号码,因此在 ListView 的 onItemClick()回调中,通过 queryById()方法按 id 值查找数据库的对应数据,所返回的 PhoneCursor 对象,需要先定位后使用,并且使用完毕后,建议关闭游标。

Cursor 常用的定位方法有如下几种。

(1) 首末位移动,使用 moveToFirst()方法可移动到首位,使用 moveToLast()方法可移动到末位。

(2) 相对位置移动,使用 moveToNext()方法可移动到下一个数据,使用 moveToPrevious()方法可移动到上一个数据。

(3) 绝对位置移动,使用 moveToPosition(int position)方法可移动到 position 指定的位置。

启动短信应用发送短信比较简单,只需要新建 Intent 对象,指定动作和数据,并使用 startActivity()方法启动该意图即可。发送短信的动作为 Intent. ACTION_SENDTO,数据使用 Uri. parse()方法转换为标准 Uri 对象,转换过程中,使用协议+数据的方式,其协议为 "smsto:",数据为电话号码。

在 MainActivity 中,onOptionsItemSelected()方法负责处理 OptionsMenu 菜单项单击响应,根据选项菜单的 id,分别实现 6.3 节项目中"插入数据"按钮和"重置"按钮所对应的逻辑处理。ContextMenu 则由 onCreateContextMenu()方法创建,由 onContextItemSelected()方法处理上下文菜单单击响应事件。在 onContextItemSelected()方法中,需要获取 ListView 生成上下文菜单时的列表项信息,将菜单项的 MenuInfo 对象转换为 AdapterContextMenuInfo 对象后才能获取位置信息 position 或者数据库游标数据的 id 值,本任务中使用 id 信息,以便于在对数据库更新或者删除时能传入对应数据的 id 值。

插入数据使用 addData()方法。该方法使用 PhoneDialog 弹出对话框,传入空的姓名和电话号码数据,用户在对话框的 EditText 中输入相关信息后,单击"确定"按钮,触发 onSubmit()回调,通过回调方法将对话框中的数据回传给调用者处理,调用者通过接口回调方法的传参 updatedName 和 updatedPhone 分别获得姓名和电话号码,构成一条新数据插入数据库中,并更新 ListView。

更新数据使用 modifyData()方法。该方法需要传入待修改数据的 id 值,并调用数据库 queryById()方法查询该 id 对应的数据,返回的游标数据即使只有 1 个数据,仍然需要使用 Cursor 定位,本任务中使用 moveToFirst()方法定位到首位,并利用继承了 CursorWrapper 的 PhoneCursor 对象取得姓名和电话号码信息,用于初始化对话框中的 EditText 数据。在 PhoneDialog 的接口回调中,将回传的姓名和电话号码调用 updateData()方法更新到数据库中对应 id 的数据,并同步更新 ListView。

本任务中,将涉及数据库的所有操作均写到数据库封装类 PhoneDatabase 中,而 PhoneDialog 只负责对话框的生成、数据渲染和数据回传,具体的插入数据和更新数据则交给调用者。MainActivity 作为调用者,负责调用 PhoneDatabase 和 PhoneDialog 所提供的方法和接口,结合 OptionsMenu 和 ContextMenu,进行面向用户交互的数据库的增删改查。各类各司其职,能实现较好的解耦,提高了代码的可复用性。

代码 6-18   MainActivity 所增加的代码

```
1    import android.content.Intent;
2    import android.net.Uri;
3    import android.view.ContextMenu;
4    …
5    public class MainActivity extends AppCompatActivity {
6        …
7        @Override
8        protected void onCreate(Bundle savedInstanceState) {
9            …
10           registerForContextMenu(lv);              //注册 ContextMenu
11           lv.setOnItemClickListener(new AdapterView.OnItemClickListener() {
12               @Override
13               public void onItemClick(AdapterView<?> parent, View view,
14                                       int position, long id) {
15                   PhoneDatabase.PhoneCursor c = db.queryById(id);
16                   c.moveToFirst();
17                   String phone = c.getPhone();
18                   c.close();
19                   Intent intent = new Intent(Intent.ACTION_SENDTO, Uri.parse(
20                           "smsto:" + phone));   //定义发短信的意图
21                   startActivity(intent);        //启动发短信的意图
22               }
23           });
24       }
25       …
26       @Override
27       public boolean onOptionsItemSelected(@NonNull MenuItem item) {
28           switch (item.getItemId()){
29               case R.id.opt_add:
30                   insertRandomData();           //随机插入数据
31                   updateListView();
32                   break;
33               case R.id.opt_reset:
34                   db.reset();                   //数据库重置后需要更新 ListView
35                   updateListView();
36                   break;
37           }
38           return super.onOptionsItemSelected(item);
39       }
40       @Override
41       public void onCreateContextMenu(ContextMenu menu, View v,
42                                       ContextMenu.ContextMenuInfo menuInfo) {
43           super.onCreateContextMenu(menu, v, menuInfo);
44           getMenuInflater().inflate(R.menu.ctx_menu,menu);
45       }
46       @Override
47       public boolean onContextItemSelected(@NonNull MenuItem item) {
48           AdapterView.AdapterContextMenuInfo menuInfo =
```

```
49                (AdapterView.AdapterContextMenuInfo) item.getMenuInfo();
50        long id = menuInfo.id;              //取得 ContextMenu 对应 ListView 列表项的 id
51        //此 id 与数据库游标_id 相对应
52        switch (item.getItemId()) {
53            case R.id.ctx_add:
54                addData();
55                break;
56            case R.id.ctx_edit:
57                modifyData(id);
58                break;
59            case R.id.ctx_delete:
60                db.deleteData(id);
61                updateListView();          //操作完数据库需要更新 ListView
62                break;
63        }
64        return super.onContextItemSelected(item);
65    }
66    private void modifyData(long id) {
67        PhoneDatabase.PhoneCursor c = db.queryById(id);
68        c.moveToFirst();
69        String name = c.getName();
70        String phone = c.getPhone();
71        c.close();                          //关闭游标
72        PhoneDialog dialog = new PhoneDialog(this, "Edit for _id = " + id);
73        dialog.showDialog(name, phone, new PhoneDialog.OnSubmitListener() {
74            //从对应 id 的游标数据中获得 name、phone,用于对话框数据初始化
75            @Override
76            public void onSubmit(String updatedName, String updatedPhone) {
77                //在回调中更新数据库和 ListView
78                db.updateData(updatedName,updatedPhone,id);
79                updateListView();
80            }
81        });
82    }
83    private void addData() {
84        //调用对话框,新增数据
85        PhoneDialog dialog = new PhoneDialog(this, "Create new data");
86        dialog.showDialog("", "", new PhoneDialog.OnSubmitListener() {
87            //name = "", phone = "",传递给对话框
88            @Override
89            public void onSubmit(String updatedName, String updatedPhone) {
90                //接口回调中,调用数据库插入数据,并更新 ListView
91                db.insertData(updatedName,updatedPhone);
92                updateListView();
93            }
94        });
95    }
96 }
```

6.5　使用 ContentProvider 写系统通讯录

6.5.1　任务说明

本任务的演示效果如图 6-6 所示。应用首次运行时,会申请读写联系人运行时权限(动

态权限),并 Toast 显示申请结果。在该应用中,活动页面视图根节点采用垂直的 LinearLayout,在布局中依次有 1 个 TextView,用于显示个人信息;两个 EditText,分别用于输入姓名和电话号码;1 个 Button,显示"写系统通讯录"文本,用户单击 Button,可将所输入的姓名和电话号码写入系统通讯录,并 Toast 提示结果。用户可在系统联系人应用中查看所写入的结果。

图 6-6　写系统通讯录演示效果

6.5.2　运行时权限

1. 静态权限与运行时权限

在 Android 6.0 及以上版本的系统中,对于很多敏感权限,仅仅在 AndroidManifest 文件中使用 uses-permission 标签声明是不够的,需要使用运行时权限在代码中申请权限。AndroidManifest 中声明的权限又称为安装权限(Install Time Permission),或者称为静态权限,在安装应用时申请,若应用被预先安装,则使用者对应用所需的权限并不知情(除非在应用管理中查看应用的权限),因此会带来较多的安全隐患。Android 6.0 及以上版本的系统,引入了运行时权限(Runtime Permission),又称为动态权限,当用户首次运行应用时,会弹出该应用所申请的权限,只有用户单击允许后,相关权限才会被使能,否则应用将因为权限限制,无法实现相应操作。对于访问日历、联系人、摄像头、定位信息、麦克风、电话及拨号状态、短信、存储器等操作均属于敏感权限,需要通过运行时权限申请。

运行时权限是按组管理的。例如,读联系人和写联系人都属于 Contacts 权限,若应用首次申请了读联系人权限并且获得用户通过后,再申请写联系人权限时,不会弹窗让用户选择是否通过权限,而是直接通过权限。尽管如此,依然建议开发者将所需的所有敏感权限通过运行时权限申请,忽略组别特点。例如,只申请了读联系人而未申请写联系人运行时权限,在 Android 6.0 中能正常写入联系人,但在 Android 10.0 中却会产生无写联系人权限的异常,因此兼容的做法是在 AndroidManifest 文件中申请静态权限,使之匹配 Android 5.0 及以下版本的系统;在代码中申请对应的运行时权限使之匹配 Android 6.0 及以上版本的系统。

2. 实现运行时权限工具类 PermissionUtils

为了提高代码的通用性,将运行时权限申请的相关操作封装成 PermissionUtils 类,如代码 6-19 所示。早期的 Android 开发中,运行时权限申请通过 ActivityCompat 提供的 requestPermissions()静态方法申请,并在 Activity 实例中产生 onRequestPermissionsResult()回调。随着 AppCompatActivity 对象的 registerForActivityResult()方法被引入后,requestPermissions()方法逐渐被摒弃,原因是 registerForActivityResult()方法能直接通过接口回调异步处理权限申请的结果,无需 Activity 的 onRequestPermissionsResult()回调,使权限工具类能实现更好的封装性和代码解耦性。

PermissionUtils 所实现的方法均为静态方法,方便使用者调用。其中, requestPermissions()方法是申请运行时权限的核心方法,该方法传入 AppCompatActivity 对象和待申请的权限参数 permissions。待申请的权限数量是不定的,可能是 1 个,也可能是多个,最好的设计方法是将参数 permissions 变成可变参数,鉴于各权限参数是字符串名称,因此可用 String 修饰 permissions,使之成为可变长度的字符串参数。调用 requestPermissions()方法时,对于参数 permissions,可传 1 个 String 参数,也可传多个 String 参数,还可以传入 String[]参数。在 requestPermissions()方法中,不管可变参数的长度是否大于 1,均按数组进行处理。

运行时权限在应用首次运行时会弹窗让用户操作是否授权,若用户已授权,再次启动应用申请权限时,则不会再弹窗让用户授权。在 requestPermissions()方法中,需要遍历待申请的权限,只取出未被授权的权限用于申请,因此定义了列表对象 list,用于存储未被授权的权限。检测授权可用 ContextCompat. checkSelfPermission()方法,该方法的第 1 个参数为 Activity 实例;第 2 个参数为待检权限,若被授权,则检测结果为 PERMISSION_GRANTED。对待申请的权限 permissions 遍历检测权限后,需判断列表对象 list 是否为空,若为空,说明没有需要申请的权限,直接 return 返回;若非空,则进一步调用 registerForActivityResult()方法申请权限。通过之前的任务学习可知,registerForActivityResult()方法非常强大,可启动带结果返回的活动,或者启动照相应用、文件选择等,不同的启动类型由第 1 个参数控制,该参数又称为合约,第 2 个参数则是被启动应用的返回结果,使用箭头函数编写回调。运行时权限申请的合约使用 ActivityResultContracts. RequestMultiplePermissions()方法生成。 registerForActivityResult()方法的结果回调中,传参 result 可视为 HashMap 对象,其 key 为所申请的权限名称,value 为申请结果,若为 true,表示对应权限申请成功。传参 result 使用箭头函数进行回调处理,在回调中,对待申请的权限进行遍历,取出申请结果,若为 true, 则 Toast 显示权限申请成功;若为 false,则 Toast 通知用户在应用设置中手动设置权限。

AppCompatActivity 的 registerForActivityResult()方法生成的是 ActivityResultLauncher 对象,尽管在 registerForActivityResult()中传入了合约和结果回调,但是该方法并没有被执行,就像线程 Thread,尽管定义了 run()方法,在代码中使用构造方法生成了线程对象,但如果不对线程对象调用 start()方法启动线程,该线程的 run()方法并不会被执行。因此,运行时权限的申请须通过 ActivityResultLauncher 对象的 launch()方法启动,而 launch()方法的参数就是待申请的权限数组,同时也是 registerForActivityResult()方法中合约对象(第 1 个参数)所需要的参数,它们之间通过 launch()方法传递。

代码 6-19　自定义权限工具类 PermissionUtils. java

```
1   import android. app. Activity;
2   import android. content. pm. PackageManager;
3   import android. widget. Toast;
4   import androidx. activity. result. ActivityResultLauncher;
5   import androidx. activity. result. contract. ActivityResultContracts;
6   import androidx. appcompat. app. AppCompatActivity;
7   import androidx. core. content. ContextCompat;
8   import java. util. ArrayList;
9   public class PermissionUtils {
10      public static void requestPermissions(AppCompatActivity activity,
11                                         String ... permissions){
12        //String... 为可变参数,可接收 1 个或多个同类型的参数,取数时按数组处理
13        ArrayList < String > list = new ArrayList<>();
14        for(String s:permissions){//先检测哪些权限已被申请成功
15          if(ContextCompat. checkSelfPermission(activity,s)!=
16              PackageManager. PERMISSION_GRANTED) {
17            list. add(s);
18            //将未申请成功的权限加到 list
19          }
20        }
21        if(list. isEmpty()){
22          return;                              //不需要申请权限,直接返回
23        }
24        String[] neededPermissions = list. toArray(new String[list. size()]);
25        //将列表 list 转换为数组
26        ActivityResultContracts. RequestMultiplePermissions contract =
27              new ActivityResultContracts. RequestMultiplePermissions();
28        ActivityResultLauncher < String[] > launcher =
29              activity. registerForActivityResult(contract, result -> {
30          //result 为结果回调,以 Map 形式存储各请求结果,key 为权限,value 为结果
31          //value 为 true,权限申请成功; value 为 false,权限申请失败
32            for (String p : neededPermissions) {
33              if (result. get(p)) {
34                showToast(activity,p + "申请成功");
35              }else {
36                showToast(activity,p + "无权限,请到设置中手动开启");
37              }
38            }
39          });
40        launcher. launch(neededPermissions);    //申请未授权的权限
41      }
42      private static void showToast(Activity activity,String s) {
43        Toast. makeText(activity,s,Toast. LENGTH_LONG). show();
44      }
45  }
```

6.5.3　系统通讯录的写入方法

1. 系统通讯录数据库

为了更好地了解系统通讯录各关键表和字段的构成,可先在虚拟机中创建若干联系人,并将生成的数据库导出查看。在 Android 虚拟机中启动 Contacts 应用,创建 Test 联系人,添加两个电话号码 1111 和 222-2,如图 6-7 所示。

在 Android Studio 中,通过开发工具 Device File Explorer 窗口,定位虚拟机的目录 data/

data/com. android. providers. contacts/databases/，将数据库文件 contacts2. db 导出（右击文件后，在弹出的快捷菜单中选择 Save As 选项即可）到 Windows 纯英文目录中，并用 Sqlite Expert 软件打开数据库文件，查看各表和字段。文件 contacts2. db 是 Android 系统通讯录数据库，具有几十张表和视图，数据库比较复杂。从学习写系统通讯录的角度，我们只关注 contacts、data 和 mimetypes 这 3 张表。

　　使用 Sqlite Expert 软件打开从 Android 10.0 虚拟机中导出的 contacts2. db 文件，系统通讯录 contacts 表部分截图如图 6-8 所示，该表的_id 字段是主键，具有自增 1 特性，创建新的联系人时，会在该表中插入一条数据，生成 _id 值，作为联系人的 raw_contact_id 值，用于关联其他表。因此新建联系人时，需要在该表中插入一条空记录，并获取主键值作为其他表的 raw_contact_id 值。

图 6-7　通过 Contacts 应用创建联系人

　　通讯录核心数据 data 表如图 6-9 所示。关注该表中 raw_contact_id 为 3 的数据，有 3 条记录，分别对应图 6-7 联系人 Test 的两个电话号码和姓名。通过 data 表发现，Android 联系人的数据并不是 1 条记录对应 1 个联系人，而是多条记录对应 1 个联系人，并使用 raw_contact_id 值来识别某条记录属于哪个联系人。这样做的好处是可以给联系人同个字段赋多个值，如可以有多个电话号码、多个邮箱地址、多个群组信息等，而不同的属性数据使用 mimetype 来区分。在 data 表中，不直接给数据赋予 mimetype 值，而是使用 mimetype_id 来关联 mimetypes 表。数据值则有 data1、data2 等字段，大部分数据由 data1 或 data2 字段指定。

RecNo	_id	mimetype_id	raw_contact_id	data1	data2	data3
1	1	7	1	tom	tom	\<null>
2	2	5	1	1234	\<null>	\<null>
3	3	7	2	tt	tt	\<null>
4	4	5	2	1234	\<null>	\<null>
5	5	5	3	1111	2	\<null>
6	6	5	3	222-2	1	\<null>
7	7	7	3	Test	Test	\<null>

RecNo	_id	name_raw_contact_id	photo_id	photo_file_id	custom_ringtone
1	1	1	\<null>	\<null>	\<null>
2	2	2	\<null>	\<null>	\<null>
3	3	3	\<null>	\<null>	\<null>

图 6-8　系统通讯录 contacts 表部分截图

图 6-9　系统通讯录 data 表部分截图

　　通讯录数据类型 mimetypes 表如图 6-10 所示。由图可知，在 Android 10.0 系统中有 16 种数据类型，主要有 Email、即时通讯 IM、昵称、公司、电话号码、姓名、照片、群组信息等。注意，不同的 Android 版本，mimetypes 数据类型数量并不相等，例如，Android 5.0 只定义了 11 种数据类型。

　　根据系统通讯录数据表的结构可知，使用程序向系统写入 1 个含姓名和电话号码的联系人，至少需要如下 3 个步骤。

　　步骤 1：向 contacts 表中插入一条空记录，以获得 raw_contact_id 值。

　　步骤 2：向 data 表中插入 mimetype 为姓名类型的数据。

步骤3：向 data 表中插入 mimetype 为电话号码类型的数据。

其中,步骤 2 和步骤 3 需要指定 raw_contact_id、mimetype_id 和 data 数据值。系统通讯录的操作,若直接向开发者暴露数据库,会带来很多安全隐患,因此 Android 提供了 ContentProvider(内容提供器)组件,为不同应用之间的数据共享提供统一的接口。

RecNo	id	mimetype
		Click here to define a filter
1	1	vnd.android.cursor.item/email_v2
2	2	vnd.android.cursor.item/im
3	3	vnd.android.cursor.item/nickname
4	4	vnd.android.cursor.item/organization
5	5	vnd.android.cursor.item/phone_v2
6	6	vnd.android.cursor.item/sip_address
7	7	vnd.android.cursor.item/name
8	8	vnd.android.cursor.item/postal-address_v2
9	9	vnd.android.cursor.item/identity
10	10	vnd.android.cursor.item/photo
11	11	vnd.android.cursor.item/group_membership
12	12	vnd.android.cursor.item/note
13	13	vnd.android.cursor.item/contact_event
14	14	vnd.android.cursor.item/website
15	15	vnd.android.cursor.item/relation
16	16	vnd.com.google.cursor.item/contact_misc

Android 开发有四大组件:①Activity(活动),用于页面 UI 交互和数据展示;②Service(服务),用于纯后台长时间运行,不提供界面;③BroadcastReceiver(广播接收器),用于侦听应用内以及跨应用之间的通信和系统事件,如开机启动、电池电量变化、收到短信

图 6-10 系统通讯录 mimetypes 表截图

等;④ContentProvider(内容提供器),用于跨应用数据共享。系统通讯录的读写,将基于 ContentProvider 完成。

2. 实现读写联系人工具类 ContactUtils

为了提高代码复用性,将读写联系人操作封装到自定义类 ContactUtils 中,此外还定义了 PhoneData 类,用于记录联系人数据。PhoneData 类如代码 6-20 所示,定义了成员变量 raw_id,使之与系统通讯录联系人的 raw_contact_id 值关联,该变量为 long 整型,默认值为 —1,表示尚未与系统通讯录关联。PhoneData 提供了 2 种构造方法,并重定义了 toString()方法用于生成字符串,以便于直接使用 ArrayAdapter 生成 PhoneData 数据的适配器。

代码 6-20　自定义联系人数据类 PhoneData.java

```
1    public class PhoneData {
2        private String name;
3        private String phone;
4        private long raw_id = - 1;
5        //使用 raw_id 与系统通讯录的 raw_contact_id 绑定
6        public PhoneData(String name, String phone) {
7            this. name = name;
8            this. phone = phone;
9        }
10       public PhoneData(String name, String phone, long raw_id) {
11           this. name = name;
12           this. phone = phone;
13           this. raw_id = raw_id;
14       }
15       @Override
16       public String toString() {
17           return String. format(" % s: % s, raw_id = % d",name,phone,raw_id);
18       }
19       //getter and setter methods
20       public String getName() {
21           return name;
22       }
23       public void setName(String name) {
24           this. name = name;
```

```
25          }
26          public String getPhone() {
27              return phone;
28          }
29          public void setPhone(String phone) {
30              this.phone = phone;
31          }
32          public long getRaw_id() {
33              return raw_id;
34          }
35          public void setRaw_id(long raw_id) {
36              this.raw_id = raw_id;
37          }
38      }
```

读写联系人工具类 ContactUtils 如代码 6-21 所示。ContactUtils 类目前只实现了 writeContacts()方法,用于将联系人数据写入系统通讯录。写联系人使用 ContentProvider 组件实现,该组件需要 ContentResolver(内容解析器)对象,可通过 Activity 实例的 getContentResolver()方法获得 ContentResolver 对象。此外,插入或修改数据类似于数据库操作,需要使用 ContentValues 类进行数据封装。

代码 6-21　读写联系人自定义工具类 ContactUtils. java

```
1    import android.app.Activity;
2    import android.content.ContentResolver;
3    import android.content.ContentUris;
4    import android.content.ContentValues;
5    import android.net.Uri;
6    import android.provider.ContactsContract;
7    public class ContactUtils {
8        public static void writeContacts(Activity activity, PhoneData phoneData) {
9            //AndroidManifest.xml 增加 android.permission.WRITE_CONTACTS 权限
10           //android 6.0 + 需要增加运行时权限
11           ContentResolver cr = activity.getContentResolver();
12           //通过 Activity 实例获得内容解析器
13           ContentValues cv = new ContentValues();
14           //插入数据使用 ContentValues 封装数据
15           Uri rawIdUri = cr.insert(ContactsContract.RawContacts.CONTENT_URI, cv);
16           long raw_id = ContentUris.parseId(rawIdUri);
17           //插入一条空记录以获得 raw_contact_id
18           phoneData.setRaw_id(raw_id);
19           //将 raw_contact_id 与 phoneData 挂钩
20           cv.clear();
21           cv.put(ContactsContract.RawContacts.Data.RAW_CONTACT_ID, raw_id);
22           //cv 设置 raw_contact_id 字段,key - value 形式
23           cv.put(ContactsContract.Data.MIMETYPE,
24               ContactsContract.CommonDataKinds.StructuredName.CONTENT_ITEM_TYPE);
25           //cv 设置 MIMETYPE 字段,为姓名类型
26           cv.put(ContactsContract.CommonDataKinds.StructuredName.GIVEN_NAME,
27               phoneData.getName());
28           //cv 设置姓名数据
29           cr.insert(ContactsContract.Data.CONTENT_URI, cv);
30           //姓名信息插入表中,有 3 个字段: raw_contact_id、mimetype、data2
31           cv.clear();
32           cv.put(ContactsContract.Data.RAW_CONTACT_ID, raw_id);
```

```
33          cv.put(ContactsContract.Data.MIMETYPE,
34              ContactsContract.CommonDataKinds.Phone.CONTENT_ITEM_TYPE);
35          //cv 设置 MIMETYPE 字段为电话类型
36          cv.put(ContactsContract.CommonDataKinds.Phone.NUMBER,
37              phoneData.getPhone());
38          //cv 设置电话号码数据
39          cr.insert(ContactsContract.Data.CONTENT_URI,cv);
40          //电话号码插入表中,有 3 个字段: raw_contact_id、mimetype、data1
41          //同一个联系人不同属性由不同条记录生成,可实现多电话号码、多维属性垂直化存储
42      }
43  }
```

根据系统通讯录各表字段的分析可知,写入联系人,需要获得 raw_contact_id 值,该值可通过对 contacts 表(或者 raw_contacts 表)插入一条空记录取得,与之对应的操作是向 ContentResolver 对象调用 insert()方法实现插入记录。在 insert()方法中,第 1 个参数是指向数据库表的 Uri 资源对象,使用系统常量 RawContacts.CONTENT_URI 指向 contacts 表(或者 raw_contacts 表);第 2 个参数是 ContentValues 数据对象 cv,若对象 cv 尚未放入任何 key-value 键值对,对应的是空数据,可用于插入一条空记录。insert()方法返回对象是 Uri 数据资源,可通过 ContentUris.parseId()方法获得 Uri 资源的主键值,通过对 contacts 表分析知,其主键值即为 raw_contact_id 值,将其赋给传入的 PhoneData 对象,使 PhoneData 对象的变量 raw_id 与系统通讯录的 raw_contact_id 关联。

在写系统通讯录数据的过程中,得到 raw_contact_id 值后,需要分两次实现写入操作,分别写入姓名和电话号码数据。为了复用 ContentValues 对象 cv,可在插入数据之前,对 cv 调用 clear()方法清除数据,从而在两次写入过程中,使用同一个 cv。对数据库插入姓名数据时,需要对 ContentValues 对象赋 3 个键值对,分别对应 raw_contact_id、mimetype 和数据,不推荐直接使用 data 表的字段名称,推荐使用常量 Data.RAW_CONTACT_ID 对应 raw_contact_id 字段,StructuredName.GIVEN_NAME(该常量对应的值是 data2)对应数据字段。注意,Data.CONTENT_URI 表与数据库文件中的 data 表并不是完全对应的,在 ContentValues 中,不存放 mimetype_id 字段和对应类型的 id 值,而是存放 mimetypes 表中的键和值,因此对象 cv 在 mimetype 字段上,所用的 key 为 Data.MIMETYPE(该常量对应的值是 mimetype),若是姓名类型,则对应的 value 为 StructuredName.CONTENT_ITEM_TYPE(该常量对应的值是 vnd.android.cursor.item/name),若是电话号码类型,则对应的 value 为 Phone.CONTENT_ITEM_TYPE(该常量对应的值是 vnd.android.cursor.item/phone_v2)。写入电话号码时,对象 cv 针对数据字段所用的 key 是 Phone.NUMBER(该常量对应的值是 data1)。由此可见,写姓名与写入电话号码,数据字段的 key 是不同的,前者为 data2,后者则为 data1。开发者只要遵循 ContentProvider 相关规范,使用相应常量即可,不必纠结真实的字段。

6.5.4　任务实现

1. 添加 AndroidManifest 静态权限

对于需要权限的操作,Android 5.0 及以下版本的系统只需要在 AndroidManifest 中申请静态权限即可,Android 6.0 及以上版本的系统则不仅要申请静态权限,还要申请运行时

权限。读写联系人的静态权限可在 AndroidManifest. xml 中使用 uses-permission 标签添加,添加在 application 标签上方或下方均可,具体设置如代码 6-22 所示。

代码 6-22　在 AndroidManifest 中添加读写联系人权限

```
1   < manifest
2       …
3           < application
4               …
5           </application>
6           < uses – permission android:name = "android. permission. WRITE_CONTACTS">
7           </uses – permission >
8            < uses – permission android:name = "android. permission. READ_CONTACTS">
9            </uses – permission >
10  </manifest >
```

2. 实现 UI 布局

MainActivity 的页面布局 my_main. xml 如代码 6-23 所示,所用 UI 比较简单,不再赘述。

代码 6-23　MainActivity 的布局文件 my_main. xml

```
1   < LinearLayout xmlns:android = "http://schemas. android. com/apk/res/android"
2       android:orientation = "vertical"
3       android:layout_width = "match_parent"
4       android:layout_height = "match_parent">
5       < TextView
6           android:layout_width = "match_parent"
7           android:layout_height = "wrap_content"
8           android:text = "Your name and ID" />
9       < EditText
10          android:id = "@ + id/et_name"
11          android:layout_width = "match_parent"
12          android:layout_height = "wrap_content"
13          android:hint = "Input your name"
14          android:ems = "10"
15          android:inputType = "textPersonName"
16          android:text = "" />
17      < EditText
18          android:id = "@ + id/et_phone"
19          android:layout_width = "match_parent"
20          android:layout_height = "wrap_content"
21          android:ems = "10"
22          android:hint = "Input your phone"
23          android:inputType = "textPersonName"
24          android:text = "" />
25      < Button
26          android:id = "@ + id/button"
27          android:layout_width = "match_parent"
28          android:layout_height = "wrap_content"
29          android:text = "写系统通讯录" />
30  </LinearLayout >
```

3. 实现 MainActivity

MainActivity 的实现如代码 6-24 所示。在 onCreate( )方法中通过自定义工具类 PermissionUtils 申请读写联系人的运行时权限,权限参数可用多个 String 传参,也可以使用 String[]传参。在 Button 单击回调中,使用 ContactUtils. writeContacts( )方法写入联系人。写入完毕,可到 Contacts 应用中查看写入结果。在 Android 10.0 虚拟机中,可返回桌面应用,单击电话图标,在打开的应用中,单击底部的 Contacts 导航即可进入 Contacts 应用。

注意,若是对系统通讯录重复写入相同的数据,在 Contacts 应用中只能看到 1 个联系人,但这并不表示数据库中不会写入重复的数据。事实上,在通讯录数据库的 contacts 表中会过滤重复的数据,只保留 1 个 raw_contact_id,但是在 data 表中依然存储着重复的数据。当写入的联系人是同名不同号码时,系统通讯录会当成不同的联系人来处理,此时会显示全部数据。当使用系统通讯录删除联系人时,contacts 表中对应联系人的记录被删除,但是 data 表中依然保留数据。

代码 6-24   MainActivity.java

```
1    import androidx.appcompat.app.AppCompatActivity;
2    import android.Manifest;
3    import android.os.Bundle;
4    import android.view.View;
5    import android.widget.EditText;
6    import android.widget.Toast;
7    public class MainActivity extends AppCompatActivity {
8        //需要在 AndroidManifest 中增加写联系人权限
9        //Android 6.0 及以上系统,还需要运行时权限(动态权限)
10       @Override
11       protected void onCreate(Bundle savedInstanceState) {
12           super.onCreate(savedInstanceState);
13           setContentView(R.layout.my_main);
14           PermissionUtils.requestPermissions(this,
15                       Manifest.permission.WRITE_CONTACTS,
16                       Manifest.permission.READ_CONTACTS);
17           //后两个参数对应 String...可变参数
18           EditText et_name = findViewById(R.id.et_name);
19           EditText et_phone = findViewById(R.id.et_phone);
20           findViewById(R.id.button).setOnClickListener
21                   (new View.OnClickListener() {
22               @Override
23               public void onClick(View v) {
24                   String name = et_name.getText().toString();
25                   String phone = et_phone.getText().toString();
26                   PhoneData phoneData = new PhoneData(name, phone);
27                   ContactUtils.writeContacts(MainActivity.this,phoneData);
28                   showToast("联系人写入完毕");
29               }
30           });
31       }
32       private void showToast(String s) {
33           Toast.makeText(this,s,Toast.LENGTH_LONG).show();
34       }
35   }
```

6.6   使用 ContentProvider 读系统通讯录

6.6.1   任务说明

本任务的演示效果如图 6-11 所示。在该应用中,活动页面视图根节点为垂直的

LinearLayout，在布局中依次有 1 个 TextView，用于显示个人信息；1 个 Button，用于启动
读取通讯录线程；1 个 ListView，用于显示读取的通讯录数据。单击 Button，启动后台线程
读取系统通讯录，并弹出 ProgressDialog（进度条对话框），实时显示当前读取进度，读取完
毕后，对话框消失，ListView 显示读取的数据。在测试应用之前，可通过循环程序给系统通
讯录写入 300 条数据，作为待读取的通讯录数据。当系统通讯录有几百甚至上千条数据时，
读取耗时为秒级，不宜采用阻塞式操作，应采用后台线程进行读取，并通过异步和接口回调
返回数据给 UI 处理。

　　系统通讯录的 data 表中是多条记录构成一个联系人信息，理论上，一个联系人可有多
个号码和其他字段属性。为了简化处理，本任务在读取过程中，若遇到一个联系人有多个号
码的情况，则自动将其拆分成多个联系人。如图 6-11 右图所示，raw_contact_id＝3 的联系
人姓名为 Test，号码有 1111 和 222-2，则读取数据处理过程中，会根据电话号码的数量，自
动拆解成两个联系人，姓名分别为 Test0 和 Test1。

图 6-11　读系统通讯录演示效果

6.6.2　系统通讯录的读取方法

1. 读取系统通讯录的关键视图

　　通过 6.5 节可知，对系统通讯录写入联系人主要涉及 contacts 表和 data 表的操作，而
读联系人则使用数据库视图（view）操作。视图是数据库的虚拟表，视图中的字段往往来自
多张物理表或其他视图，以聚合更多的信息。读系统通讯录联系人主要关注 view_contacts
视图和 view_data 视图。

　　view_contacts 视图如图 6-12 所示，图中只给出关键字段的部分截图，实际字段多达三
四十项，与之不同的是，contacts 表只有十余项字段。view_contacts 视图中的_id 值和 name_
raw_contact_id 值相同，对应的都是联系人的 raw_contact_id。读取联系人时，可用 has_
phone_number 字段过滤信息，只读取有电话号码的联系人，此外视图中的 display_name 字

段对应联系人的姓名,contacts 表中则无对应字段,因此从 view_contacts 视图中读取数据相比 contacts 表更便捷,能获得更多的信息。

RecNo	_id	name_raw_contact_id	display_name	phonebook_label_alt	has_phone_number
1	1	1	tom	T	1
2	3	3	Test	T	1
3	7	7	tt	T	1
4	8	8	tt	T	1

图 6-12　view_contacts 视图的关键字段(部分截图)

view_data 视图如图 6-13 所示,同理,图中只给出了关键字段的截图。由图可知,对于 view_data 视图,可从 display_name 字段获取联系人姓名,从 data1 字段与 mimetype 字段构成的组合信息中可获得联系人电话号码。

RecNo	_id	raw_contact_id	data1	display_name	mimetype	mimetype_id
1	1	1	tom	tom	vnd.android.cursor.item/name	7
2	2	1	1234	tom	vnd.android.cursor.item/phone_v2	5
3	5	3	1111	Test	vnd.android.cursor.item/phone_v2	5
4	6	3	222-2	Test	vnd.android.cursor.item/phone_v2	5
5	7	3	Test	Test	vnd.android.cursor.item/name	7
6	14	7	tt	tt	vnd.android.cursor.item/name	7
7	15	7	2234	tt	vnd.android.cursor.item/phone_v2	5
8	16	8	tt	tt	vnd.android.cursor.item/name	7
9	17	8	3234	tt	vnd.android.cursor.item/phone_v2	5

图 6-13　view_data 视图的关键字段(部分截图)

2. 完善通讯录工具类 ContactUtils

将 6.5 节项目中的 ContactUtils 工具类和 PhoneData 类复制至本项目,进一步完善相关方法,ContactUtils 新增加的方法如代码 6-25 所示。读取联系人的操作比写联系人的操作复杂,因此在 ContactUtils 中将读取操作分解成若干方法。

在 ContactUtils 中,readSysContactById()方法用于读取 raw_contact_id 值等于 id 值的联系人,该方法考虑了一个联系人可能有多个电话号码的情况,并在读取过程中根据电话号码的数量分解成对应数目的联系人,方法返回的数据是 PhoneData 泛型的列表。readSysContactById()方法需要传入 Activity 对象,用于获得 ContentResolver 对象,并使用 query()方法查询系统通讯录的数据。

ContentResolver 对象的 query()方法声明如下。

```
query(Uri uri, String[] projection, String selection, String[] selectionArgs, String sortOrder)
```

其中,uri 是查询表的 Uri 资源对象,可使用 Phone.CONTENT_URI 查询系统通讯录联系人,为了更好地理解相关内容,读者可将其视为 view_data 视图,但实际上两者并不等同,Phone.CONTENT_URI 的 Cursor 数据有 80 多个字段,远大于 view_data 视图的字段数目。query()方法第 2 个参数 projection,用于设置查询数据返回的字段,若取值 null,则返回所有字段,否则只返回数组 projection 中指定的字段。query()方法第 3 个参数 selection 和第 4 个参数 selectionArgs 构成查询条件,参数 selection 无须包含 where 关键字,若出现字符串值,则在 selection 中用"?"取代,而 selectionArgs 数组则依次替换 selection 中"?"的值;

若参数 selection 中无"?",则 selectionArgs 取值 null。query()方法第 5 个参数 sortOrder 为排序方式,若使用 null 则表示默认排序。

ContactUtils 代码第 16 行查询的 Cursor 对象 c 是系统通讯录中 raw_contact_id 值等于 id 值的联系人数据,游标长度即为电话号码数。在 for 循环中,对象 c 须先定位后读取数据,若对象 c 的长度大于 1,则对姓名 name 自动加上循环遍历索引值 i,将其拆分成不同联系人。读取 Cursor 数据需要获得对应字段的列索引,可通过调用 getColumnIndex()方法获得列索引值,再根据对应字段的数据类型,调用相应的 get 方法取得数据。字段常量 Phone. DISPLAY_NAME 的值为 display_name,与 view_data 视图中的字段名相同,能获取联系人的姓名;字段常量 Phone. NUMBER 的值为 data1,与 view_data 视图中的电话号码字段相同,但是 view_data 中当 mimetype 不是电话号码类型时,其 data1 字段对应的并不是电话号码数据,因此,Uri 资源 Phone. CONTENT_URI 与视图 view_data 依然有所区别。

ContactUtils 类中的 readAllContactsBlock()方法采用同步(阻塞)方式读取系统通讯录所有数据,并返回列表数据,当系统通讯录有上百条联系人数据时,耗时达到秒级以上,在实际应用中不推荐使用。readAllContactsBlock()方法首先查询具有电话号码的 raw_contact_id,再调用 readSysContactById()方法获得对应联系人,并将读取结果加到总列表对象 list 中。Contacts. CONTENT_URI 可理解为 view_contacts 视图,Contacts. HAS_PHONE_NUMBER 常量值是 has_phone_number,与 view_contacts 视图对应字段一致,因此查询条件"has_phone_number=1"返回所有具有电话号码的联系人数据。字段 Contacts. NAME_RAW_CONTACT_ID 的常量值是 name_raw_contact_id,与 view_contacts 对应字段吻合,Cursor 对象取得列索引值后,可通过 getLong()方法取得 raw_contact_id 值,进而调用 readSysContactById()方法获取联系人数据。

鉴于 readAllContactsBlock()方法是阻塞式操作,在 ContactUtils 类中使用 private 关键字修饰后,使之不能被外部类调用,只用于程序调试场合。取而代之的是 readAllContactsAsync()方法,该方法在 readAllContactsBlock()方法的基础上进行异步改造,通过启动后台线程进行通讯录数据的读取,并通过接口回调回传进度和读取结果。

后台线程在数据的读取过程中,需要与 UI 前端实时交互,告知进度以及读取结果,在 ContactUtils 类中自定义了 OnReadingListener 接口,并在接口中定义了 3 个回调方法实现后台线程与 UI 前端的交互。OnReadingListener 接口中,preProgress()方法回传读取的联系人总数目,使之用于设置进度条对话框的总进度值;onProgress()方法回传当前进度值,用于更新进度条对话框的当前进度;onFinished()方法回传读取的联系人列表数据,用于更新 ListView。OnReadingListener 接口的 3 个回调方法均涉及 UI 操作,因此在后台线程中,需要使用 Activity 对象的 runOnUiThread()方法进行 UI 线程切换,并且在 UI 线程中调用接口的回调方法。注意,在 onProgress()方法中,需要回传 for 循环的索引值 i,但是索引值 i 实质上在接口匿名实现的方法之外,导致 run()方法中访问不到索引值 i,此时若将索引值 i 修饰成 final,将导致索引值 i 不能被修改。针对该情况,可巧用 Cursor 对象的位置索引值与 for 循环索引值相同的特点,使用 Cursor 对象的 getPosition()方法获得位置索引值,用于回传当前进度值。

代码 6-25　自定义工具类 ContactUtils. java

```java
1    import android.app.Activity;
2    import android.content.ContentResolver;
3    import android.content.ContentUris;
4    import android.content.ContentValues;
5    import android.database.Cursor;
6    import android.net.Uri;
7    import android.provider.ContactsContract;
8    import java.util.ArrayList;
9    public class ContactUtils {
10       private static ArrayList < PhoneData > readSysContactById(Activity activity,
11                                                                 long id) {
12           //传参 id = raw_contact_id,根据 raw_contact_id查找联系人,返回值是列表数据
13           //同一个联系人有多个号码时,会自动拆分成多个联系人
14           ArrayList < PhoneData > list = new ArrayList <>();
15           ContentResolver cr = activity.getContentResolver();
16           Cursor c = cr.query(ContactsContract.CommonDataKinds.Phone.CONTENT_URI,
17               null,
18               ContactsContract.CommonDataKinds.Phone.RAW_CONTACT_ID + " = " + id,
19               null, null);
20           //根据 raw_contact_id值查询联系人
21           if (c.getCount() > 0) {
22               for (int i = 0; i < c.getCount(); i++) {
23                   c.moveToPosition(i);
24                   int nameIdx = c.getColumnIndex(ContactsContract
25                                               .CommonDataKinds
26                                               .Phone.DISPLAY_NAME);
27                   //姓名字段列索引
28                   String name = c.getString(nameIdx);
29                   int phoneIdx = c.getColumnIndex(ContactsContract
30                                               .CommonDataKinds
31                                               .Phone.NUMBER);
32                   //电话号码字段列索引
33                   String phone = c.getString(phoneIdx);
34                   //从 Cursor 中取姓名和电话号码
35                   PhoneData phoneData;
36                   if (c.getCount() > 1) {
37                       phoneData = new PhoneData(name + i, phone, id);
38                       //若 Cursor 长度大于 1,表明有多个号码,拆分成多个联系人
39                   } else {
40                       phoneData = new PhoneData(name, phone, id);
41                   }
42                   list.add(phoneData);
43               }
44           }
45           c.close();
46           return list;
47       }
48       private static ArrayList < PhoneData > readAllContactsBlock(Activity activity) {
49           //当联系人有几千个时,操作耗时为秒级,不宜在 UI 中阻塞操作
50           //使用 private 修饰,不被外部调用
51           ArrayList < PhoneData > list = new ArrayList <>();
52           ContentResolver cr = activity.getContentResolver();
53           Cursor c = cr.query(ContactsContract.Contacts.CONTENT_URI,
54                               null,
55                               ContactsContract.Contacts.HAS_PHONE_NUMBER + " = 1",
```

```
56              null,null);
57          //查询有电话号码的联系人
58          for (int i = 0; i < c.getCount(); i++) {
59              c.moveToPosition(i);
60              int idx = c.getColumnIndex(ContactsContract.Contacts
61                              .NAME_RAW_CONTACT_ID);
62              //raw_contact_id 的列索引
63              long id = c.getLong(idx);
64              //从 Cursor 中取 raw_contact_id
65              ArrayList < PhoneData > list0 = readSysContactById(activity, id);
66              list.addAll(list0);    //根据 raw_contact_id 取联系人列表,并加到 list 中
67          }
68          c.close();
69          return list;
70      }
71      public interface OnReadingListener {//自定义接口,用于回调传数
72          public void preProgress(int total);
73          //在开始工作前,返回需要的总进度,用于初始化进度条
74          public void onProgress(int current);
75          //用于发布进度,current 是当前进度值
76          public void onFinished(ArrayList < PhoneData > readOutList);
77          //读取完毕,用于传递读取的联系人列表数据
78      }
79      public static void readAllContactsAsync(final Activity activity,
80                              final OnReadingListener l) {
81          new Thread(new Runnable() {
82              @Override
83              public void run() {
84                  final ArrayList < PhoneData > list = new ArrayList <>();
85                  ContentResolver cr = activity.getContentResolver();
86                  Cursor c = cr.query(ContactsContract.Contacts.CONTENT_URI,
87                              null,
88                              ContactsContract.Contacts.HAS_PHONE_NUMBER + " = 1",
89                              null,null);
90                  //查询有电话号码的联系人
91                  activity.runOnUiThread(new Runnable() {
92                      //切换到 UI 线程操作,发布任务总进度,用于初始化进度条
93                      @Override
94                      public void run() {
95                          l.preProgress(c.getCount());
96                      }
97                  });
98                  for (int i = 0; i < c.getCount(); i++) {
99                      c.moveToPosition(i);
100                     int idx = c.getColumnIndex(ContactsContract.Contacts
101                                     .NAME_RAW_CONTACT_ID);
102                 //raw_contact_id 的列索引
103                     long id = c.getLong(idx);
104                 //从 Cursor 中取 raw_contact_id
105                     ArrayList < PhoneData > list0 = readSysContactById(activity, id);
106                     list.addAll(list0); //根据 raw_contact_id 取联系人列表加到 list 中
107                     activity.runOnUiThread(new Runnable() {
108                         //切换到 UI 线程发布进度
109                         @Override
110                         public void run() {
111                             l.onProgress(c.getPosition() + 1);
112                             //匿名方法中不能访问变量 i(final 修饰的变量 i,无法重赋值)
```

```
113                        //可从 Cursor 中获得位置信息
114                    }
115                });
116            }
117            c.close();
118            activity.runOnUiThread(new Runnable() {
119                //切换到 UI 线程,回调传递读取的列表数据
120                @Override
121                public void run() {
122                    l.onFinished(list);
123                }
124            });
125        }
126    }).start();          //直接启动线程
127 }
128 …//这里忽略 writeContacts()方法
129 }
```

6.6.3 任务实现

1. 权限申请

在 AndroidManifest.xml 中添加相关静态权限如下所示。

```
< uses - permission android:name = "android.permission.READ_CONTACTS"></uses - permission >
< uses - permission android:name = "android.permission.WRITE_CONTACTS">
</uses - permission >
```

复制 6.5 节中项目的 PermissionUtils 工具类至本项目,用于申请运行时权限。

2. 实现 UI 布局

MainActivity 的布局文件 my_main.xml 如代码 6-26 所示,不再赘述。

代码 6-26 MainActivity 的布局文件 my_main.xml

```
1  < LinearLayout xmlns:android = "http://schemas.android.com/apk/res/android"
2          android:orientation = "vertical"
3          android:layout_width = "match_parent"
4          android:layout_height = "match_parent">
5      < TextView
6          android:layout_width = "match_parent"
7          android:layout_height = "wrap_content"
8          android:text = "Your name and ID" />
9      < Button
10         android:id = "@ + id/button"
11         android:layout_width = "match_parent"
12         android:layout_height = "wrap_content"
13         android:text = "读取联系人" />
14     < ListView
15         android:id = "@ + id/listView"
16         android:layout_width = "match_parent"
17         android:layout_height = "match_parent" />
18 </LinearLayout >
```

3. 实现 MainActivity

MainActivity 的实现如代码 6-27 所示。在 MainActivity 中使用 ProgressDialog 组件,

该组件继承自 AlertDialog,内嵌了进度条,可用于实现进度条对话框。在异步读取通讯录过程中,实现 OnReadingListener 接口的 3 个回调方法,用于接收进度值,实现后台线程与进度条对话框的实时 UI 交互。在 MainActivity 的 OnCreate( )方法中,调用了 PermissionUtils 工具类申请读写系统通讯录的运行时权限,此外还调用了 writeContacts( )方法对系统通讯录循环写入 300 个联系人数据,用于测试本任务的应用运行情况。writeContacts( )方法仅在应用首次运行时调用,再次运行时应将其屏蔽。Button 对象的单击回调则调用了 readContacts( )方法,进行异步读取系统通讯录。

在 readContacts( )方法中,调用了工具类 ContactUtils 的 readAllContactsAsync( )方法进行异步读取联系人,该方法需要匿名实现 OnReadingListener 接口,并对接口的 3 个回调方法进行逻辑处理。OnReadingListener 接口回调方法中,preProgress( )方法返回需要读取的联系人总数,用于初始化 ProgressDialog 的总进度值;onProgress( )方法回传当前进度值,用于更新 ProgressDialog 的进度值;onFinished( )方法回传所读取的列表数据,用于生成适配器并更新 ListView。ProgressDialog 通过 iniProgressDialog( )方法初始化进度条对话框,iniProgressDialog( )方法具有两个传参,传参 title 用于设置对话框的标题,传参 max 用于设置进度条的最大值,在初始化过程中,需要将进度条样式设置为水平进度条,否则默认样式为不确定型进度条。鉴于 readAllContactsAsync( )方法在后台线程中没有考虑线程被中断或者被取消的相关处理,为了避免对话框被意外取消导致后台线程混乱,在 iniProgressDialog( )方法中将对话框设为不可取消,对话框的消失须在 readAllContactsAsync( )方法的 onFinished( )回调中控制,即后台线程运行完毕后,才允许对话框消失。

运行应用,在运行过程中可见,读取 300 多个联系人是个耗时操作,在读取联系人的过程中,ProgressDialog 实时更新进度值,并能自动计算进度百分比,当联系人读取完毕时,对话框消失,ListView 得到更新。

代码 6-27　MainActivity. java

```java
1    import androidx. appcompat. app. AppCompatActivity;
2    import android. Manifest;
3    import android. app. ProgressDialog;
4    import android. os. Bundle;
5    import android. view. View;
6    import android. widget. ArrayAdapter;
7    import android. widget. ListView;
8    import java. util. ArrayList;
9    import java. util. Random;
10   public class MainActivity extends AppCompatActivity {
11       ListView lv;
12       ProgressDialog progressDialog;
13       @Override
14       protected void onCreate(Bundle savedInstanceState) {
15           super. onCreate(savedInstanceState);
16           setContentView(R. layout. my_main);
17           lv = findViewById(R. id. listView);
18           PermissionUtils. requestPermissions(this,
19               Manifest. permission. READ_CONTACTS,
20               Manifest. permission. WRITE_CONTACTS);
21       //writeContacts();       //调用自定义方法,给系统通讯录写入 300 个联系人数据
22           findViewById(R. id. button). setOnClickListener(new View. OnClickListener() {
```

```
23              @Override
24              public void onClick(View v) {
25                  readContacts();
26              }
27          });
28      }
29      private void writeContacts() {
30          //给系统通讯录循环写入 300 个联系人数据
31          for (int i = 0; i < 300; i++) {
32              String name = String.format("Tom % 3d", i);
33              String phone = String.format(" % 04d", new Random().nextInt(10000));
34              ContactUtils.writeContacts(this, new PhoneData(name, phone));
35          }
36      }
37      private void iniProgressDialog(String title, int max) {
38          //初始化进度条对话框
39          progressDialog = new ProgressDialog(this);
40          progressDialog.setTitle(title);
41          progressDialog.setProgressStyle(ProgressDialog.STYLE_HORIZONTAL);
42          //设置成水平进度条
43          progressDialog.setMax(max);              //设置进度条总进度值
44          progressDialog.setProgress(0);           //设置当前进度为 0
45          progressDialog.setCancelable(false);     //设为不可取消
46          progressDialog.show();
47      }
48      private void readContacts() {
49          ContactUtils.readAllContactsAsync(this,
50                  new ContactUtils.OnReadingListener() {
51                      @Override
52                      public void preProgress(int total) {
53                          iniProgressDialog("读取通讯录进度", total);
54                          //初始化进度条
55                      }
56                      @Override
57                      public void onProgress(int current) {
58                          progressDialog.setProgress(current);
59                          //设置进度条当前进度值
60                      }
61                      @Override
62                      public void onFinished(ArrayList < PhoneData > readOutList) {
63                          progressDialog.dismiss();         //使得进度条消失
64                          ArrayAdapter < PhoneData > adapter = new ArrayAdapter <>(
65                                  MainActivity.this,
66                                  android.R.layout.simple_list_item_1,
67                                  readOutList);
68                          lv.setAdapter(adapter);
69                      }
70                  });
71      }
72  }
```

6.7　选取系统相册图片

6.7.1　任务说明

本任务的演示效果如图 6-14 所示。在该应用中,活动页面视图根节点为垂直的

LinearLayout,在布局中依次有 1 个 TextView,用于显示个人信息;2 个 Button,显示文本分别是"系统方法选取图片"(id 为 bt1)和"第三方库选取图片"(id 为 bt2);1 个 ImageView (id 为 iv),用于显示被选取的首张图片;1 个 TextView(id 为 tv_path),用于显示所选取图片的资源地址。

单击 bt1,调用系统提供的方法选取图片,返回资源为 Uri 类型,如图 6-14 左图所示,tv_path 显示的是 Uri 资源地址,并非文件真实目录地址;单击 bt2,调用 GitHub 第三方库 PictureSelector 选取图片,如图 6-14 右图所示,tv_path 显示的是图片的真实目录地址。

图 6-14　选取系统相册图片演示效果

6.7.2　任务实现

1. AndroidManifest 的配置

在选取系统相册的应用场合往往还会调用系统摄像头拍照,因此在权限上需要读写外部存储卡、摄像头等权限,并且这些均为敏感权限,在 Android 6.0 以上版本的系统中还需要运行时权限。将 6.6 节项目的 PermissionUtils 工具类复制至本任务项目文件夹,用于申请运行时权限。在 AndroidManifest. xml 的 application 标签之外添加如下静态权限。

```
< uses - permission android:name = "android.permission.READ_EXTERNAL_STORAGE" />
< uses - permission android:name = "android.permission.WRITE_EXTERNAL_STORAGE" />
< uses - permission android:name = "android.permission.CAMERA" />
< uses - permission android:name = "android.permission.MANAGE_EXTERNAL_STORAGE"/>
```

此外,对于 Android 10.0 及以上版本的系统,为了提高安全性,Android 对外部存储卡的访问有了更严格的规定,原则上,应用只能访问自身项目的文件夹,其他文件夹不能跨应用访问,这个限制增加了应用的开发难度。Android 对此也做了一些修改,通过对 AndroidManifest 的 application 标签内添加 android:requestLegacyExternalStorage 属性,使应用能实现更大权限的存储访问,注意,该属性随着 Android 版本的提升可能会失效。在本任务中,若不开启 requestLegacyExternalStorage 属性,对 Android 10.0 及以上版本的系统,

将真实的图片地址转为 File 对象用于生成 URI 资源将失效,导致无法使用真实图片地址生成
ImageView 图片资源。android:requestLegacyExternalStorage 属性在 AndroidManifest.xml 中
设置,对 application 标签内添加对应属性,并将值设为 true,具体配置如下。

```
1    < application
2        …
3        android:requestLegacyExternalStorage = "true"
4        …>
5        < activity
6            …
7        </activity >
8    </application >
```

2. 第三方库 PictureSelector 的配置

第三方库 PictureSelector(网址请扫描前言中的二维码获取)能方便地实现图片选取、
拍照以及裁剪等功能。PictureSelector 对 minSDK 有一定的要求,确保 Module Gradle 文
件中,minSDK 大于 19,并在 dependencies 节点中添加如下相关依赖库。

```
1    implementation 'io.github.lucksiege:pictureselector:v3.10.5'
2    implementation 'io.github.lucksiege:compress:v3.10.4'
3    implementation 'io.github.lucksiege:ucrop:v3.10.4'
4    implementation 'io.github.lucksiege:camerax:v3.10.4'
5    implementation "com.github.bumptech.glide:glide:4.12.0"
```

PictureSelector 需要图片显示引擎,本任务使用 GlideEngine 引擎,该类在 Gradle 同步
第三方库时,并未包含其中,因此需要从开源库中找到 GlideEngine.java 类,将其复制到项
目中。GlideEngine 可在开源项目的目录/app/src/main/java/com/luck/pictureselector 中
找到源文件。GlideEngine 源文件所使用的图片资源可能未包含在本任务所建的项目中,此
时可将编译器标红色提示的图片资源替换掉,或者在项目 res/drawable 文件夹中复制某图片
资源,将其命名为 GlideEngine 所需的图片资源。注意,复制 GlideEngine.java 文件后,若
GlideEngine 类中的 package 保留了开源项目的包名,须将其改为当前项目的命名包。为了方
便读者参考,代码 6-28 给出 GlideEngine 源程序,随着版本升级,开源库上的 GlideEngine 可能
会有所改动。

代码 6-28　GlideEngine.java

```
1    import android.content.Context;
2    import android.widget.ImageView;
3    import com.bumptech.glide.Glide;
4    import com.bumptech.glide.load.resource.bitmap.CenterCrop;
5    import com.bumptech.glide.load.resource.bitmap.RoundedCorners;
6    import com.luck.picture.lib.engine.ImageEngine;
7    import com.luck.picture.lib.utils.ActivityCompatHelper;
8    public class GlideEngine implements ImageEngine {
9        @Override
10       public void loadImage(Context context, String url, ImageView imageView) {
11           if (!ActivityCompatHelper.assertValidRequest(context)) {
12               return;
13           }
14           Glide.with(context)
15                   .load(url)
```

```
16                    .into(imageView);
17        }
18        @Override
19        public void loadImage(Context context, ImageView imageView,
20                              String url, int maxWidth, int maxHeight) {
21            if (!ActivityCompatHelper.assertValidRequest(context)) {
22                return;
23            }
24            Glide.with(context)
25                    .load(url)
26                    .override(maxWidth, maxHeight)
27                    .into(imageView);
28        }
29        @Override
30        public void loadAlbumCover(Context context, String url, ImageView imageView) {
31            if (!ActivityCompatHelper.assertValidRequest(context)) {
32                return;
33            }
34            Glide.with(context)
35                    .asBitmap()
36                    .load(url)
37                    .override(180, 180)
38                    .sizeMultiplier(0.5f)
39                    .transform(new CenterCrop(), new RoundedCorners(8))
40                    .placeholder(R.drawable.ic_launcher_background)
41                    .into(imageView);
42        }
43        @Override
44        public void loadGridImage(Context context, String url, ImageView imageView) {
45            if (!ActivityCompatHelper.assertValidRequest(context)) {
46                return;
47            }
48            Glide.with(context)
49                    .load(url)
50                    .override(200, 200)
51                    .centerCrop()
52                    .placeholder(R.drawable.ic_launcher_background)
53                    .into(imageView);
54        }
55        @Override
56        public void pauseRequests(Context context) {
57            Glide.with(context).pauseRequests();
58        }
59        @Override
60        public void resumeRequests(Context context) {
61            Glide.with(context).resumeRequests();
62        }
63        private GlideEngine() {
64        }
65        private static final class InstanceHolder {
66            static final GlideEngine instance = new GlideEngine();
67        }
68        public static GlideEngine createGlideEngine() {
69            return InstanceHolder.instance;
70        }
71    }
```

3. 实现 UI 布局

MainActivity 的布局文件 my_main. xml 如代码 6-29 所示,不再赘述。

代码 6-29 页面布局文件 my_main. xml

```
1    < LinearLayout xmlns:android = "http://schemas.android.com/apk/res/android"
2         xmlns:app = "http://schemas.android.com/apk/res – auto"
3         android:orientation = "vertical"
4         android:layout_width = "match_parent"
5         android:layout_height = "match_parent">
6         < TextView
7              android:layout_width = "match_parent"
8              android:layout_height = "wrap_content"
9              android:text = "Your name and ID" />
10        < Button
11             android:id = "@ + id/bt1"
12             android:layout_width = "match_parent"
13             android:layout_height = "wrap_content"
14             android:text = "系统方法选取图片"
15             />
16        < Button
17             android:id = "@ + id/bt2"
18             android:layout_width = "match_parent"
19             android:layout_height = "wrap_content"
20             android:text = "第三方库选取图片"
21             />
22        < ImageView
23             android:id = "@ + id/iv"
24             android:layout_width = "200dp"
25             android:layout_height = "200dp"
26             android:layout_gravity = "center"
27             app:srcCompat = "@drawable/ic_launcher_background" />
28        < TextView
29             android:id = "@ + id/tv_path"
30             android:layout_width = "match_parent"
31             android:layout_height = "wrap_content"
32             android:text = "" />
33    </LinearLayout >
```

4. 实现 MainActivity

MainActivity 的实现如代码 6-30 所示。在 onCreate( )方法中,调用自定义工具类 PermissionUtils(自 6.6 节项目中复制)申请管理以及读写外部存储卡运行时权限,以及使用摄像头的运行时权限。若要使用系统提供的选取相册图片方法可用 registerForActivityResult( )方法实现,其第 1 个参数为合约参数,若使用 ActivityResultContracts. GetMultipleContents( )方法则是多选内容合约(如多选图片),回调数据 uri 是 Uri 列表数据;若使用 ActivityResultContracts. GetContent( )方法则是单选内容合约(如单选图片),回调数据 uri 是 Uri 资源对象。registerForActivityResult( )方法的第 2 个参数 uri 是 callback 回调数据,可使用箭头函数实现,本任务中,合约采用的是 GetMultipleContents( )方法,因此回调数据 uri 是 ArrayList < Uri >对象,选取索引位置为 0 的 Uri 数据作为 ImageView 的图片资源。ImageView 设置图片资源有多种方法,若是 Uri 对象,可用 setImageURI( )方法;若是图片 id 资源,可用 setImageResource( )方法;若是 BitMap 对象,可用 setImageBitmap( )方法;若是 Drawable 对象,可用 setImageDrawable( )方法;此外还有其他设置方法,不一一列举。

在传参 uri 的箭头函数回调中,将 uri 数据转为字符串,显示在文本框对象 tv 中,用于比较系统选取方法和第三方库选取方法的数据资源的不同之处。registerForActivityResult()方法返回的是 ActivityResultLauncher 对象,调用 launch()方法时,参数设为"image/ ∗",用于控制系统内容选择应用所匹配的数据类型,"image/ ∗"表示内容为 image 类型,并且文件扩展名不限。使用系统合约方法返回的数据是 Uri 资源,并非该图片的真实目录。

第三方库 PictureSelector 选取图片由自定义方法 getPics()实现。getPics()方法使用链式调用实现图片选取,在 openGallery()方法中可设置选取资源的类型,若参数使用 SelectMimeType.ofAll()方法的返回值,则表示选取所有媒体资源;setImageEngine()方法设置图像引擎(可参考 GitHub 文档),有 3 种引擎,分别是 GlideEngine、PicassoEngine 和 CoilEngine,在本任务中使用了 GlideEngine 引擎;在 forResult()方法中实现接口回调并在 onResult()回调中处理返回的结果。PictureSelector 默认支持多选媒体资源,因此 onResult()回调的参数是 ArrayList 数据,数据类型 LocalMedia 是 PictureSelector 库提供的自定义类型,提供了一系列的取数和存数方法,其中 getRealPath()方法可获得资源的真实路径。为了测试效果,在 onResult()回调中,选取回传数据中第 0 个数据获取真实路径,并转成 File 文件对象,再进一步通过 Uri.fromFile()方法将文件对象转为 Uri 资源对象,用于设置 ImageView 的图片资源。此外 onResult()回调的 for 循环中,遍历列表数据的各元素真实地址,并使用 StringBuilder 拼接,最终将所有选取的媒体资源路径显示在文本框对象 tv 上。

运行应用,通过结果可知,使用第三方库 PictureSelector 获得的图片资源路径为真实路径。注意,若没有在 AndroidManifest 中添加 android:requestLegacyExternalStorage 属性,则在 Android 10.0 及以上版本的系统中,虽然 PictureSelector 能获得图片的真实路径,但是无法通过 File 对象转成 Uri 资源显示在 ImageView 对象上。

代码 6-30 MainActivity.java

```java
1   import androidx.activity.result.ActivityResultLauncher;
2   import androidx.activity.result.contract.ActivityResultContracts;
3   import androidx.appcompat.app.AppCompatActivity;
4   import android.Manifest;
5   import android.annotation.SuppressLint;
6   import android.net.Uri;
7   import android.os.Bundle;
8   import android.view.View;
9   import android.widget.ImageView;
10  import android.widget.TextView;
11  import com.luck.picture.lib.basic.PictureSelector;
12  import com.luck.picture.lib.config.SelectMimeType;
13  import com.luck.picture.lib.entity.LocalMedia;
14  import com.luck.picture.lib.interfaces.OnResultCallbackListener;
15  import java.io.File;
16  import java.util.ArrayList;
17  public class MainActivity extends AppCompatActivity {
18      TextView tv;
19      ImageView iv;
20      @Override
21      protected void onCreate(Bundle savedInstanceState) {
22          super.onCreate(savedInstanceState);
```

```
23          setContentView(R.layout.my_main);
24          tv = findViewById(R.id.tv_path);
25          iv = findViewById(R.id.iv);
26          PermissionUtils.requestPermissions(this,
27                  Manifest.permission.MANAGE_EXTERNAL_STORAGE,
28                  Manifest.permission.CAMERA,
29                  Manifest.permission.WRITE_EXTERNAL_STORAGE,
30                  Manifest.permission.READ_EXTERNAL_STORAGE);
31          ActivityResultLauncher<String> launcher =
32                  registerForActivityResult(new ActivityResultContracts
33                          .GetMultipleContents(), uri -> {
34              //返回的 uri 是 ArrayList 列表
35              String s = uri.toString();
36              tv.setText(s);
37              iv.setImageURI(uri.get(0));
38          });
39          findViewById(R.id.bt1).setOnClickListener(new View.OnClickListener() {
40              @Override
41              public void onClick(View view) {
42                  launcher.launch("image/*");
43              }
44          });
45          findViewById(R.id.bt2).setOnClickListener(new View.OnClickListener() {
46              @Override
47              public void onClick(View v) {
48                  getPics();
49              }
50          });
51      }
52      private void getPics() {
53          PictureSelector.create(MainActivity.this)
54                  .openGallery(SelectMimeType.ofAll())
55                  .setImageEngine(GlideEngine.createGlideEngine())
56                  .forResult(new OnResultCallbackListener<LocalMedia>() {
57                      @SuppressLint("NewApi")
58                      @Override
59                      public void onResult(ArrayList<LocalMedia> result) {
60                          StringBuilder sb = new StringBuilder();
61                          LocalMedia temp = result.get(0);
62                          Uri uri = Uri.fromFile(new File(temp.getRealPath()));
63                          //取第 0 个数据,转为 Uri 资源,测试能否正常显示
64                          for (LocalMedia localMedia : result) {
65                              sb.append(localMedia.getRealPath() + ";\n");
66                              //获取图片真实路径
67                          }
68                          tv.setText(sb.toString());    //打印所选的图片的真实路径
69                          iv.setImageURI(uri);
70                      }
71                      @Override
72                      public void onCancel() {
73                          // onCancel Callback
74                      }
75                  });
76      }
77  }
```

5．为虚拟机添加图片

虚拟机中默认没有图片，可通过开发环境的 Device File Explorer 窗口将 Windows 中的图片导入虚拟机中。在 Device File Explorer 窗口中，定位至 sdcard/Download 目录，不同虚拟机的目录会略有不同，也可定位到 storage/emulated/0/Download 目录，两者物理路径一致，右击文件夹，在弹出的快捷菜单中选择 Upload 选项，选取多张桌面端图片文件上传至虚拟机。上传完毕后，虚拟机的图片检索并未同步，系统提供的 Gallery 应用并不能马上显示上传图片，此时可关闭虚拟机，在开发环境 Device Manager 窗口中对该虚拟机使用 Cold Boot Now 选项进行冷启动（相当于对 Android 系统重启），再次打开 Gallery 应用即可查看上传的图片，若依然不能显示图片，则可单击 Gallery 应用选项菜单的 Refresh 菜单项，对图库进行刷新。

运行本任务的项目，单击应用的 bt1 按钮会跳转到系统提供的内容选择应用，如图 6-15 左图所示，单击左上角的抽屉导航菜单，弹出抽屉导航如图 6-15 右图所示，选择 Downloads 菜单项，则进入 Downloads 文件夹界面，如图 6-16 左图所示。若要多选图片，则须长按图片，被选中的图片如图 6-16 右图所示，单击右上角的 SELECT 菜单项，确定选择并返回应用。注意，通过系统内容选择图片，从不同的入口进入，所选中的同一张图片，其对应的 Uri 资源是不同的。例如，通过 Images 入口选择的图片的 Uri 前缀是 content://com.android.providers.media.documents/；通过 Downloads 入口选择的图片的 Uri 前缀则是 content://com.android.providers.downloads.documents/；通过 Gallery 入口选择的图片 Uri 前缀则变为 content://media/external/images/media/。

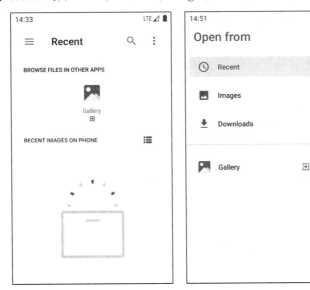

图 6-15　系统提供的内容选择应用界面

使用第三方库 PictureSelector 选取图片界面如图 6-17 所示，默认为多选图片，此外还嵌入 Shot 摄像头功能，单击 Shot 图标即可启用系统摄像头拍照，并默认选中所拍的照片，相比系统提供的内容选择应用，PictureSelector 所提供的功能更符合当前主流应用的使用逻辑。事实上，PictureSelector 还提供了很多其他功能，如裁剪图片、添加水印等功能，具体可参考 GitHub 官网。

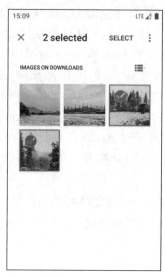

图 6-16　在 Downloads 文件夹选取图片　　　　图 6-17　使用 PictureSelector 选取图片

6.8　本章综合作业

　　编写一个图片备忘录应用,并采用数据库进行管理。应用由 2 个 Activity 构成,其中 1 个 Activity 用于显示备忘录列表,另 1 个 Activity 用于显示备忘录详情。

　　备忘录列表 Activity 采用 ListView 组件显示多条备忘信息,ListView 使用自定义适配器,适配器行视图能显示备忘录的标题、创建时间和一张图片,ListView 的数据从数据库中获得。备忘录列表 Activity 具有 SearchView 组件,支持模糊搜索备忘录信息,并在 ListView 中显示搜索结果。单击 ListView 的列表项,传递该条备忘录信息的数据对象给备忘录详情 Activity,启动并跳转至备忘录详情 Activity。

　　备忘录详情 Activity 接收备忘录列表 Activity 所传递的数据对象,在页面中显示该备忘录数据的标题、创建时间、备忘内容和一张图片,用户可修改和删除备忘录详情的各项内容。备忘录详情 Activity 具有确定修改的选项菜单,以图标形式显示于动作栏中,用户单击该选项菜单,则修改后的备忘录详情数据对象回传给备忘录列表 Activity,应用跳转至备忘录列表 Activity。此时,备忘录列表 Activity 将修改后的备忘录详情更新到数据库中,并且 ListView 视图中的内容也得到更新。备忘录详情 Activity 的动作栏上有返回键,可直接返回至备忘录列表 Activity,此时,修改的内容不会更新到数据库中,备忘录列表 Activity 中的 ListView 保持原有数据。

思想引领

视频讲解

Fragment与导航

7.1 使用底部导航

7.1.1 任务说明

本任务的演示效果如图 7-1 所示。应用具有 1 个 Activity 页面,并且 Activity 底部有 3 个导航选项,单击导航项,其内容被替换成对应的 Fragment(碎片)。

图 7-1　任务的演示效果

导航中共有 3 个自定义 Fragment,分别为 ListFragment、NameFragment 和 PhoneFragment,3 个 Fragment 均采用垂直的 LinearLayout 布局。ListFragment 显示个人信息和 20 条自定义列表数据;NameFragment 拥有 1 个 EditText 和 1 个 Button,单击 Button 会跳转至 ListFragment;PhoneFragment 拥有 1 个 EditText。ListFragment 和 PhoneFragment 拥有各自的 OptionsMenu。

7.1.2 使用向导创建底部导航

为了降低学习难度,本任务使用 Android Studio 的向导创建底部导航,并在此基础上进行针对性修改。在开发环境中,选择 File 菜单栏→New Project 选项,打开向导,如图 7-2 所示,选择 Bottom Navigation Activity 模板,开发环境会自动创建底部导航所需的布局、菜单以及 3 个 Fragment 相关类。

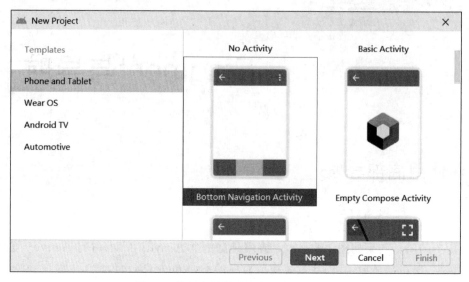

图 7-2　使用向导创建底部导航 Activity

　　向导生成的应用,其运行效果如图 7-3 所示,底部共有 3 个导航图标,分别指向 3 个 Fragment,单击导航图标,即可切换到对应 Fragment。

　　向导所创建的 Fragment 碎片类如图 7-4 所示,在 ui 包中,共有 3 个 Fragment 包: dashboard、home 和 notifications,在对应包中,每个碎片又由对应的 Fragment 类和 ViewModel 类组成,其中 Fragment 类负责 UI 生成、数据渲染和交互处理,ViewModel 类负责数据维持。

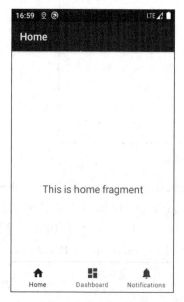

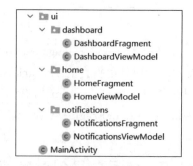

图 7-3　向导生成的底部导航运行效果　　　　图 7-4　向导所创建的 Fragment 类以及视图模型

　　向导生成的资源文件如图 7-5 所示,在 drawable 文件夹中有导航菜单所需的图标文件,用户可在 drawable 文件夹上右击,在弹出的快捷菜单中选择 New→Vector Asset 选项,打开矢量图窗口,由向导生成所需的矢量图标文件。MainActivity 的布局和 Fragment 的布局文件均在 layout 文件夹中,而导航相关的资源则由 menu/bottom_nav_menu.xml 和 navigation/mobile_navigation.xml 两个文件构成,前者为底部导航的菜单,后者则为导航行为配置文件。

7.1.3 认识 Fragment

在导航中普遍需要使用 Fragment,它是比 Activity 更小的组件,有独立的 UI,并且可以实现数据渲染。在导航中,使用碎片管理器 FragmentManager 对 Activity 中的 Fragment 视图进行替换,从而达到导航的目的。Fragment 的使用方式与 Activity 比较相似,但主要

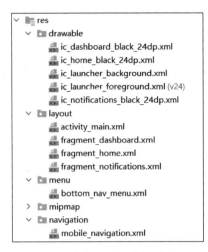

图 7-5 向导所创建的资源文件

的区别是 Fragment 在 onCreateView( )方法中实现布局和数据渲染,而 Activity 则在 onCreate()方法中实现。现以向导生成的 HomeFragment 为例,介绍 Fragment 的主要使用方法。

Google 推荐使用 Jetpack 组件库和 Kotlin 进行 Android 开发,或者使用 Flutter 进行跨平台开发。在 Android Studio 中,使用向导生成应用模板,Google 比较喜欢加入最新的技术。新的技术和新的写法,有时也会给初学者带来较大的困惑,看不懂向导生成的代码。事实上 LiveData、ViewModel 和 Navigation(导航)等均属于 Jetpack 范畴。

HomeFragment 如代码 7-1 所示,使用了 DataBinding 技术,将对应布局文件与向导生成的 FragmentHomeBinding 进行关联,从而可直接使用 FragmentHomeBinding 绑定布局视图,布局中的各 UI 对象可作为类对象 binding 的成员直接调用,避免了使用 findViewById()方法。视图模型对象的 observe()方法中,第 2 参数使用双冒号写法,显得更简洁。HomeFragment 在 onCreateView()方法中实现布局和数据渲染,返回值即为布局根视图对象。

双冒号语法为"A∷B",其中,A 可以是类名或者类对象,B 为 A 的方法,B 中的参数是 A∷B 所在方法中原定义接口回调中的参数。例如,在代码 7-1 中,observe()方法的第 2 参数是 Observer < String >接口,该接口若匿名实现,则需要实现 onChanged(String s)方法,因此传参 s 即为 A∷B 中 B 方法的传参,相当于实现了代码"textView. setText(s)"。

代码 7-1 向导生成的 HomeFragment. java

```
1     import com.example.tcf_task7_1.databinding.FragmentHomeBinding;
2     public class HomeFragment extends Fragment {
3         private FragmentHomeBinding binding;
4         public View onCreateView(@NonNull LayoutInflater inflater,
5                           ViewGroup container, Bundle savedInstanceState) {
6         HomeViewModel homeViewModel =
7                 new ViewModelProvider(this).get(HomeViewModel.class);
8         binding = FragmentHomeBinding.inflate(inflater, container, false);
9         View root = binding.getRoot();
10        final TextView textView = binding.textHome;
11         homeViewModel.getText()
12                 .observe(getViewLifecycleOwner(), textView::setText);
```

```
13          return root;
14      }
15      @Override
16      public void onDestroyView() {
17          super.onDestroyView();
18          binding = null;
19      }
20  }
```

为了更好地帮助理解,将向导生成的 HomeFragment 改写成代码 7-2 所示程序,其运行效果与未改动前相同。在代码 7-2 中,onCreateView()方法已传入布局填充器 inflater,因此只需调用 inflater.inflate()方法将目标布局文件填充至 Fragment,填充器返回的对象即为布局根视图,可通过该对象的 findViewById()方法绑定布局文件中的各个 UI,进而进行数据填充,该写法与适配器改写比较相似。在 HomeViewModel 中定义了该类所需的 LiveData 数据,其好处是可对 LiveData 进行观察侦听,当后台线程、其他 Fragment 或者 Activity 对 LiveData 数据进行改动后,可由 observe()方法感知并通过 Observer 接口回调进行数据更新。用户改写的 HomeFragment 无需 DataBinding,甚至不需要对应的 ViewModel,可按普通的 Activity 方式进行使用。当然在后期的开发中,使用视图模型能更好地维持数据以及碎片间的数据共享,在此强烈推荐使用视图模型进行数据维持。

代码 7-2　用户改写的 HomeFragment.java

```
1   import com.example.tcf_task7_1.R;
2   public class HomeFragment extends Fragment {
3       public View onCreateView(@NonNull LayoutInflater inflater,
4                           ViewGroup container, Bundle savedInstanceState) {
5           View v = inflater.inflate(R.layout.fragment_home, container, false);
6           HomeViewModel homeViewModel = new ViewModelProvider(this)
7                           .get(HomeViewModel.class);
8           TextView tv = v.findViewById(R.id.text_home);
9           homeViewModel.getText().observe(getViewLifecycleOwner(),
10                          new Observer < String >() {
11              @Override
12              public void onChanged(String s) {
13                  tv.setText(s);
14              }
15          });
16          return v;
17      }
18      @Override
19      public void onDestroyView() {
20          super.onDestroyView();
21      }
22  }
```

7.1.4　认识导航组件 Navigation

向导生成的 MainActivity 布局文件 activity_main 如代码 7-3 所示,根节点使用了 ConstraintLayout,在布局中,BottomNavigationView 为底部导航 UI,用于管理各碎片的切换; fragment 为碎片 UI,用于容纳 Fragment 对象。BottomNavigationView 使用左约束和右约束,使之在父视图中水平居中,使用底部约束使之置于父视图底部,并采用 app:menu

属性设置了底部导航的菜单文件。fragment 组件通过 android：name 属性将其设置为
NavHostFragment 类型，是导航所依赖的特殊 Fragment，具有 app：navGraph 属性，而
navGraph 中所引用的导航文件 mobile_navigation 则定义了导航目标 Fragment 以及导航
行为。fragment 组件通过 ConstraintLayout 约束在 BottomNavigationView 之上，并且水
平居中对齐。

代码 7-3　向导生成的 activity_main. xml

```
1   < androidx. constraintlayout. widget. ConstraintLayout
    xmlns:android = "http://schemas. android. com/apk/res/android"
2       xmlns:app = "http://schemas. android. com/apk/res - auto"
3       android:id = "@ + id/container"
4       android:layout_width = "match_parent"
5       android:layout_height = "match_parent"
6       android:paddingTop = "?attr/actionBarSize">
7       < com. google. android. material. bottomnavigation. BottomNavigationView
8           android:id = "@ + id/nav_view"
9           android:layout_width = "0dp"
10          android:layout_height = "wrap_content"
11          android:layout_marginStart = "0dp"
12          android:layout_marginEnd = "0dp"
13          android:background = "?android:attr/windowBackground"
14          app:layout_constraintBottom_toBottomOf = "parent"
15          app:layout_constraintLeft_toLeftOf = "parent"
16          app:layout_constraintRight_toRightOf = "parent"
17          app:menu = "@menu/bottom_nav_menu" />
18      < fragment
19          android:id = "@ + id/nav_host_fragment_activity_main"
20          android:name = "androidx. navigation. fragment. NavHostFragment"
21          android:layout_width = "match_parent"
22          android:layout_height = "match_parent"
23          app:defaultNavHost = "true"
24          app:layout_constraintBottom_toTopOf = "@ id/nav_view"
25          app:layout_constraintLeft_toLeftOf = "parent"
26          app:layout_constraintRight_toRightOf = "parent"
27          app:layout_constraintTop_toTopOf = "parent"
28          app:navGraph = "@navigation/mobile_navigation" />
29  </androidx. constraintlayout. widget. ConstraintLayout >
```

若要修改底部导航的图标、文字以及导航的项数，则可通过修改 BottomNavigationView 中
app：menu 所指向的菜单文件 menu/bottom_nav_menu. xml 实现需求。导航菜单如代
码 7-4 所示，通过增加 item 节点即可增加导航项数，item 节点的 icon 为导航图标，title 为导
航文字，均可根据需要修改。注意，item 节点中的 id 必须与 navigation/mobile_navigation. xml
导航文件中目标 Fragment 的 id 一致，当用户单击底部导航时，对应的菜单项会得到响应，
进而从 mobile_navigation 导航文件中匹配与菜单项 id 值相同的目标 Fragment，生成对应
碎片并替换到 activity_main 布局的 NavHostFragment 组件中。

代码 7-4　向导生成的底部导航菜单 menu/bottom_nav_menu. xml

```
1   < menu xmlns:android = "http://schemas. android. com/apk/res/android">
2       < item
3           android:id = "@ + id/navigation_home"
4           android:icon = "@drawable/ic_home_black_24dp"
```

```
5              android:title = "@string/title_home" />
6          < item
7              android:id = "@ + id/navigation_dashboard"
8              android:icon = "@drawable/ic_dashboard_black_24dp"
9              android:title = "@string/title_dashboard" />
10         < item
11             android:id = "@ + id/navigation_notifications"
12             android:icon = "@drawable/ic_notifications_black_24dp"
13             android:title = "@string/title_notifications" />
14     </menu >
```

向导生成的导航文件如代码 7-5 所示,其中 app:startDestination 属性设置了应用启动时默认的目标 Fragment。各目标 Fragment 通过 fragment 节点定义,其 id 值必须与导航菜单中的各菜单项的 id 值相同,android:name 属性则设置了目标 Fragment 的类,tools:layout 设置的是目标 Fragment 的布局文件,使之可在开发工具的 Design 界面中能预览该碎片的视图,若删除 tools:layout 属性,对项目的逻辑功能无任何影响,但是无法在 Design 界面中获得预览效果。

代码 7-5　向导生成的导航文件 navigation/mobile_navigation. xml

```
1   < navigation xmlns:android = "http://schemas. android. com/apk/res/android"
2       xmlns:app = "http://schemas. android. com/apk/res − auto"
3       xmlns:tools = "http://schemas. android. com/tools"
4       android:id = "@ + id/mobile_navigation"
5       app:startDestination = "@ + id/navigation_home">
6       < fragment
7           android:id = "@ + id/navigation_home"
8           android:name = "com. example. tcf_task7_1. ui. home. HomeFragment"
9           android:label = "@string/title_home"
10          tools:layout = "@layout/fragment_home" />
11      < fragment
12          android:id = "@ + id/navigation_dashboard"
13          android:name = "com. example. tcf_task7_1. ui. dashboard. DashboardFragment"
14          android:label = "@string/title_dashboard"
15          tools:layout = "@layout/fragment_dashboard" />
16      < fragment
17          android:id = "@ + id/navigation_notifications"
18          android:name = "com. example. tcf_task7_1. ui. notifications
19                                          . NotificationsFragment"
20          android:label = "@string/title_notifications"
21          tools:layout = "@layout/fragment_notifications" />
22  </navigation >
```

向导生成的 MainActivity 如代码 7-6 所示。为了帮助初学者理解,对 MainActivity 进行了修改(代码中的删除线表示删除由向导生成的代码),去除了由向导生成的 DataBinding,并改成 setContentView()方法生成视图,采用 findViewById()方法进行 UI 绑定。AppBarConfiguration 用于设置导航返回行为,若在 Builder( )方法中加入对应 Fragment 的导航 id(导航菜单或者导航文件中的目标 id),则该碎片的动作栏上不会出现返回键,否则跳转至该碎片时会出现返回键。NavController 对象是导航控制器,可通过 navigate()方法进行导航切换,在 findNavController()方法中,第 2 参数是拥有 app:navGraph 属性的 NavHostFragment 对应的碎片 id,在本任务中使用 R. id. nav_host_fragment_activity_ main,指向 activity_main 布局中的 fragment 节点,返回的是由 app:navGraph 指向文件所生成的导航控制器。

NavigationUI. setupActionBarWithNavController()方法将导航控制器 navController 与动作栏导航设置配置 appBarConfiguration 进行绑定。NavigationUI. setupWithNavController()方法将底部导航对象 navView 与导航控制器 navController 进行关联。总而言之,在 MainActivity 中,其主要角色是生成布局,找到底部导航视图 UI,找到导航控制器,配置动作栏导航设置(控制哪些目标 Fragment 不需要返回键),并将导航控制器与动作栏配置、导航控制器与底部导航视图关联。

代码 7-6 向导生成的 MainActivity. java

```
1   import com.example.tcf_task7_1.databinding.ActivityMainBinding;
2   public class MainActivity extends AppCompatActivity {
3       private ActivityMainBinding binding;
4       @Override
5       protected void onCreate(Bundle savedInstanceState) {
6           super.onCreate(savedInstanceState);
7           binding = ActivityMainBinding.inflate(getLayoutInflater());
8           setContentView(binding.getRoot());
9           setContentView(R.layout.activity_main);
10          BottomNavigationView navView = findViewById(R.id.nav_view);
11          AppBarConfiguration appBarConfiguration
12              = new AppBarConfiguration.Builder(
13                      R.id.navigation_home, R.id.navigation_dashboard,
14                      R.id.navigation_notifications).build();
15          NavController navController = Navigation.findNavController(this,
16                  R.id.nav_host_fragment_activity_main);
17          NavigationUI.setupActionBarWithNavController(this,
18                                  navController, appBarConfiguration);
19          NavigationUI.setupWithNavController(binding.navView, navController);
20          NavigationUI.setupWithNavController(navView, navController);
21      }
22  }
```

7.1.5 任务实现

1. 实现自定义数据类 PhoneData

为了方便数据表达和传递,自定义了 PhoneData 类,如代码 7-7 所示。不同于以往的数据类,在 PhoneData 类中同时实现了 Cloneable 和 Serializable 接口。其中,Cloneable 接口改写 clone()方法,以方便对 PhoneData 对象各字段进行复制,使两个对象具有相同的字段值,但是两个类对象的内存引用不同,对复制对象的改值操作不会影响原对象实例。PhoneData 类成员均为基本变量,可直接调用 super. clone()方法进行浅复制,若 PhoneData 成员中有自定义类变量(假设为 a),则 super. clone()只复制了变量 a 的引用,从而导致复制实例和原对象实例的变量 a 均为同一个对象,任何一个实例 a 进行修改,均会影响复制对象和原对象实例。此时若要实现深复制,须对 a 的类实现 clone()方法,再调用 a. clone()方法对变量 a 进行单独赋值;若 a 的成员变量依然存在非基本变量,则需要层层递归实现 clone()方法,直至所有成员变量均为基本变量为止。Serializable 接口用于 Bundle 对象的序列化操作,不用改写方法。

　　PhoneData 类中,putPhoneData()方法将 PhoneData 对象通过 KEY_PHONE_DATA 字段放入 Bundle 对象中,而 getPhoneData()方法则从 Bundle 对象中取出 PhoneData 对象。在 PhoneData 类中直接实现 Bundle 数据传输,以方便 Fragment 或者 Activity 跳转时使用 PhoneData 类传输数据,但是这种写法也有一定的局限性,即同一个 Bundle 对象只能传输一个 PhoneData 数据。PhoneData 具有成员变量 position,用于跟踪该数据在 ListView 列表中的位置。

代码 7-7　自定义数据类 PhoneData. java

```java
1    import android.os.Bundle;
2    import androidx.annotation.NonNull;
3    import java.io.Serializable;
4    public class PhoneData implements Cloneable, Serializable {
5        private String name;
6        private String phone;
7        private int position = 0;
8        public static final String KEY_PHONE_DATA = "key_phone_data";
9        public PhoneData(String name, String phone, int position) {
10           this.name = name;
11           this.phone = phone;
12           this.position = position;
13       }
14       public PhoneData(String name, String phone) {
15           this.name = name;
16           this.phone = phone;
17       }
18       @NonNull
19       @Override
20       protected PhoneData clone() {
21           //复制对象的方法,返回一个各字段相同但是不同内存引用的对象
22           //注意是浅复制
23           //若要深度复制,当成员变量不是基本变量时,还需要调用成员变量的clone()方法
24           try {
25               return (PhoneData) super.clone();
26               //PhoneData 中成员变量是基本变量,可直接调用父类浅复制方法
27           } catch (CloneNotSupportedException e) {
28               e.printStackTrace();
29               return new PhoneData("","");
30               //复制失败时返回的对象
31           }
32       }
33       public static void putPhoneData(Bundle bundle, PhoneData phoneData){
34           //将 PhoneData 对象放入 Bundle 对象
35           bundle.putSerializable(KEY_PHONE_DATA,phoneData);
36       }
37       public static PhoneData getPhoneData(Bundle bundle){
38           //从 Bundle 中取出 PhoneData
39           return (PhoneData) bundle.getSerializable(KEY_PHONE_DATA);
40       }
```

```
41        @Override
42        public String toString() {
43            return String.format("%s:%s",name,phone);
44        }
45        public String getName() {
46            return name;
47        }
48        public void setName(String name) {
49            this.name = name;
50        }
51        public String getPhone() {
52            return phone;
53        }
54        public void setPhone(String phone) {
55            this.phone = phone;
56        }
57        public int getPosition() {
58            return position;
59        }
60        public void setPosition(int position) {
61            this.position = position;
62        }
63    }
```

2. 实现自定义碎片类

本任务自定义了 3 个碎片类 ListFragment、NameFragment 和 PhoneFragment，用于替换向导生成的 DashboardFragment、HomeFragment 和 NotificationFragment。

ListFragment 的布局文件 fragment_list.xml 如代码 7-8 所示，在垂直的 LinearLayout 中嵌入 1 个 TextView 和 1 个 ListView，分别用于显示个人信息和 PhoneData 列表数据。

代码 7-8　ListFragment 的布局文件 fragment_list.xml

```
1    <LinearLayout xmlns:android = "http://schemas.android.com/apk/res/android"
2        android:orientation = "vertical"
3        android:layout_width = "match_parent"
4        android:layout_height = "match_parent">
5        <TextView
6            android:layout_width = "match_parent"
7            android:layout_height = "wrap_content"
8            android:text = "Your name and ID" />
9        <ListView
10           android:id = "@ + id/listView"
11           android:layout_width = "match_parent"
12           android:layout_height = "match_parent" />
13   </LinearLayout>
```

ListFragment 和 PhoneFragment 使用了各自的 OptionsMenu，因此在 res/menu 文件夹下还创建了相应的选项菜单文件。ListFragment 的 OptionsMenu 为 opt_list_menu，如代码 7-9 所示，PhoneFragment 的 OptionsMenu 为 opt_phone_menu，如代码 7-10 所示，两者均比较简单，仅插入 1 个菜单项，用于测试不同 Fragment 是否能各自响应自身的菜单项。

代码 7-9　OptionsMenu 布局文件 res/menu/opt_list_menu. xml

```
1   < menu xmlns:android = "http://schemas. android. com/apk/res/android">
2       < item
3           android:id = "@ + id/opt_list_add"
4           android:title = "Add" />
5   </menu >
```

代码 7-10　OptionsMenu 布局文件 res/menu/opt_phone_menu. xml

```
1   < menu xmlns:android = "http://schemas. android. com/apk/res/android">
2       < item
3           android:id = "@ + id/opt_phone_delete"
4           android:title = "Delete" />
5   </menu >
```

ListFragment 的实现如代码 7-11 所示。onCreateView()方法中实现布局和数据渲染，该方法已传入 LayoutInflater 对象，可直接调用 inflate()方法将 fragment_list. xml 布局文件生成视图 v。Fragment 默认没有 OptionsMenu，即使改写了 onCreateOptionsMenu()方法也不会生成 OptionsMenu，需要额外控制属性，具体可通过 setHasOptionsMenu(true)方法，使该碎片拥有 OptionsMenu。在 ListFragment 中，对列表对象 list 生成 20 个 PhoneData 数据，鉴于 PhoneData 已实现 toString()方法，可直接调用 ArrayAdapter 对 PhoneData 数据生成适配器。最终，onCreateView()方法需要返回布局的根视图对象，否则无法显示布局内容。

代码 7-11　自定义碎片类 ListFragment. java

```java
1    import android. os. Bundle;
2    import android. view. LayoutInflater;
3    import android. view. Menu;
4    import android. view. MenuInflater;
5    import android. view. MenuItem;
6    import android. view. View;
7    import android. view. ViewGroup;
8    import android. widget. ArrayAdapter;
9    import android. widget. ListView;
10   import android. widget. Toast;
11   import androidx. annotation. NonNull;
12   import androidx. annotation. Nullable;
13   import androidx. fragment. app. Fragment;
14   import java. util. ArrayList;
15   public class ListFragment extends Fragment {
16       @Nullable
17       @Override
18       public View onCreateView(@NonNull LayoutInflater inflater,
19                                @Nullable ViewGroup container,
20                                @Nullable Bundle savedInstanceState) {
21           View v = inflater. inflate(R. layout. fragment_list, container,
22                               false);
23           setHasOptionsMenu(true);        //若无该属性,无法触发 OptionsMenu 的生成方法
24           ListView lv = v. findViewById(R. id. listView);
25           ArrayList < PhoneData > list = new ArrayList <>();
26           for (int i = 0; i < 20; i++) {
27               String name = String. format("Item % 02d", i);
28               list. add(new PhoneData(name,"1234",i));
```

```
29                    }
30                    ArrayAdapter < PhoneData > adapter = new ArrayAdapter <>(getContext(),
31                                       android.R.layout.simple_list_item_1,list);
32              //Adapter 第 1 个参数不宜使用 this
33              lv.setAdapter(adapter);
34              return v;
35          }
36          @Override
37          public void onCreateOptionsMenu(@NonNull Menu menu,
38                                    @NonNull MenuInflater inflater) {
39              super.onCreateOptionsMenu(menu, inflater);
40              inflater.inflate(R.menu.opt_list_menu,menu);
41          }
42          @Override
43          public boolean onOptionsItemSelected(@NonNull MenuItem item) {
44              Toast.makeText(getContext(),item.getTitle(),Toast.LENGTH_SHORT).show();
45              return super.onOptionsItemSelected(item);
46          }
47      }
```

PhoneFragment 的布局文件如代码 7-12 所示，在 LinearLayout 中嵌入 1 个 EditText，比较简单，不赘述。PhoneFragment 的实现类如代码 7-13 所示，在 onCreateView()方法中实现布局视图的设置和 UI 渲染。

代码 7-12　PhoneFragment 的布局文件 fragment_phone.xml

```
1    < LinearLayout xmlns:android = "http://schemas.android.com/apk/res/android"
2         android:orientation = "vertical"
3         android:layout_width = "match_parent"
4         android:layout_height = "match_parent">
5         < EditText
6             android:id = "@ + id/et_phone"
7             android:layout_width = "match_parent"
8             android:layout_height = "wrap_content"
9             android:ems = "10"
10            android:hint = "Input your phone"
11            android:inputType = "textPersonName"
12            android:text = "1234" />
13   </LinearLayout >
```

代码 7-13　自定义碎片类 PhoneFragment.java

```
1    public class PhoneFragment extends Fragment {
2        @Nullable
3        @Override
4        public View onCreateView(@NonNull LayoutInflater inflater,
5                                 @Nullable ViewGroup container,
6                                 @Nullable Bundle savedInstanceState) {
7            View v = inflater.inflate(R.layout.fragment_phone, container,
8                                   false);
9            EditText et_name = v.findViewById(R.id.et_phone);
10           setHasOptionsMenu(true);       //若无该属性,无法触发 OptionsMenu 的生成方法
11           return v;
12       }
13       @Override
14       public void onCreateOptionsMenu(@NonNull Menu menu,
```

```
15                              (@NonNull MenuInflater inflater) {
16          super.onCreateOptionsMenu(menu, inflater);
17          inflater.inflate(R.menu.opt_phone_menu,menu);
18       }
19       @Override
20       public boolean onOptionsItemSelected(@NonNull MenuItem item) {
21          Toast.makeText(getContext(),item.getTitle(),Toast.LENGTH_SHORT).show();
22          return super.onOptionsItemSelected(item);
23       }
24    }
```

    NameFragment 的布局如代码 7-14 所示,在 LinearLayout 中嵌入 1 个 EditText 和 1 个 Button,其中,Button 用于测试导航跳转。NameFragment 的实现如代码 7-15 所示,在 Button 的单击回调中处理导航事件,使之跳转至 ListFragment。导航跳转需要 NavController 对象,该对象在 MainActivity 中定义,因此简单的办法是在 MainActivity 中将 NavController 对象设为 public 修饰的成员变量,并在 NameFragment 中通过 getActivity()方法获得碎片所依赖的 Activity,再将其强制转换成 MainActivity,进而取得 NavController 对象,通过调用 navigate()方法实现导航跳转,navigate()方法所给参数为导航菜单或导航文件中目标 Fragment 所对应的 id。

代码 7-14　NameFragment 的布局文件 fragment_name.xml

```
1   <LinearLayout xmlns:android = "http://schemas.android.com/apk/res/android"
2        android:orientation = "vertical"
3        android:layout_width = "match_parent"
4        android:layout_height = "match_parent">
5        <EditText
6        android:id = "@ + id/et_name"
7        android:layout_width = "match_parent"
8        android:layout_height = "wrap_content"
9        android:ems = "10"
10       android:hint = "Input your name"
11       android:inputType = "textPersonName"
12       android:text = "" />
13       <Button
14       android:id = "@ + id/bt_update"
15       android:layout_width = "match_parent"
16       android:layout_height = "wrap_content"
17       android:text = "更新并返回列表" />
18   </LinearLayout>
```

代码 7-15　自定义碎片类 NameFragment.java

```
1   public class NameFragment extends Fragment {
2       @Nullable
3       @Override
4       public View onCreateView(@NonNull LayoutInflater inflater,
5                               @Nullable ViewGroup container,
6                               @Nullable Bundle savedInstanceState) {
7           View v = inflater.inflate(R.layout.fragment_name, container,
8                                     false);
9           EditText et_name = v.findViewById(R.id.et_name);
10          v.findViewById(R.id.bt_update).setOnClickListener(
11                                     new View.OnClickListener() {
```

```
12              @Override
13              public void onClick(View v) {
14                  MainActivity activity = (MainActivity) getActivity();
15                  //强制转换成 MainActivity,获得对应实例
16                  NavController navController = activity.navController;
17                  //获得 NavController 对象
18                  //MainActivity 需要做相应修改,将 navController 设为 public 成员变量
19                  navController.navigate(R.id.navigation_list);
20                  //导航并跳转至 R.id.navigation_list 指向的 Fragment
21              }
22          });
23          return v;
24      }
25  }
```

至此,3 个自定义 Fragment 已完成,可将向导生成的 ui 文件夹以及文件夹中的 Fragment 和 ViewModel 删除,同时将 res/layout 文件夹下多余的 Fragment 布局文件删除。

3. 修改导航菜单和导航文件

导航菜单 menu/bottom_nav_menu.xml 和导航文件 navigation/mobile_navigation.xml 指向的是向导生成的 Fragment,若要指向自定义的 ListFragment 等碎片,需要修改导航菜单和导航文件。

修改后的导航菜单如代码 7-16 所示,其中 icon 指向的图标文件可通过右击 res/drawable 文件夹,在快捷菜单中选择 New→Vector Asset 选项,弹出向量图对话框,选择合适的向量图标,生成对应的资源文件。各菜单项的 android:id 属性值须与 mobile_navigation.xml 文件中的目标碎片 id 值保持一致。

代码 7-16 修改后的导航菜单 menu/bottom_nav_menu.xml

```
1  < menu xmlns:android = "http://schemas.android.com/apk/res/android">
2      < item
3          android:id = "@ + id/navigation_list"
4          android:icon = "@drawable/ic_baseline_list_24"
5          android:title = "列表" />
6      < item
7          android:id = "@ + id/navigation_name"
8          android:icon = "@drawable/ic_baseline_contacts_24"
9          android:title = "姓名" />
10     < item
11         android:id = "@ + id/navigation_phone"
12         android:icon = "@drawable/ic_baseline_contact_phone_24"
13         android:title = "号码" />
14 </menu >
```

修改后的导航文件如代码 7-17 所示。在 navigation 节点中,app:startDestination 属性指向应用启动时默认的导航目标碎片,即 ListFragment,各 fragment 节点中,android:name 属性指向的是目标碎片。

代码 7-17 修改后的导航文件 navigation/mobile_navigation.xml

```
1  < navigation xmlns:android = "http://schemas.android.com/apk/res/android"
2      xmlns:app = "http://schemas.android.com/apk/res - auto"
```

```
3        xmlns:tools = "http://schemas.android.com/tools"
4        android:id = "@ + id/mobile_navigation"
5        app:startDestination = "@id/navigation_list">
6        < fragment
7            android:id = "@ + id/navigation_list"
8            android:name = "com.example.tcf_task7_1.ListFragment"
9            android:label = "列表"
10           tools:layout = "@layout/fragment_list"/>
11       <!-- tools:layout 属性添加的布局使之在 Design 界面中能预览 -->
12       < fragment
13           android:id = "@ + id/navigation_name"
14           android:name = "com.example.tcf_task7_1.NameFragment"
15           android:label = "姓名"
16           tools:layout = "@layout/fragment_name"/>
17       < fragment
18           android:id = "@ + id/navigation_phone"
19           android:name = "com.example.tcf_task7_1.PhoneFragment"
20           android:label = "号码"
21           tools:layout = "@layout/fragment_phone" />
22   </navigation >
```

4. 修改 MainActivity

修改后的 MainActivity 如代码 7-18 所示(粗体部分是修改的重点内容)。在 MainActivity 中,将 NavController 对象设为 public 成员变量,并在 AppBarConfiguration 中重新设置目标碎片 id,其他保持不变。

代码 7-18　修改后的 MainActivity.java

```
1    public class MainActivity extends AppCompatActivity {
2        public NavController navController;
3        @Override
4        protected void onCreate(Bundle savedInstanceState) {
5            super.onCreate(savedInstanceState);
6            setContentView(R.layout.activity_main);
7            BottomNavigationView navView = findViewById(R.id.nav_view);
8            AppBarConfiguration appBarConfiguration
9                    = new AppBarConfiguration.Builder(
10                       R.id.navigation_list, R.id.navigation_name,
11                       R.id.navigation_phone).build();
12           navController = Navigation.findNavController(this,
13                       R.id.nav_host_fragment_activity_main);
14           NavigationUI.setupActionBarWithNavController(this,
15                           navController, appBarConfiguration);
16           NavigationUI.setupWithNavController(navView, navController);
17       }
18   }
```

修改后的应用运行效果如图 7-6 所示。仔细观察 ListFragment 的显示效果,会发现一些问题。首先,布局顶部有留白,留白高度与动作栏高度相当。另外,ListView 适配器有 20 个数据,最后一个数据是 Item19,但是在应用中显示的最后一个数据是 Item18。引起该问题的原因是 Fragment 所在的 MainActivity 布局未得到正确的设置。

修改后的 MainActivity 布局如代码 7-19 所示。在布局中,删除了 android:paddingTop

属性,其原因是 MainActivity 布局认为应用的主题使
用了 NoActionBar 样式,即无动作栏主题,需要预留
高度用于适配自定义的动作栏。而事实上,应用采用
了 DarkActionBar 主题,拥有动作栏,因此,android:
paddingTop 的属性值"?attr/actionBarSize"设置了布
局离顶部内边距为动作栏高度与实际情况冲突,在
NoActionBar 主题样式时,可自定义动作栏,刚好匹
配高度,但在有动作栏的主题模式下,则多出了不必
要的空白内边距。要修正该边距,只须将 android:
paddingTop 属性删除即可。应用的主题可在 res/
values/themes 中查看。通过向导创建的 MainActivity
布局,其 fragment 节点的高度为 match_parent,占据
父视图高度,导致高度计算错误,ListView 中的最后
一个数据被底部导航遮盖,此时可将高度设置为 0dp,
让 ConstraintLayout 根据约束情况计算与之匹配的
高度。

图 7-6 修改后的应用运行效果

代码 7-19 修改后的 MainActivity 布局文件 activity_main.xml

```
1   < androidx.constraintlayout.widget.ConstraintLayout
    xmlns:android = "http://schemas.android.com/apk/res/android"
2       xmlns:app = "http://schemas.android.com/apk/res-auto"
3       android:id = "@ + id/container"
4       android:layout_width = "match_parent"
5       android:layout_height = "match_parent"
6       android:paddingTop = "?attr/actionBarSize" >
7   ...
8   < fragment
9           android:id = "@ + id/nav_host_fragment_activity_main"
10          android:name = "androidx.navigation.fragment.NavHostFragment"
11          android:layout_width = "match_parent"
12          android:layout_height = "0dp"
13          app:defaultNavHost = "true"
14          app:layout_constraintBottom_toTopOf = "@id/nav_view"
15          app:layout_constraintLeft_toLeftOf = "parent"
16          app:layout_constraintRight_toRightOf = "parent"
17          app:layout_constraintTop_toTopOf = "parent"
18          app:navGraph = "@navigation/mobile_navigation" />
19  </androidx.constraintlayout.widget.ConstraintLayout >
```

MainActivity 的布局经修改后,ListView 能完整显示数据,并且布局顶部的内边距问
题也得到修正。ListFragment 和 PhoneFragment 有各自的 OptionsMenu,并且得到正确的
响应。在 NameFragment 中,可通过单击 Button 切换到 ListFragment。本任务中,各个
Fragment 之间没有传递数据,并且各 Fragment 无法保留状态,每次导航切换后均会回到
初始状态,具体表现为:ListFragment 中的 ListView 焦点位置会回到首位,NameFragment
和 PhoneFragment 的 EditText 文本内容会变成默认的初始编辑内容,无法保留导航切换
时的内容。相关问题将在后续任务中进一步分析和解决。

7.2 Fragment 的数据维持与数据传递

7.2.1 任务说明

本任务在 7.1 节的项目基础上完成,演示效果如图 7-7 所示。在 ListFragment 中,单击 ListView 列表项,会将所单击的 PhoneData 数据传给并跳转到 NameFragment。NameFragment 中的 EditText 数据取自 PhoneData 的 name 字段,编辑文本后,EditText 的内容得到保存, 但不会直接影响 ListFragment 中的 ListView 数据,只有在 NameFragment 中单击"更新并 返回列表"按钮后,才会将所编辑的文本更新给 ListView 的对应数据,并跳转至 ListFragment。在导航中,来回切换 NameFragment 与其他碎片的过程中,NameFragment 中的 EditText 文本会一直保持最近一次编辑的结果;ListFragment 的 ListView 数据也会 保持最近的修改状态,但是 ListView 的位置信息无法停留在最近的滑动位置,经导航切换 后,ListView 只能从位置 0 开始显示数据。

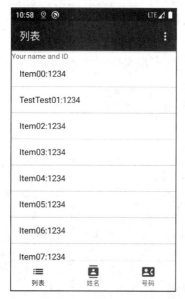

图 7-7　任务的演示效果

7.2.2 任务实现

1. 实现自定义视图模型 MainViewModel

底部导航每次进行导航切换后,目标碎片被重建并替换了原有的碎片,因此被导航切换 出去的碎片被销毁,从而无法保留状态。Google 推荐每个碎片均有自身的 ViewModel,依 赖 ViewModel 进行数据维持和观察更新。针对数据维持,本任务采用了 ViewModel,在视 图模型中定义了两个 LiveData 数据,分别用于 ListFragment 的列表数据和 NameFragment 中 EditText 的数据维持。

ViewModel 的生命周期跟随着视图对象的拥有者,若将拥有者设为各自的 Fragment,则 在导航切换时 Fragment 被销毁,对应的 ViewModel 也会被销毁,达不到预期效果。本任务中,各碎片是共享数据的,不妨将视图模型针对 MainActivity,将拥有者设为 MainActivity 实例,导航切换的各碎片均依赖在 MainActivity 实例中,因此,只要 MainActivity 未被销毁,其对应视图模型中的数据也不会被销毁,能被各碎片共享使用。

自定义视图模型 MainViewModel 如代码 7-20 所示。MainViewModel 中定义了两个 LiveData 变量,具体描述如下。

(1) 变量 listItem 用于传递 ListFragment 中被单击的 ListView 列表项数据,并且用于维持 NameFragment 中的 EditText 数据。

(2) 变量 list 用于维持 ListFragment 中的 ListView 列表数据。

MainViewModel 的视图拥有者必须是 MainActivity 实例,不能是 Fragment 实例,以避免在导航切换过程中视图模型跟随 Fragment 一起被销毁,无法有效维持数据。

代码 7-20　自定义视图模型 MainViewModel. java

```
1    import androidx.lifecycle.MutableLiveData;
2    import androidx.lifecycle.ViewModel;
3    import java.util.ArrayList;
4    public class MainViewModel extends ViewModel {
5        private MutableLiveData < PhoneData > listItem = new MutableLiveData <>();
6        //listItem 用于维持 ListFragment 被单击的数据以及 NameFragment 中 EditText 的数据
7        private MutableLiveData < ArrayList < PhoneData >> list = new MutableLiveData <>();
8        //list 用于维持 ListFragment 中的 ListView 数据
9        public MutableLiveData < PhoneData > getListItem() {
10           return listItem;
11           //listItem 未被设置初始值,应用启动时,对象取值为 null
12       }
13       public MutableLiveData < ArrayList < PhoneData >> getList() {
14           return list;
15           //list 未被设置初始值,应用启动时,对象取值为 null
16       }
17   }
```

2. 修改 NameFragment

修改后的 NameFragment 如代码 7-21 所示。在 onCreateView()方法中,获取 MainViewModel 实例时,第 1 个参数不能直接用 this,因为 this 指向的是 NameFragment 实例,会在导航切换时被销毁,本任务中,使用 getActivity()方法获得碎片所在的 Activity 实例,即 MainActivity 实例。通过代码 7-20 可知,视图模型变量 listItem 通过 getValue()方法获得的 PhoneData 对象可能是 null 对象,需要谨慎处理。为了避免变量 listItem 维持空对象,在 ListFragment 中,初始化视图时,默认将 ListView 中的第 0 个数据的复制对象通过视图模型赋给 listItem,从而保证对应的 LiveData 数据非空,此外,还需要确保 ListFragment 作为应用启动时的默认目标碎片,否则无法确保应用启动时视图模型中的数据得到正确的初始化。

注意,视图模型变量 listItem 指向的 PhoneData 数据只是 ListFragment 列表数据中某 PhoneData 对象的复制值,不能是同一个对象,即不能直接将 ListView 中的某个 PhoneData 直接赋给 listItem,必须使用该对象的 clone()方法产生的复制对象进行赋值。其原因是,NameFragment 中的 EditText 通过 addTextChangedListener()方法添加了编辑框文本变动侦听,并在 afterTextChanged()回调中,将编辑框的文本更新到 listItem 中,若两者是同一个对象,则每次改动 EditText 均会使 ListFragment 中的对应数据也改动,此时 NameFragment 再通过 Button 单击确认修改就变得毫无意义,而这也是 PhoneData 类需要实现 clone()方法的原因。

在 NameFragment 的 Button 单击回调事件处理过程中,通过 jumpByBundel()方法实现传数和导航跳转。jumpByBundel()方法通过 PhoneData 提供的 putPhoneData()方法,将所传的 PhoneData 实例放入 Bundle 对象,导航跳转则可通过 Bundle 携带数据,进行碎片间的传值。导航所需的 NavController 对象在 MainActivity 中定义,在 NameFragment 中,采用强制类型转换的方式,直接从 MainActivity 实例中获得 NavController 对象。NavController 的 navigate()方法用于导航控制,该方法的第 2 个参数即为携带数据的 Bundle 对象,目标碎片则可通过 getArguments()方法获得对应的 Bundle 对象,进而从 Bundle 中取得数据。注意,从 Bundle 对象的 putSerializable()方法和 getSerializable()方法中放入和取出的是同一个对象,不是复制对象,若期望目标碎片 ListFragment 从 Bundle 中取出的 PhoneData 对象不会影响到 NameFragment,则建议取出数据时,使用 PhoneData 的 clone()方法进行复制隔离。

代码 7-21　修改后的 NameFragment. java

```
1    import android.os.Bundle;
2    import android.text.Editable;
3    import android.text.TextWatcher;
4    import android.view.LayoutInflater;
5    import android.view.View;
6    import android.view.ViewGroup;
7    import android.widget.EditText;
8    import androidx.annotation.NonNull;
9    import androidx.annotation.Nullable;
10   import androidx.fragment.app.Fragment;
11   import androidx.lifecycle.MutableLiveData;
12   import androidx.lifecycle.ViewModelProvider;
13   import androidx.navigation.NavController;
14   public class NameFragment extends Fragment {
15       @Nullable
16       @Override
17       public View onCreateView(@NonNull LayoutInflater inflater,
18                                @Nullable ViewGroup container,
19                                @Nullable Bundle savedInstanceState) {
20           View v = inflater.inflate(R.layout.fragment_name, container,
21                                false);
22           EditText et_name = v.findViewById(R.id.et_name);
23           MainViewModel mainViewModel = new ViewModelProvider(getActivity())
24                                .get(MainViewModel.class);
25           //ViewModel 的 owner 只能是 Activity 实例,才不会因导航切换而消亡
26           //不能是 this,this 指向 Fragment 实例
27           //Fragment 在底部导航切换后会被重建
28           MutableLiveData<PhoneData> listItem = mainViewModel.getListItem();
29           PhoneData phoneData = listItem.getValue();
30           //须确保变量 listItem 所维持的 phoneData 不是 null
31           et_name.setText(phoneData.getName());
32           //从 ViewModel 中取值用于文本框初始化
33           et_name.addTextChangedListener(new TextWatcher() {
34               @Override
```

```
35              public void beforeTextChanged(CharSequence s, int start,
36                                  int count, int after) {
37              }
38              @Override
39              public void onTextChanged(CharSequence s, int start, int before,
40                                  int count) {
41              }
42              @Override
43              public void afterTextChanged(Editable s) {
44                  phoneData.setName(s.toString());
45                  //listItem.postValue(phoneData);
46                  //无需postValue(),因为phoneData未被销毁,也没有被设置观察侦听
47              }
48          });
49          v.findViewById(R.id.bt_update).setOnClickListener(
50                                  new View.OnClickListener() {
51              @Override
52              public void onClick(View v) {
53                  jumpByBundel(phoneData);
54              }
55          });
56          return v;
57      }
58      private void jumpByBundel(PhoneData phoneData) {
59          Bundle bundle = new Bundle();
60          PhoneData.putPhoneData(bundle,phoneData);
61          MainActivity activity = (MainActivity) getActivity();
62          //强制转换成MainActivity,从MainActivity实例中获得NavController对象
63          NavController navController = activity.navController;
64          //MainActivity需要做相应修改,将NavController对象设为public成员变量
65          navController.navigate(R.id.navigation_list,bundle);
66          //导航并跳转至R.id.navigation_list指向的Fragment
67      }
68  }
```

PhoneData 类的 putPhoneData()方法是静态方法,此外还可以将该方法定义成依赖 PhoneData 实例的方法,以避免传递第 2 个参数 phoneData。PhoneData 类添加如下方法。

```
public void putPhoneData(Bundle bundle){
    bundle.putSerializable(KEY_PHONE_DATA,this);
}
```

相应的,jumpByBundel()方法相关代码可修改为如下。

```
//PhoneData.putPhoneData(bundle,phoneData);
phoneData.putPhoneData(bundle);
```

如上改动后,应用可正常运行,putPhoneData()方法的两种实现方法可在 PhoneData 类中并存,读者可根据自身喜好选择相应的传数方法。

3. 实现自定义导航工具类 NavigationUtils

通过代码 7-21 可知,通过 getActivity()方法获得实例,并强制转换成 MainActivity 对象,进而得到 NavController 的操作方式不便使用。对此,本任务自定义了 NavigationUtils 类,将涉及导航的相关操作进行封装,以方便使用。NavigationUtils 的实现如代码 7-22 所

示。在 NavigationUtils 中定义了 setNavController()静态方法和 getNavController()静态方法,用于 NavController 对象的存取,此时,类成员变量 navController 也必须定义成静态类型。MainActivity 跟随整个应用周期,而导航组件跟随 MainActivity 生命周期,因此,在 NavigationUtils 中可以定义静态变量 navController,不会在生命周期中被重定向。NavigationUtils 在调用 getNavController()方法之前,必须确保通过 setNavController()方法设置了 NavController 对象,否则无法正常使用。NavigationUtils 的具体使用方式是,在 MainActivity 中通过 setNavController()方法设置 NavController 对象,在 Fragment 碎片类中,通过 getNavController()方法获得 NavController 对象,进而可调用相关方法实现导航。

代码 7-22　自定义导航工具类 NavigationUtils. java

```java
1    import androidx.navigation.NavController;
2    public class NavigationUtils {
3        private static NavController navController;
4        public static NavController getNavController() {
5        return navController;
6      }
7      public static void setNavController(NavController navController) {
8        NavigationUtils.navController = navController;
9      }
10   }
```

4. 修改 MainActivity

修改后的 MainActivity 如代码 7-23 所示。在 MainActivity 中,通过调用 NavigationUtils. setNavController()方法,将 MainActivity 中的 NavController 对象作为 NavigationUtils 工具类中的静态成员变量,使各个 Fragment 实例能通过 NavigationUtils 取得 NavController 对象。

代码 7-23　修改后的 MainActivity. java

```java
1    public class MainActivity extends AppCompatActivity {
2        public NavController navController;
3        //配合 NameFragment,若使用 NavigationUtils 则无须设置成 public 成员变量
4        @Override
5        protected void onCreate(Bundle savedInstanceState) {
6            super.onCreate(savedInstanceState);
7            setContentView(R.layout.activity_main);
8            BottomNavigationView navView = findViewById(R.id.nav_view);
9            AppBarConfiguration appBarConfiguration
10               = new AppBarConfiguration.Builder(
11                   R.id.navigation_list, R.id.navigation_name,
12                   R.id.navigation_phone).build();
13           navController = Navigation.findNavController(this,
14                   R.id.nav_host_fragment_activity_main);
15           NavigationUI.setupActionBarWithNavController(this,
16                   navController, appBarConfiguration);
17           NavigationUI.setupWithNavController(navView, navController);
18           NavigationUtils.setNavController(navController);
19           //对 NavigationUtils 设置 NavController 对象
20       }
21   }
```

5. 修改 ListFragment

修改后的 ListFragment 如代码 7-24 所示。在 ListFragment 中使用了 MainViewModel 视图模型，其拥有者同样是 MainActivity 实例，从而使 ListFragment 与 NameFragment 的视图模型相同，以实现数据共享的目的。LiveData 数据 listLiveData 维持的是列表数据 list，在应用启动时并没有被初始化，而 ListFragment 作为应用启动的默认目标碎片，需在 onCreateView()方法中对 list 初始化。此外，当导航切换后再切换回 ListFragment 时，列表数据 list 已被初始化，不是 null 数据。因此，在 onCreateView()方法中须对列表数据 list 进行是否为 null 的判断，只有在 list 为 null 的情况下才对 list 进行初始化，并且在初始化过程中，list 通过构造方法重新指向对象，与 listLiveData 中维持的数据不是同个对象，初始化完毕后，须通过 setValue()或者 postValue()方法将 list 重新赋给 LiveData 数据 listLiveData。另一种做法是在 MainViewModel 中使用构造方法，并在构造方法中对列表数据初始化，生成 1 个 ArrayList 对象，并通过 LiveData 对象的 setValue()方法更新，从而避免了视图模型使用者对列表数据进行是否为 null 的判断。LiveData 数据 listItem 用于维持 NameFragment 中的 EditText 数据，如果 ListFragment 没有对 ListView 触发单击事件，listItem 不会被赋值，此时若切换到 NameFragment，listItem 中维持的 PhoneData 对象为 null，为避免这个问题，在 ListFragment 中须对 listItem 进行 null 判断，若为 null，则取赋值后的列表数据 list 的首个数据，将该数据的复制对象更新给 listItem。

若 NameFragment 中的 Button 单击事件被触发，则会通过导航控制器的 navigate()方法导航至 ListFragment，同时通过 Bundle 传递修改后的 PhoneData 数据给 ListFragment；若是在其他情况下的导航，如从 PhoneFragment 导航至 ListFragment，则不会传递 Bundle 数据。因此，在 ListFragment 中，通过 getArguments()方法取得的 Bundle 对象可能是空对象，需要进行 null 判断，若非空，则从 Bundle 对象中取出 PhoneData 数据，将其复制值赋给该对象 position 字段指向的列表数据，以达到修改列表数据的目的，这也是为什么 PhoneData 类需要定义成员变量 position 的原因。修改后的列表数据 list 不需要对 LiveData 数据 listLiveData 调用更新方法，因为目前并没有 listLiveData 的观察侦听器，并且 list 也没有通过构造方法指向新的对象，此时，listLiveData 中所存储的列表数据始终为同一个对象，list 被修改，就意味着 listLiveData 中维持的数据也得到修改。

在 ListView 的列表项单击事件匿名回调方法中，若要访问 onCreateView()方法的局部变量，该变量会被当成经过 final 关键字修饰的变量，此时，被访问的变量不能再次通过构造方法指向新对象。列表数据 list 由于在 null 判断中使用了构造方法指向新对象，已经不能声明为 final 对象，导致该数据在 onItemClick()回调中无法被访问。此时，可调用 ListView 对象或者适配器对象所提供的相关方法取得被单击的数据，也可以通过 LiveData 数据 listLiveData 的 getValue()方法取得所维持的列表数据 list，并将被单击的 PhoneData 对象的复制值传给视图模型中的 listItem，使之能被 NameFragment 共享。最后，在 onItemClick()回调中，通过 NavigationUtils 得到导航控制器，并调用 navigate()方法导航至 NameFragment。NavigationUtils 的使用，避免了各 Fragment 直接从 MainActivity 实例中取导航控制器，降低了代码之间的耦合依赖。

代码 7-24　修改后的 ListFragment. java

```
1    import android.os.Bundle;
2    import android.view.LayoutInflater;
3    import android.view.Menu;
4    import android.view.MenuInflater;
5    import android.view.MenuItem;
6    import android.view.View;
7    import android.view.ViewGroup;
8    import android.widget.AdapterView;
9    import android.widget.ArrayAdapter;
10   import android.widget.ListView;
11   import android.widget.Toast;
12   import androidx.annotation.NonNull;
13   import androidx.annotation.Nullable;
14   import androidx.fragment.app.Fragment;
15   import androidx.lifecycle.MutableLiveData;
16   import androidx.lifecycle.ViewModelProvider;
17   import java.util.ArrayList;
18   public class ListFragment extends Fragment {
19       @Nullable
20       @Override
21       public View onCreateView(@NonNull LayoutInflater inflater,
22                                @Nullable ViewGroup container,
23                                @Nullable Bundle savedInstanceState) {
24           View v = inflater.inflate(R.layout.fragment_list, container,
25                                   false);
26           setHasOptionsMenu(true);      //若无该属性,无法触发 OptionsMenu 生成
27           ListView lv = v.findViewById(R.id.listView);
28           MainViewModel mainViewModel =
29                   new ViewModelProvider(getActivity()).get(MainViewModel.class);
30           MutableLiveData < PhoneData > listItem = mainViewModel.getListItem();
31           //视图模型采用 Activity 实例作为生命周期拥有者
32           //ListFragment 和 NameFragment 使用相同的视图模型,达到变量共享目的
33           MutableLiveData < ArrayList < PhoneData >> listLiveData
34                                           = mainViewModel.getList();
35           ArrayList < PhoneData > list = listLiveData.getValue();
36           if(list == null){
37               list = new ArrayList <>();
38               //list 被重新构造指向新的对象,与 listLiveData.getValue()不是同一个对象
39               for (int i = 0; i < 20; i++) {
40                   String name = String.format("Item % 02d", i);
41                   list.add(new PhoneData(name,"1234",i));
42               }
43               listLiveData.postValue(list);
44               //若不将 list 重新存入 LiveData,则 listLiveData.getValue()获得的是 null
45           }
46           PhoneData itemValue = listItem.getValue();
47           if(itemValue == null){//避免未单击 ListView 时,NameFragment 取不到数据
48               itemValue = list.get(0).clone();
49               listItem.postValue(itemValue);
50           }
51           Bundle bundle = getArguments();
52           if(bundle!= null){
53               //若不是 NameFragment 导航跳转过来,bundle 是 null
54               PhoneData p = PhoneData.getPhoneData(bundle);
55               //不能让 list 中的对应位置数据与 p 是同一个对象
56               //若是同一个对象,当切换到 NameFragment 中修改姓名后
```

```
57              //即使没有确定修改,list 中的数据也会被修改
58              list.set(p.getPosition(),p.clone());
59          }
60          ArrayAdapter < PhoneData > adapter = new ArrayAdapter <>(getContext(),
61                              android.R.layout.simple_list_item_1,list);
62          //Adapter 第 1 个参数不宜使用 this
63          lv.setAdapter(adapter);
64          lv.setOnItemClickListener(new AdapterView.OnItemClickListener() {
65              @Override
66              public void onItemClick(AdapterView <?> parent, View view,
67                                  int position, long id) {
68                  PhoneData phoneData =
69                          (PhoneData) parent.getItemAtPosition(position);
70                  //PhoneData phoneData = listLiveData.getValue().get(position);
71                  //无法通过 list 获得 PhoneData,因为 list 不是也不能成为 final 变量
72                  //可通过 listLiveData.getValue().get(position)获取数据
73                  //不宜直接将 phoneData 给 listItem
74                  listItem.postValue(phoneData.clone());
75                  NavigationUtils.getNavController()
76                              .navigate(R.id.navigation_name);
77                  //获得 NavController 实例,并导航到目标 Fragment
78                  //navigate()所给的参数是目标 Fragment 的 id
79              }
80          });
81          return v;
82      }
83      @Override
84      public void onCreateOptionsMenu(@NonNull Menu menu,
85                                  @NonNull MenuInflater inflater) {
86          super.onCreateOptionsMenu(menu, inflater);
87          inflater.inflate(R.menu.opt_list_menu,menu);
88      }
89      @Override
90      public boolean onOptionsItemSelected(@NonNull MenuItem item) {
91          Toast.makeText(getContext(),item.getTitle(),Toast.LENGTH_SHORT).show();
92          return super.onOptionsItemSelected(item);
93      }
94  }
```

　　运行本项目,应用在 MainActivity 启动后,默认导航至 ListFragment。在 ListFragment 中,通过单击 ListView 中的列表项,将数据通过视图模型共享并导航到 NameFragment,在 NameFragment 中修改 PhoneData 的 name 字段,并通过单击 Button 返回至 ListFragment,可看到 ListFragment 中对应的数据已经修改。若在 NameFragment 中仅修改文本框,并没有单击 Button 进行确认更新,则切换回 ListFragment 后,列表数据没有被修改。

　　本任务中,虽然导航切换后,各个 Fragment 是被销毁重建的,但得益于视图模型与 MainActivity 拥有相同的生命周期,只要 MainActivity 不被销毁,视图模型中的数据就能得以保持,此时,ListFragment 和 NameFragment 中的数据不会被销毁。与之相对比的是,PhoneFragment 没有依赖视图模型,导致每次导航切换后,EditText 均会回到初始状态,无法保留最近编辑的数据。

　　导航切换导致 Fragment 销毁重建的问题,虽然能通过视图模型维持数据得到一定的改善,但在很多应用中仍然不能获得良好的应用体验。例如,ListFragment 中,每次导航切换后,ListView 会回到位置 0,不能保留之前的滑动位置。注意:ListFragment 中的列表数

据无法胜任数据增加和数据删除场景,一旦涉及数据增、删操作,则会导致变量 position 与数据在列表中的位置不同步。下一节将重写导航行为,使导航切换后的 Fragment 是隐藏与显示的关系,而非重建与替换的关系,从而避免了 Fragment 的销毁重建,使各碎片的数据和状态均能在导航切换中得到保持。

7.3　Fragment 的隐藏与显示

7.3.1　任务说明

本任务在 7.2 节的项目基础上完成,3 个碎片 ListFragment、NameFragment 和 PhoneFragment 在导航切换中通过隐藏和显示,使各碎片的状态和数据得以保持。

Fragment 的切换通过 FragmentManager(碎片管理器)管理,导航控制器的 navigate() 方法本质上是通过 FragmentManager 得到 FragmentTransaction(碎片变换器)对象,并在导航切换中,使用 FragmentTransaction 对象的 replace() 方法进行碎片替换,从而导致 navigate() 方法进行导航控制时使碎片销毁重建。FragmentTransaction 除了 replace() 方法,还有 hide() 方法和 show() 方法,若要在导航过程中保留各碎片的状态,可调用 hide() 方法先将碎片隐藏,将隐藏的碎片一直保留在内存中,需要显示该碎片时,再调用 show() 方法将目标碎片显示。这种做法的代价是需要消耗内存保留各碎片,但是对于当前智能手机而言,其内存普遍较大,不构成资源矛盾。

本任务不调用导航控制器的 navigate() 方法,而是通过 BottomNavigationView 对象重新设置 OnItemSelectedListener 接口,并在 onNavigationItemSelected() 回调中取得菜单项,根据菜单项 id 判断目标 Fragment,使用 FragmentTransaction 对象的 hide() 方法将底部导航的各碎片隐藏,再将菜单项 id 指向的 Fragment 对象通过 show() 方法显示。在实现过程中,需要解决的问题如下:

(1) 碎片内通过方法跳转到其他碎片时,底部导航指示无法变色。例如,ListFragment 对 ListView 单击事件处理后,会切换到 NameFragment,由于不是调用导航控制器的 navigate() 方法,无法与底部导航指示联动,导致宿主已切换到 NameFragment,但是指示依然停留在 ListFragment。同理,NameFragment 通过 Button 单击返回到 ListFragment,底部导航也没有联动变色。

(2) 调用 FragmentTransaction 对象的 hide() 与 show() 方法对 Fragment 对象实施操作时,目标 Fragment 可能尚未被创建,处于 null 状态。显然,若 Fragment 对象为空,则不能实施 hide() 方法和 show() 方法。若要提高代码的复用性,将共性操作抽取到工具类 NavigationUtils 中,则需要解决在尽可能减少对 MainActivity 依赖的情况下,如何获取需要隐藏的碎片对象的问题。

(3) 动作栏的标题在导航切换时,会跟随目标 Fragment 显示该 Fragment 的标签信息,使用自定义方法后,动作栏标题不会联动,需要自定义代码实现。

7.3.2　任务实现

1. 完善自定义导航工具类 NavigationUtils

导航工具类 NavigationUtils 如代码 7-25 所示。在 NavigationUtils 类中,成员变量增加

了 BottomNavigationView 对象,用于控制底部导航的某些不依赖于 MainActivity 的共性行为。碎片间跳转,底部导航指示不变色的问题,可通过 setBottomNavigationItemSelected()方法解决,其实现方式是通过 BottomNavigationView 对象的 getMenu()方法获得对应的导航菜单,由 for 循环遍历菜单项,将各菜单项设置为非选中状态,再将传参 menuItemId 对应的菜单项设为选中状态,此时即使遇到用户没有单击底部导航,而是通过碎片间的代码控制导航的情景,也能将对应菜单项设为选中状态,从而实现底部导航指示同步导航的目的。

导航到目标 Fragment 应考虑以下 2 种情况。

（1）目标 Fragment 为 null,此时应当创建目标 Fragment,并通过 FragmentTransaction 对象的 add()方法将其加入到导航管理器中。

（2）目标 Fragment 非空,则调用 FragmentTransaction 对象的 show()方法将其显示。

针对上述情况,一种做法是将导航所需的 Fragment 定义为 MainActivity 的成员变量,判断目标 Fragment 时,直接取得 MainActivity 的对应成员变量进行判断,但是该做法不利于代码的解耦和复用。另一种做法是从 FragmentManager 中循环遍历查找是否存在目标 Fragment,若存在,则将其返回,若不存在则返回 null,这种做法有利于将相关代码封装到工具类,使之不依赖于 MainActivity。NavigationUtils 的 getFragment()方法实现了查找目标 Fragment 的功能,传参 fm 为导航所需的 FragmentManager 对象,一般从 MainActivity 中获取并传递;传参 clazz 为目标 Fragment 的定义类型,使用 Class <?>泛型使之能接受"类名.class"参数,用于匹配目标 Fragment 的具体类型。返回类型< T extends Fragment > T 使用了泛型,使用户调用该方法时,返回类型能强制转换成用户定义变量的声明类型,该使用方式类似于 findViewById()方法。

注意,在 getFragment()方法中,若仅仅通过 fm. getFragments()方法获得的碎片列表,并不是导航控制器需要导航的碎片列表,通过调试可发现,fm. getFragments()方法获得的列表长度为 1,并且所得的 Fragment 对象为 NavHostFragment,导航的碎片列表事实上由 NavHostFragment 对应的 FragmentManager 管理,要获得该管理器,可通过 NavHostFragment 对象的 getChildFragmentManager()方法取得。碎片列表的数据类型为 List < Fragment >,各元素返回对象为 Fragment 类型,而 getFragment()方法要寻找的是自定义类型的碎片类,即由传参 clazz 指定的类型,此时,可使用 getClass(). isAssignableFrom(clazz)方法判断 Fragment 对象是否与传参 clazz 同类型,若是,则将该 Fragment 对象强制转换为泛型 T 指定的类型并返回给调用者。

隐藏导航中的各碎片通过 hideAllFragments()方法实现,其实现原理与 getFragment()方法类似。隐藏碎片所需的 FragmentTransaction 对象,不能直接从传参 fm 获得,而是使用 fm. getPrimaryNavigationFragment(). getChildFragmentManager()方法得到导航宿主碎片的子碎片管理器,进而通过 beginTransaction()方法获得 FragmentTransaction 对象,该对象可对所管理的碎片进行添加(add)、替换(replace)、隐藏(hide)和显示(show)等操作。所有的操作最终通过 FragmentTransaction 对象调用 commit()方法提交。子碎片管理器还可以从传参 fm 所获得的 NavHostFragment 对象所调用的 getChildFragmentManager()方法获得。

在 NavigationUtils 中,需要创建的待导航 Fragment 具体类型未知,需要在 MainActivity 中获知,并在 MainActivity 中实现具体的导航行为。但是这种实现方式不利于代码解耦,若在碎片中使用代码控制导航,则需要获得 MainActivity 对象,并调用 MainActivity 提供的导航方法实现导航。另一种实现方式是,在 NavigationUtils 中定义接口,并将接口方法与 MainActivity 的具体导航行为关联,进而可在 NavigationUtils 中调用 MainActivity 的导航方法。按此思路,在 NavigationUtils 中自定义了 OnNavigateListener 接口以及对应的静态成员变量,并通过 setOnNavigateListener()方法设置 OnNavigateListener 实例,将接口实例的 onNavigate()方法与 MainActivity 的导航方法关联,使各碎片能通过调用 NavigationUtils 类中的 navigate()方法实现导航。

代码 7-25　自定义导航工具类 NavigationUtils.java

```
1    import android.view.Menu;
2    import android.view.MenuItem;
3    import androidx.fragment.app.Fragment;
4    import androidx.fragment.app.FragmentManager;
5    import androidx.fragment.app.FragmentTransaction;
6    import androidx.navigation.fragment.NavHostFragment;
7    import com.google.android.material.bottomnavigation.BottomNavigationView;
8    import java.util.List;
9    public class NavigationUtils {
10       private static BottomNavigationView bottomNavView;
11       private static OnNavigateListener onNavigateListener;
12       //设置自定义接口成员变量,利用接口方法与 MainActivity 的具体导航挂钩
13       public interface OnNavigateListener{
14           public void onNavigate(int menuId);
15           //使用 onNavigate()方法挂钩 MainActivity 的具体导航行为
16       }
17       public static void setOnNavigateListener(
18                           OnNavigateListener onNavigateListener) {
19           NavigationUtils.onNavigateListener = onNavigateListener;
20           //通过设置接口,传递接口的实现对象
21       }
22       public static void navigate(int menuId){
23           //调用者可调用 navigate()方法实现导航
24           if(onNavigateListener!= null){
25               onNavigateListener.onNavigate(menuId);
26           }
27       }
28       public static BottomNavigationView getBottomNavView() {
29           return bottomNavView;
30       }
31       public static void setBottomNavView(BottomNavigationView navView) {
32           NavigationUtils.bottomNavView = navView;
33       }
34       public static void setBottomNavigationItemSelected(int menuItemId) {
35           //将导航菜单指定 id 的菜单项设置为选中,其他菜单项非选中
36           Menu menu = bottomNavView.getMenu();
37           for (int i = 0; i < menu.size(); i++) {
38               //将所有菜单项设为非选中状态
39               MenuItem item0 = menu.getItem(i);
40               item0.setChecked(false);
41           }
42           menu.findItem(menuItemId).setChecked(true);
43           //将 menuItemId 对应的菜单项设为选中状态
44       }
45       public static < T extends Fragment > T getFragment(FragmentManager fm,
46                                       Class<?> clazz) {
47           //定义返回类型的泛型 T
```

```
48          //从 FragmentManager 中获得指定类型的 Fragment 实例
49          List < Fragment > fragments = fm.getFragments();
50          //多数情况下列表中只有 1 个 NavHostFragment
51          if (fragments.size() > 0) {
52              NavHostFragment navHostFragment = (NavHostFragment) fragments.get(0);
53              List < Fragment > childfragments =
54                      navHostFragment.getChildFragmentManager().getFragments();
55              //取子碎片管理器和子列表才能获得当前导航中的各个碎片对象
56              if (childfragments.size() > 0) {
57                  for (int j = 0; j < childfragments.size(); j++) {
58                      Fragment fragment = childfragments.get(j);
59                      if (fragment.getClass().isAssignableFrom(clazz)) {
60                          //判断是否是指定类型的 clazz,若是则强制类型转换为 T 并返回
61                          return (T)fragment;
62                      }
63                  }
64              }
65          }
66          return null;
67      }
68      public static void hideAllFragments(FragmentManager fm) {
69          //隐藏 FragmentManager 中所有的 Fragment
70          List < Fragment > fragments = fm.getFragments();
71          if (fragments.size() > 0) {
72              NavHostFragment navHostFragment = (NavHostFragment) fragments.get(0);
73              FragmentManager cfm = navHostFragment.getChildFragmentManager();
74              List < Fragment > childFragments = cfm.getFragments();
75              FragmentTransaction transaction = cfm.beginTransaction();
76              //FragmentTransaction 的获取方法 1
77              /* FragmentTransaction 的获取方法 2
78              FragmentTransaction transaction =
79                      fm.getPrimaryNavigationFragment()
80                          .getChildFragmentManager().beginTransaction();
81              */
82              if (childFragments.size() > 0) {
83                  for (int j = 0; j < childFragments.size(); j++) {
84                      Fragment fragment = childFragments.get(j);
85                      if (fragment != null) {
86                          transaction.hide(fragment);
87                      }
88                  }
89              }
90              transaction.commit();
91          }
92      }
93  }
```

2. 实现 MainActivity

MainActivity 的实现如代码 7-26 所示。在 MainActivity 中,BottomNavigationView 对象
navView 在 onCreate()方法之外被访问,因此被设为成员变量。导航行为通过变量 navView 改
写 OnItemSelectedListener 接口实现用户自定义导航,此时,AppBarConfiguration 以及
NavigationUI 的相关设置不再生效,导航控制器(NavController)也失去作用,可以屏蔽相关设
置。工具类 NavigationUtils 需要 BottomNavigationView 对象,在 MainActivity 的 onCreate()方
法中设置相应对象后才能使 NavigationUtils 正常工作。在本任务中,ListFragment 和

NameFragment 将不再使用 NavController 对象的 navigate()方法实现导航,在 NavigationUtils 中可删除 NavController 成员变量以及相关的存取方法。

在 MainActivity 中,showFragmentByNavMenuId()方法是自定义导航的具体实现,该方法传入导航菜单的 id,并根据 id 将对应的 Fragment 创建或显示到目标容器。在 showFragmentByNavMenuId()方法中,main_fragment_id 为目标容器的 id,依赖于 MainActivity 的布局文件。在导航切换过程中,需要将动作栏的标题变量 title 设置成对应 Fragment 的名称,此时可通过 getSupportActionBar()方法获得动作栏对象,进而通过 setTitle()方法设置动作栏标题。动作栏标题字符串定义在导航菜单中,可通过底部导航视图对象 navView 获得对应菜单,进而通过 findItem()方法取得菜单 id 对应的菜单项,最终通过 getTitle()方法获得菜单项的标题,用于设置动作栏的标题。FragmentManager 对象可在 MainActivity 中通过 getSupportFragmentManager()获得,并传递给 NavigationUtils,若要对导航碎片进行添加或者显示操作,则须对 FragmentManager 对象进行子管理器操作才能获得真正的 FragmentTransaction 对象,用于碎片的隐藏和显示操作。

根据菜单项 id 值 menuId 进行导航的实现逻辑为:调用 NavigationUtils 的 getFragment()方法获取指定的 Fragment 类,若该类为 null 或者未被添加,则通过构造方法创建该 Fragment,再调用 FragmentTransaction 对其进行添加操作;若该类为非 null,则调用 FragmentTransaction 对其进行显示操作。在导航之前,应调用 NavigationUtils. hideAllFragments()方法将管理器所管理的所有 Fragment 隐藏,在导航操作提交后,则调用 setBottomNavigationItemSelected()方法将导航菜单对应项设为选中状态,使得导航菜单指示工作正常。

在 MainActivity 中,通过调用 NavigationUtils. setOnNavigateListener()方法,将接口的 onNavigate()方法与 MainActivity 的 showFragmentByNavMenuId()导航方法挂钩,使各碎片可直接调用 NavigationUtils. navigate()方法实现导航。

代码 7-26　MainActivity. java

```
1    import android.os.Bundle;
2    import android.view.MenuItem;
3    import com.google.android.material.bottomnavigation.BottomNavigationView;
4    import com.google.android.material.navigation.NavigationBarView;
5    import androidx.annotation.NonNull;
6    import androidx.appcompat.app.ActionBar;
7    import androidx.appcompat.app.AppCompatActivity;
8    import androidx.fragment.app.FragmentManager;
9    import androidx.fragment.app.FragmentTransaction;
10   import androidx.navigation.NavController;
11   import androidx.navigation.Navigation;
12   public class MainActivity extends AppCompatActivity {
13       BottomNavigationView navView;
14       @Override
15       protected void onCreate(Bundle savedInstanceState) {
16           super.onCreate(savedInstanceState);
17           setContentView(R.layout.activity_main);
18           navView = findViewById(R.id.nav_view);
19           //实现自定义导航后,不需要 AppBarConfiguration 以及相关的设置
20           /*
21           AppBarConfiguration appBarConfiguration
```

```
22                              = new AppBarConfiguration.Builder(
23                                      R.id.navigation_list,
24                                      R.id.navigation_name,
25                                      R.id.navigation_phone).build();
26          */
27          NavController navController = Navigation.findNavController(this,
28                                      R.id.nav_host_fragment_activity_main);
29          //实现自定义导航后,无需NavigationUI相关设置
30          /*
31          NavigationUI.setupActionBarWithNavController(this,
32                                      navController, appBarConfiguration);
33          NavigationUI.setupWithNavController(navView, navController);
34          */
35          NavigationUtils.setBottomNavView(navView);
36          NavigationUtils.setOnNavigateListener(
37                              new NavigationUtils.OnNavigateListener() {
38              @Override
39              public void onNavigate(int menuId) {
40                  showFragmentByNavMenuId(menuId);
41                  //将导航实现showFragmentByNavMenuId()方法与NavigationUtils接口挂钩
42                  //从而可通过NavigationUtils.navigate(menuId)实现导航
43              }
44          });
45          //改写navView的菜单单击事件,进行手动导航
46          navView.setOnItemSelectedListener(
47                              new NavigationBarView.OnItemSelectedListener() {
48              @Override
49              public boolean onNavigationItemSelected(@NonNull MenuItem item) {
50                  showFragmentByNavMenuId(item.getItemId());
51                  //自定义导航方法,通过菜单项的id进行导航
52                  return false;
53              }
54          });
55      }
56      public void showFragmentByNavMenuId(int menuId){
57          int main_fragment_id = R.id.nav_host_fragment_activity_main;
58          //设置目标Fragment的容器id,由MainActivity的布局文件确定
59          ActionBar bar = getSupportActionBar();          //获得动作栏
60          CharSequence title = navView.getMenu().findItem(menuId).getTitle();
61          //取得导航菜单对应项的菜单名称
62          bar.setTitle(title);                            //手动设置标题
63          FragmentManager fm = getSupportFragmentManager();
64          NavigationUtils.hideAllFragments(fm);           //隐藏所有碎片
65          FragmentTransaction transaction = fm.getPrimaryNavigationFragment()
66                                      .getChildFragmentManager()
67                                      .beginTransaction();
68          //获得导航变换器FragmentTransaction对象
69          if(menuId == R.id.navigation_list){
70              ListFragment fragment = NavigationUtils
71                                      .getFragment(fm,ListFragment.class);
72              if(fragment == null||!fragment.isAdded()){
73                  fragment = new ListFragment();
74                  transaction.add(main_fragment_id,fragment).commit();
75              }else {
76                  transaction.show(fragment).commit();
77              }
78          }
79          if(menuId == R.id.navigation_name){
```

```
80              NameFragment fragment = NavigationUtils
81                          .getFragment(fm,NameFragment.class);
82              if(fragment == null||!fragment.isAdded()){
83                  fragment = new NameFragment();
84                  transaction.add(main_fragment_id,fragment).commit();
85              }else {
86                  transaction.show(fragment).commit();
87              }
88          }
89          if(menuId == R.id.navigation_phone){
90              PhoneFragment fragment = NavigationUtils
91                              .getFragment(fm,PhoneFragment.class);
92              if(fragment == null||!fragment.isAdded()){
93                  fragment = new PhoneFragment();
94                  transaction.add(main_fragment_id,fragment).commit();
95              }else {
96                  transaction.show(fragment).commit();
97              }
98          }
99          NavigationUtils.setBottomNavigationItemSelected(menuId);
100         //将对应 menuId 的导航菜单项设为选中状态,使得导航指示联动变色
101     }
102 }
```

3. 改进 ListFragment

ListFragment 如代码 7-27 所示。在 onCreateView()方法中,若变量 list 为局部变量,由于涉及构造方法重定向,不能成为 final 变量,则在 ListView 的 OnItemClickListener 接口匿名回调中无法被访问,因此在改进的 ListFragment 中,将 list 设为成员变量,使其可被全局访问。

底部导航的各 Fragment 不再被销毁,在导航切换时,相比 7.2 节通过 Bundle 传输数据的方式,本任务直接通过视图模型变量的 Observer 接口感知数据变动是更好的选择。若使用 Bundle 传输数据,在 onCreateView()方法中获取 Bundle 值存在无法及时更新 UI 的问题,因为 onCreateView()方法只在 Fragment 被创建时调用,而本任务的导航切换是通过碎片变换器隐藏和显示机制实现的,Fragment 未被销毁,切换到目标 Fragment 时不会回调 onCreateView()方法(甚至不回调 onResume()方法),导致目标碎片无法从 Bundle 中取数。更甚者,导航切换没有使用导航控制器的 navigate()方法,无法设置 Bundle 数据的传参,因此,在自定义导航中通过视图模型传数是更有效的方法。在 ListFragment 中,对视图模型的 listLiveData 实现 observe()方法用于感知数据变动,注意,onChanged()回调方法的传参 phoneData 与 ListFragment 成员变量 list 是同一个对象,因此,可直接使用适配器的 notifyDataSetChanged()方法进行 ListView 视图更新,若适配器的数据源在变动前后是两个不同的对象,则不能通过调用 notifyDataSetChanged()方法实现适配器视图的更新。

在 ListView 的单击事件中,采用视图模型进行碎片间的传数,将被单击的 PhoneData 对象更新给视图模型变量 listItem,此时,若在 NameFragment 中对 listItem 实现了 Observer 接口,则能感知视图模型的数据变动,并把 PhoneData 对象的 name 字段更新到 EditText 组件。本任务中,从 ListFragment 导航到 NameFragment 时,保留了原始的做法,即通过 getActivity()方法得到当前的 Activity 实例,并强制转换为 MainActivity,再调用 MainActivity 中的 showFragmentByNavMenuId()方法实现导航切换。显然,这种实现方式耦合代码太

多,不利于后期维护,这也是为什么在 NavigationUtils 中需要定义接口,并在 MainActivity 中将接口方法指向 showFragmentByNavMenuId()导航方法的原因,通过接口,可直接使用 NavigationUtils 实现导航,该方案将在 NameFragment 中使用。

代码 7-27　ListFragment. java

```
1    import android. os. Bundle;
2    import android. view. LayoutInflater;
3    import android. view. Menu;
4    import android. view. MenuInflater;
5    import android. view. MenuItem;
6    import android. view. View;
7    import android. view. ViewGroup;
8    import android. widget. AdapterView;
9    import android. widget. ArrayAdapter;
10   import android. widget. ListView;
11   import android. widget. Toast;
12   import androidx. annotation. NonNull;
13   import androidx. annotation. Nullable;
14   import androidx. fragment. app. Fragment;
15   import androidx. lifecycle. MutableLiveData;
16   import androidx. lifecycle. Observer;
17   import androidx. lifecycle. ViewModelProvider;
18   import java. util. ArrayList;
19   public class ListFragment extends Fragment {
20       ArrayList < PhoneData > list;
21       @Nullable
22       @Override
23       public View onCreateView(@NonNull LayoutInflater inflater,
24                                @Nullable ViewGroup container,
25                                @Nullable Bundle savedInstanceState) {
26           View v = inflater. inflate(R. layout. fragment_list, container,
27                                  false);
28           setHasOptionsMenu(true);
29           ListView lv = v. findViewById(R. id. listView);
30           MainViewModel mainViewModel =
31                   new ViewModelProvider(getActivity()). get(MainViewModel. class);
32           MutableLiveData < PhoneData > listItem = mainViewModel. getListItem();
33           MutableLiveData < ArrayList < PhoneData >> listLiveData
34                                       = mainViewModel. getList();
35           list = listLiveData. getValue();      //list 设为全局变量
36           if(list == null){
37               list = new ArrayList <>();
38               for (int i = 0; i < 20; i++) {
39                   String name = String. format("Item % 02d", i);
40                   list. add(new PhoneData(name,"1234",i));
41               }
42               listLiveData. setValue(list);
43           }
44           PhoneData itemValue = listItem. getValue();
45           if(itemValue == null){          //避免未单击 ListView 时,NameFragment 取不到数据
46               itemValue = list. get(0);
47               listItem. postValue(itemValue);
48           }
49           ArrayAdapter < PhoneData > adapter = new ArrayAdapter <>(getContext(),
50                               android. R. layout. simple_list_item_1,list);
51           lv. setAdapter(adapter);
```

```
52          lv.setOnItemClickListener(new AdapterView.OnItemClickListener() {
53              @Override
54              public void onItemClick(AdapterView<?> parent, View view,
55                                      int position, long id) {
56                  PhoneData phoneData = list.get(position);
57                  listItem.postValue(phoneData);
58                  //NameFragment 通过 listItem.observe()观察并更新 EditText
59                  MainActivity activity = (MainActivity) getActivity();
60                  activity.showFragmentByNavMenuId(R.id.navigation_name);
61                  //取得 MainActivity 对象,直接调用对应导航方法,不推荐使用
62              }
63          });
64          //删除 getArguments()取 Bundle 对象等相关代码
65          //取而代之的是使用 listLiveData.observe()观察数据改动
66          listLiveData.observe(getActivity(), new Observer<ArrayList<PhoneData>>() {
67              @Override
68              public void onChanged(ArrayList<PhoneData> phoneData) {
69                  adapter.notifyDataSetChanged();
70                  //传参 phoneData 与 list 是同一个对象,可直接调用适配器数据更新方法
71              }
72          });
73          return v;
74      }
75      //OptionsMenu 的生成和单击事件处理
76      ...
77  }
```

4. 改进 NameFragment

改进的 NameFragment 如代码 7-28 所示。由于各 Fragment 在导航切换中未被销毁,数据更新依赖视图模型数据的 Observer 接口实现,因此在 NameFragment 中需要得到 ListFragment 的视图模型数据 listLiveData,当 EditText 编辑框对 PhoneData 的 name 字段修改后,使之直接更新到 listLiveData 所维护的 list 对象中,并依赖 listLiveData 的 postValue()方法通知 ListFragment 进行更新操作。同理,ListFragment 对 ListView 单击操作后,将列表数据中对应的 PhoneData 对象通过视图模型数据 listItem 进行更新,此时,NameFragment 对 listItem 实现了 Observer 接口,可以感知数据变动,并在回调中取得 PhoneData 对象的 name 字段,使之更新到 EditText。

NameFragment 在导航切换中不会被销毁,因此不必使用 EditText 的文本变动侦听接口捕捉用户的输入,并实时保存到视图模型中。在 Button 的单击事件中,可通过视图模型数据 listLiveData 获取 ListFragment 的列表数据 list,并将经过 EditText 修改后的 PhoneData 数据更新给列表数据 list,最后调用 listLiveData 的 postValue()方法通知 ListFragment 进行 ListView 的适配器更新。处理细节上需注意的是,在 Button 的 onClick()回调中,PhoneData 对象不能直接取自 onCreateView()方法中的局部变量 phoneData,原因是,NameFragment 不会被重建,因此在整个应用的生命周期中,onCreateView()方法只会被调用一次,局部变量 phoneData 是 NameFragment 首次创建时的数据,该变量被创建之后,只要在 ListFragment 中单击 ListView 改变了 listItem 中的 PhoneData 对象,就会使 NameFragment 的局部变量 phoneData 与 listItem 维持的数据不一致。因此在 NameFragment 的 Button 单击事件中,要从视图模型数据 listItem 中获取 PhoneData 实例,PhoneData 实

例,PhoneData 实例被更新后,列表 list 也会被更新。原则上,视图模型数据 listLiveData 中维持的列表数据 list 在 ListFragment 和 NameFragment 的导航切换中始终是同一个对象,无须通过 postValue()方法进行数据更新,在 NameFragment 中对 list 进行改值也会使 ListFragment 中的 list 发生变化,但是若没有 postValue()方法,就不会触发 Observer 接口通知适配器更新,导致 ListView 的视图与列表数据 list 不一致。因此,在 NameFragment 中,一旦对列表数据进行 list 进行改值操作,就需要对视图模型数据 listLiveData 调用 postValue()方法,通知 ListFragment 及时更新适配器,保持 ListView 视图与数据的一致性。在 NameFragment 中,导航切换通过调用 NavigationUtils. navigate()方法实现,代码的简洁性和可维护性优于 ListFragment 中的导航实现方式。

代码 7-28　　NameFragment. java

```
1    import android.os.Bundle;
2    import android.view.LayoutInflater;
3    import android.view.View;
4    import android.view.ViewGroup;
5    import android.widget.EditText;
6    import androidx.annotation.NonNull;
7    import androidx.annotation.Nullable;
8    import androidx.fragment.app.Fragment;
9    import androidx.lifecycle.MutableLiveData;
10   import androidx.lifecycle.Observer;
11   import androidx.lifecycle.ViewModelProvider;
12   import java.util.ArrayList;
13   public class NameFragment extends Fragment {
14       @Nullable
15       @Override
16       public View onCreateView(@NonNull LayoutInflater inflater,
17                           @Nullable ViewGroup container,
18                           @Nullable Bundle savedInstanceState) {
19           View v = inflater.inflate(R.layout.fragment_name, container,false);
20           EditText et_name = v.findViewById(R.id.et_name);
21           MainViewModel mainViewModel =
22               new ViewModelProvider(getActivity()).get(MainViewModel.class);
23           MutableLiveData < PhoneData > listItem = mainViewModel.getListItem();
24           MutableLiveData < ArrayList < PhoneData >> listLiveData
25                               = mainViewModel.getList();
26           PhoneData phoneData = listItem.getValue();
27           et_name.setText(phoneData.getName());
28           listItem.observe(getActivity(), new Observer < PhoneData >() {
29               @Override
30               public void onChanged(PhoneData p) {
31                   et_name.setText(p.getName());
32               }
33           });
34           //删除 et_name.addTextChangedListener()侦听器
35           //Fragment 在导航中不会被销毁,没有必要保存 EditText 的状态
36           v.findViewById(R.id.bt_update).setOnClickListener(
37               new View.OnClickListener() {
38               @Override
39               public void onClick(View v) {
40                   ArrayList < PhoneData > list = listLiveData.getValue();
```

```
41              //不要使用 onCreateView()中的局部变量 phoneData
42              //phoneData 是 NameFragment 首次生成时的对象
43              //ListFragment 的 ListView 单击事件改变了 listItem 中的 PhoneData 对象
44              //因此每次需要从 listItem.getValue()中取得 PhoneData 对象
45              PhoneData p = listItem.getValue();
46              p.setName(et_name.getText().toString());
47              //list.set(p.getPosition(),p.clone());
48              listLiveData.postValue(list);
49              //ListFragment 中使用了观察者接口,ListView 的适配器得以更新
50              NavigationUtils.navigate(R.id.navigation_list);
51              //导航至 ListFragment,使用 NavigationUtils.navigate()更简洁
52              //MainActivity activity = (MainActivity) getActivity();
53              //activity.showFragmentByNavMenuId(R.id.navigation_list);
54          }
55      });
56      return v;
57  }
58 }
```

运行本项目,各 Fragment 在导航切换中不会被销毁重建,并且 Fragment 之间的跳转也能正常工作。Fragment 之间关联的数据可定义在依赖于 MainActivity 的视图模型中,实现碎片间的数据共享和数据观察更新。自定义的导航工具类 NavigationUtils 实现了如下 4 种在导航切换时的共性操作。

(1)隐藏所有碎片。

(2)查找碎片管理器中指定的碎片。

(3)将导航菜单对应 id 的菜单项设为选中。

(4)通过自定义接口与 MainActivity 的导航方法挂钩,进而能调用工具类实现导航。

只要将 NavigationUtils 与 MainActivity 的底部导航视图、碎片管理器以及导航方法挂钩后,剩余工作并不依赖于 MainActivity 以及用户自定义的 Fragment,使 NavigationUtils 具有较好的通用性。

用户若要实现抽屉导航,也可以通过 Android Studio 的向导生成抽屉导航应用(Navigation Drawer Activity),并对 NavigationUtils 进行扩充,增加 NavigationView 成员变量以及对应方法(包括设置成员变量以及设置菜单项选中方法),在 MainActivity 中实现具体的导航行为,使之与 NavigationUtils 挂钩,即可实现类似于本任务的抽屉导航。在细节对比上,抽屉导航对应的是 NavigationView 对象,通过 setNavigationItemSelectedListener()方法改写该对象的导航侦听事件;底部导航对应的是 BottomNavigationView 对象,通过 setOnItemSelectedListener()方法改写导航侦听事件。此外,抽屉导航通过改写导航侦听处理后,单击对应导航项,不会自动关闭抽屉,此时,需要获得抽屉容器 DrawerLayout 对象,并通过该对象的 closeDrawers()方法进行关闭抽屉操作。

7.4 本章综合作业

完善新闻 App,使之具有两个底部导航菜单项:“新闻”和“收藏”。“新闻”Fragment 显示新闻列表,并支持收藏操作;“收藏”Fragment 显示已收藏的新闻列表。导航 Fragment 采用隐藏-显示的方式进行切换,使之能保留各 Fragment 的操作状态。

参 考 文 献

［1］ 郭霖.第一行代码：Android［M］.2 版.北京：人民邮电出版社,2016.

［2］ PHILLIPS B,STEWART C,MARSICANO K.Android 编程权威指南［M］.3 版.王明发,译.北京：
人民邮电大学出版社,2017.

图 书 资 源 支 持

感谢您一直以来对清华版图书的支持和爱护。为了配合本书的使用,本书提供配套的资源,有需求的读者请扫描下方的"书圈"微信公众号二维码,在图书专区下载,也可以拨打电话或发送电子邮件咨询。

如果您在使用本书的过程中遇到了什么问题,或者有相关图书出版计划,也请您发邮件告诉我们,以便我们更好地为您服务。

我们的联系方式:

清华大学出版社计算机与信息分社网站: https://www.shuimushuhui.com/

地　　址: 北京市海淀区双清路学研大厦 A 座 714

邮　　编: 100084

电　　话: 010-83470236　010-83470237

客服邮箱: 2301891038@qq.com

QQ: 2301891038(请写明您的单位和姓名)

资源下载: 关注公众号"书圈"下载配套资源。

资源下载、样书申请
书圈

图书案例
清华计算机学堂

观看课程直播